# 采煤塌陷地建设利用关键技术与实践

## Key Technology and Practice on Construction Utilization of Coal Subsidence Area

陈绍杰　江　宁　常西坤　郭惟嘉　著

国家重点研发计划项目(2018YFC0604704，2018YFC0604705)
国家自然科学基金项目(51774194，51604167)
山东省自然科学杰出青年基金(JQ201612)
山东省泰山学者青年专家计划
山东省自然科学基金项目(ZR2017MEE055)
山东省重点研发计划项目(2018GSF117018)

科学出版社

北　京

## 内 容 简 介

我国煤矿城市有150余座，随着煤矿城市的发展，越来越多的建(构)筑物需要建在采煤塌陷地之上。本书针对采煤塌陷地建设利用过程中存在的问题，对采煤塌陷地建设利用的流程、常用采煤方法及覆岩破坏规律、煤矿采空区勘察技术与方法、采空区地表移动变形规律与变形预计、采空区场地稳定性及工程建设适宜性评价、采空区灌注充填治理及采空区上新建建(构)筑物抗变形技术等采煤塌陷地建设利用关键技术进行了系统研究，并介绍了采煤塌陷地大型建筑群建设利用实例——山东蓝海领航电子商务产业园。

本书可供从事采矿工程、岩土工程、建筑工程、工程地质及相关专业的科研、设计、施工、监理等方面的工程技术人员及大专院校相关专业的师生阅读、参考。

**图书在版编目(CIP)数据**

采煤塌陷地建设利用关键技术与实践 = Key Technology and Practice on Construction Utilization of Coal Subsidence Area / 陈绍杰等著. —北京：科学出版社，2019. 3

ISBN 978-7-03-057174-8

Ⅰ. ①采… Ⅱ. ①陈… Ⅲ. ①煤矿开采－地表塌陷－建筑工程 Ⅳ. ①TD327 ②TU

中国版本图书馆CIP数据核字(2018)第068351号

责任编辑：刘翠娜 崔元春 / 责任校对：王萌萌
责任印制：吴兆东 / 封面设计：无极书装

科学出版社出版
北京东黄城根北街16号
邮政编码: 100717
http://www.sciencep.com
北京中石油彩色印刷有限责任公司印刷
科学出版社发行 各地新华书店经销
*
2019年3月第 一 版 开本：720 × 1000 1/16
2019年3月第一次印刷 印张：18 1/4
字数：356 000

**定价：138.00 元**

(如有印装质量问题，我社负责调换)

# 前　言

我国的能源资源禀赋特点决定了我国以煤为主的能源结构，煤炭开采在保障我国能源供应的同时，也形成了大量采煤塌陷地，全国已累计形成采煤塌陷地 200 余万公顷。我国矿业城市有 426 座(其中煤矿城市 150 余座)，且主要位于山东、江苏、河南、山西、河北、安徽等人口稠密、经济发达的中东部地区。随着我国社会、经济及基础设施建设的迅猛发展，矿业城市建设用地日趋紧张。采煤塌陷地建设利用是保证城市发展用地供应、解决矿业城市建设用地瓶颈的重要举措。

地下煤层采出后，上覆岩层发生移动、变形和破坏，引起地表塌陷，经过一段时间后，上覆岩层及地表均处于相对平衡和稳定的状态。之后，若在采空区上方新建建(构)筑物(如天然气管道、厂房、桥梁、大坝、高层楼房等)，在地表建(构)筑物荷载、覆岩力学强度损伤及其他外力扰动等因素单独或联合作用下，可能引起老采空区“二次活化”，导致地表发生附加移动和变形，进而导致地表建(构)筑物沉降、局部开裂、倾斜，直至发生倒塌等灾害，严重影响和危害采空区上方建(构)筑物的规划、施工建设和安全运营。因此，采煤塌陷地建设利用是一个系统工程，研究采煤塌陷地建设利用关键技术对我国矿区环境治理、矿区土地的开发利用及重大基础设施的建设和小城镇建设规划都具有十分重要的理论和现实意义。

本书从采煤塌陷地建设利用过程中存在的问题出发，对采煤塌陷地建设利用关键技术进行了系统研究。本书共 12 章：第 1 章为概述，主要介绍煤矿采空区及特点、国内外采煤塌陷地土地利用情况及采煤塌陷地建设利用技术路线；第 2 章为常用采煤方法及覆岩破坏规律，主要介绍常用采煤方法及其对应的采空区覆岩破坏特征；第 3 章为煤矿采空区勘察技术与方法，主要介绍煤矿采空区勘察阶段和工作内容及常用的勘察技术与方法和适用条件；第 4 章为老采空区覆岩稳定性和“活化”机理，主要介绍部分开采和长壁老采空区覆岩稳定性和“活化”机理；第 5 章为煤(岩)柱稳定性分析，主要介绍条带采空区和房柱采空区煤(岩)柱稳定性分析；第 6 章为冒落破碎岩石压实变形规律研究，主要介绍不同赋存环境(自然含水、浸水、干湿循环)下采空区垮落破碎岩石压实变形特征；第 7 章为采空区地表移动变形规律与变形预计，主要介绍采空区地表(残余)移动变形规律与变形特征及预计方法；第 8 章为采空区场地稳定性及工程建设适宜性评价，主要介绍采空区场地稳定性、工程建设适宜性和地基稳定性评价方法；第 9 章为采空区灌注充填治理技术，主要介绍长壁老采空区灌注充填方法、条带老采空区覆岩离层注浆加固技术及煤矿采空区快速注浆系统与工艺；第 10 章为采空区注浆治理质量控制与检测技术，主要介绍煤矿采空区注浆施工控制理论与方法、注浆工程监理技术及注浆工程治理综合检测技术；第 11 章为采空区上新建建(构)筑物抗变形技术，主要介绍采空区上新建建(构)筑物抗变形建筑的设计原则及高层和大型钢结构厂房的抗变形技术；第 12 章为采煤塌陷地建设利用工程实例——山东蓝海领航电子商务产业园，主要介绍其工程概况及地质采矿条件和采空区岩土工程勘察、灌注充填治理与注浆效果检测。本书第 1 章、第 2 章、第 5 章、第 8 章、第 9 章由陈绍杰主笔，第 3 章、第 4 章、第 6 章、第 11 章由江宁主笔，第 10 章和第 12 章由常西坤主笔，第 7 章由郭惟嘉主笔。

本书同时参考和借鉴了诸多专家和学者的研究成果，在此深表感谢。由于作者水平有限，书中难免有不足之处，敬请读者批评指正。

作　者

2018 年 2 月于青岛

# 目 录

# 第1章 概 述

## 1.1 煤矿采空区及特点

我国以煤为主的能源结构决定了煤炭资源在我国经济和社会发展中一直处于重要的战略地位[1-4]。《能源中长期发展规划纲要(2004～2020年)》明确，中国将“坚持以煤炭为主体、电力为中心、油气和新能源全面发展的能源战略”①。由中国工程院编写的《中国能源中长期(2030、2050)发展战略研究》同样指出[2]：到2050年我国煤炭资源年产量控制在30亿t。根据《中国能源统计年鉴》相关数据[5]得到的我国历年煤炭产量及增长率(图 1-1)和一次能源消费结构(图 1-2)，可以看出，随着我国能源结构的不断完善和调整，煤炭资源在我国一次能源生产和消费结构中所占比例有所下降，但我国能源资源禀赋特点决定了我国以煤为主的能源结构在今后一段时间仍将难以改变。

煤炭开采在保障我国能源供应的同时，也形成了大量采煤塌陷地，统计结果显示[6-8]，目前我国每年因采煤造成的地表塌陷约1亿$m^2$，加上过去一些矿区对已有的采煤塌陷地疏于治理，在全国21个省区，煤塌陷地面积多达45亿$m^2$，且这些采煤塌陷地主要集中在山东、河南、河北、安徽、山西、江苏等人口稠密、经济发达的中东部地区，严重制约了当地(尤其是煤矿城市)的经济社会发展。随着我国西部大开发、“一带一路”倡议的加速实施和城镇化、工业化进程的加快，以及交通路网等基础设施建设密度的逐年增大，需要大量的建设用地，与此同时，

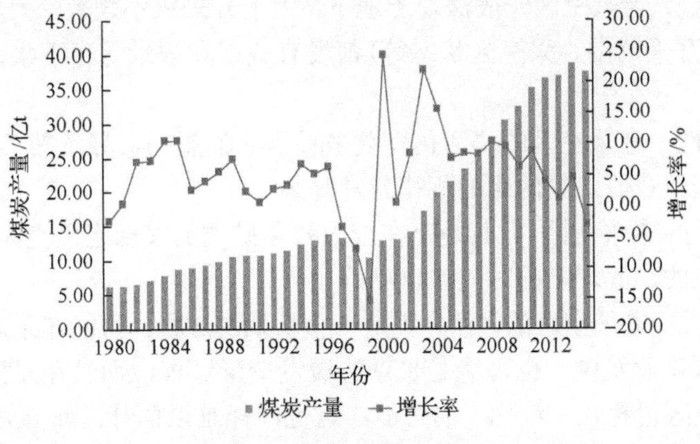


图 1-1 我国煤炭产量及增长率

① 国家发展和改革委员会. 能源中长期发展规划纲要(2004～2020年). 2004.

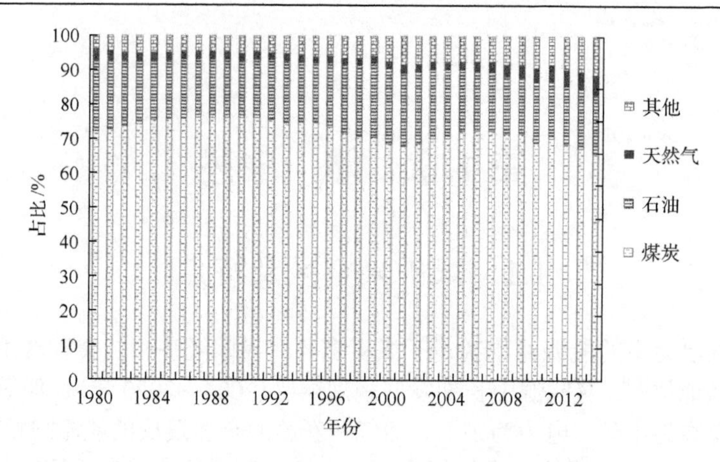


图 1-2 我国一次能源消费结构

2016 年 6 月国务院印发的《全国土地利用总体规划纲要(2006～2020 年)调整方案》[9]明确指出：坚守 18 亿亩[①]耕地保护红线。城市建设用地紧张与耕地保护矛盾突出，尤其是对于煤矿城市。因此，必须要提高现有土地利用率，同时对塌陷地进行科学整治，使其恢复为建设用地，来缓解我国建设用地紧张与耕地保护之间的矛盾，为国家建设提供充足的建设用地供应。

地下采空区作为不良地质体，若在其上方新建建(构)筑物(如天然气管道、厂房、桥梁、大坝、高层楼房等)，在地表建(构)筑物荷载、覆岩力学强度损伤及其他外力扰动等因素单独或联合作用下，可能引起老采空区“二次活化”，导致地表发生附加移动和变形，进而导致地表建(构)筑物沉降、局部开裂、倾斜直至倒塌等灾害，严重影响和危害采空区上方建(构)筑物的规划、施工建设和安全运营。

采煤塌陷地对工程建设具有巨大的潜在威胁，具有以下特点。

(1)隐蔽性：老采空区一般深埋于地下，由于开采极不规范，大多数采空区的基本情况(如开采范围、采空区状态等)都没有数据和记录保存下来，其特征一般难以弄清。

(2)复杂性：老采空区的“活化”受多种因素的影响，导致其“活化”机理、过程及对地表建(构)筑物的影响规律异常复杂。

(3)突发性：老采空区(尤其是存在较大残留矿硐的浅部老采空区)的失稳破坏常常是突发性的，其塌陷的时间难以准确预计。

(4)长期性：老采空区的“活化”是一个长期的过程，可能在采后几年到几十年，甚至上百年后发生，也可能是长期的缓慢变形过程，而且在发生过明显“活化”的老采空区仍存在“活化”的可能，这也同样难以估计。如 R.E.格蕾和 R.W.普鲁恩通过对匹兹堡煤层下沉的研究指出，房柱式开采老采空区的下沉可能在采

① 1 亩≈666.67m$^2$。

后许多年后才发生，一半以上的下沉是在采后50年甚至更长的时间内发生的。比较有名的老采空区突然破坏的实例有：美国早期的房柱式开采老采空区，在开采后几十年、上百年后，煤柱失稳曾引起地面突然沉降，从而导致了巨大危害；苏格兰一个报废矿在采后118年后才发生地表下沉破坏；波兰维利奇卡(Wieliczka)盐矿开采140年后地表突然塌陷，造成地面建筑物全部被毁；经调查，南非煤柱的失稳大多也是多年之后才发生的[2]。

## 1.2 国内外采煤塌陷地土地利用情况

### 1.2.1 国外采煤塌陷地土地利用情况

在国外，开采沉陷区的地面沉降问题同样早就引起了人们的重视，有许多文献和报道[10-15]介绍和讨论了废弃采煤场之上的地表沉陷、地基处理和建筑物保护等问题。美国有30个州出现了废弃采空区地面的沉降问题，其中地下开采面积最大的宾夕法尼亚州、西弗吉尼亚州、肯塔基州、俄亥俄州和伊利诺伊州5个州的沉陷问题尤为突出；R.E.格雷和R.W.普鲁恩通过对匹兹堡煤层下沉的研究，指出报废矿(房柱式开采)的地表下沉发生时间无疑受岩层和煤柱破坏速度及其他因素的影响，地表变形预期会随着覆岩厚度的增加而减少，但统计结果认为房屋的破坏程度实际上与覆岩厚度没有明显关系；实例(覆岩厚度14～75m)表明覆岩厚度再大未必一定能保证地面不会下沉[10]。

为保证部分开采(如房柱式开采、条带开采)时地表的长期稳定性，许多采矿专家对矿柱、矿场设计方法进行了深入的研究和改进，使得部分开采控制覆岩移动技术更加可靠；但许多技术落后地区和地方小矿没有严格的采矿设计，仍在大量采用老式的或不可靠的采矿方法，形成了新的老采空区沉陷隐患，并在许多地区造成了严重的采空区沉陷损害事件。

尤其是美国，各主要采煤州都成立了处理采空区沉陷问题的专门机构，并有专门处理老采空区地基的岩土公司(如The Judy Company)[16]，在调查研究房柱式老采空区、地基处理等方面有比较丰富的经验。澳大利亚和英国分别有在100年和150年历史的房柱式老采空区上建设大型医院和楼房的实例报道[17,18]。在抗变形建筑设计方面，美国和英国采取的措施是将建筑物设计成柔性结构或刚性结构：如英国地方专用方案协会(CLASP)曾提出了一套柔性结构建筑物系统，效果较好[19]；刚性建筑的基础通常由厚板或由厚抗剪切墙强化的混凝土排基组成，但使用刚性设计保护建筑物可能会使它的造价大大增加。

对有关文献[20-24]的分析可知，国外的老采空区问题大多为针对局部开采的房柱式废弃矿区问题，研究方法主要采用调查统计方法，缺乏较深入的理论研究，采取的处理措施主要包括全部充填采空区支承覆岩、采用灌注柱法或深桩基局部支承覆岩、水诱导沉陷法等。处理后的地面主要用于开发建设居民区等。对应用长壁开采法形成的开采沉陷区的地基稳定性问题和地基处理等方面基本没有进行系统研究和工程实例。

经文献检索，美国从1977年开始确立、1983年开始实施开采沉陷区的土地复垦计划；英国在Leabrook Road Site地区实施大面积的土地复垦项目；西班牙实施的矿区土地复垦项目内容包括去除矸石山、植树造林、拆除旧装置、建设新的工业区。

国外文献在开采沉陷区的土地利用方面多以土地复垦为主。

### 1.2.2　国内采煤塌陷地土地利用情况

随着我国煤炭工业生产和矿区建设的发展，矿区土地资源破坏、建设用地紧张的问题日益突出。而开发利用废弃老采空区土地，对于提高矿区土地利用率、缓解矿区土地资源紧张问题是一种有效的方法。许多矿区已经开始了沉陷区土地资源的开发利用工作，在废弃采空区上方地表兴建建(构)筑物的实例也日益增多，有兴建一般性工业厂房和民用建筑群，也有兴建或扩建大型电厂、选煤厂、储煤建筑物等。但是，由于没有或缺少对老采空区“活化”研究和采取必要的技术措施，开采沉陷区土地开发也产生了一系列严重的问题，如新建建(构)筑物出现开裂、沉陷、变形，地表沉陷，设备因基础变形而无法正常使用等，以及大大增加的地基处理费用造成建设项目财政困难且复杂的技术措施难以实施[25]。

实践表明，开采沉陷区土地通过地基稳定性技术论证并采取一定措施后可作为一般建筑用地使用，甚至可以作为大型建(构)筑物用地。例如，淮北矿业(集团)有限责任公司岱河煤矿在充填的煤矸石基础上建房；淮南矿业(集团)有限责任公司新庄孜煤矿在老采空区上方建设大型洗煤厂[13,14]，其主厂房的西南角直接位于采动破碎基岩区上方，裂隙发育带上界面距地表仅15m；潞安集团五阳煤矿在采空区附近修建坑口电厂[26]；徐州矿务集团有限公司庞庄煤矿也在老采空区上方进行电厂扩建[27]；太旧高速公路通过大面积老采空区上方[28]；等等。

国内一些文献讨论了老采空区的探测、地基稳定性评价和处理问题，如采用高分辨率地震技术探测老采空区位置[29]、以建(构)筑物荷载影响深度和采空区垮落断裂带发育高度不相互重叠来分析地基稳定性和确定建筑物的层数[30]，以及在开采沉陷区设计和研究特种结构住宅[31]等等。有学者运用随机介质理论对矿山地表的三维问题对厂房建筑最终稳定的地表移动和变形值进行了预计，结果与地表实测结果基本相符[15]。对于在老采空区上方进行建设，仅仅考虑地面附加建(构)筑物荷载对老采空区稳定性的影响是远远不够的，老采空区自身的稳定性及其“活化”也是影响地面建(构)筑物安全的主要因素。国内也有采用注浆充填老采空区建设工业建筑的实例，如山西省阳泉固庄煤矿装车站、本钢电焊条厂等。在老采空区上建设大型厂房的实例有本钢集团有限责任公司特殊钢厂厂房(四跨单层厂房，采空区原煤层采高2.3m、埋深759～799m)；本溪热电厂主厂房(框架结构，采空区原煤层埋深320～440m)，由于采深较大，不存在老采空区“活化”的影响，均按常规进行了设计[18]。

国内文献在开采沉陷区土地利用方面已有大量文献报道，除了土地复垦之外，在建筑利用方面也有多种应用，如电厂、选煤厂、水泥厂、炼钢厂、办公大楼、焦化厂、公路、木厂、仓库、宿舍及居民楼、学校、铁路、工业广场等。

本章选择了几个实例介绍如下。

1. 实例1——本钢建设工程

新建工程包括炼钢厂房、除尘间、除尘烟囱、精整车间、铁路桥、综合楼、水池等。整个工程费用为1.2亿元，厂房每年产特钢35万t，为亚洲最大的电炉特钢厂房。

新建电炉炼钢车间由四跨不等高的单层工业厂房组成，主厂房占地面积近3万$m^2$。其中原料跨为21m×240m，设有桥式吊车3台。电炉跨为21m×300m，设有30t电炉4座，每座都有相应的变电器设施，设有桥式吊车4台。铸锭跨为21m×240m，布有横向过跨铸锭车，设有桥式吊车4台。脱整模跨为24m×240m，主要有缓冷机和脱整模设施操作区，车间内通过铁路线，设有桥式吊车5台。此外主厂房内设有炉外精炼设备和预留半径$R$=7.5m的一机二流板坯连铸机位置，同时还有烟囱、水塔、高压线塔等设施。

厂区主要建(构)筑物荷载状况：一般为15～20t/$m^2$，最大为30t/$m^2$。

此处只采一层煤，走向长壁工作面，全部垮落法管理顶板。进行4个块段开采，分别于1980年、1981年、1982年3月结束。采厚2.3m，采深759～799m，倾角3°。两个块段开采已引起地表下沉与变形。两个较小块段开采还未影响到地表，其中相对较宽者为50m。

1982年10月建立地表移动观测站，实测表明：1984年8月地表已稳定，随着厂房基建，观测站测点陆续被破坏。为进行监测，1986年12月又重新建立地表监测站以监测地表变化。

致使采空地表重新失稳可能有下列诱因：①存在着流沙层；②存在着地下水动力作用；③为岩溶发育区；④为破碎带、地质陷落柱、古滑坡体等地质不稳定体；⑤存在着厚层坚硬灰岩、砂岩顶板，其在开采过程中周期性折断而处于暂时稳定状态；⑥老采空区地表在拟建荷载作用下的活化。

综合分析上述因素及地震影响，断定如果出现地表“活化”，只可能是由拟建荷载作用引起的，因此只研究拟建荷载的影响。

通过分析认为，此处最小采深为759m，因此此处采空地表不会“活化”。在厂房荷载作用下采空区地表继续保持稳定，厂房生产安全，因此建厂时不采用预加固措施。厂房建成后也不需要采用任何稳定措施。

2. 实例2——本溪热电厂建设工程

本溪热电厂坐落在本溪煤矿有限责任公司(简称本溪煤矿)、本溪市彩屯煤矿老采空区上方。

本溪煤田区域地层发育较全，煤田范围内地层从新到老依次有：第四系；白垩系大峪组；侏罗系大明山组与卧龙组；二叠系林家组、石千峰组、上石盒子组、下石盒子组、山西组；石炭系太原组、本溪组；奥陶系马家沟组、亮甲山组、冶里组；寒武系凤山组、长山组、崮山组、张夏组、当十组、石桥子组、馒头组；震旦系桥头组、南芬组、钓鱼台组；前震旦系。本溪热电厂厂址区只发育第四系；二叠系上石盒子组与下石盒子组、山西组；上石炭统太原组。

整个地层中砂岩占75%，页岩占16%，黏土层占0.6%，煤占1.6%，煤层上覆以砂页岩为主，结构紧密，裂隙不发育，为中硬岩层，倾角为0°～25°。

主要可采煤层1～8层：1～5层为上煤组，属薄煤层，厂区下方埋深320～400m，累计采厚2.6～4.2m，倾角为9°～14°，赋存较稳定；6～8层为下煤组，属中厚煤层，厂区下方埋深400～440m，累计采厚3.0～5.4m，倾角为9°。5～6层间距为60～80m。

本溪煤田有三大构造体系：东西向纬向构造、北东向华夏式构造、北东向新华夏系构造。在上述区域构造体系控制下，本溪煤田发育的主要断裂有$F_1$、$F_2$、$F_3$、$F_4$。彩屯煤矿次一级断裂有$F_6$、$F_7$。彩屯立井东部断层$F_7$位于厂区以东500m，斜少岭断层$F_6$位于厂区以西500m。本溪热电厂厂区在构造位置上属稳定地带，不受古构造影响。厂区范围内工程勘察发现有3条拉张型小断层，倾角75°～80°，断距2～3m，断带宽0.8～1.2m，且早已稳定。

本溪热电厂厂区位于辽东块隆西部次级构造——太子河凹陷内，经历过多次构造运动。$F_{11}$工字楼断裂是本溪市市区最大的第四纪活动断裂，对厂区有一定的影响。太子河断裂为较大区域断裂带，距厂区4km。北起本溪市偏岭，经过张家街、千金沟、福金沟延伸到辽阳首山一带，最后一次活动时间为$(16.21\pm1.22)\times10^4$年。1974年和1987年发生过两次震群活动，最大震级Ms=4.8级，断层仍有一定的活动性。

本溪地处上地幔凹陷区内，地壳厚度33～35km。1972年以来，共发生地震(Ms≥1.0级)390次，其中2.0～2.9级88次，3.0～3.9级8次，4.0级以上1次，最大4.8级。主要集中在参窝水库、桥头—弧家子、柳河和清河城地区。

本溪热电厂位于中国地震烈度区划图(1990)Ⅶ度区内，本溪地震小区划结果表明，本溪历史上最大的地震影响裂度为Ⅵ度，未来地震对厂区可能造成Ⅶ度破坏。

厂区下方为原本溪煤矿五坑区，走向长壁式后退开采，自然垮落法管理顶板，自上而下、由浅入深顺序开采。上煤组已于日伪统治时期及中华人民共和国成立初期相继全部采完。下煤组于 1959 年起相继开采。厂区下方残煤采厚 2.2～2.4m，于 1973～1980 年进行第二次开采。

拟建厂区以南为中华人民共和国成立初期开采的老采区，尚有部分残煤可供开采。沿走向长 680m，斜长 230～360m，采厚 1.0～1.3m，采深 440～480m，倾角 9°。

厂区以南未来残采区沿走向长 680m，斜长 230～360m，采厚 1.0～1.3m，采深 440～480m，倾角 9°。按地表移动随机介质理论空间问题的预计体系进行变形预计。

根据本溪地区建筑物下采煤长期实践，该区地表移动基本参数为：下沉系数 $q$=0.70，水平移动系数 $b$=0.30，主要影响角 $\beta$ 的正切 $\tan\beta$=2.0，开采影响传播系数 $K_1$=0.425，拐点偏移距 $S_0$=0.08$H$，$H$ 为开采深度。

由此可得厂区地表最大下沉与变形值分别为：最大下沉值 $W_{\max}$ =264mm，最大水平位移 $u_{\max}$ =0.05×10$^{-3}$mm/m，最大倾斜值 $i_{\max}$ =4.6mm/m，最大水平变形 $\varepsilon_{\max}$ =2.1mm/m，最大曲率 $K_{\max}$ =0.05×10$^{-3}$mm/m$^2$。根据《建筑物、水体、铁路及主要井巷煤柱留设与压煤开采规范》(2017 版)[32]，该厂应属Ⅰ类保护对象，对于Ⅰ类保护对象的建(构)筑物所允许的采动地表临界变形值：$u$≤3mm/m，$\varepsilon$≤2mm/m，$K$≤0.2×10$^{-3}$mm/m$^2$。可见，地表实际变形值接近且略大于Ⅰ级保护所允许的地表临界变形值，因此，考虑到未来残采影响，此处建设新的本溪热电厂基本可行，但必须考虑适当的抗变形结构措施。

3. 实例 3——京福国道主干线徐州东绕城公路

煤矿采空区特殊路基位于正线 K30+820～K31+170 段，西距徐州市 13km。采空区路段地层属于华北地层区徐州至宿州地层小区。自上而下依次如下所述。

(1)第四系(Q)：为一套松散沉积物，与下伏地层呈角度不整合接触。

(2)全新统($Q_4$)：上部为耕植土，根系发育，土质松散，下部为亚砂土，含腐殖质，松散-软塑。厚度为 2.3～3.7m，平均厚度为 3.0m。

(3)上更新统($Q_3$)：黏土、含钙质结核黏土，硬塑-坚硬，普遍含钙质结核，含量一般为 20%～30%，结核粒径一般为 1～2cm，最大超过 10cm。中下部普遍发育一层厚 1m 左右的铁锰质结核。该层厚度为 10～18m，平均厚度为 13.6m。

(4)上二叠统山西组($P_1$sh)：上部由页岩、砂质页岩夹薄层砂岩或厚层砂岩组成，夹薄煤或煤线 1～3 层；中下部由砂岩、砂质页岩、页岩互层和煤层组成，含煤 1～3 层，其中 7#煤为主要可采煤层。该组厚度一般为 106.2～141.3m，平均厚度为 121m。

(5)上石炭统太原组($C_3$t)：为一套海陆交互相沉积，由灰岩、页岩、砂质页岩、砂岩和煤层组合。含灰岩 13 层，灰岩中岩溶、裂隙发育，溶洞高度一般为 0.02～0.20m，少量可达 1～2m。含煤 1～20 层，其中 20#煤、21#煤可采，16#、17#、18#煤、19#煤、22#煤局部可采。该组厚度一般为 137～162m，平均厚度为 152m。

(6)中石炭统本溪组($C_2b$)：以页岩、灰岩为主，不含煤。厚度一般为24～39m，平均厚度为32m。

区内地层总体向东南缓倾，倾角为10°～28°，煤层埋藏西北浅、东南深。沿线路向北距采空区北界(K30+820)约420m为$F_6$断层，向南距采空区南界(K31+000)约860m为一斜交正断层，这两条断层呈大角度斜交公路路线，距采空区较远。

区内地下水主要有第四系松散土层孔隙水、石炭系太原组碳酸盐岩类裂隙溶洞水和碎屑岩类孔隙裂隙水3种类型。第四系冲积层一般厚度为10～21m，平均厚度为15.11m，含水层主要是粗碎屑堆积物，孔隙大，渗透性强，主要补给来源是大气降水，水位埋深在–4m左右，部分可达–7m，该层孔隙水是煤矿矿井充水的主要来源。

根据岩石的饱和抗压强度，可将岩石可分为3类[《公路工程地质勘察规范》(JTG C20—2011)]，其中上部全风化页岩饱和抗压强度$R_c$<5MPa，属极软岩石；弱风化页岩、泥岩，强风化灰岩、砂岩饱和抗压强度为5～30MPa，属软质岩石；弱风化灰岩、微风化灰岩饱和抗压强度为30～127.8MPa，属硬质-极硬质岩石。

徐州煤田位于徐州复式背斜的东西两翼，东翼贾汪矿区包括夏桥、青山泉、大黄山等煤矿。西翼九里山矿区包括新河东城、夹河、义安等煤矿。京福国道主干线从北向南斜穿贾汪矿区，其中沿线分布的大庙四矿、大黄山矿、大庙二矿、村矿、全源二矿等从1958年开采至今，形成了大面积的采空区，其上覆岩层塌陷冒落，自下而上形成垮落带、裂缝带和弯曲下沉带，导致部分地表发生变形，产生裂缝、裂隙及地表沉陷，对拟建公路产生了极大的破坏作用，主要发生区在K30+820～K31+170(正线)，其产生的采空区主要是由大庙四矿开采及修建抽水巷道和水仓形成的，开采时间为1995～1998年。

通过对采空区进行勘察，发现采空区冒落特征如下：各煤层采用长壁后退式开采，其中16#～19#煤采动范围小，时间短，但冒落带、裂隙带发育，而弯曲下沉带不发育，20#煤采动范围大，虽然顶板为灰岩，但灰岩裂隙、岩溶发育，易冒落塌陷，所以冒落带、裂隙带发育，且在部分地段，20#煤采空区冒落带高度为1.75m左右。

考虑到多次重复采动影响，该区地表移动基本参数为：下沉系数$q$=0.90，水平移动系数$b$=0.30，主要影响角$\beta$的正切$\tan\beta$=2.0，主要影响角$\beta$为65°。

采用概率积分法得到了该区域的剩余变形特征值：最大剩余下沉值为61.20mm，最大剩余倾斜值为53.20mm/m，最大剩余曲率值为–1.84mm/m$^2$，最大剩余水平位移值为–306.2mm，最大剩余水平变形值为–27.5mm/m。地表的剩余变形值较大，超过道路的允许变形值。

后期采用注浆法对采空区进行了加固处理，注浆材料采用高掺量粉煤灰水泥浆材，浆液水灰比变化范围为0.5∶1～1∶1.0，以0.8∶1为主。施工过程中先施工帷幕孔，后施工中间注浆孔，其中中间注浆孔分序次施工，采用间歇式定量注浆方式。当帷幕孔注浆压力在0.5～2.0MPa，基岩注浆的体积流量为5～20L/min，采空区注浆的体积流量为20～50L/min，持压15min或周围有冒浆现象时，结束帷幕孔注浆；当中间注浆孔注浆压力达到0.6MPa，注浆的体积流量稳定在50～70L/min，持压15min或周围有冒浆现象时，结束中间注浆孔注浆。

2001年4月1日～6月30日完成了80个注浆孔的注浆工作，共注入浆液18316m$^3$。后期采用“地面物探+少量钻探+孔中物探+变形观测”的综合检测手段对注浆效果进行了综合检测，注浆治理效果较好，可保证后期道路的安全运行。

## 1.3 采煤塌陷地建设利用技术路线

采煤塌陷地建设利用是一个系统工程，根据其先后顺序主要分为采空区岩土工程勘察、采空区场地稳定性及建设适宜性评价、采空区治理和建(构)筑物抗变形技术等，如图1-3所示。

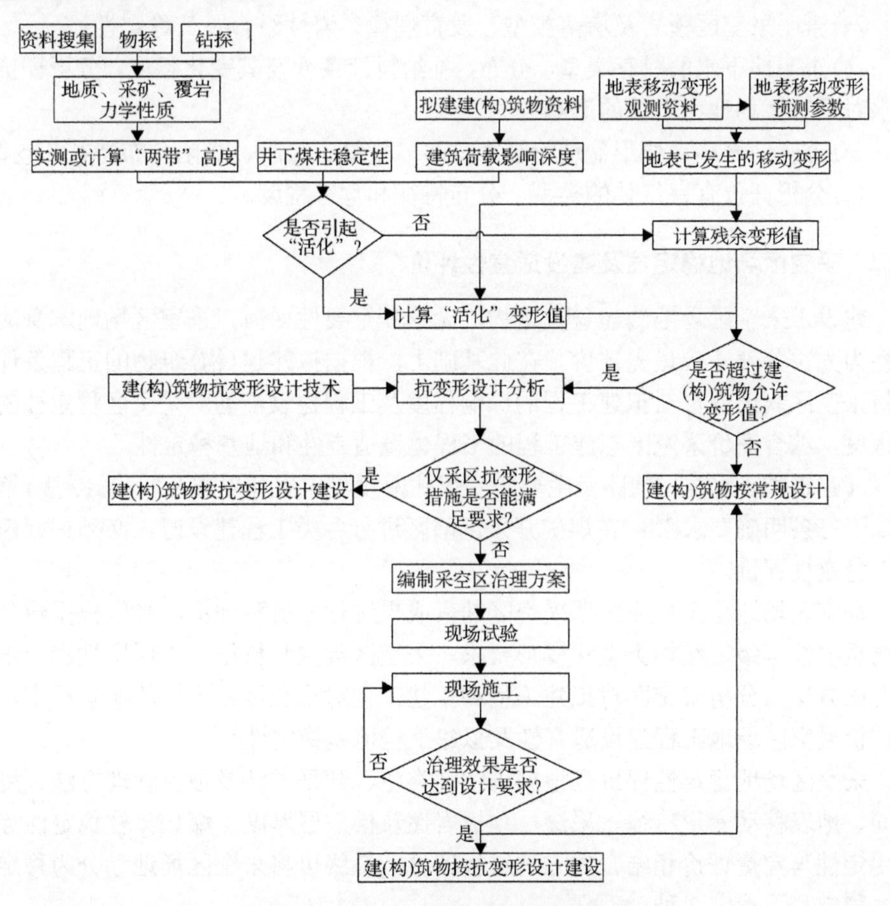


图1-3 采煤塌陷地建设利用路线图

### 1.3.1 煤矿采空区岩土工程勘察

《煤矿采空区岩土工程勘察规范》(GB 51044—2014)[33]中强制条款要求：拟建工程场地或其附近分布有不利于场地稳定和工程安全的采空区时，应进行采空区岩土工程勘察。《煤矿采空区建(构)筑物地基处理技术规范》(GB 51180—2016)[34]中强制条款同样要求：煤矿采空区新建、改建和扩建工程设计和施工前，必须进行煤矿采空区岩土工程勘察，判定工程建设场地的稳定性和适宜性。

煤矿采空区岩土工程勘察包括以下内容[33]：

(1)查明开采煤层上覆岩层和地基土的地层岩性、区域地质构造等工程地质条件；

(2)查明采空区开采历史、开采现状和开采规划，以及开采方法、开采范围和深度；

(3)查明采空区的井巷分布、断面尺寸及相应的地表对应位置、采掘方式和顶板管理方法；

(4)查明采空区覆岩及垮落类型、发育规律、岩性组合及其稳定性；

(5)查明地下水的赋存类型、分布、补给排泄条件及其变化幅度，分析评价地下水对采空区场地稳定性的影响；

(6)查明地表移动变形盆地特征和分布、裂缝、台阶、塌陷分布特征和规律；

(7)分析评价有害气体的类型、分布特征和危害程度。

### 1.3.2 采空区场地稳定性及建设适宜性评价

建设于采空区场地的建(构)筑物，无论其重要性如何，采空区场地本身的稳定性为先决条件，应最先评价。在此基础上，根据拟建建(构)筑物的工程条件，分析采空区剩余变形对拟建工程的影响程度及工程建设活动对采空区稳定性的影响程度，综合评价采空区拟建工程的工程建设适宜性和地基稳定性。

《建筑物、水体、铁路及主要井巷煤柱留设与压煤开采规范》(2017版)第一百二十三条明确要求[32]：在煤矿开采沉陷区进行各类工程建设时，必须进行建设场地稳定性评价。

采空区场地稳定性应根据采空区勘察成果进行分析和评价，并应根据建(构)筑物重要性等级、结构类型和变形要求、采空区类型和特征，采用定性和定量相结合的方法，分析采空区对拟建工程和拟建工程对采空区稳定性的影响程度，综合评价采空区场地工程建设适宜性及拟建工程地基稳定性[35]。

采空区场地稳定性评价应根据采空区类型、开采方法及顶板管理方法、终采时间、地表移动变形特征、采深、顶板岩性及松散层厚度、煤(岩)柱稳定性等，采用定性与定量评价相结合的方法进行评价，最终可将采空区场地划分为稳定、基本稳定和不稳定3种。

采空区场地工程建设适宜性应根据采空区场地稳定性、采空区与拟建工程的相互影响程度、拟采取的抗采动影响技术措施的难易程度、工程造价等综合确定，可划分为适宜、基本适宜和适宜性差。

建(构)筑物地基稳定性应根据场地稳定性、采空区覆岩垮落状况、工程建设和采空区稳定性的相互影响程度、地基基础设计等级等综合评价。

### 1.3.3 采空区治理

煤矿采空区工程治理方法可分为灌注充填法、穿越法、跨越法、砌筑法、剥挖回填法、强夯法、堆载预压法等[34]。工程治理方法应根据工程特点及处治目的、采空区地质条件、开采方式、拟建建(构)筑物地基条件、现场施工条件等综合确定。

灌注充填法：采用人工方法向采空区灌注、投送充填材料，充填、胶结采空区空洞及松散体的采空区地基处理方法。

穿越法：采用桩基础穿越采空区使桩端进入采空区稳定底板的采空区地基处理方法。

跨越法：采用梁或者筏板跨越采空区巷道，基础置于巷道两侧稳定岩土体的采空区地基处理方法。

砌筑法：对于硐室空间较大、顶板较稳定、通风条件良好的采空区，采用干砌、浆砌砌体或浇筑混凝土等方法，以增强对采空区顶板支撑作用的采空区地基处理方法。

剥挖回填法：移除采空上覆岩层及覆盖物，采用回填材料分层回填压实或夯实的采空区地基处理方法。

强夯法：在浅埋采空区，将夯锤提到一定高度后使其自由下落，以冲击和震动能量使采空区岩土体固结压密的采空区地基处理方法。

### 1.3.4 建(构)筑物抗变形技术

建(构)筑物抗变形技术就是对建(构)筑物采取相应的措施使其可以抵抗或适应地表的残余变形，使建(构)筑物免受地表残余变形的影响，可分为刚性措施和柔性措施。刚性措施是要保证建(构)筑物基础结构的刚度和强度可以抵抗地表变形的影响且能够承受采动所产生的附加内力的措施，包括板式基础、圈梁和联系梁等；柔性措施是让建(构)筑物基础结构具有足够的柔性和可弯曲性，保证基础能够随地基移动而产生位移，避免使结构产生较大的应力的措施，主要包括滑动层、双板基础和变形缝等。

# 第2章　常用采煤方法及覆岩破坏规律

## 2.1　采煤方法介绍

不同的采煤方法形成的老采空区是不一样的。要研究老采空区必须要搞清楚该采空区采用的是什么样的采煤方法。采煤的历史悠久，煤层赋存条件多种多样，曾经采用的和现在正在采用的采煤方法有很多种。

### 2.1.1　老窑及小窑采煤方法

绝大多数现代正规矿井均采用高效率的正规采矿方法，这些方法在许多文献中都有详细的介绍。而我国普遍存在的、老采空区问题比较严重的是老窑和小矿，所采用的采煤方法多为技术落后的、低效率的采煤方法，其造成的老采空区地基失稳隐患更为严重。

我国有非常悠久的用煤历史，最早可追溯至先秦时期；到唐代已开始形成煤炭的规模开采。1959年河南省鹤壁集公社市营中心煤矿井下发现了一处宋代采煤遗址，遗址南北长约250m，东西宽约200m[36]。发现已残的圆柱立井一处，直径约2.5m，井筒深46m；发现已残的巷道6条，其中立井底部南北巷道一条，残长约10m，顶高2.1m，宽2m；东西运输巷道1条，和立井巷道南端连接；由东西运输巷道向南开掘的巷道4条，共长500m，高1m，上宽1m，下宽1.4m；发现工作面10处，其中8处位于向南开掘的4条巷道的两侧，另外2处位于立井北面，最大深度约50m，宽约30m。

根据考古发现和历史文献记载，古代采煤时井巷的基本布置方式为：

(1)同时开凿两个井筒和俗称“正窝路”和“风路”的2条主要大巷。

(2)开掘沿煤层倾斜方向的上山或下山及与运输大巷平行的平巷。

(3)再开掘俗称“窝路”的斜坡和各种小巷，把煤层分割为若干小块。在斜坡尽头，布置称为“塘”的工作面。工作面之间留置煤柱并互相连通。目前许多地方小窑的井巷布置仍基本采用这种方式。

纵观我国的采煤历史，从古代老窑到现代的一些私人小窑，其基本特征是：大多位于煤田的浅部边缘地带，开拓系统简单；无完整的地质、采矿资料，开采随意性较大；矿井采深较小，一般在200m以内。开采后形成的采空区形态不规则。老窑和小窑常见的采煤方法和残存采空区形态可概括为以下几种[36,37]。

1) 树枝式采煤

遇见煤层后，就开掘一些沿煤层巷道，不分走向、倾向，见煤就挖，无煤就停，以掘进代替采煤，采煤巷道形成放射状的树枝形。采煤空洞多为任意折线状弯曲的坑道；局部顶板好时的采空区较大，为似圆形。由于采空巷道宽度小，顶板可能残留数十年至数百年时间而不垮落。

2) 挂牌式采煤

沿煤层走向掘进主巷，每隔一定距离沿倾向开上、下山，在上、下山两侧回采，采空区形状多呈似圆形，其面积视顶板情况而定，从几十平方米到上百平方米不等，就像在主巷上挂的牌子一样，如图 2-1 所示。

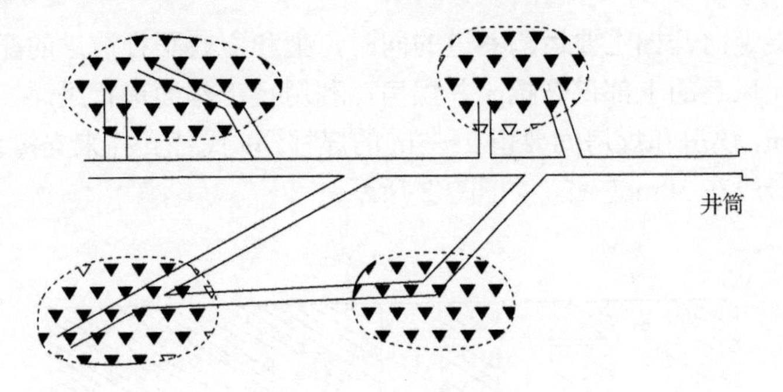


图 2-1　挂牌式采煤

这样的采掘缺少规划。最后巷道采远了，造成通风、运输、排水和巷道维护上的困难，不得不放弃而另开新井，不仅浪费资金，也容易发生冒顶、片帮事故，不能安全生产，所以说采掘不分的采煤方法是极不合理的。

3) 残柱式采煤

井筒穿到煤层后，沿着煤层走向开掘主要运输平巷，再在已经控制的煤层里，开掘许多纵横交错的巷道，把煤层分割成许多方形或长方形的煤柱(俗称“豆腐块子”)。然后从边界往后退，顺次开采各个煤柱，这就叫残柱式采煤法，如图 2-2 所示。煤柱的大小，要根据煤层厚度及倾角大小来确定，一般是 10m×10m 或 10m×15m。

每采一块煤柱时，就在这一块煤柱里布置纵横交错的巷道，把煤柱又分成几个小块煤柱。这样就把巷道中的煤采了出来，那些小煤柱残留在采空区支撑顶板。这种采煤法回采率为 40%～50%，通风系统紊乱，巷道维护量大，是一种落后的采煤方法。仅适用于煤层极不稳定、顶板破碎的局部地区开采。

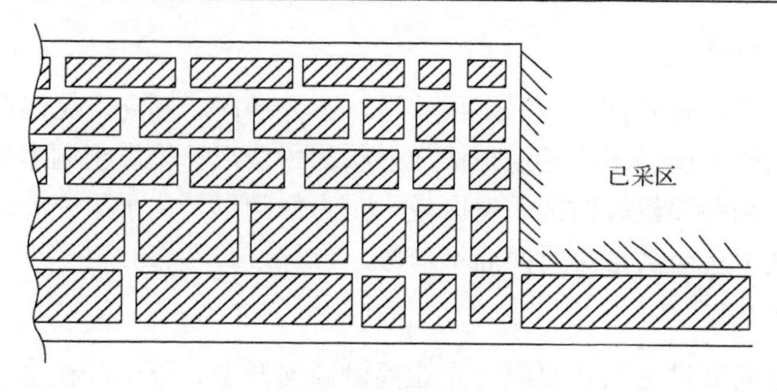


图 2-2　残柱式采煤

4) 房柱式采煤

沿着煤层走向开掘主要运输巷道的同时，把和主巷平行前进的配风巷开掘出来。在这些配风巷的上部，开掘一些煤房，利用短工作面进行采煤。煤房的宽度一般为 3～5m，煤房和煤房间要留 2～3m 的煤柱，以代替支柱来支撑顶板的压力。煤房的长度一般在 30m 左右，如图 2-3 所示。

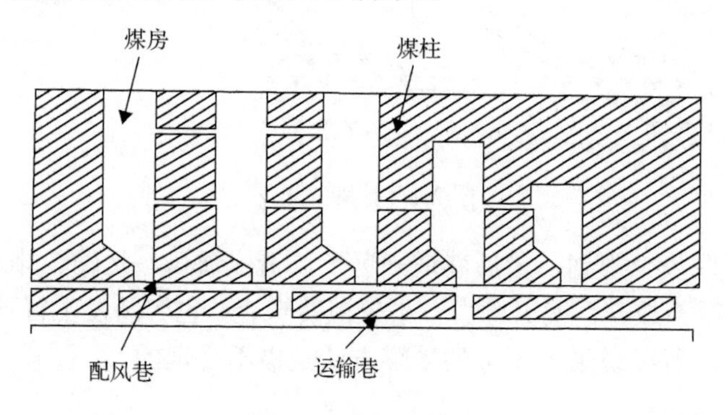


图 2-3　房柱式采煤

5) 巷柱式采煤

在矿井生产水平上沿煤层走向开掘主巷道，然后每隔一定距离沿倾向掘上、下山形成采区，在上、下山中每隔一定距离沿煤层走向掘平巷，即采煤面，掘至一定深度后停止，然后边后退边开采巷道两侧的煤层，开采宽度视顶板条件而定，一般为 3～5m。相邻采煤巷(面)之间留下一定宽度的煤柱(煤柱宽 2～3m)隔离和支撑顶板。

6) 走向壁式采煤

在缓倾斜和倾斜的薄煤层或中厚煤层中，采用走向壁式采煤法最为适宜。走向壁式采煤法根据工作面长度的大小又可划分为长壁及走向短壁采煤法，其中短壁采煤法为江南各省区农村小煤窑广泛采用的方法，采煤方法分类如图 2-4 所示。

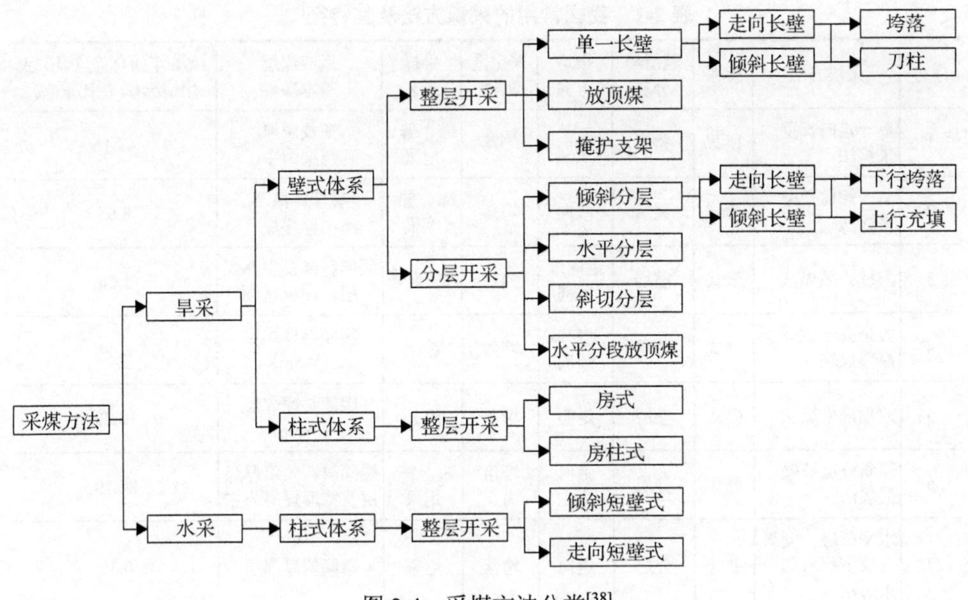


图 2-4　采煤方法分类[38]

### 2.1.2　现代煤矿采煤方法

现代我国使用的采煤方法种类较多(表 2-1)，通常按采煤工艺和矿压控制特点，可将采煤方法归纳为壁式采煤法和柱式采煤法两大体系。前者以采煤工作面长度较长为主要特征，后者以采煤工作面较短为主要特征。这两种体系的采煤工艺有很大区别，采煤机械设备也不相同，因而这两种体系的采煤方法在巷道布置、运输方式和采煤工艺上都有很大区别。在世界各国，除美国等国家以柱式采煤法为主外，其他主要产煤国家都以壁式采煤法为主，我国主要采用长壁式采煤法。

1. 壁式体系采煤法

壁式体系采煤法一般以长工作面采煤为其主要标志，产量占我国国有重点煤矿的 95%以上，随着煤层厚度及倾角的不同，开采技术和采煤方法会有所区别。对于薄及中厚煤层，一般都是按煤层全厚一次采出，即整层开采；对于厚煤层，可把它分为若干中等厚度(2～3m)的分层进行开采，即分层开采，也可采用放顶煤整层开采。无论是整层开采还是分层开采，依据不同倾角、采煤工作面推进方向，又可分为走向长壁开采和倾向长壁开采两种类型。上述每一种类型的采煤方法在用于不同的矿山地质条件及技术条件时，又有很多种变化。

表 2-1　我国常用的采煤方法及其特征[38]

| 序号 | 采煤方法 | 体系 | 整层与分层 | 推进方向 | 采空区处理 | 采煤工艺 | 适应煤层基本条件 | 1996 年国有重点煤矿应用情况(产量比重/%) |
|---|---|---|---|---|---|---|---|---|
| 1 | 单一走向长壁采煤法 | 壁式 | 整层 | 走向 | 垮落 | 综、普、炮采 | 薄及中厚煤层为主 | 43.16 |
| 2 | 单一倾向长壁采煤法 | 壁式 | 整层 | 倾向 | 垮落 | 综、普、炮采 | 缓倾斜薄及中厚煤层 | 8.65 |
| 3 | 刀柱式采煤法 | 壁式 | 整层 | 走向或倾向 | 刀柱 | 普、炮采 | 缓倾斜薄及中厚煤层，顶板坚硬 | 1.66 |
| 4 | 大采高一次采全厚采煤法 | 壁式 | 整层 | 走向或倾向 | 垮落 | 综采 | 缓倾斜厚煤层(＜5m) | 2.44 |
| 5 | 放顶煤采煤法 | 壁式 | 整层 | 走向 | 垮落 | 综采 | 缓倾斜厚煤层(＞5m) | 12.29 |
| 6 | 倾斜分层长壁采煤法 | 壁式 | 分层 | 走向为主 | 垮落为主 | 综、普、炮采 | 缓倾斜、倾斜厚煤层及特厚煤层为主 | 24.79 |
| 7 | 水平分层、倾斜分层下行垮落采煤法 | 壁式 | 分层 | 走向 | 垮落 | 炮采 | 急倾斜厚煤层 | 0.30 |
| 8 | 水平分段放顶煤采煤法 | 壁式 | 分层 | 走向 | 垮落 | 综采为主 | 急倾斜特厚煤层 | * |
| 9 | 掩护支架采煤法 | 壁式 | 整层 | 走向 | 垮落 | 炮采 | 急倾斜厚煤层为主 | 0.77 |
| 10 | 水力采煤法 | 柱式 | 整层 | 走向或倾向 | 垮落 | 水采 | 不稳定煤层/急斜煤层 | 1.38 |
| 11 | 柱式体系采煤法(传统的) | 柱式 | 整层 | 走向或倾向 | 垮落 | 炮采 | 非正规条件回收煤柱 | 1.81 |

*比例较小，使用比重包含在序号 5“放顶煤采煤法”一栏中。

1) 薄及中厚煤层单一长壁采煤方法

所谓“单一”，即表示整层开采，“垮落”表示采空区处理是采用垮落的方法。由于绝大多数单一长壁采煤法均用垮落法处理采空区，一般可简称为单一走向长壁采煤法。先将采(盘)区划分为区段，在区段内布置回采巷道(区段平巷、开切眼)，然后将采煤工作面呈倾斜布置，沿走向推进，上下回采巷道基本上是水平的，且与采区上山相连。

对于倾斜长壁采煤法，先将井田或阶段划分为带区及分带，在分带内布置回采巷道(分带斜巷、开切眼)，然后将采煤工作面呈水平布置，沿倾向推进，两侧的回采巷道是倾斜的，并通过联络巷直接与大巷相连。采煤工作面向上推进称为仰斜长壁，向下推进称为俯斜长壁。为了便于顺利开采，煤层倾角不宜超过 12°。

当煤层顶板极为坚硬时，若采用强制放顶(或注水软化顶板)垮落法处理采空区有困难，有时可采用煤柱支撑法(刀柱法)，称单一长壁刀柱式采煤法，采煤工作面每推进一定距离，留下一定宽度的煤柱(即刀柱)支撑顶板。但这种方法产生的工作面搬迁频繁，不利于机械化采煤，资源的采出率较低，是在特定条件下的一种采煤方法。

当开采急斜煤层时，为了便于生产和安全，工作面可呈俯伪斜布置，仍沿走向推进，称为单一伪斜走向长壁采煤法。另外，近十年来在缓斜厚煤层(＜5m)中成功应用的大采高一次采全厚采煤法，也属于单一长壁采煤法的一种。

2)厚煤层分层开采的采煤方法

开采厚煤层及特厚煤层时，利用上述整层采煤法进行开采将会遇到困难，在技术上较复杂。当煤层厚度超过 5m 时，采场空间支护技术和装备目前尚无法合理解决。因此，为了克服整层开采的困难，可把厚煤层分为若干中等厚度的分层来开采。根据煤层赋存条件及开采技术不同，分层采煤法又可以分为倾斜分层、水平分层、斜切分层 3 种。

倾斜分层：将煤层划分成若干个与煤层层面相平行的分层，工作面沿走向或倾向推进。

水平分层：将煤层划分成若干个与水平面相平行的分层，工作面一般沿走向推进。

斜切分层：将煤层划分成若干个与水平面呈一定角度的分层，工作面沿走向推进。

各分层的回采有下行式和上行式两种顺序：先采上部分层，然后依次回采下部分层的方式称为下行式；先采最下面的分层，然后依次回采上部分层的方式称为上行式。

回采顺序与处理采空区的方法有极为密切的关系。当采用下行式回采顺序时，可采用垮落法或充填法来处理采空区；采用上行式回采顺序时，则一般采用充填法来处理采空区。

不同的分层方法、回采顺序及采空区处理方法的综合应用，可以演变出各式各样的分层采煤方法。但是，在实际工作中一般采用的主要有下列 3 种：①倾斜分层下行垮落采煤法；②倾斜分层上行充填采煤法；③水平或斜切分层下行垮落采煤法。

分层采煤法是当前我国在厚煤层中采用的主要采煤方法，该方法所采煤炭产量占国有重点煤矿总产量的 25%以上。最常用的是倾斜分层，产量占 24.79%；顶板管理主要采用垮落法，充填法所采煤炭仅占国有重点煤矿总产量的 1%左右。这种分层方法多用于开采缓倾斜、倾斜厚及特厚煤层，有时也可用于倾角较小的急倾斜厚煤层；开采急倾斜厚煤层时，过去常用的水平(或斜切)分层采煤法已部分为掩护支架采煤法所替代，采用较少，该方法所产煤炭产量仅占国有重点煤矿总产量的 0.30%；急倾斜特厚煤层条件下，近几年来已在水平分层采煤法的基础上成功采用了水平分段综采放顶煤采煤法，煤厚一般在 25m 以上，分段高度可为 10～

12m，分段底部采高约 3m，放顶煤高度为 7～9m，已取得了显著效果。

随着生产技术的发展，在厚煤层开采中整层开采有了较大发展。例如，近几年来，综合机械化采煤技术装备的发展、大采高支架的应用，为 5m 以下的缓倾斜厚煤层采用大采高一次采全厚的单一长壁采煤法创造了条件，并已得到了一定的发展。

在缓倾斜、厚度为 5.0m 以上的厚煤层条件下，特别是厚度变化较大的特厚煤层，一般采用综采放顶煤采煤法。

在急倾斜厚煤层条件下，可利用煤层倾角较大的特点，使工作面俯斜布置，依靠重力下放工作面支架，为有效进行顶板管理创造了条件，在煤层赋存较稳定的条件下，成功采用了掩护支架采煤法，并获得了较广泛的应用。

从总的情况来看，目前厚煤层整层开采所占比重较分层开采小。

壁式体系采煤法为机械化采煤创造了条件，按工艺方式不同，长壁工作面有综合机械化采煤、普通机械化采煤和爆破采煤 3 种工艺方式，机械化采煤的比重呈逐年上升趋势。

综上所述，可以看出，壁式体系采煤法一般有下列主要特点：

(1)通常具有较长的采煤工作面，我国一般为 120～180m，但也有较短的，为 80～120m，或更长的，为 180～240m。先进采煤国家其采煤工作面长度多在 200m 以上。

(2)在采煤工作面两端至少各有一条巷道，用于通风和运输。

(3)随着采煤工作面的推进，应有计划地处理采空区。

(4)采出的煤沿平行于采煤工作面的方向运出采场。

中国、苏联、波兰、德国、英国、法国和日本等广泛采用壁式体系采煤法；美国、澳大利亚等近年来也在发展壁式体系采煤法。

### 2. 柱式体系采煤法

柱式体系采煤法以短工作面采煤为主要标志，我国柱式体系采煤法在地方煤矿应用较多。而在国有重点煤矿，柱式体系采煤法大多应用于开采条件不正规、回收巷道煤柱或机械化水平较低的矿井等情况。近年来，我国引进了美国的一些配套设备，以提高机械化程度，进行正规开采。这种高度机械化的柱式体系采煤法作为长壁开采的一种补充手段，在我国也会有一定的应用。

柱式体系采煤法包括：房式采煤法和房柱式采煤法。根据不同的矿山地质条件和技术条件，每类采煤方法又有多种变化。

房式采煤法及房柱式采煤法的实质是在煤层内开掘一系列宽度为 5～7m 的煤房，开采煤房时用短工作面向前推进，煤房间用联络巷相连以构成生产系统，并形成近似于矩形的煤柱，煤柱宽度为数米至二十多米不等。煤柱可根据实际条件留下不采，或在煤房开采完后再将煤柱按要求尽可能采出，前者称为房式采煤法，后者称为房柱式采煤法。由于房式采煤法与房柱式采煤法的巷道布置基本相似，在美国将这两种方法统称为房柱式采煤法，前者称为这种采煤方法的“部分回采”方式，后者称为“全部回采”方式。

典型房柱式采煤法的基本特点是采用短工作面推进，将煤柱作为暂时或永久的支撑物，采用连续采煤机、梭车(或万向接长机)、锚杆机等配套设备进行采煤。开采时的矿山压力显现较壁式体系长壁采煤法和缓。因此，随着工作面(房)的推进，可只用较简单的支架(锚杆)支护顶板，用于防止顶板岩石冒落。由于采用锚杆支护，增大了工作面空间，为机械化采煤创造了有利条件。此外，由于采用同类机械采房和采柱，提高了采煤的灵活性。

柱式体系采煤法在美国、澳大利亚、加拿大、印度、南非等国家有广泛应用。

柱式体系采煤法的主要特点如下所述：

(1) 一般工作面长度不大但数目较多，采房和回收煤柱设备合一。

(2) 矿山压力显现较弱，在生产过程中支护和处理采空区工作比较简单，有时还可以不处理采空区。

(3) 采场内煤的运输方向是垂直于工作面的，采煤配套设备均能自行移动，灵活性强。

(4) 工作面通风条件较壁式体系采煤法差，采出率也较低。

机械化的柱式体系采煤法的使用条件较严格，其发展受到了一定限制。一般用于埋藏较浅的近水平薄及中厚煤层，并要求顶板较好、瓦斯涌出量少。

壁式体系采煤法较柱式体系采煤法煤炭损失少，回采连续性强、单产高，采煤系统较简单条件适应性强，但采煤工艺装备比较复杂。在我国的地质和开采技术条件下，主要适宜采用壁式体系采煤法。

另外，我国从 20 世纪 50 年代起采用水力采煤法，这种方法实质上也属于柱式体系采煤法，其用高压水射流作为动力落煤和运输，系统单一，在一定条件下也可取得较好的效果。

## 2.2　采空区基本特征

### 2.2.1　老窑及小窑采空区基本特征

老窑和小窑大多开采时间较早，而且多数为私人或集体开采，因此，此类采空区无完整的地质、开采资料。在工程勘察初期，虽然可以通过对当事人和开采人员的调查得到有限资料，但其准确性较差。沿当时开挖的运输、采矿巷道(未塌陷或部分塌陷)进行坑探工作，可以得到巷道形态、大小、方向、矿层顶底板特点及当时的采矿方式和开采量大小的资料，但与实际情况相比，可能差异较大。在工程勘察后期，以钻探和物探为主，可以较真实地反映出采空区塌陷冒落的状况，补充早期勘察成果。但与正规大矿相比，关于老窑和小窑的开采方式、矿柱多少及其具体位置、采空区空间分布特征等关键技术问题，只能得到比较粗略的资料。

老窑和小窑开采的煤层厚度大多不稳定，平面上变化明显，且矿层厚度一般较薄，矿层埋深大多在100m以内，少数可达到200～300m，平面延深达100～200m。老窑和小窑开采系统极不规范，房式系统中，采矿、通风巷道形态变化多样，所留矿柱的位置、大小具有很大的随意性；巷道系统中，巷道横切面形态多变，呈圆形、矩形、不规则形态，分叉、合并现象较多。老窑和小窑采空区形态极不规则，一般不运用任何处理措施，任其自然垮落。

老窑和小窑开采深度一般较浅，大多不进行支护或进行临时支护，开采结束后任其自由垮落，因此其“三带”(一般指垮落带、裂缝带和弯曲下沉带)一般发育程度较好。

老窑和小窑在开采过程中，支护系统比较简单，虽然留下了许多残留煤柱来支撑上覆岩体，但残留煤柱尺寸小、强度差，难以保持长期稳定。开采后形成的采空区大多不采取任何处理措施而任其自行垮落。由于残留煤柱大小不一、采空区范围小且不规则，上覆岩层破坏规律性差，开采空洞常常欠充填或垮落岩块压密程度差；由于采深较小，以及各种因素导致的残留煤柱破坏和欠充填空洞垮塌，通常会造成地表突然沉陷，而沉陷发生时间和持续时间难以估计，对地面安全影响极大[25]。

### 2.2.2 现代煤矿采空区基本特征

1. 柱式体系采煤法采空区特征

1)房柱式开采形成的采空区基本特征

柱式体系采煤法的实质是在煤层中开掘一系列宽5～7m的煤房，煤房以一定的间隔开掘联络巷，形成长条形或方形煤柱[39]，因此房柱式开采形成的采空区为方形或矩形。

在煤层中开掘巷道或煤房后，顶板岩层被巷道或煤房两侧煤柱支撑，形成类似于“梁”的结构。根据巷道两侧煤柱对顶板岩梁的约束条件，可将“梁”分为“简支梁”或“固定梁”。

房柱式采煤法采空区的稳定性取决于煤柱的稳定性，通常情况下房柱式开采留下的煤柱宽度都不大，由于长时间的风化、侵蚀等影响，以及自身的流变性，残留煤柱的稳定性遭到破坏，煤柱会失去支承能力。在上覆岩体荷载作用下，煤柱的失稳会引起连锁反应，导致大面积煤柱破坏及地表突然沉陷。在美国已出现多起早期房柱式开采采空区煤柱失稳引起地表剧烈沉陷和变形的事件。

2) 条带开采法形成的采空区基本特征

条带开采法是一种特殊的开采方法，它是将开采煤层划分为比较正规的条带形状，采一条留一条，因此条带开采后，留下的采空区呈条带状。条带开采时覆岩破坏情况如图 2-5 所示。

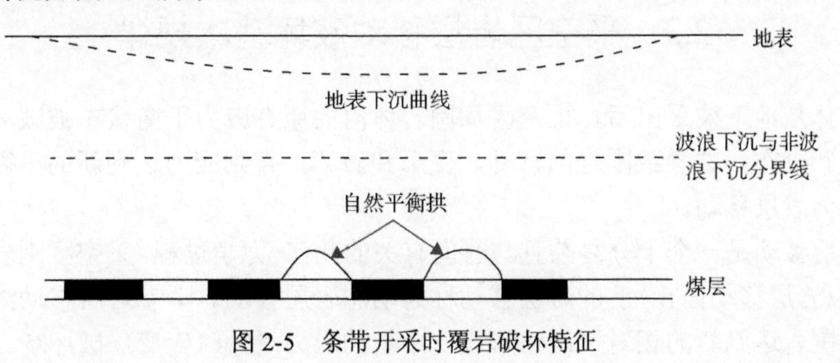


图 2-5　条带开采时覆岩破坏特征

同房柱式开采相似，条带开采形成的采空区出现突然垮落、导致地面急剧变形破坏主要取决于煤柱的稳定性。如果煤柱能够保持长期稳定，条带开采的采空区将以空洞的形式在地下长期存在，不会对地面造成严重影响。但如果煤柱失稳，采空区上覆岩体将会大面积垮落，充填到采空区中，开采出的空间将反映到地表，造成地面沉陷。

条带开采法是目前用得最多的用于控制地表变形的开采方法，国内外专家学者对条带开采法煤柱的稳定性也做了大量研究，提出了许多实用的方法。目前，条带开采技术基本成熟，其采空区基本上以空洞形式存在于地下，不会剧烈地反映到地表。

2. 壁式体系采煤法采空区特征

壁式体系采煤法采空区特点主要取决于开采过程中的采空区处理方式，目前常用的处理方式有全部垮落法、充填法和刀柱法 3 种。

全部垮落法是指随着工作面的推进，逐步撤出采空区内的支架，让顶板在自重作用或人工外力作用下垮落，充填到采空区内。随着覆岩与采空区在垂直方向上的距离的增加，可将顶板岩体大致分为垮落带、裂缝带和弯曲下沉带。此种顶板处理方法除了在开切眼、停采线等采空区边缘区域外，采空区内基本被破碎的岩体充满，大部分采出空间会在较短的时间内反映到地表，剩下的少量空间会在上覆破碎岩体的密实过程中逐渐反映出来。

充填法是指在开采过程中对采空区进行充填处理，常用的充填材料有膏体、煤矸石、河沙等。经充填处理后的采空区其顶板垮落程度和垮落高度均较小，上覆岩体主要由裂缝带和弯曲下沉带构成，垮落带发育不明显。

刀柱法管理顶板是在工作面推进一定距离后，留下一定宽度的煤柱支撑上覆坚硬顶板。如果煤柱强度能够长期保持顶板的稳定性，采空区将以空洞形式存在。否则，随着顶板岩层的垮落，采空区形式将与全部垮落法采空区类似。

## 2.3 采空区岩层移动破坏基本规律

矿体从地下被采出后，采空区周围岩体内的原有应力平衡状态被破坏，引起应力重新分布，并导致围岩的移动、变形和破坏，直到应力达到新的平衡，这个现象称为岩层移动。

岩层移动是一个十分复杂且与时间有关的几何-力学过程。采空区围岩达到新的平衡(岩层移动停止)前的岩层移动称为动态岩层移动。动态岩层移动结束后，采空区围岩达到新的相对平衡，形成一个新的应力-位移(应变)-破坏场。地下开采后形成的巷道、采空区数量多，形状复杂，因此岩层移动过程和岩体破坏形式也复杂多样。下面简要描述采空区岩层移动的基本形式和破坏分带特征。

### 2.3.1 采空区岩层移动的基本形式

采空区岩层移动的基本形式可根据现场观测和大量研究结果分析。在整个岩层移动过程中，采空区周围岩层移动的基本形式可归纳为以下 7 种。

1) 上覆岩层的弯曲

弯曲是岩层移动的主要形式。当地下矿体采出后，上覆岩层的各个分层从直接顶开始，沿层面法线方向依次向采空区方向弯曲。在整个弯曲范围内，岩层可能出现数量不多的微小裂缝，基本上可保持其的连续性和层状结构。当采空区跨度较大时，弯曲的岩层可能产生破断、垮落。

2) 垮落(又称崩落)

矿体采出后，由于应力释放，在上方岩石自重作用下，其内部应力超过岩石的强度极限时，直接顶及其上部的部分岩层便与整体岩层脱离，破碎成大小不一的岩块，无规律地充填、堆积在采空区。此时，破碎岩块不再保持其原来的层状结构。这是岩层移动过程中最剧烈的一种破坏形式，它主要发生在采空区围岩中。直接顶岩层垮落并充填采空区后，破碎岩石的碎胀作用使垮落发展至一定高度后停止，并致使其上部的岩层移动逐渐减弱。

3) 上覆岩层断裂和离层

在采空区跨度不大时，或在垮落岩石堆积到一定高度后，其上方岩层只产生断裂和离层而不垮落，岩体断裂后失去完整性，但块度较大，且保持了原有的层位关系。在一定条件下，断裂的岩块可相互咬合形成一定的结构。

4) 矿体的挤出(片帮)

矿体采出后，采空区顶板岩层出现悬空，其上覆压力便转移到周围矿柱(或两帮)上，形成了应力增高区。采空区周围矿体在附加荷载作用下，一部分矿体被压碎，并挤向采空区，导致片帮现象。由于应力增高区的存在，采空区边界以外的上覆岩层和地表发生移动。

5) 岩层沿层面滑移

在倾斜岩层条件下，岩石自重力方向与岩层的层理面斜交。由于下部采空区应力释放，在其自重作用下，岩石除产生沿层面法线方向的弯曲外，还会发生沿层理面方向的移动。随着岩层倾角的逐渐增大，岩石沿层理面的滑移越来越明显，其结果将导致采空区上山方向的部分岩层拉伸，甚至被剪断，而下山方向的部分岩层压缩。

6) 垮落岩石的下滑(或滚动)

矿体采出后，采空区为垮落岩石(或崩落矿石)所充填。当岩层倾角较大，且开采是自上而下进行、下山部分矿层继续开采而形成新的采空区时，采空区上部垮落的岩石可能下滑而充填采空区，从而使采空区上部空间增大、下部空间减小，使位于采空区上山部分的岩石和地表移动加剧，而下山部分的岩层移动减弱。

7) 底板岩层的隆起

如果开采矿层底板岩石很软且(或)倾角较大，那么在矿体采出后，底板在侧向压应力作用下向采空区方向隆起，形成底板岩石移动。在有地下水作用时，底板可能破裂。

松散层的移动形式主要是垂直弯曲，不受下部岩层倾角的影响。在水平矿层开采条件下，松散层和基岩的移动形式是一致的。

应该指出，以上 7 种采空区岩层移动形式不一定同时出现在某一个具体的采空区条件下。

### 2.3.2　采空区岩层移动破坏分带特征

1. 采空区分带特征

煤层开采后，其上覆岩层会发生破坏和位移。覆岩破坏和位移具有明显的分带性，其特征与地质、采矿等条件有关。在采用走向长壁全部垮落法开采缓倾斜中厚煤层条件下，只要采深达到一定深度(如 100m 左右)，那么覆岩的破坏和移动可出现 3 个具有代表性的部分，自下而上分别称为垮落带、裂缝带和弯曲下沉带，一般简称为“三带”(图 2-6)。

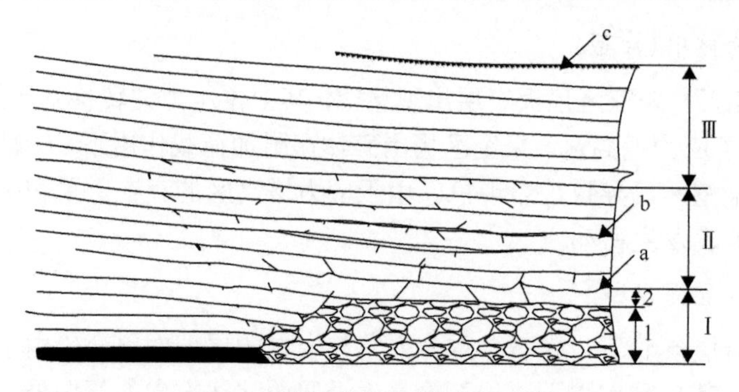


图 2-6　覆岩破坏移动分带示意图

Ⅰ-垮落带；Ⅱ-裂缝带；Ⅲ-弯曲下沉带；a-竖向裂隙；b-离层裂隙；c-地表裂隙；1-不规则垮落带；2-规则垮落带

1) 垮落带

垮落带又称冒落带，是指脱离岩层母体、失去连续性、呈不规则岩块或似层状巨块向采空区冒落的那部分岩层。垮落带位于覆岩的最下部，紧贴煤层。煤层采空后，上覆岩层失去平衡，由直接顶板岩层开始垮落，并逐渐向上发展，直到开采空间被垮落岩块充满为止。

垮落带根据垮落岩块破坏和堆积情况，又可分为不规则垮落带和规则垮落带。不规则垮落带高度为采出厚度的 0.915～0.975 倍，其范围内垮落岩块大小不一，排列极不整齐；规则垮落带位于不规则垮落带之上，垮落的岩块排列比较整齐，但相互之间没有足够的水平力使其连为一个整体，相邻岩块之间剪力约为 0。

垮落带内岩块之间空隙多，连通性强，是水体和泥沙溃入井下的通道，也是瓦斯逸出或聚积的场所，是采煤工作面安全生产的主要威胁。

2) 裂缝带

裂缝带是指位于垮落带之上，具有与采空区连通的导水裂隙，但连续性未受破坏的那一部分岩层。

裂缝带随采区的扩大而向上发展，当采区扩大到一定范围时，裂缝带高度达到最大。此时采区继续扩大，裂缝带高度基本上不再发展，且随着时间的推移，岩层移动趋于稳定，裂缝带上部裂缝逐渐闭合，裂缝带高度也随之降低。一般来说，在采空区形成约两个月之后，裂缝带最发育。

3) 弯曲下沉带

弯曲下沉带又叫整体移动带，是指导水裂缝带顶界到地表的那部分岩层。弯曲下沉带基本呈整体移动，特别是带内为软弱岩层及松散土层时。

以上“三带”虽各带特征明显不同，但其界面是逐渐过渡的，有时开采浅、覆岩薄的煤层的“三带”可能不完整，具体划分时应合理掌握。

### 2. 采空区覆岩破坏特征

#### 1) 垮落带岩体破坏特征

垮落带是指用全部垮落法管理顶板时，回采工作面放顶后引起煤层顶板岩层产生垮落破坏的范围。垮落带内岩层破坏的特点如下所述。

(1) 随着矿体的开采，顶板岩层在自重作用下发生弯曲、断裂、破碎成块而垮落。垮落岩块大小不一，无规则堆积在采空区内。根据垮落岩块的破坏和堆积情况，垮落带可分为不规则垮落带和规则垮落带两部分。在不规则垮落带内，岩层完全失去原有的层位，岩块破碎、堆积紊乱；在规则垮落带内，岩层基本上保持原有层位，位于不规则垮落带之上。

(2) 垮落岩石具有一定的碎胀性，垮落岩块间空隙较大，连通性好，有利于水、砂、泥土通过。垮落岩石的体积大于垮落前的原岩体积。岩石具有的碎胀性是垮落能自行停止的根本原因。

(3) 垮落岩石具有可压缩性。垮落岩块间的空隙随着时间的延长和采动程度的加大，在一定程度上可被压实，一般稳定时间越长，压实性越好，但永远不会恢复到原岩体的体积。

(4) 垮落带高度(简称冒高)主要取决于采出厚度和上覆岩石的碎胀系数，通常为采出厚度的 3～5 倍。顶板岩石坚硬时，冒高为采出厚度的 5～6 倍；顶板为软岩时，冒高为采出厚度的 2～4 倍。

#### 2) 裂缝带岩体破坏特征

在采空区上覆岩层中产生裂缝、离层及断裂时，仍保持层状结构的那部分岩层及所属的空间范围称为裂缝带。裂缝带通常位于垮落带和弯曲下沉带之间。裂缝带内岩层产生较大的弯曲、变形及破坏，其破坏特征是：岩层不仅产生垂直于层理面的裂缝或断裂，而且产生顺层理面的离层。根据垂直层理面裂缝的大小及其连通性的好坏，裂缝带又可分为严重断裂、一般断裂和微小断裂 3 部分。严重断裂部分的岩石大多断开，但仍保持其原有层次，裂缝漏水严重；一般断裂部分的岩层很少断开，漏水程度一般；微小断裂部分的岩层裂缝不断开，连通性较差。

垮落带和裂缝带合称“两带”，在水体下采煤时，其又称“导水裂缝带”。垮落带和裂缝带之间没有明显的分界线，但均属于破坏性影响区。上覆岩层离采空区越远，破坏程度越小。当采深较小、采出厚度较大、用全部垮落法管理顶板时，裂缝带甚至垮落带可能发展到地表，这时，地表和采空区连通，地表可发生塌陷以至崩塌。

“两带”高度和岩性有关，一般情况下，软弱岩石形成的“两带”高度为采出厚度的 9～12 倍，中硬岩石形成的“两带”高度为采出厚度的 12～18 倍，坚硬岩石形成的“两带”高度为采出厚度的 18～28 倍。准确确定“两带”高度，对解决水体下采煤问题有重要的意义。

3) 弯曲下沉带岩体破坏特征

弯曲下沉带位于裂缝带之上直至地表，此带内岩层的移动特点如下所述：

(1)岩层在自重作用下产生法向弯曲，在水平方向处于双向受压缩状态，因而其压实程度较好，一般情况下具有隔水性，特别是当岩性较软时，隔水性能更好，成为水体下采煤时良好的保护层，但透水的松散层在弯曲下沉带内不能起到隔水作用。

(2)弯曲下沉带内岩层的沉陷过程是连续而有规律的，且能保持其整体性和层状结构，不存在或极少存在离层裂缝。在竖直面内，各部分的移动值相差很小。

(3)弯曲下沉带的高度主要受开采深度的影响。当开采深度很大时，弯曲下沉带的高度可大大超过垮落带和裂缝带的高度之和。此时，开采形成的裂缝带不会到达地表，地表的移动和变形相对比较平缓。

以上划分的三个岩层移动带，在水平和缓倾斜煤层开采时表现比较明显。由于顶板管理方法、采空区大小、开采厚度、岩石性质及开采深度的不同，覆岩中的“三带”不一定同时存在。

全部垮落法管理顶板时覆岩破坏最充分，垮落带和裂缝带发育高度最大；充填法管理顶板时，覆岩破坏视充填的密实程度而定，充填越密实，覆岩破坏高度越小。煤柱法(条带法、房柱法和刀柱法)管理顶板时，覆岩破坏高度小于全部垮落法管理顶板时的覆岩高度，视采出率和采出空间大小的不同，覆岩破坏高度可能大于充填开采时的覆岩高度，也可能小于充填开采时的覆岩高度。我国煤炭系统技术人员经过长期的理论和现场实测研究，初步掌握了长壁采煤工作面覆岩破坏的基本规律，并建立了一系列长壁开采覆岩破坏高度估算经验公式，应用这些经验公式，可近似估算长壁开采时覆岩垮落带和裂缝带的发育高度。

## 2.4 影响覆岩破坏规律的因素

所谓覆岩破坏规律，在研究水体下采煤问题时主要是指导水裂缝带的分布形态和最大高度。影响覆岩破坏规律的因素有许多，其中有些因素的影响可以定量地描述，有些只能定性地加以说明。

### 1. 覆岩力学性质和结构特征

覆岩破坏高度与覆岩力学性质密切相关。但是，覆岩力学性质包括它们的变形特性和强度特性，要想全面考虑力学性质对覆岩破坏的影响是极为复杂和困难的，因此只好把问题简化，主要考察岩石的强度特性对覆岩破坏规律的影响。如果采区上覆岩层为脆性岩层，受开采影响后很容易断裂，那么覆岩破坏高度大。

如果上覆岩层为塑性岩层，受开采影响后不易断裂但容易下沉，能使垮落岩块充分压实，最终表现为覆岩破坏高度降低。所以对水体下采煤来说，软弱的覆岩要比坚硬的覆岩有利。当然覆岩不可能是由单一的软弱或坚硬的岩层构成，它必然是软硬相间的，不同性质岩层自下而上的不同组合是覆岩的结构特征。为了方便，将覆岩大致分为 2 种强度、4 种组合形式，如图 2-7 所示。下面分别研究 4 种组合形成对覆岩破坏规律的影响。

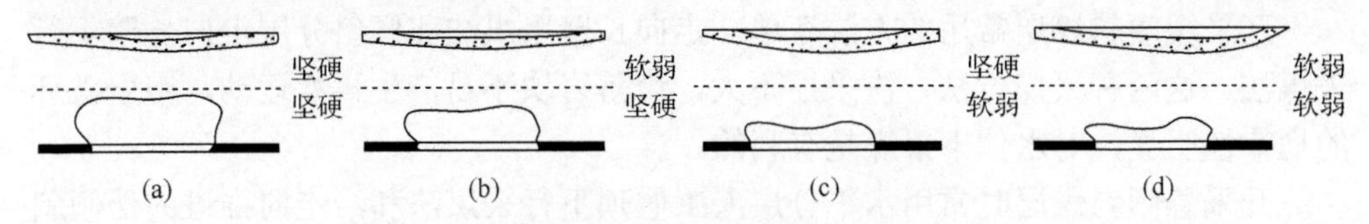


图 2-7 覆岩结构特征对覆岩破坏高度的影响

1) 坚硬-坚硬型

如图 2-7(a)所示，此时煤层的直接顶板弯向采空区并发生块状垮落，上部基本顶由于坚硬不易弯曲下沉，开采空间几乎全部靠垮落岩块的碎胀来填充，加之坚硬岩石断裂后不易闭合，覆岩破坏高度最大。据观测，这种条件下导水裂缝带高度为开采厚度的 18～28 倍。如果直接顶和基本顶岩石的碎胀系数都小，垮落过程发展得最充分，那么导水裂缝带高度为开采厚度的 30～35 倍。

2) 坚硬-软弱型

如图 2-7(b)所示，该类型与软弱-坚硬型的情况相反，工作面放顶后直接顶首先垮落，而软弱的基本顶随之下沉压实垮落岩块，因此导水裂缝带高度较小。在巨厚冲积层下开采时顶板条件属于这种类型。

3) 软弱-坚硬型

如图 2-7(c)所示，这时煤层直接顶为软弱岩层而上部为坚硬岩层。直接顶随着开采及时垮落，但坚硬的基本顶像板梁一样横跨在直接顶之上，基本顶下沉量小于直接顶下沉量，开采空间主要由垮落岩块填充，顶板垮落较充分，导水裂缝带一般能到达基本顶的底面。

软弱-坚硬型和坚硬-软弱型覆岩哪一种更有利于水体下采煤，要看软弱岩层所占的比例及其距采区的距离，软弱岩层比例越大则越有利。

4) 软弱-软弱型

如图 2-7(d)所示，此时煤层直接顶软弱，容易垮落，工作面放顶后采空区立即被垮落岩块充填。在垮落过程中，基本顶也随之迅速弯曲下沉并坐落于垮落岩块之上，开采空间和已垮落的空间不断缩小。因此，垮落过程得不到充分发展。导水裂缝带高度较小，一般为开采厚度的 9～11 倍。当煤层上方有含水松散层，同时工作面又接近基岩风化带，以及厚煤层分层开采、重复采动时的顶板应属于软弱-软弱型。

2. 采煤方法和顶板管理方法

采煤方法对覆岩破坏的影响主要表现在开采空间的大小和采空区内垮落岩块的不同运动形式。

开采缓倾斜煤层常用的方法有单一走向长壁采煤法和倾斜分层走向长壁下行采煤法。这两种采煤方法一次采厚不大，垮落岩块不易产生再次运动，覆岩破坏的规律性明显，对水体下采煤是有利的。

开采急倾斜煤层时常用水平分层人工假顶下行采煤法和沿走向推进的伪倾斜柔性掩护支架采煤法。采用这两种采煤方法时，采区沿走向长度大，阶段垂高小，两个分层(或小阶段)之间的回采间隔时间长。因此，采空区内垮落岩块容易被压实。同时，人工假顶将采空区与工作面隔开，限制了超限采煤，而遗留在采空区内的煤柱和顶底煤能有效地阻止垮落岩块滑动，使覆岩破坏具有明显的规律性。这也是一种有利于水体下采煤的方法。

如果采用挑煤皮采煤法、煤皮假顶采煤法、落垛式采煤法、仓房式采煤法及沿倾斜下放的掩护支架采煤法，容易引起采空区垮落岩块的再次运动，形成局部集中超限采煤，造成上边界煤柱抽冒，使垮落带有可能到达煤层露头。放顶煤开采通常也会使导水裂缝带高度加大。因此，这些是不利的开采方式。

顶板管理方法对覆岩破坏的影响主要表现在它决定了煤层顶板的暴露形式、空间和时间，控制了覆岩垮落的空间条件，从而也就决定了覆岩破坏的基本特征。图 2-8 为不同的顶板管理方法对覆岩破坏的影响情况，图中 $H_{li}$ 为导水裂缝带高度。

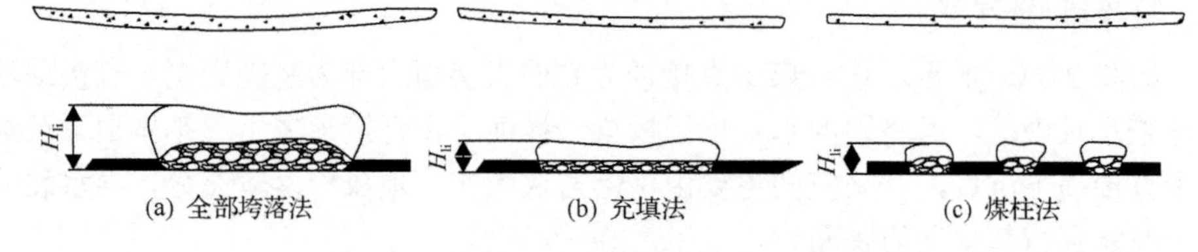


图 2-8　顶板管理方法对覆岩破坏的影响

全部垮落法是我国普遍采用的顶板管理方法。这种方法使覆岩破坏最为充分，对水体下采煤不利，如图 2-8(a)所示。

充填法管理顶板也是一种常见的方法。在充填质量好时，煤层的直接顶可以不发生垮落，因此在覆岩内没有垮落带出现，这是理想的情况。但是，实际情况往往是充填并不密实，加之充填材料本身受压后收缩，所以覆岩仍产生下沉和断裂。当然与全部垮落法相比，此时的导水裂缝带高度要小得多，如图 2-8(b)所示。

采用风力充填时，覆岩破坏高度一般大于水砂充填。如果充填质量不好，在充填体上方也能发生垮落。可见，只选择充填法管理顶板，而不注意选择充填材料和提高充填质量，是难以完全达到预期目的的。

采用煤柱法(条带法、房柱法和刀柱法)管理顶板时[图 2-10(c)]。若所留煤柱能够支撑住顶板，尽管开采部分的顶板局部垮落，导水裂缝带还能孤立存在且高度很小。如果所留煤柱太窄，煤柱会被压垮，此时的覆岩破坏高度与全部垮落法无异。有时为了提高煤柱的稳定性，对开采空间进行充填，以便给煤柱侧面支持力，提高煤柱的支撑能力。

3. 煤层倾角

煤层倾角对覆岩破坏的影响主要表现在使覆岩破坏产生不同的形态。

1) 水平–缓倾斜煤层开采时(倾角 0°～35°)

水平–缓倾斜煤层开采时，垮落带呈大致对称的枕形(中间微凸、平或微凹)。边界一般在采空区边界内。裂缝带一般呈马鞍形，边界一般在采空区边界之外(特别坚硬岩层例外，但覆岩越软弱，越向边界外凸)。其最高点位于采空区的倾斜上方[图 2-9(a)]。弯曲下沉带沿走向及倾向均为基本对称的下沉盆地。

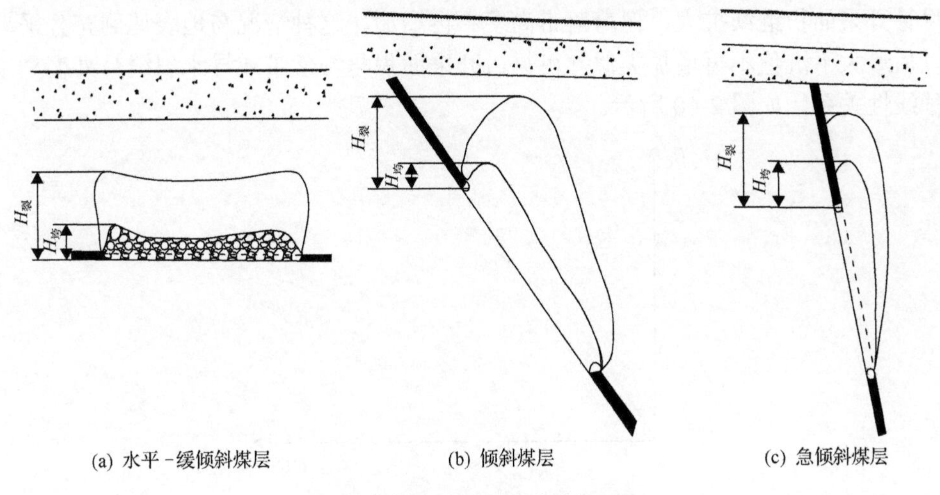


(a) 水平–缓倾斜煤层 (b) 倾斜煤层 (c) 急倾斜煤层

图 2-9 垮落带、裂缝带空间形态

$H_{垮}$-垮落带高度；$H_{裂}$-裂缝带高度

2) 倾斜煤层开采时(倾角 36°～54°)

倾斜煤层开采时，垮落带为不对称的平枕或拱枕。边界仍在采空区边界内，上方略大于下方。裂缝带为上大下小的不对称凹形枕，上轮廓线大致呈抛物线，马鞍形消失或残留不明显，与采空区边界对齐或略偏外。这是由煤层倾角增大，采空区上部冒落，岩块下滑先充填采空区下部，采空区上部覆岩继续失稳而离层、断裂、充分冒落所致[图 2-9(b)]。弯曲下沉带沿倾向不对称下沉，上山方向较下山方向下沉量大。但若走向开采长度大，则沿走向仍为对称下沉。

3)急倾斜煤层开采时(倾角 55°～90°)

急倾斜煤层开始时，垮落带为耳形或上大下小的不对称拱形。裂缝带与垮落带形态类似。二者上边界均大大超过采空区边界。其原因是倾角增大，冒落岩块滚动下滑加剧，迅速填充采空区下部空间，限制了垮落带与裂缝带下边缘的发展。而采空区上部，边界煤柱悬空，逐次片帮、开裂、冒落，使“两带”上边缘急剧向上发展，以致大大超过采空区上边界[图 2-9(c)]。在高角度条件下，若顶底板岩性坚硬、平整，煤层厚且松软，则可能沿本煤层抽冒，高度可超过百米，甚至穿过松散层到达地表，形成地表塌陷坑。

4. 开采强度

开采强度指单位时间内采出煤量的多少，主要包括开采面积和开采厚度两个方面。从覆岩破坏角度来说，垮落带高度达到最大值所需的开采面积比地表达到充分采动所需的临界面积要小得多。煤层开切后，垮落带高度随工作面的推进而不断增高。当工作面推进一段距离后，垮落带高度达到该条件下的最大值。以后尽管开采面积继续扩大，但垮落带高度不再增加。这种情况与地表达到充分采动以后最大下沉值不再增加类似。可见，开采面积与垮落带或导水裂缝带高度呈某种线性关系，如图 2-10 所示。

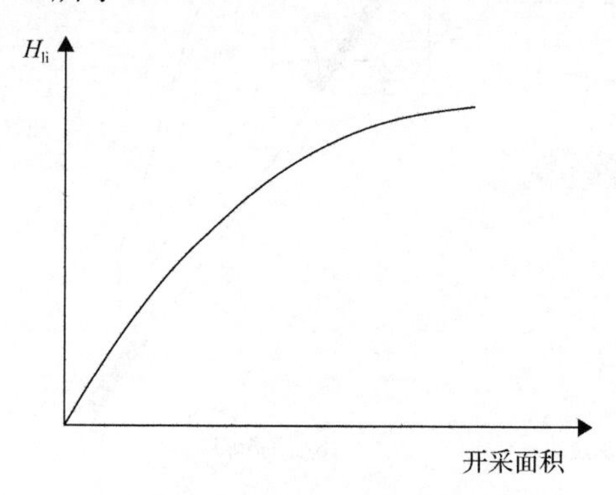


图 2-10　开采面积与导水裂缝带高度的关系

在急倾斜煤层条件下，开采面积是用阶段垂高和走向长度来衡量的。其中阶段垂高对覆岩破坏高度影响较大。第一阶段开采时，导水裂缝带高度与阶段垂高呈线性关系。

开采厚度对覆岩破坏的影响是直观的。开采缓倾斜煤层时，覆岩破坏主要出现在煤层顶板法线方向。垮落带和导水裂缝带高度与初次开采厚度之间都表现出近似于直线的关系，如图2-11所示。随煤层初次开采厚度的增大，垮落带和导水裂缝带高度也随之增大。

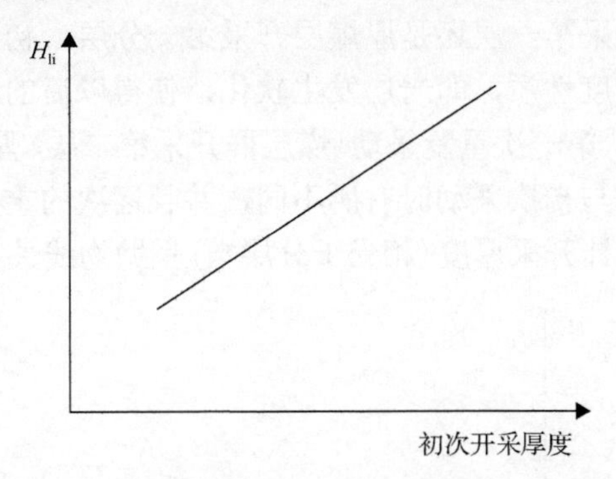


图2-11　初次开采厚度与导水裂缝带高度的关系

5. 时间因素

覆岩破坏一般滞后于回采，而垮落岩块的压实又滞后于垮落过程。覆岩破坏的发展可以分为两个阶段：①在发展到最大高度之前，导水裂缝带高度随时间的推移(即工作面的推进)而增大。对于中硬岩层，在工作面回柱放顶后1～2个月，导水裂缝带高度发展到最大值。对于坚硬岩层，导水裂缝带高度发展到最大值所需时间更长一些。②导水裂缝带高度随着垮落带的压实而逐渐降低，降低幅度与覆岩性质有关。若覆岩坚硬，则降低幅度小；若覆岩软弱，则降低幅度大，如图2-12所示。

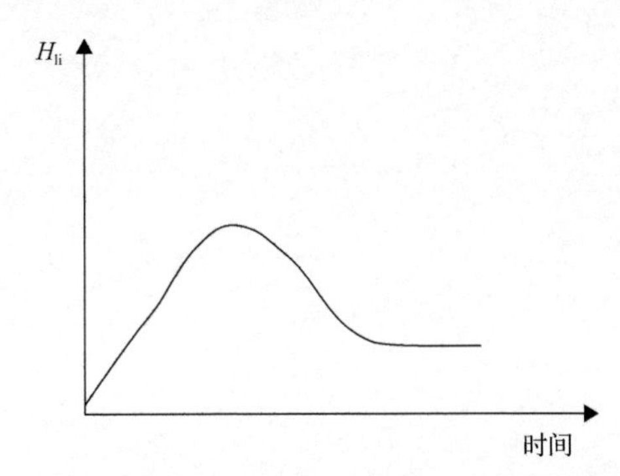


图2-12　时间因素与导水裂缝带高度的关系

时间因素的影响还表现在随着时间的增加，导水裂缝带内的裂缝有可能闭合一部分而减小渗透性或恢复其原有的隔水性能。在软弱岩层条件下这种恢复尤为显著。

6. 重复采动

不管是煤层群开采第一层还是厚煤层开采第一分层，初次开采总会改变覆岩力学性质，特别是强度性质，即岩层发生软化，使得以后的回采相当于在变软的岩层内进行。因此，从第一次重复采动(煤层群开采第二层、厚煤层开采第二分层)开始，覆岩破坏规律与初次采动时有所不同，并且逐次的重复采动又各不相同。导水裂缝带高度与累计开采厚度(相当于分层数)呈抛物线关系，如图 2-13 所示。

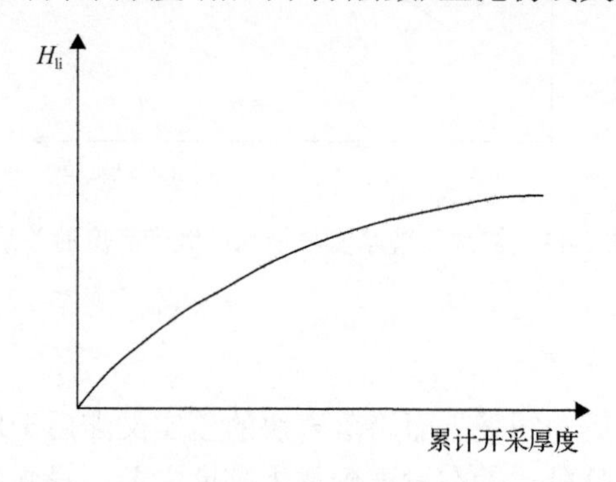


图 2-13　累计开采厚度与导水裂缝带高度的关系

# 第3章　煤矿采空区勘察技术与方法

采空区场地稳定性评价是煤矿采空区建设利用的前提，而查明采空区特征是进行煤矿采空区场地稳定性评价的基础。一些老采空区开采年代久远，资料缺乏，甚至根本没有资料，在对其进行科学评价之前，必须查明其地质、采矿情况，特别是采空区状况。

采空区勘察是以采空区调查、工程钻探、地球物理勘探(简称物探)为主，辅以地表移动变形观测和水文观测等。采空区调查的目的是全面了解掌握采空区的地质、采矿情况，特别是采空区状况，主要用于采空区初步勘察阶段。工程钻探主要对采空区调查、物探勘察方法得到的结果进行验证，同时建立钻孔柱状图，补充和核实煤矿原始资料的准确性、完善性，为物探提供物化参数，但对于大面积确定采空区范围无能为力，且不能以点带面，仅凭少量钻孔资料不足以判断采空区特征及其分布。因此，对于大范围查明采空区的位置和范围，一般采用物探手段，采空区地面勘察常用的物探方法有电法勘探、电磁法勘探、地震勘探、地球物理测井及放射性勘探。

## 3.1　勘察阶段及工作内容

### 3.1.1　采空区勘察原则

(1)煤矿采空区勘察工作总的原则是：以采矿调查为主，有条件时进行井下测量，辅以物探和必要的钻探。

(2)采空区探测方法主要包括工程地质测绘、工程物探、工程钻探等，它们互有优缺点，需互相配合和补充使用。

(3)工程地质测绘主要从地质角度出发，定性地研究采空区的地层、岩性、构造、地形地貌、水文地质条件及各种物理地质现象。通过调查半定性地了解采空区的三维空间地质结构、采矿方式、采出量、巷道分布等采空区的基本情况。

(4)工程物探主要包括电法、电磁法、地震、微重力、放射性等勘测技术，可以提供采空区全断面连续综合信息。

(5)工程钻探可以直接获得采空区深部地质资料，验证工程地质测绘、工程物探成果。

(6)单一的勘测手段往往得出的只是片面的信息，只有把工程地质测绘、工程物探、工程钻探三者有机结合起来，才能得到事半功倍的效果。

根据先后顺序的不同，可将勘察阶段分为可行性研究勘察、初步勘察、详细勘察和施工勘察 4 个阶段，勘察应以采矿调查为主，辅以必要的物探和钻探[40]。

### 3.1.2　可行性研究勘察

对拟建场地稳定性和工程建设适宜性进行初步评价，为城乡规划、场址选择、工程建设的可行性和方案设计提供依据，是可行性研究勘察阶段的主要工作内容。可行性研究勘察以定性评价为主，不得放到下一阶段进行。该阶段的基本工作程序如图 3-1 所示。

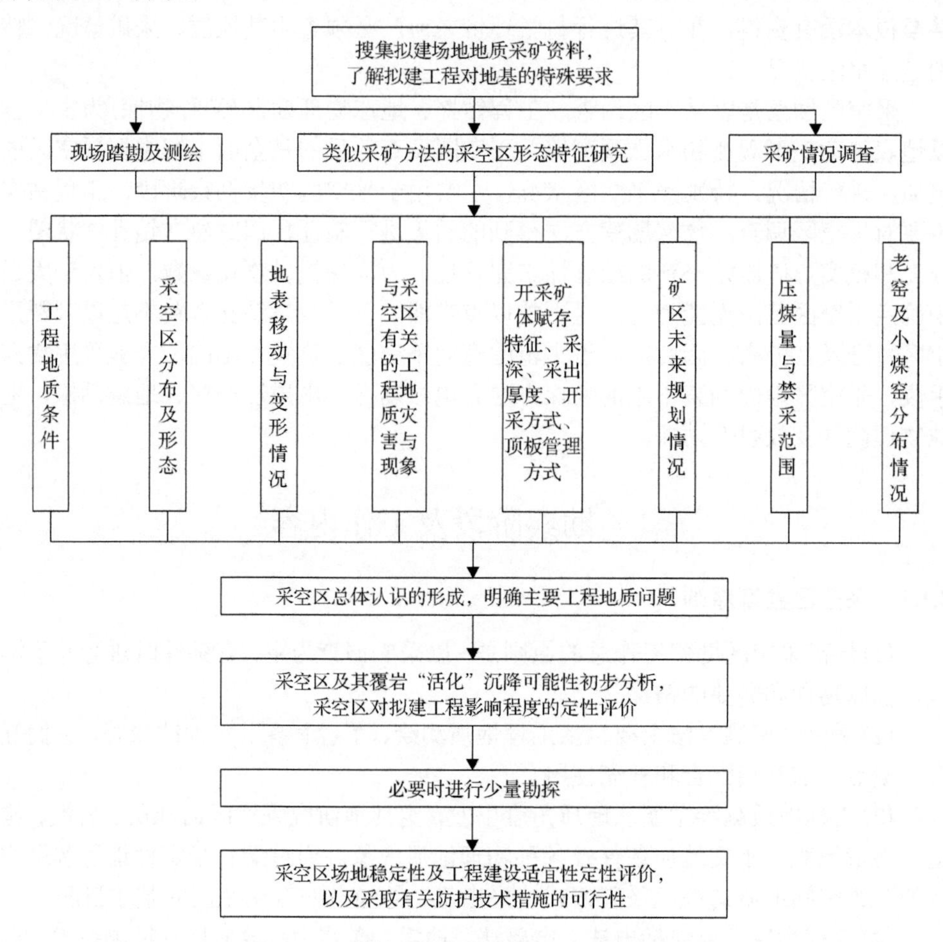


图 3-1　可行性研究勘察阶段工作程序及内容

可行性研究勘察阶段应以资料搜集、采空区调查及工程地质测绘为主，以适量的物探和钻探工作为辅。

可行性研究勘察应包括下列内容[33]：

(1)搜集拟建场地地形地质图、区域地质报告、区域水文地质报告、勘查区煤炭资源详查地质报告、勘探报告、矿井生产地质报告，以及交通、气象、地震资料。

(2)搜集拟建场地及其周边煤层分布、采掘及压覆资源情况、采空区分布及其要素特征、地表移动变形和建筑物变形观测资料，以及由地表塌陷、变形引起的其他不良地质作用情况。

(3)在充分搜集和分析已有资料的基础上，通过踏勘了解场地地层、构造、岩性、不良地质作用和地下水等工程地质条件。

(4)搜集与调查采空区已有的勘察、设计、施工资料等，对其危害程度和发展趋势作出判断，并对场地的稳定性和工程建设的适宜性进行初步评价。

(5)当有两个或两个以上拟选场地时，应进行比选分析。

当拟建建(构)筑物位于未来(准)采区，必要时应进行压矿量估算。

可行性研究勘察阶段的调查范围应包括拟建场地及其周边不小于 500m 范围内有影响的煤矿采空区。

### 3.1.3　初步勘察

初步勘察阶段的主要任务除包括常规场地初步勘察工作内容外，应侧重于采空区专项调查及分析计算采空区地表已完成的移动变形量及剩余移动变形量，定量分析评价场地稳定性及工程建设的适宜性，为确定建(构)筑物总平面布置、采空区治理方案及地基基础类型提供初步设计依据。初步勘察阶段工作程序及内容如图 3-2 所示。

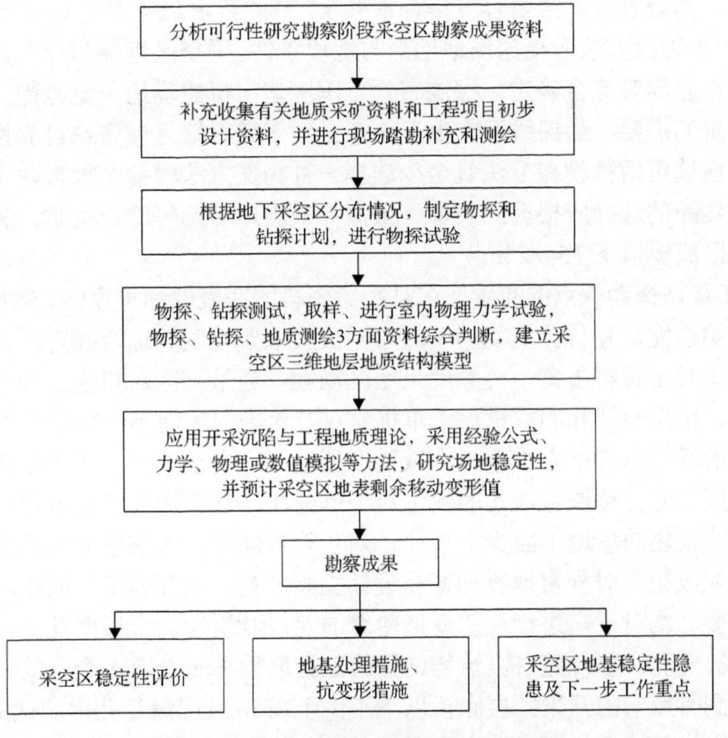


图 3-2　初步勘察阶段工作程序及内容

初步勘察阶段应搜集有关地质、采矿资料，且应以采空区专项调查、工程地质测绘、工程物探及地表变形观测为主，辅以适当的钻探工作验证及水文地质观测试验。

初步勘察应包括下列内容[33]：

(1)搜集拟建工程的有关文件、岩土工程资料及工程场地范围的地形图。

(2)搜集区域地质报告、区域水文地质报告、勘查区煤炭资源详查地质报告、勘探报告、矿井生产地质报告和压覆重要矿产资源评估报告等资料。

(3)在搜集的可行性研究勘察资料的基础上，开展采空区专项调查，查明采空区分布、开采历史和计划、开采方法、开采边界、顶板管理方法、覆岩种类及其破坏类型等基本要素。

(4)初步查明地质构造、地貌、地层岩性、工程地质条件、地下有害气体。

(5)初步查明地下水类型、埋藏条件、补给来源等水文地质条件，了解地下水位动态和周期变化规律，必要时可进行地下水长期动态观测。

(6)分析计算并验证采空区地表已完成的移动变形量，预测剩余变形量，进行场地稳定性及工程建设的适宜性评价与分区。

(7)对可能采取的采空区治理方案进行分析评价。

初步勘察工作应符合下列规定。

(1)采空区专项调查及工程地质测绘范围应涵盖对拟建场地可能有影响的煤矿采空区，其调查、测绘内容应符合本书 3.2 节的要求。

(2)工程物探方法应根据场地地形与地质条件、采空区埋深与分布及其与周围介质的物性差异等综合确定，探测有效范围应超出拟建场地一定范围，并应满足稳定性评价的需要，物探线不宜少于 2 条；对于资料缺乏或资料可靠性差的采空区场地，应选用两种物探方法且至少选择一种物探方法覆盖全部拟建工程场地；物探点、线距的选择应根据回采率、采深与采出厚度比等综合确定，解译深度应到达采空区底板以下 15～25m。

(3)工程钻探勘探点的布置应根据搜集资料的完整性和可靠性、物探成果、采空区的影响程度、建(构)筑物的平面布置及其重要程度等综合确定，并应符合下列规定：①对于资料丰富、可靠的采空区场地，当采空区对拟建工程影响程度中等或大时，钻探验证孔的数量对于单栋建(构)筑物的场地不应少于 2 个，多栋建筑(构)物的场地每栋不宜少于 1 个或整个场地不应少于 5 个；当采空区对拟建工程影响程度小时，钻探验证孔的数量对于单栋建(构)筑物的场地不宜少于 1 个，多栋建(构)筑物的场地不应少于 3 个。对于资料缺乏、可靠性差的采空区场地，应根据物探成果，对异常地段加密布设钻探验证孔，钻探验证孔间距应满足孔间测试的需要。②对于需进行地基变形验算的建(构)筑物，应根据其平面布置加密布设钻探验证孔，单栋建(构)筑物钻探验证孔数量不应少于 2 个。③钻探验证孔深度应达到有影响的开采矿层底板以下不少于 3m，且应满足孔内测试的需要。钻探施工、取样及地质描述应符合本书 3.2 节的规定。

(4) 当拟建场地下伏老(新)采空区时，应进行地表变形观测；观测范围、观测点平面布置及观测周期应符合本书 3.2 节的有关规定。

### 3.1.4　详细勘察

详细勘察应对建筑地基进行岩土工程评价，并应提供地基基础设计、施工所需的岩土工程参数，以及地基处理、采空区治理方案建议。详细勘察阶段工作程序及内容如图 3-3 所示。

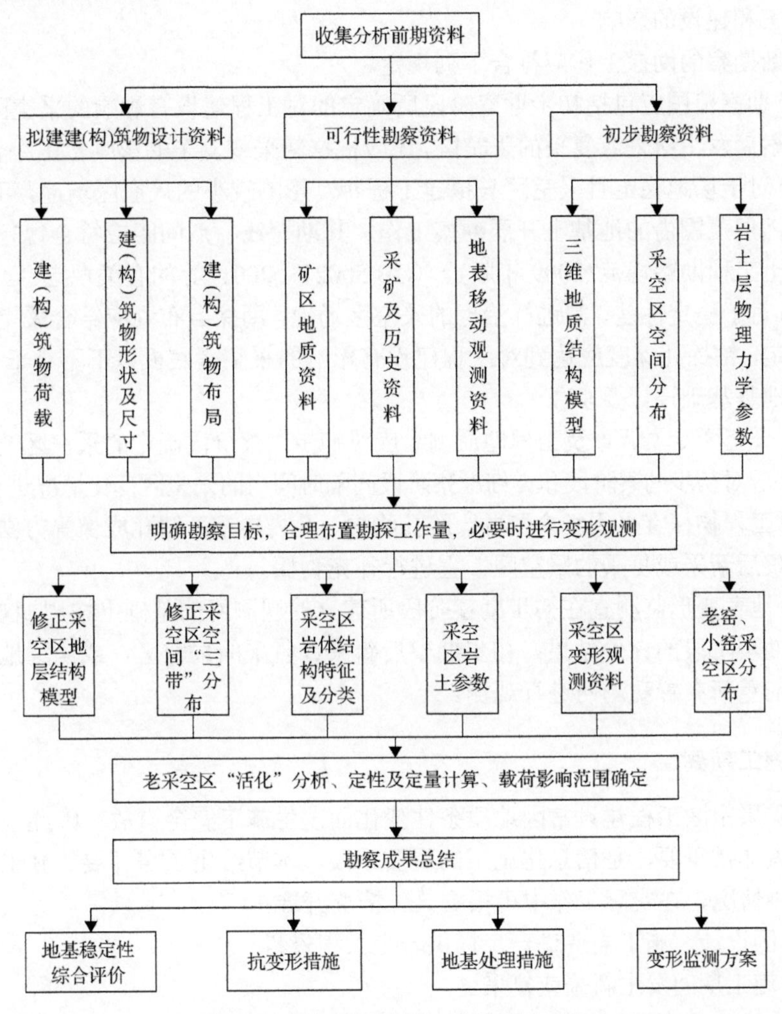


图 3-3　详细勘察阶段工作程序及内容

详细勘察阶段应以工程钻探为主，并应辅以必要的物探、变形观测及调查、工程地质测绘工作。

详细勘察应包括下列内容[33]。

(1) 搜集附有坐标和地形的建(构)筑总平面图，场区的地面整平标高，建(构)筑物的性质、规模、荷载、结构特点、基础形式、埋置深度，地基允许变形等资料。

(2) 在初步勘察工作的基础上，应进一步查明下列内容：①对工程建设有影响的采空区分布、规模、历史及其他要素特征，覆岩破坏类型及分布、地表塌陷、移动变形特征；②采空区上覆岩(土)体地层结构及岩性，地基岩(土)体物理力学指标及地基基础设计参数；③地下水类型、埋藏条件、补给来源及腐蚀性，采空区充水情况及赋水变化对采空区稳定性的影响；④有害气体的类型、浓度及其对工程施工和建设的影响。

详细勘察的勘探工作应符合下列规定。

(1) 勘察范围应包括初步勘察阶段所确定的对工程建设有影响的采空区。对于初步勘察后发生新采或复采的采空区，还应根据新采或复采的影响范围综合确定。

(2) 对于场地稳定且采空区与拟建工程相互影响较小的采空区场地，可仅针对地基压缩层范围内的地基土开展勘察工作，其勘探线、点间距应符合现行国家标准《岩土工程勘察规范(2009 年版)》(GB 50021—2001) 等的有关规定。

(3) 对于稳定性差、需进行治理的采空区场地，勘探点布置应结合采空区治理方法确定，钻探孔深度应达到对工程建设有影响的采空区底板以下不小于 3m，且应满足地基基础设计要求。

(4) 采空区专项调查及工程地质测绘应对初步勘察阶段确定的采空区范围进行核实，并应对初步勘察阶段和详细勘察阶段间隔时间内的采空区变化情况进行调查。

(5) 工程物探宜采用综合测井、跨孔物探、孔内电视、钻孔成像等方法。对于初步勘察后新采或复采的采空区，宜进行补充物探。

(6) 地表变形监测宜在初步勘察阶段所建立的观测网的基础上按周期观测，验证初步勘察阶段的评价结果；初步勘察后新采或复采的采空区，或当场地移位较大时，应重新布置观测网进行观测。

### 3.1.5 施工勘察

煤矿采空区工程建设常因地质条件变化而发生施工安全事故，因此，施工阶段的勘察非常重要，是信息化施工的重要手段。本节给出了需开展的施工勘察工作的几种情况，在实际工作中可根据具体情况开展：

(1) 因设计、施工需要进一步提供岩土工程资料。

(2) 施工期间发生新采或复采。

(3) 基坑、基槽开挖后或采空区治理、桩基施工过程中，发现岩土条件与勘察资料不符。

(4) 发现必须查明的其他异常情况。

在工程施工或使用期间，当地基土、边坡体、地下水等发生变化时，应进行补充勘察。

施工勘察宜与现场检验和监测相结合。

施工勘察工作量应根据采空区地基设计和施工要求布置；当采用穿越法进行地基处理时，勘探点应逐桩布置。

## 3.2　采空区勘察技术

### 3.2.1　采空区调查与测绘

1. 采空区资料搜集

资料搜集的目的是全面掌握地质、采矿情况，特别是采空区状况，总结前人的工作成果。搜集资料主要包括地形地貌、地层岩性、地质构造、水文气象、采空区分布等相关图纸资料、文字报告和台账，具体见表3-1。

**表3-1　采空区调查资料收集清单[41]**

| 序号 | | 资料名称 |
|---|---|---|
| 1 | 文字报告 | 各类地质报告（地质勘查报告、煤矿地质类型划分报告、建井地质报告、储量核实报告和生产地质报告等）；<br>初步设计；<br>水文地质类型划分报告；<br>矿山地质环境保护与恢复治理方案；<br>采空区调查和勘察成果资料 |
| 2 | 图纸资料 | 遥感卫片；<br>地层综合柱状图；<br>地形地质图或基岩地质图；<br>地质构造图；<br>煤岩层对比图；<br>可采煤层底板等高线及资源/储量估算图；<br>地质剖面图；<br>勘探钻孔柱状图；<br>井上下对照图；<br>采掘工程平面图；<br>矿井充水性图；<br>矿井综合水文地质图；<br>矿井综合水文地质柱状图；<br>矿井水文地质剖面图；<br>工程地质相关图件；<br>开采规划图 |
| 3 | 台账 | 钻孔成果台账；<br>地质构造台账；<br>煤质资料台账；<br>工程地质资料台账；<br>资源/储量台账；<br>井田及周边采空区、小窑地质资料台账；<br>井下火区资料台账；<br>测量控制点台账 |

(1)勘查区地质图件包括地形地质图或基岩地质图、地层综合柱状图、煤岩层对比图、可采煤层底板等高线及资源/储量估算图、地质剖面图及勘探钻孔柱状图等。通过该类图件可掌握矿区的地层岩性、地质构造及地形地貌特征等；掌握煤层的分布、层数、厚度、产状、深度、层间距、埋深特征及变化情况、开采煤层的顶底板岩性等。

(2)勘查区采矿相关图件包括井上下对照图、采掘工程平面图、开采规划图等。通过该类图件可查清勘查区范围内、周边生产矿井及闭坑矿井的各个开采水平的井巷布置、开采方式、开采深度、开采厚度、开采时间、大致开采范围、生产能力、顶板垮落情况、积水情况、着火情况及开采规划等。

(3)有条件时可通过遥感卫片进行解译工作，通过勘查区各个不同时期的地形图和卫片，分析矿区各个时期的地形地貌变化情况、地面塌陷分布范围及其发展演变情况等。

2. 采空区调查

采空区调查是基础工作，主要包括工程地质调查、采空区专项调查、地质变形监测及相关的工程测量工作。通过采空区调查基本查清已知采空区的分布位置、性质及特征，确定物探、钻探探测范围，并为下一步勘查方案的选择提供依据，确定勘查工作量。采空区调查主要内容及手段如下：

(1)工程地质调查包括地形地貌、地质构造、地层岩性、水文地质条件、地震、气象及各种地质现象的调查。主要是根据收集的地形地质图、地质构造图、勘探钻孔柱状图、采掘工程平面图和井上下对照图及文字报告等资料，进行现场踏勘，并采取拍照、摄像及填写调查表和记录表等方式进行调查。

(2)采空区专项调查包括采矿情况调查、采空区性质、地面重要建(构)筑物分布等情况调查。通过访问矿区的老职工和居民，调查了解采矿情况，包括开采历史、开采规模、开采层位、开采方式和采出率等；在资料收集与分析及调查的基础上，进一步确定采空区埋深、采高、开采范围及采空区内部情况(积水、火灾及垮落情况等)。组织专业技术人员开展地表裂缝、塌陷坑及塌陷台阶的形状、大小、深度及延伸方向等的测量工作，开展老窑、废弃矿井、井下测量、地表变形及重要建(构)筑物调查与测绘工作，各项调查内容见表 3-2～表 3-4。

**表 3-2　采矿情况调查一览表**

| 项目 | | 调查内容 |
| --- | --- | --- |
| 开采方式 | 巷道式 | ①巷道分布、主巷道位置、走向<br>②巷道切面形状、尺寸、有无支护 |
| | 长壁式 | ①平面分布、采高<br>②工作面长度、开采掘进长度 |
| | 房柱式 | ①开采顺序<br>②平面分布、采高 |

续表

| 项目 | | 调查内容 |
|---|---|---|
| 顶板管理方式 | 垮落式 | 垮落后顶板破坏情况 |
| | 矿柱支撑式 | ①矿柱截面尺寸、分布<br>②垮落区分布 |
| | 充填式 | ①充填区分布<br>②充填程度、效果 |
| 开采时间及其他 | | ①开采起始时间<br>②开采结束时间<br>③各时间区段开采量<br>④未来开采计划<br>⑤开采中发现的断层、破碎带等地质构造情况<br>⑥有无采掘工程图件 |
| 工作方法 | | 资料收集；走访踏勘 |

**表 3-3　采空区地表变形情况调查一览表**

| 项目 | 调查内容 |
|---|---|
| 地表变形特征值 | ①最大下沉值<br>②最大倾斜值<br>③最大曲率值<br>④最大水平位移<br>⑤最大水平变形 |
| 地表变形特征及分布规律 | ①地表塌陷坑、台阶和裂缝的形状、宽度、深度、分布规律<br>②地表变形分布与地质结构(岩层产状、主要节理、断层、软弱层)的关系<br>③地表变形分布与采矿方式(开采边界、工作面推进方向、巷道分布)的关系 |
| 地表移动盆地特征<br>(针对大面积采空区) | ①均匀下沉区<br>②移动区<br>③轻微变形区 |
| 工作方法 | 资料收集、现场踏勘、走访、测量、变形观测、卫片判释 |

**表 3-4　采空区地面重要建(构)筑物情况调查一览表**

| 项目 | 调查内容 |
|---|---|
| 变形情况 | ①地面建(构)筑物地基不均匀下沉情况：不同位置下沉量、相邻柱间差异沉降、局部倾斜值<br>②建(构)筑物裂缝情况：裂缝性质、形态、分布规律及与地基不均匀下沉的关系 |
| 建(构)筑物情况 | ①建(构)筑物类型、整体刚度，对地基变形的适应能力<br>②地基基础解决方式、基础类型、尺寸、埋深、地基处理情况 |
| 地基土情况 | ①地基持力层承载能力<br>②地基压缩层变形性质<br>③建(构)筑物建成以来地基条件改变情况<br>④基础下与基础外土性差异 |
| 工作方法 | 资料收集、现场踏勘、走访、裂缝统计、摄影、小型坑探 |

3. 采空区地表变形观测

采空区地表变形观测的主要目的是判断采空区对地表建(构)筑物的影响，测定当前地表变形速率及变形量，预测采空区的未来变形量，定量评价采空区的稳定性，主要工作内容如下。

(1)调查地表移动盆地的特征，划分均匀下沉区、移动区和轻微变形区。

(2)调查不同深度的采空塌陷区。

(3)变形观测按以下原则进行：

第一，观测线宜平行和垂直矿层走向呈成直线布置，其长度应超过移动盆地的范围。

第二，平行矿层走向的观测线应有一条布置在最大下沉值位置，垂直矿层走向的观测线一般不应小于 2 条。

第三，观测线上观测点间距应大致相等，观测点间距根据开采深度按表 3-5 确定。

**表 3-5　观测点间距选择表**

| 开采深度 $H$/m | 观测点间距 $d_{观测点}$/m | 开采深度 $H$/m | 观测点间距 $d_{观测点}$/m |
|---|---|---|---|
| <50 | 5 | 200～300 | 20 |
| 50～100 | 10 | 300～400 | 25 |
| 100～200 | 15 | >400 | 30 |

第四，观测周期可根据地表变形速率按式(3-1)计算，或按表 3-6 根据开采深度来确定。

$$t_3 = \frac{kn_s\sqrt{2}}{S_{月}} \tag{3-1}$$

式中，$t_3$ 为观测周期，月；$n_s$ 为水准测量平均误差，mm；$S_{月}$ 为地表变形的月下沉量，mm；$k$ 为系数，一般为 2～3。

**表 3-6　观测周期选择表**

| 开采深度 $H$/m | 观测周期/天 | 开采深度 $H$/m | 观测周期/月 |
|---|---|---|---|
| <50 | 10 | 200～300 | 2 |
| 50～100 | 15 | 300～400 | 3 |
| 100～200 | 30 | >400 | 4 |

第五，在观测地表变形的同时，应观测地表裂缝、塌陷坑、台阶的发展和建(构)筑物的变形情况。

第六，变形预测。对采空塌陷区进行时间和空间的预测。

(4)预测采空区地表最终塌陷范围，以确定地基加固范围。

(5)确定采空区地表最终沉陷量和时间，为治理设计提供依据。

### 3.2.2　采空区物探勘察技术

地球物理勘探应在搜集、调查地形、地质、采矿等资料的基础上，根据煤矿采空区预估埋深、可能的平面分布、垮落(即充水状态)、覆岩类型和特征、周围介质的物性差异等，选择有效的方法。采空区地面勘察常用的物探方法有电法勘探、电磁法勘探、地震勘探等。

1. 高密度电阻率法

1)基本原理

高密度电阻率法是以岩石的电性差异为基础的一类勘探方法。该方法通过观测和研究人工建立的地下稳定电场的分布规律来解决矿产资源、环境和工程地质问题。它实际上是一种阵列勘探方法，野外测量时，只需将全部电极置于测点上，然后利用程控电极转换开关和微机工程电测仪实现数据的快速和自动采集。将测量结果输入微机后，可对数据进行处理并给出关于地电断面分布的各种图示结果。

高密度电阻率法探测原理如图 3-4 所示。首先，以固定点距 $a_1$ 沿着测线布置一系列电极，相邻电极间距为 $a_1$，将间距为 $a_1$ 的一组电极(MNAB 4 根电极)经过转换开关连接到仪器上，通过转换开关可改变装置类型，依次完成该测点上各种装置形式的视电阻率观测。一个测点完成后，通过转换开关自动转接下一组电极(即向前移动一个电极间距 $a_1$)，以同样的方式进行视电阻率观测，直到电极间距为 $a_1$ 的整条测线剖面测完为止。其次，再依次选取电极间距为 $2a_1$、$3a_1$、$4a_1$、…、$(n_1+1)a_1$ 等不同电极距装置($n_1$ 称为隔离系数)，重复以上观测。由于一条测量剖面上地表点是固定的，测量电极距扩大时，反映不同勘查深度的测点数将依次减少，整条剖面的测量结果呈倒三角形(或倒梯形)的二维地电断面分布。

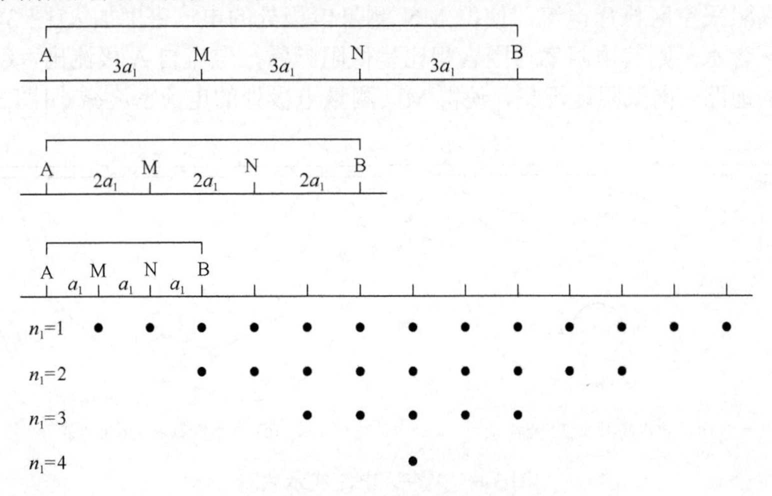


图 3-4　高密度电阻率法探测原理[42]

高密度电阻率法的运用与发展，使电法勘探的智能化程度大大提高。高密度电阻率法相对于常规电阻率法而言，具有以下特点[43,44]：

(1)电极布设一次完成，可减少因电极设置而引起的故障和干扰，并为野外数据的快速和自动测量奠定了基础(图 3-5)。

图 3-5　RESECS-Ⅱ高密度电法系统

(2)能有效地进行多种电极排列方式的扫描测量，因此可以获得较为丰富的地电剖面结构特征的地质信息。

(3)野外数据采集实现了自动化或半自动化，不仅采集速度快，而且避免了因手工操作所出现的错误。

(4)与传统电阻率法相比成本低、效率高、信息丰富、解释方便，探测能力显著提高。

采用高密度电阻率法进行采空区勘察时，若采空区不含水，则其电阻率与围岩相比呈高阻异常，电流自 A 极流出，绕过高阻采空区经由电阻小的通路流向 B 极，即高阻采空区排斥电流，使得 MN 测量电极处的电流密度加大[图 3-6(a)]。若采空区含水，则其电阻率与围岩相比呈低阻异常，电流自 A 极流出，经由低阻采空区的通路，向低阻区汇集，使得 MN 测量电极处的电流密度减小[图 3-6(b)]。

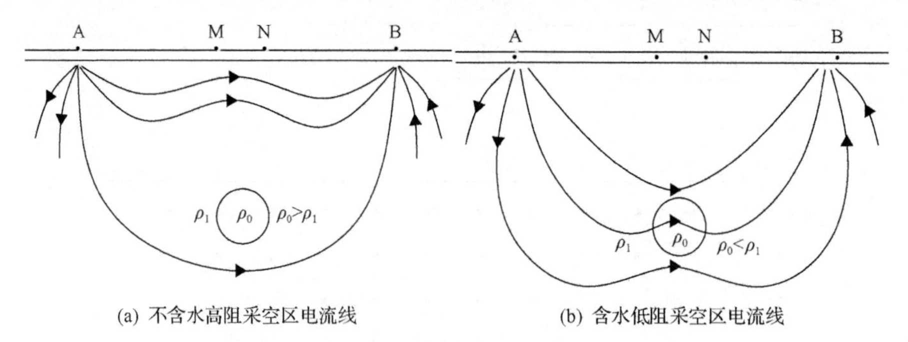


(a) 不含水高阻采空区电流线　　(b) 含水低阻采空区电流线

图 3-6　采空区电流线示意图

$\rho_0$、$\rho_1$分别为不同区域的电阻率

2) 工作方法

高密度电阻率法有多种排列方式，采空区勘察主要采用的有三极装置(AMN)、联合剖面装置(AMN∞MNB)、对称四极装置(AMNB)和偶极-偶极装置(图 3-7)，应根据地形地貌条件、地质任务及施工条件选择相应的装置。

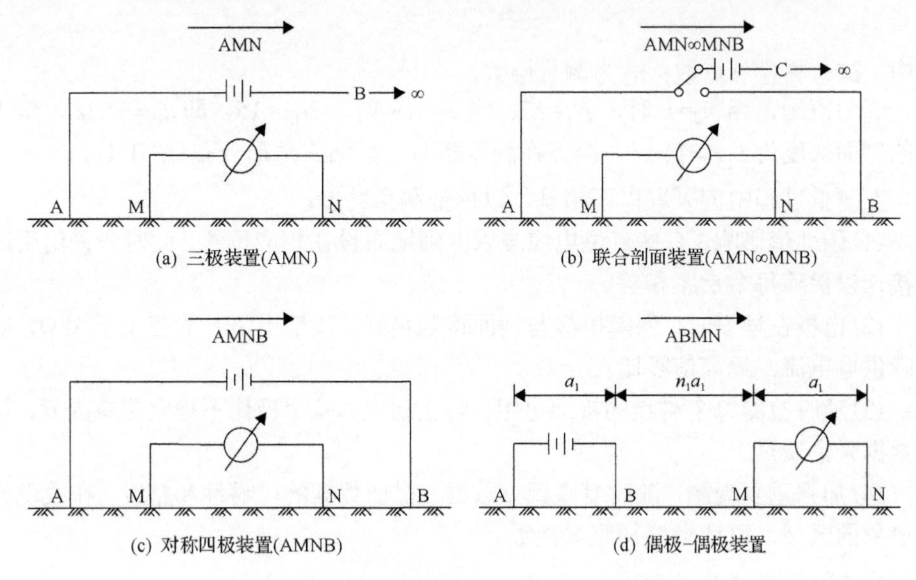


图 3-7 高密度电阻率法常用装置示意图[42]

三极装置(AMN)将 B 极置于“无穷远”，MN 之间的距离比较小，将 MN 的中点作为记录点；联合剖面装置(AMN∞MNB)由两个对称的三极组成，电源的负极接到“无穷远”的 C 极，正极分别接到 A 极和 B 极，记录点为 MN 的中点，由于比其他装置多了一个视电阻率，所反映的地下信息比其他装置多；对称四极装置(AMNB)的特点是 $r_{AM}=r_{NB}$，记录点为 MN 的中点，当 AM=MN=NB 时，称为温纳装置；偶极-偶极装置的特点是供电电极 AB 和测量电极 MN 均为偶极，通常取偶极长度 AB=MN=$a_1$，偶极间隔 BM=$n_1a_1$，其中 $n_1$ 为正整数，偶极装置记录点为 BM 的中点。

对于高密度电阻率法，主要确定的参数为极距，包括供电极距 AB 和测量极距 MN，其取决于探测目标的埋藏深度。一般情况下，AB=(4～6)$H_{探}$($H_{探}$为探测目标的埋藏深度)。测量极距 MN 主要与探测目标体的范围及横向探测分辨率的要求有关，要提高横向分辨率，就要减小测量极距 MN。高密度电阻率法电极布设一次完成，经仪器的电极转换开关控制极距，排列中的供电极距 AB 在下一组合测量时又作为测量极距 MN。在野外工作时，需要根据探测目标深度和横向探测分辨率来确定极距的大小。

目前，国内高密度电阻率仪器最多可控制 60 路电极。由于地表电极数量是固

定的，随着隔离系数的增大，测点数逐渐减小。对于 60 路电极而言，一条剖面的测点总数为

$$N=\sum_{n_2=1}^{15}(60-3n_2) \tag{3-2}$$

式中，$N$ 为测量总点数；$n_2$ 为测量层数。

$a_1$ 为点距，当 $n_2$=1 时，$N_1$=57；当 $n_2$=15 时，$N_{15}$=15，即 $a_1=15\Delta x$，最下层的剖面深度为 $L_{15}=15\Delta x$，测点在测量断面上呈倒三角形分布(图 3-4)。

在测量过程中应采取以下措施，以保证测量精度：

(1)因地形影响，有些点位电缆难以准确地布设在相应位置，此时应采用引线连接，以保障每个点距相等。

(2)电极在埋设时，保障电极与地面接触良好，接地电阻一般应小于 2kΩ，以保障供电电流，提高信噪比。

(3)随时检测每个测点的接地电阻，防止漏电，减少极化不稳定影响因素，提高数据采集质量。

(4)加强重复观测，随时复查疑点数据，保证数据的可靠性和精度，在发现异常迹象的区域，可适当增加测量次数。

3)资料处理与解译

高密度电阻率法工作时与常规电阻率方法在原理上是相同的，电阻率求取通过 AB 极供电电流强度 $I$，利用 MN 测量电位差 $\Delta V$ 而获得。高密度电阻率法实际上是多种排列的常规电阻率法与资料自动处理相结合的一种综合方法。通过式(3-3)求得测点 $x$ 处的视电阻率值 $\rho_s$：

$$\rho_s=(\Delta V/I)K \tag{3-3}$$

式中，$\Delta V$ 为电位差，V；$K$ 为装置系数，$K=\dfrac{2\pi}{\dfrac{1}{AM}-\dfrac{1}{AN}-\dfrac{1}{BM}+\dfrac{1}{BN}}$。

高密度电阻率法的处理流程和手段如下所述：

(1)突变点的剔除。在数据采集过程中，由于某一电极接地不好或受采集现场干扰因素的影响，会出现一些数据突变点，为了消除这些突变点对解释结果的影响，需要对数据突变点进行剔除。

(2)地形校正。由于高密度电阻率法是基于静电场理论的物理勘探方法，具有体积勘探效应。根据静电场理论，地形起伏会影响勘探结果，在凸地形处测得的数据偏小，在凹地形处测得的数据偏大，测得的数据实际上是地电模型和地形影响的综合反映。

(3) 数据的光滑平均。在数据采集过程中，有时会受到一些随机噪声的影响，为了消除这些随机噪声，需对数据进行平滑处理，但平滑幅度不能过大，以免平滑掉有用信息，降低分辨率。

(4) 反演地电模型。野外采集到的实测数据不是地下介质的真电阻率，而是视电阻率，具有很大的体积勘探效应，用视电阻率进行资料解释时分辨率较低，很多细微异常被淹没在强大的背景之中，很难从中识别出地下目标体的异常反映。为了提高电法勘探的分辨率，减小电法勘探的体积效应，突出细微地质异常，可以从实测的视电阻率出发，反演地下介质的真电阻率，建立地下介质的地电模型。

2. 瞬变电磁法

1) 基本原理

地面瞬变电磁法是一种时间域的电磁勘探方法，利用一个不接线的回线或磁偶极子(也可以用接地线源电偶极子)向地下发射脉冲电磁波作为激发场源(习惯上称为“一次场”)，在一次脉冲电磁场间歇期间，利用线圈或接电电极观测二次涡流场(图3-8)，从而得到异常体的导电性能和位置，达到解决地质问题的目的。

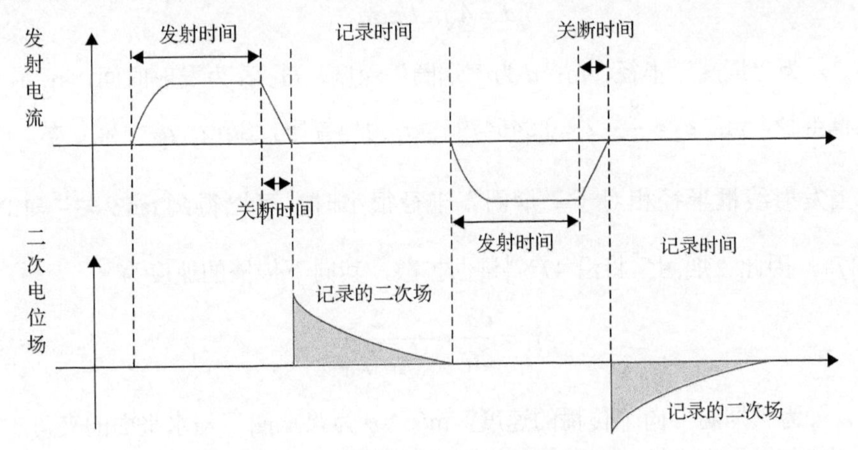


图3-8　发射和接收实际过程示意图[45]

当一次电流断开后，激发电流局限于地表，在紧靠发射回线处的地表感应电流最强，随着时间的推移，地下的感应电流便逐渐向下并向外扩散，强度逐渐减弱。地表接收的二次电磁场是由地下感应电流产生的，其以等效电流环向下并向外扩散，很像从发射回线吹出来的一系列“烟圈”，习惯上把等效电流环向下并向外扩散的过程称为“烟圈效应”，如图3-9所示。早期的电磁场衰减快，趋肤深度小，反映浅部电性分布；晚期电磁场衰减慢，趋肤深度大，反映深部的电性分布。因此，观测和研究大地瞬变电磁场随时间的变化规律，可以探测地下介质电性的垂向变化。

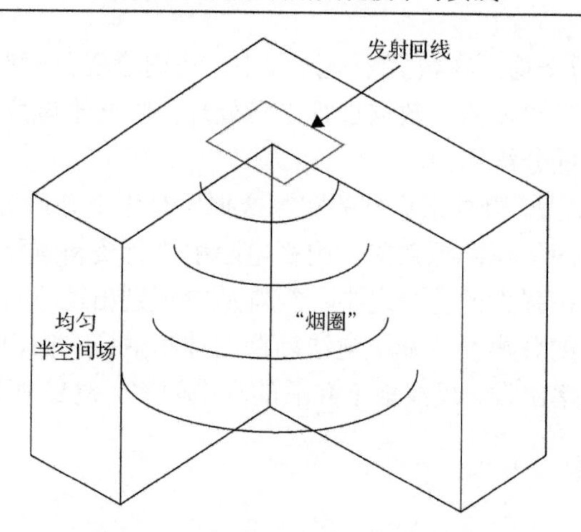


图 3-9　均匀半空间场瞬变电磁传播[45]

"烟圈"半径 $r_1$ 和"烟圈"深度 $d$ 的表达式为

$$r_1=\sqrt{8c_2t_1/(\sigma_1\mu_0)+a_3^2} \tag{3-4}$$

$$d=4\sqrt{t_1/\pi\sigma\mu_0} \tag{3-5}$$

式中，$r_1$ 为"烟圈"半径，m；$d$ 为"烟圈"深度，m；$t_1$ 为发射时间，s；$a_3$ 为发射线框半径，m；$c_2=\dfrac{8}{\pi}-2\approx0.546479$；$\sigma_1$ 为电导率，S/m；$\mu_0$ 为磁导率，H/m。

当发射线框半径相对于"烟圈"半径很小时，可以得到 $\tan\theta=\dfrac{d}{r_1}=1.07$，$\theta\approx47°$，因此"烟圈"将沿 47°斜锥面扩散，其向下传播的速度为

$$v_1=\frac{\partial d}{\partial t_1}=\frac{2}{\sqrt{\pi\sigma_1\mu_0t_1}} \tag{3-6}$$

式中，$v_1$ 为"烟圈"向下传播的速度，m/s；$\theta$ 为"烟圈"与水平面的夹角。

由此可以看出，导电性越好，扩散速度越慢。因此，在导电性较好的地层中，能在更长的延时后观测到瞬变电磁场；在高阻地层中，传播速度较快，传播距离较远。理论上瞬变电磁场的探测深度是由测量时间和地下介质的电阻率确定的，与发射线框和接收线框的大小并无直接关系。但实际中总是存在噪声的，随时间衰减的二次场信号在某一时刻 $t_0$ 会小于噪声，此后即使增加叠加次数也无法得到有效信号，$t_0$ 决定了瞬变电磁的有效探测深度，而 $t_0$ 的大小除了取决于噪声水平外，还取决于一次场的磁矩即发射电流和发射线框的等效面积。因此，实际施工时需要铺设足够大的线框以保证"烟圈"扩散到目标深度时接收线框内有足够的信号强度。但发射回线的大小与探测分辨率直接相关，线框小其体积效应小，其横向分辨率相对较高。

在瞬变电磁探测中，所观测的数据是各测点各个时窗的瞬时感应电压，可将其换算成视电阻率、视深度等参数。视电阻率是反映介质电性变化的一个重要参数，用做瞬变电磁测深资料的下一步解释。晚期半空间场视电阻率计算公式为

$$\rho_{\mathrm{s}}^{B}=\frac{\mu_0}{4\pi t_2}\left[\frac{2\mu_0 S_{发} N_1 s n_3}{5t_2(V_1/I)}\right]^{2/3} \tag{3-7}$$

式中，$\rho_{\mathrm{s}}^{B}$ 为晚期半空间场视电阻率，$\Omega\cdot\mathrm{m}$；$S_{发}$ 为发射线圈面积，$\mathrm{m}^2$；$s$ 为接收线圈面积，$\mathrm{m}^2$；$N_1$ 为发射线圈匝数；$n_3$ 为接收线圈匝数；$t_2$ 为电磁场传播时间，s；$V_1$ 为感应电位，V；$I$ 为供电电流强度，A。

目前，瞬变电磁探测实践中常用的回线装置形式有中心回线装置、偶极装置和大定源回线装置(图 3-10)。中心回线装置采用正方形发射线圈，而将轻便小型的多匝接收线圈置于发射线圈中心。偶极装置是保持发射线圈和接收线圈的距离不变，而整个探测系统沿测线逐点移动观测。由于发射、接收线圈的分离，消除了互感作用，并且该装置灵活轻便，可以采用不同位置和方向去激发导体并观测多个分量，对异常体有较好的分辨能力，特别适用于井下掘进和采煤工作面的超前探测。大定源回线装置发射线圈采用边长数百米甚至千余米的矩形线圈，采用小型线圈或探头在回线内部中心 1/3 面积范围内布线逐点测量。大定源回线装置由于发射线圈固定，可采用大功率发射设备供以大电流，加之发射线圈面积大，能够提供很强的发射磁矩，适合深部探测。

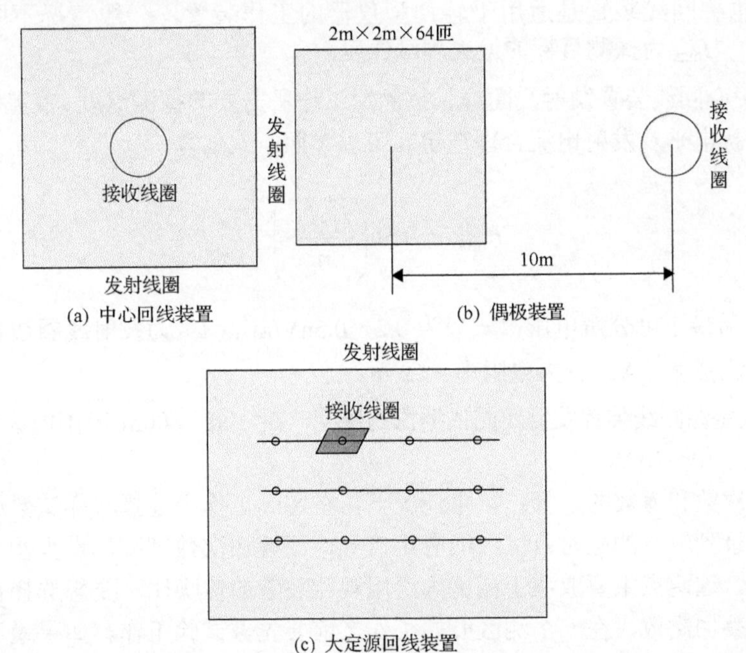


图 3-10　瞬变电磁接收装置

2）工作方法

测网设计：测定范围应根据工作任务、测区的地质条件和采矿条件合理确定，测定范围应包括部分已知采空区，以便于更好地进行对比分析。测网主要应考虑采空区的大小、埋深、空间分辨率及勘查阶段等因素。

观测装置选择：工作装置的选择应根据勘查目的、采空区埋深、施工条件、电磁噪声和各种装置的特点等因素来确定。一般来说，偶极装置和中心回线装置的灵敏度随位置的变化是均匀的，而大定源回线装置的灵敏度随着离开发射回线中心点距离的增加而减小。同时，采空区的尺寸、埋深和含水性对装置选择也有影响。如果采空区尺寸小且埋深在百米以内，另外要求达到较高的分辨率时，则考虑优先选用中心回线装置；如果采空区埋深较大，或测区地形复杂时，可选择大定源回线装置。通常情况下，观测装置选择通过现场试验来确定。在已知采空区区域采用不同装置进行反复试验，由此确定最佳装置及线框的大小。

线圈大小的选择：发射线圈和接收线圈边长越长，其信号强度就越大，在发射电流一定的情况下其探测深度也越深。但增加发射线圈和接收线圈边长越长，会使体积效应增强，探测盲区增大，从而降低横向分辨率。另外，增大接收线圈边长时，在增强有效信号的同时，也会使接收的干扰信号强度增大。因此，在保证勘查深度的情况下，尽量减小接收线圈的边长。一般情况下，各种装置的回线大小可参照以下原则进行选择[46]。

(1) 重叠回线装置是适用于轻便型仪器的工作装置，一般情况下回线边长 $L_{回}=H_{\max}$，$H_{\max}$ 为探测目标的最大埋藏深度。

(2) 中心回线装置发射线圈边长按测深工作所需要的探测深度、覆盖层平均电阻率、干扰电平及发射电流合理选定。可以参照下式估算：

$$H_{\max}=0.55\left(\frac{L_{回}^{2}I\rho}{\eta_1}\right)^{1/5} \tag{3-8}$$

式中，$\eta_1$ 为最小可分辨电压，一般为 0.2～0.5nV/m$^2$；$L_{回}$ 为发射线圈边长，m；$I$ 为发射电流强度，A；$\rho$ 为电阻率，Ω·m。

(3) 大定源回线装置发射线圈依据探测深度，在 100～600m 范围内选用，供电电流一般为 10～30A。

叠加次数和道数的选择：正常情况下，在实际工作中选择取样道数尽可能多些，以记录到较宽的延时范围内的有用信号，而叠加次数则应尽量少些，以提高观测速度。这两点主要取决于测区内所用观测装置的信噪比。要想选择合适的取样道数和叠加次数，在一个测区开始工作之前要先做试验工作。如果最后几道读数为仪器噪声电平，说明有用信号都已记录下来，取样道数和叠加次数的选择是合适的；如果最后几道读数超过噪声电平且波动较大，表明还未达到噪声电平，应增加取样道数和叠加次数，直到最后几道仅为噪声电平为止。

现场试验：①设备一致性试验。布设试验剖面测线，分别沿测线进行往返观测，计算总平均均方相对误差，观测瞬变电磁二次场衰减规律是否一致，观测发射和接收装置及仪器的稳定性和一致性是否满足规范和设计要求。②工作参数试验。通过不同的发射回线大小、供电电流、发射频率和叠加次数等参数，确定最终有效的工作参数。确定工作参数的试验地点要根据地质条件、采矿条件和工作任务等进行选择，务必选择在已知采空区(含水和不含水)、断层、陷落柱、已知钻孔等地质异常体上或其附近，通过改变试验参数来探测已知异常体的电性响应规律及纵、横向分辨率，根据试验确定工作参数。对在典型测线采用点试验所选定的工作参数进行瞬变电磁法数据采集。③测区噪声调查。包括背景场电磁噪声、高压线噪声和村庄影响调查。

为了保证测量效果，在操作过程中可采取如下措施：

(1)数据采集前，仪器应严格按说明书标定。

(2)严格按试验所确定的采样延时、叠加次数、回线边长、增益、发射电流等进行仪器和装置的参数设置。

(3)在施工过程中，尽量减少测线方位与点距的偏差，避免回线铺成“梯形”而导致较大的误差。受地形地貌、地物条件等的影响，及时调整点线距和测网密度，以便最大限度地消除偶然误差，从而获得可靠、丰富的地质信息。

(4)施工过程中时刻检查仪器和导线的漏电情况，保证绝缘，避免观测曲线发生畸变，造成解释错误。

(5)在全区布置一定数量的检查点(不少于5%)，以检查观测资料的质量，检查点基本均匀分布在测区中。

(6)为使测区内资料尽可能完整，在测点通过村庄、高压线及其他障碍物时，要将测点沿线方向偏移，在实测中及时记录偏移距离，以便在资料处理时归位。

(7)尽可能采用大电流激发，并及时增加叠加次数以压制干扰。

3)资料处理与解译

瞬变电磁仪野外观测的是垂直磁感应场的归一化感应电动势$\Delta V(t)/I$值，其单位为μV/A。每个观测点记录的参数为：时间道数、采样开始时间、采样窗口宽度、发射电流、归一化感应二次场及转换的磁感应强度值等。因此，数据处理中以视电阻率$\rho_s$、视深度$h_s$为参数构制了各测线视电阻率拟断面图，在各测线视电阻率拟断面图上可以看到沿测线剖面方向上的视电阻率及电性分布特性。

野外采集的数据在处理前，首先对其进行逐点整理或预处理，即检查数据质量，剔除不合格数据，并对其进行编录，整理成专用数据处理软件所需要的顺序和格式；其次再对数据进行滤波，以滤除或压制干扰信号，恢复信号的变化规律，突出地质信息；再次利用专用软件转换得到 $\rho_s$ 和 $h_s$ 等参数，根据有关测量、地质和钻探等资料再做必要的地形校正和高程校正等处理；最后将所得数据以平面等值线图的形式绘制出来。

3. 可控源音频大地电磁法

1) 基本原理

可控源音频大地电磁法(CSAMT)是20世纪80年代末兴起的一种地球物理新技术，是在大地电磁法(MT)和音频大地电磁法(AMT)的基础上发展起来的人工源频率域测深方法。由于不同频率的电磁波在地下传播时有不同的趋肤深度，通过对不同频率电磁场强度的测量就可以得到该频率所对应深度的地电参数，从而达到测深的目的。基于电磁波传播理论和麦克斯韦方程组，可以导出水平电偶极远场区在地面上的电场及磁场公式如下：

$$E_x = \frac{I\text{AB}\rho_1}{2\pi r_2^3}\left(3\cos^2\theta_1 - 2\right) \tag{3-9}$$

$$E_y = \frac{3I\text{AB}\rho_1}{4\pi r_2^3}\sin 2\theta_1 i \tag{3-10}$$

$$E_z = (i-1)\frac{I\text{AB}\rho_1}{2\pi r_2^2}\sqrt{\frac{\mu_0\omega}{2\rho_1}}\cos\theta_1 \tag{3-11}$$

$$H_x = -(1+i)\frac{3I\text{AB}}{4\pi r_2^3}\sqrt{\frac{2\rho_1}{\mu_0\omega}}\cos\theta_1\sin\theta_1 \tag{3-12}$$

$$H_y = (1+i)\frac{I\text{AB}}{4\pi r_2^3}\sqrt{\frac{2\rho_1}{\mu_0\omega}}\left(3\cos^2\theta_1 - 2\right) \tag{3-13}$$

$$H_z = i\frac{3I\text{AB}\rho_1}{2\pi\mu_0\omega r_2^4}\sin\theta_1 \tag{3-14}$$

式中，$E_x$ 为沿 $x$ 方向的电场分量，V/m；$E_y$ 为沿 $y$ 方向的电场分量，V/m；$E_z$ 为沿 $z$ 方向的电场分量，V/m；$H_x$ 为沿 $x$ 方向的磁场分量，H/m；$H_y$ 为沿 $y$ 方向的磁场分量，H/m；$H_z$ 为沿 $z$ 方向的磁场分量，H/m；AB 为供电偶极长度，m；$r_2$ 为发射距，m；$\rho_1$ 为大地电阻率，$\Omega\cdot$m；$I$ 为供电电流强度，A；$\theta_1$ 为角频率，Hz；$\omega$ 为谐变电流的圆频率。

将沿 $x$ 方向的电场分量($E_x$)与沿 $y$ 方向的磁场分量($H_y$)相比，并经简单运算可获得地下的视电阻率($\rho_s$)公式：

$$\rho_s = \frac{1}{5f}\frac{|E_x|^2}{|H_y|^2} \tag{3-15}$$

式中，$f$ 为频率，Hz。

由式(3-15)可见，只要在地面上能观测到两个正交的水平电磁场（$E_x, H_y$）就可获得地下的视电阻率 $\rho_s$（也称卡尼亚电阻率）。

根据电磁波的趋肤效应理论，可以导出趋肤深度 $H_{趋}$ 的公式：

$$H_{趋} \approx 500\sqrt{\frac{\rho}{f}} \tag{3-16}$$

式中，$H_{趋}$ 为趋肤深度，m；$\rho$ 为电阻率，Ω·m。

由式(3-16)可知，当电阻率固定时，电磁波的趋肤深度(或探测深度)与频率成反比，高频时，探测深度浅，低频时，探测深度深。可以通过改变发射频率来改变探测深度，从而达到频率测深的目的。

CSAMT 法野外工作布置如图 3-11 所示，其具有以下优点[47]：

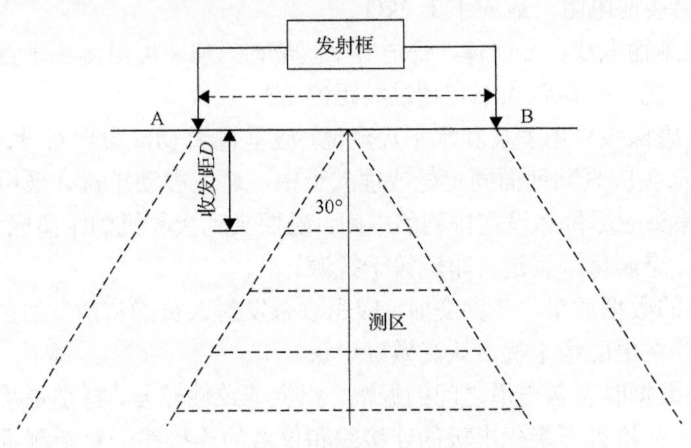


图 3-11　CSAMT 法野外工作布置示意图[44]

(1) 使用可控制的人工场源，信号强度比天然场要大得多，因此抗干扰能力强。

(2) 测量参数为电场与磁场之比，得出的是卡尼亚电阻率，由于是比值测量，可减少外来的随机干扰，并减少地形的影响。

(3) 基于电磁波的趋肤深度原理、利用改变频率进行不同深度的电测深，大大提高了工作效率，减轻了劳动强度。一次发射可同时完成多个点的电磁测深。

(4) 勘探深度范围大，一般可达 1～2km。

(5) 横向分辨率高，通过调整发射机与接收机的工作频率，可提高纵向分辨率。

(6) 高阻屏蔽作用小，可穿透高阻层。

2) 工作方法

收发距：依据目的层埋深、测区地层结构及电阻率和背景噪声等因素确定收发距。在满足信噪比要求的前提下，收发距应尽可能满足远区测量条件。通常按目标体最大埋深的 4 倍以上设计。

发射偶极距：发射偶极距长度应保证 AB 极张开的 60°扇形区域能覆盖测区，一般为 1～3km。在目的层埋深较浅时，发射偶极距可选择小些的；在目的层埋深较大时，发射偶极距可选择大一些的。

接收极距：接收极距 MN 的长度根据采空区的开采方式和规模、电信号的强弱确定，MN 过大可能漏掉部分采空区，MN 过小则信号易受干扰。

工作频段的选择：工作频段依据测区目的层的最大深度和大地平均电阻率初步确定。实际测量时，所使用的最低频率应比计算频率低 3～5 个频点。

为了保证测量精度，在使用过程中应注意以下几点：

(1) 场源应平行于测线方向布设，尽量避开电磁干扰源，方位误差要求小于 3°。AB 极的接地电阻应小于 30Ω，导线的绝缘电阻应大于 2MΩ。

(2) 测量电极应采用不极化电极，极差应小于 2mV。电极应挖坑埋设，保持接地良好，MN 的接地电阻一般应小于 2kΩ。

(3) 当遇到输电线、金属体、管道等干扰物时，MN 可沿测线垂直方向适当平移，以减少干扰，平移距离不宜超过线距的 1/2。

(4) 水平磁探头采用罗盘和水平尺定位，应垂直于 MN 方向布设，方位误差应小于 1°。磁探头应紧贴地面固定好或埋入土中，避免震动干扰。采用共磁道排列观测时，磁探头应尽量布设在排列的中间。磁探头到接收机的距离应大于 7m，应远离输电线、金属体、管道、车辆等干扰源。

(5) 采集的数据质量产生突变时，应先联系发射人员确认所发射的频点，并观察周围是否存在电磁场干扰，认真做好记录。

(6) 采集数据时若各电道之间的振幅、相位一致性较差，特别是某一电道数据偏差很大时，应检查不极化电极的连接线和仪器的连接线，重新测量接地电阻，并重复观测。

(7) 转换发射源时，应重复观测一个排列，以分析不同发射源造成的数据差异。

(8) 检查工作量应不少于测点总数的 5%，检查点应在勘查区均匀分布。

3) 资料处理与解译

CSAMT 法的处理流程主要有以下几个：

(1) 数据编辑和去噪。电磁法数据采集难免会受到一定的干扰，使个别数据出现飞点，必须对这些飞点进行合理的编辑或去噪。对于去噪，一般可选用高斯滤波、五点二次平滑、五点汉宁窗滤波，需经过试验对比后确定。

(2) 静态校正。若测点的近地表存在局部的电性不均匀体，其表面的积累电荷将使视电阻率-频率曲线整体向上或向下平移，产生静态偏移现象，必须对这样的数据进行静态校正，以免产生垂向条带状虚假异常。常用的静态校正方法有相位数据变换法、磁场数据变换法、空间滤波法或曲线平移法。

(3) 数据反演。一般情况下，观测资料基本位于远场区，因此可不做近场校正。数据反演可采用非线性共轭梯度算法进行 2.5 维反演，该方法具有反演速度快、反演精度高的优点。

4. EH4 大地电磁法

1) 基本原理

EH4 大地电磁法是基于大地电磁测深理论，通过测量相互正交的电场分量($E_x$, $E_y$)和磁场分量($H_x$, $H_y$)，计算地层介质视电阻率值，并根据地层介质电阻率的变化规律推断地下介质的结构、电阻率异常体及构造等的一种地球物理探测系统。数据采集包括天然电磁场和人工电磁场两部分(图 3-12)。天然电磁场背景信息成像的频率范围为 10～1000Hz。通过特殊的人工电磁波发射器发射形成人工电磁场的频率范围为 500～100kHz，不但弥补了天然电磁场某些频段的先天不足，特别是 1000Hz 附近为寂静区，而且压制了数百赫兹附近的人文干扰谐波，从而能较好地对浅部地层进行勘察。

(a) EH4电磁成像系统主机

(b) EH4电磁成像系统人工场源

图 3-12　EH4 电磁成像系统

将大地看作水平介质，大地电磁场是垂直投射到地下的平面电磁波，在地面上可观测到相互正交的电场和磁场分量 $E_x$、$E_y$ 及 $H_x$ 和 $H_y$(图 3-13)。通过测量相互正交的电场和磁场分量，可确定介质的电阻率值，其计算公式见式(3-15)及式(3-16)。

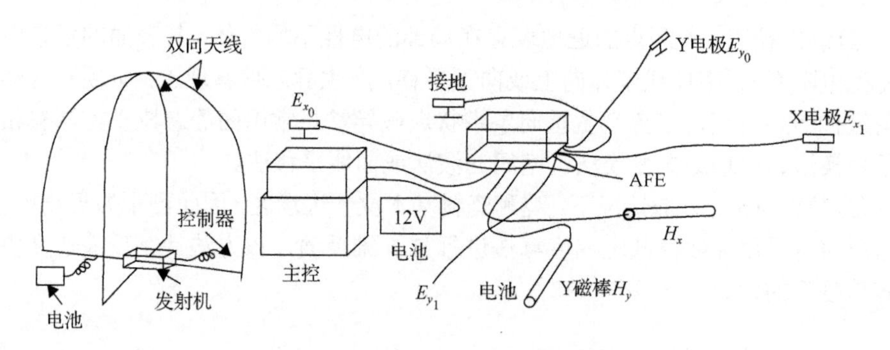


图 3-13　EH4 发射与接收装置

EH4 大地电磁法与其他物探方法相比，主要有以下特点[48,49]：

(1) EH4 大地电磁法采用天然场源和人工场源相结合的方式，弥补了天然场源在某些频段的不足，使系统在 10～1000Hz 范围内获得有效连续信号，从而获得浅部异常目标体探测特征。

(2) EH4 测量系统和发射系统都比较轻便，且连续单点测量可以非常灵活地应用于各种不利地形；测点可以随意布置，避免测线布置受发射源限制。

(3) EH4 电导率成像系统接收频点多，空间上采样密集，纵向上提供了丰富的地质信息，有较高的分辨率。

2) 工作方法

测点布设：①根据地质任务及施工设计书布置测线、测点，在施工过程中允许根据实际情况在一定范围内对测线方位和测点进行调整，但必须满足规范要求；②测点尽量不要选在狭窄的山顶或深沟底，应选开阔的平地布极，至少在两对电极的范围内，地面相对高差与电极距之比小于 20%；③布极应尽可能避开近地表局部电性不均匀体；④所选测点应远离电磁干扰源，一般距电磁干扰源大于 50m，无法避开的，应在班报表中做出详细记录。

布极：$E_x$ 和 $H_x$ 保持与测线平行，$H_y$ 和 $E_y$ 保持与测线垂直；野外电极布置一般采用“+”字形布极方式，如图 3-14 所示。特殊情况下，因地形等原因，也可采用“T”形或“L”形布极方式。

电极距：为了获得信噪比较高的电磁场信号，电极距的长度一般为 30～50m，两端电极应尽量水平，若测点周围地表起伏不平，则应按实际水平距离计算电极距。

磁棒：磁棒应紧贴地面或入土一定深度，磁棒至仪器的信号线不能打圈和悬空，不能并行靠近放置，每隔 1m 需用土压实，防止晃动造成干扰。

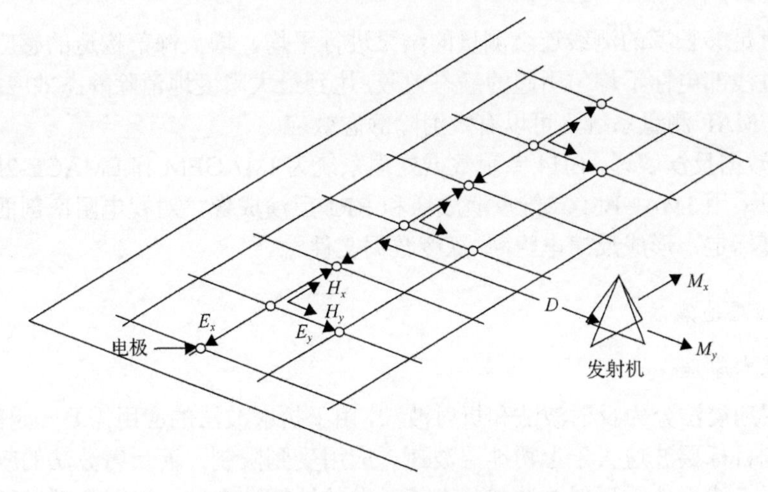


图 3-14　EH4 系统野外工作布置

$M_x$ 为 $x$ 方向的发射源磁场分量，H/m；$M_y$ 为 $y$ 方向的发射源磁场分量，H/m

为了保证测量精度，在使用过程中应注意以下几点：

(1) 电偶极和磁极采用罗盘定向、水平尺取平，保证探测线上测点的电道、磁道探测方向的一致性。

(2) 根据实际地层的电性特征，试验掌握发射源与测量点的最佳距离范围，以保证测量精度。收发距($D$)必须满足远区场条件，即在人工源最低频点的 $r_3$ 要大于 4 倍的趋肤深度，避免近场效应，最大 $r_3$ 应满足信噪比。

(3) 接地电阻较高时，采取电极四周垫土，周围浇水，降低接地电阻。

(4) 异常、畸变数据应进行重复观测。

(5) 延长观测时间，增加功率谱的叠加次数，提高信噪比。

3) 资料处理与解译

EH4 大地电磁法的处理流程包括干扰信号的剔除、静态校正和数据反演解译。

(1) 干扰信号的剔除。由于人为或天然因素，在信号采集过程中有可能出现随机的干扰信号，其中的个别频点就会发生跳跃，如果不剔除干扰信号，将会影响最终的反演解译结果。剔除干扰信号的方法有两种：对采集的时间序列信号进行编辑，直接剔除发生畸变的信号；对视电阻率曲线进行编辑，正常的视电阻率曲线应该是连续和光滑的，对那些跳跃式“飞点”应直接删除。

(2) 静态校正。静态效应实际上是一种电流聚集现象，产生的原因主要是近地表存在局部电性不均匀体，当电流经过其表面时形成电荷聚集，改变了大地电磁场的分布，从而使单一测点在不均匀体以下的测深数据在对数坐标上发生一定量的上下平移，导致深度解译产生误差，构造解译变得复杂。消除静态效应最有效的方法是电磁阵列法(EMAP)。EMAP 法主要是沿测线首尾相连连续布设电偶极(与 CSAMT 类似)，采用对横向电场分量进行空间低通滤波的方式减少静态效应，并对具有足够长度的测线连续测量的结果进行平均，增大深部构造的感应响应，使之超过浅部电性不均匀引起的静态效应，达到最大限度地消除静态效应的目的。EH4 是 EMAP 测量系统，可以有效消除静态效应。

(3)数据反演解译。EH4 专用数据处理系统为 IMAGEM 和 EMAGE-2D 处理。反演一般采用 IMAGEM 二维反演成像和 RRI 反演成像，对视电阻率剖面频率轴进行深度标定，形成反演电阻率-深度数据文件。

### 5. 浅层地震法

#### 1)基本原理

浅层地震法分为反射波法和折射波法，由于折射波法的应用需要一定的前提，即被探测目标层波速大于上覆地层波速，应用受到限制，而反射波法的应用相对较为广泛。浅层地震反射波法就是人工激发的地震波在地面以下传播过程中遇到反射界面后，再传向地面，通过地面埋设的检波器接收反射到地面的地震波信号，将模拟信号转换为数字信号后，再运用数据处理方法对地震波进行必要的处理，形成地震剖面，在地震剖面上解读探测信息。

浅层地震反射波法原理如图 3-15 所示，在测线不同位置的 $O_1$，$O_2$，$O_3$，…震源点激发，可以在以 $M$ 点为对称的 $S_1$，$S_2$，$S_3$，…点接收到地下某一界面同一点 $A$ 点的反射波。$A$ 点为共反射点或共深度点，$M$ 点为 $A$ 点的地面投影，为共中心点或共地面点。震源点 $O_1$，$O_2$，$O_3$，…到接收检波器 $S_1$，$S_2$，$S_3$，…点的距离 $X_1$，$X_2$，$X_3$，…为炮检距。$S_1$，$S_2$，$S_3$，…点处接收到的地震记录道为共反射点叠加道，把共反射点叠加道的集合称为共反射点或共深度点(CDP)叠加集。

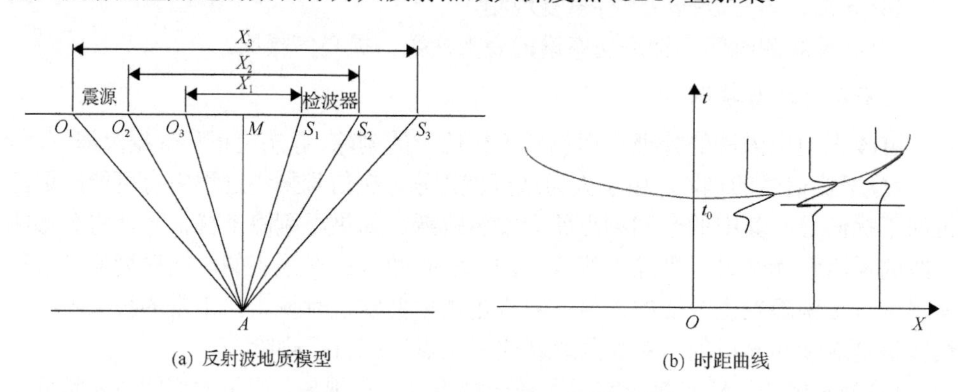


(a) 反射波地质模型　　(b) 时距曲线

图 3-15　浅层地震反射波法原理[50]

$t_0$ 为旅行时间

如果以炮检距 $X$ 为横坐标，以由震源激发产生的纵波经由反射界面到检波器的传播时间 $t_0$ 为纵坐标，地震波在岩层中的传播速度为 $v_2$，反射界面的深度为 $h_{反}$，则 $A$ 点的时距曲线方程为

$$t_0 = \frac{1}{v_2}\sqrt{4h_{反}^2 + X_i^2} \tag{3-17}$$

将共反射点时距曲线校正即将共反射点各道叠加后，可实现共反射点多次叠加的输出。由于各接收点旅行时间不同，叠加前必须进行动校正，即将共反射点各叠加道校正到共中心点处的反射时间[图 3-16(a)]。经过动校正后，共反射点道集中的各反射波波形相似，相位相同，叠加后振幅增强，实现了共反射点多次叠加的输出[图 3-16(b)]。否则，叠加后能量将变弱(非同相叠加)。

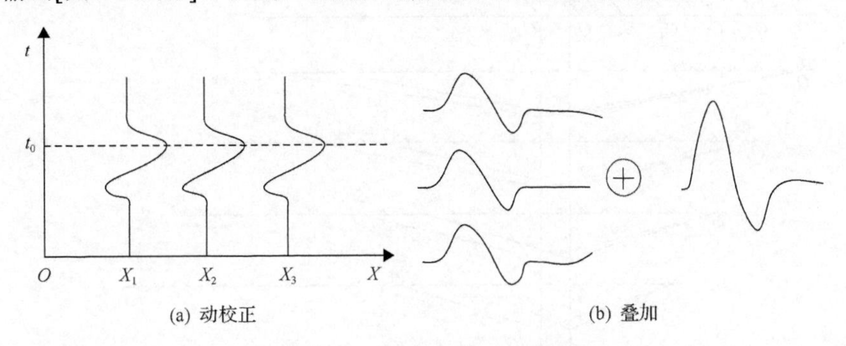


图 3-16　共反射点叠加示意图

多次覆盖观测系统是对整条反射界面进行多次覆盖的观测系统。主要有单边放炮和中间放炮两种形式。图 3-17 为单边放炮 6 次覆盖观测系统，每放完一炮，炮点和接收点同时向前移动两个道间距。每放一炮可得到地下 24 个反射点，每放 6 炮，可得到相应的 6 个反射界面段。其中 *ABCD* 界面段，每次放炮都对其进行观测，观测了 6 次，称为 6 次覆盖。第 1 炮第 21 道、第 2 炮第 17 道、第 3 炮第 13 道、第 4 炮第 9 道、第 5 炮第 5 道、第 6 炮第 1 道，都是来自 *A* 点的反射，都是 *A* 点的叠加道集。对其他反射点，也可以找到相应的共反射点道集。

设炮点每次向前移动的炮点距道数为 $v_3$，覆盖次数为 $n_4$，仪器道数为 $N_2$，则炮点距道数与覆盖次数的关系如下：

$$v_3 = \frac{S_3 N_2}{2n_4} \tag{3-18}$$

式中，$S_3$ 为系数，单边放炮时，$S_3=1$，双边放炮时，$S_3=2$。

如采用单边放炮，接收道为 24 道，则式(3-19)变为

$$v_3 = \frac{S_3 N_2}{2n_4} = \frac{12}{n_4} \tag{3-19}$$

根据式(3-19)，当 $n_4=6$ 时，$v_3=2$，即每移动两道放一炮；当 $n_4=12$ 时，则 $v_3=1$。一般情况下为施工方便及便于资料处理，$v_3$ 应取正整数。因此，对于单边放炮的 24 道地震仪，覆盖次数 $n_4$ 只能取 12、6、4、3、2 五种形式。

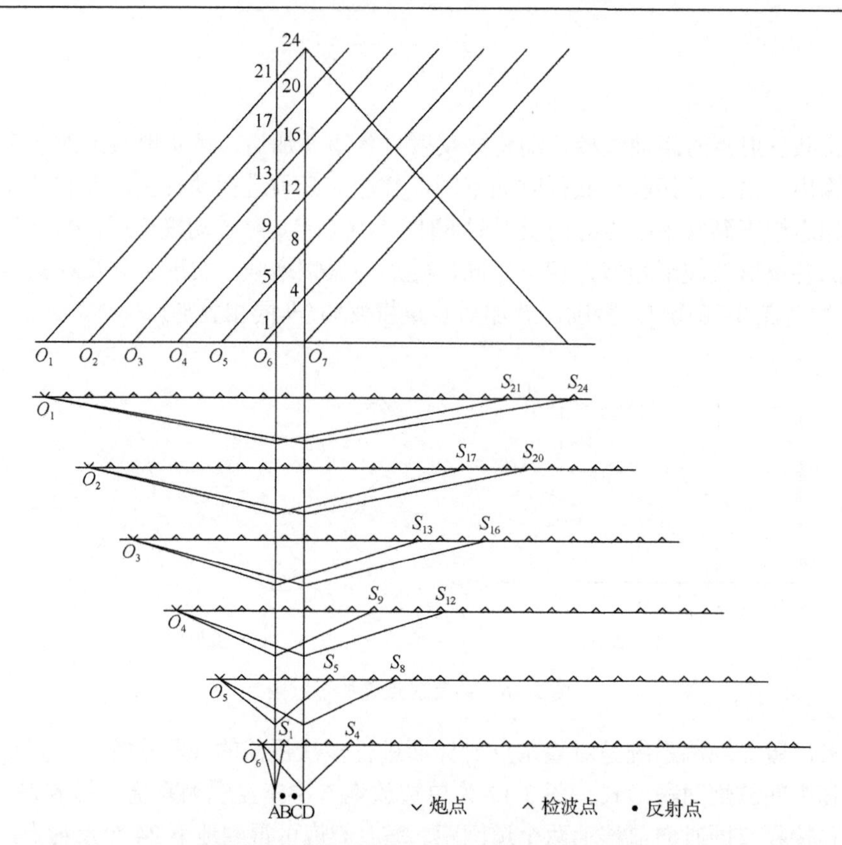


图 3-17　二维浅层地震法 6 次叠加原理示意图

若存在一个连续反射界面，则会出现一组连续的强反射波，如果反射界面中断，反射波也将中断。因此，通常以地震时间剖面上反射波不连续追踪作为识别煤层采空区的重要标志。采空区具有与地层完全不同的波阻抗差异。同时，采空区易形成自然塌陷，即煤层顶板和上覆地层自然塌陷充填采空区，致使上覆地层松散。因此，由于采空区的存在，在沿测线进行地震反射波法勘探时，煤层的地震反射波会出现以下变化：①不能形成能量强、连续性较好的反射波组；②反射波组能量明显减弱或消失；③反射波的频率变低；④采空区下部煤层的反射波组能量变弱，连续性变差。因此，通过追踪被采煤层的反射波，视其在勘查剖面上的变化来确定采空区是否存在，并圈定其边界。

2) 工作方法

测线布设：一般情况下，主测线方向垂直于采空区走向，联络测线垂直于主测线。观测系统测线在布设时应充分考虑勘探区内主要目的层埋深，地震测线应尽量通过已知钻孔；测线应为直线，以防止叠加处理时降低记录分辨率；测线要考虑地形地物等因素，测线疏密根据勘查任务及勘查对象等因素综合确定。

观测系统：观测系统为激发点和接收地段的相对位置关系(图3-18)，观测系统的选择主要从空间采样间隔、最浅目的层少受直达波的干扰、动校拉伸畸变不能过大及能够保证速度分析的精度，以适当的覆盖次数使有效波突出、能够连续追踪等方面综合分析确定。

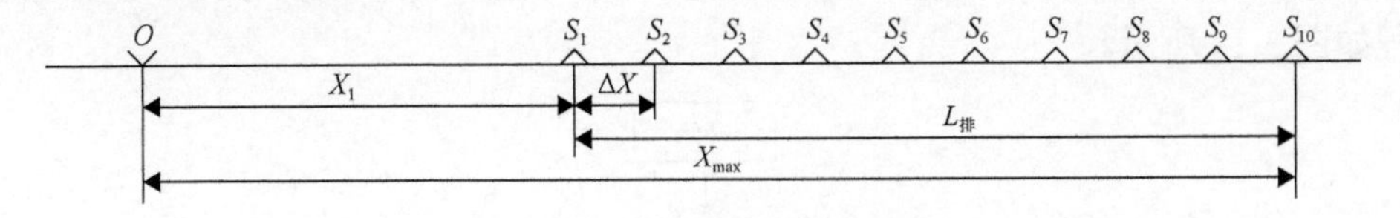


图3-18　端点放炮排列示意图

道间距($\Delta X$)为相邻两道检波器之间的距离。道间距应根据勘察目的及目的层深度等综合确定。一般来说，道间距小，则分辨率高，但工作效率会相应降低，浅层地震勘查中，道间距一般为2～5m。

排列长度($L_{排}$)为第一道检波器到最后一道检波器之间的距离，排列长度为

$$L_{排}=(N_3-1)\Delta X \tag{3-20}$$

式中，$N_3$为接收道数；$\Delta X$为道间距，m。

由式(3-20)可以看出，道间距越大，排列长度越长，工作效率越高。但道间距越大，相邻记录道之间同一波的相位追踪难度也随之增加；同时，离震源较远的波由于能量减弱，信噪比降低，从而降低了分辨率。

偏移距($X_1$)为炮点与第一个检波器之间的距离。如果端点放炮时，端点既是炮点又是检波点，但由于炮点对其附近的检波点会形成干扰，一般情况下端点不埋设检波器，因此，需要设置一定距离的偏移距，偏移距为道间距的整数倍。

炮点与检波器之间的距离为炮检距，炮点与最远检波器之间的距离为最大炮检距($X_{max}$)。最大炮检距与目的层勘查深度、地形地质条件及地层波速有关。一般情况下，最大炮检距与目的层勘查深度相当，可取勘查深度的0.7～1.5倍。

一般情况下，叠加次数越多，信噪比和分辨率越高，同时工作效率会降低。因此，为保证勘查效果，必须有一定的叠加次数。一般情况下，采空区浅层地震勘查叠加次数应不少于12次。

为了保证测量精度，在使用过程中应注意以下几点[51]：

(1)检波器应挖坑埋置，与地面耦合良好。

(2)在采空区上方布设震源时应标注附近地表裂缝位置及发育程度，并应避开地表裂隙特别发育区。

(3)施工区范围内应布设警戒，减少机械、车辆等人为振动对地震信号的干扰。

(4)检波器埋置的位置应该准确。检波器由于条件限制不能埋置在原设计点位时，沿测线方向移动不得超过1/10道间距，垂直于测线方向移动不得超过1/5道间距。

(5)浅层地震法使用炸药震源时，勘查区最小药量应比未采区试验确定的最小

药量大 1 倍以上，使采空区附近能够获得有效信号。

3）资料处理与解译

资料处理具体步骤如下：空间属性建立→真振幅恢复→道编辑→高通滤波→静校正→反褶积→速度分析→剩余静校正→噪声衰减→偏移归位等，详细处理流程如图 3-19 所示。

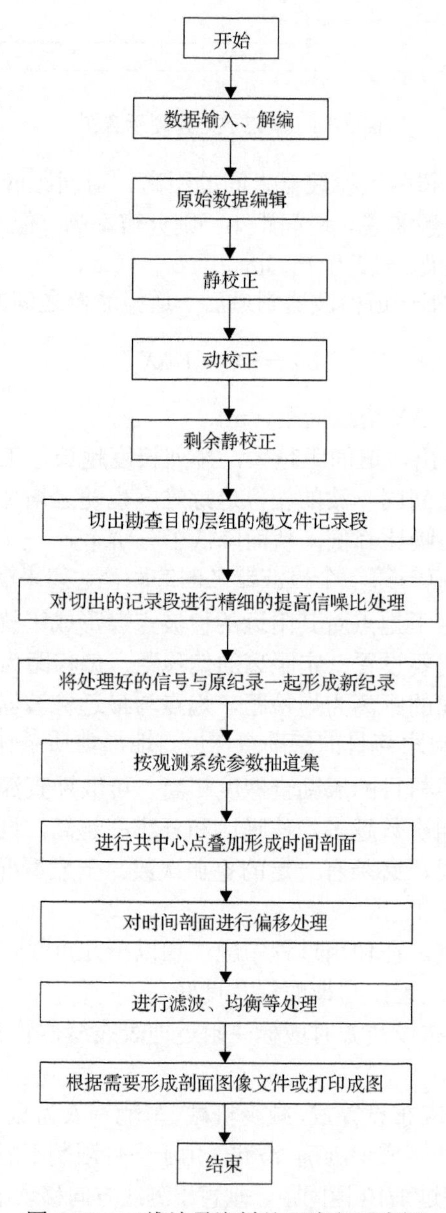


图 3-19　二维地震资料处理流程示意图

准确建立炮、检波点空间属性是提高处理质量的必要条件，是一切处理工作的基础，不准确的空间属性会导致地质构造假象。在野外施工过程中，各种原因使部分炮、检波点偏离了原来的设计位置，虽然施工人员及时做了较详细的记录，但其正确与否还需要在资料处理时进一步检查。同时剔除不正常工作道，压制噪声，从而提高信噪比，以达到净化剖面的目的。

由于大地滤波的作用，地震波在传播过程中能量衰减很多，尤其是高频成分损失严重。另外，震源能量差异、检波器耦合差异也会对有效波振幅产生不利影响，导致接收到的振幅不能真实地反映地下介质的动力学特征及相互差异，需要采用地表一致性振幅补偿对地震波能量加以恢复，使得浅、中、深空间能量得到较好恢复。

地表地形复杂、地表高差较大区域，静校正是地震资料处理中的关键环节。由于地表高程及地表低(降)速带厚度、速度存在横向变化，产生的地震波旅行时差会对信号的叠加效果产生一定的不利影响，反射波同相轴信噪比下降、频率降低。应用合适的静校正方法和参数，可以消除这种时差，确保叠加剖面的质量。另外，针对不同的原始资料特点选用适当的反褶积方法和参数，可以起到提高分辨率的作用。

速度是地震资料处理的重要参数之一，其精度直接影响着叠加处理效果。为了提高速度谱解释精度，要先进行速度扫描，得到由浅至深的速度规律，然后以此为参考速度计算速度谱。自动剩余静校正可以消除记录中存在的高频剩余静校正量，是保证有效波达到最佳叠加效果的重要手段之一。在此基础上进行叠加速度分析，就可以为之后的叠加处理提供更为准确的叠加速度信息。剩余静校正和速度分析是一个反复迭代的过程，迭代的次数在一定程度上影响着处理的精度。进行自动剩余静校正后有效波同相轴连续性会明显提高，剖面质量会得到明显改善。

为了提高叠加剖面的信噪比，增强叠加剖面的连续性，保证叠加剖面的质量和归位效果，可采用 $f$-$x$ 域随机噪声衰减模块，对预测道数和回加百分比进行试验，选取最佳参数，保证该模块的处理效果。

依据前述识别采空区地震反射波变化特征，对处理后的资料进行分析。首先，在相邻的各段共深度点(common depth point，CDP)线上采用强相位对比及波组对比相结合的方法，对煤层反射波进行连续追踪解释并确定全区层位；其次，在确定全区层位后，利用粗网格建立全区构造框架，确定较大异常体，再利用细网格追踪局部小异常体；最后确定整体解释方案。

#### 6. 各类物探方法适用条件及综合物探方法

##### 1)各类物探方法适用条件

采空区探测的关键是先结合资料收集与调查成果，采取物探勘察手段对可能存在采空区的范围进行大范围物探勘察，然后对物探结果辅以钻探进行验证，查清采空区的位置、分布范围及状态。如前所述，采空区物探方法主要有高密度电阻率法、瞬变电磁法、EH4 大地电磁法、可控源音频大地电磁法和浅层地震法。各类物探勘察方法均有其特点和一定的适用条件(表 3-7)，物探勘察前应在条件类似的已知采空区进行物探方法的有效性试验，确定物探方法及其工作参数，总结采空区的异常特征。

**表 3-7　采空区地面物探勘察常用方法及适用条件[41]**

| 物探方法 | 一般测网网度(线点距)/(m×m) | 适用条件 | 采空区异常圈定特征 |
| --- | --- | --- | --- |
| 高密度电阻率法 | 20×10 | 一般探测深度为 150m 以内，主要适用于地形较为平缓的浅层采空区勘察，不易受地面导体或高压线的干扰。对于不含水采空区勘察具有明显优势 | 高阻异常区(不充水采空区)，低阻异常(充水采空区) |
| 瞬变电磁法 | 40×20 | 一般适用于采空区埋深小于 600m、基岩大面积出露等高阻屏蔽地区，易受地面导体或高压线的干扰，对于积水采空区勘察具有明显优势 | 高阻异常区(不充水采空区)，低阻异常(充水采空区) |
| EH4大地电磁法 | 40×20 | 适用于中深采空区-深层采空区勘察，对于采深较大且地形较为复杂的采空区勘察有明显优势，易受地面导体或高压线的干扰 | 高阻异常区(不充水采空区)，低阻异常(充水采空区) |
| 可控源音频大地电磁法 | 40×20 | 适用于中深采空区-深层采空区勘察，对于采深较大的采空区勘察有明显优势，较 EH4 大地电磁法抗干扰能力强 | 高阻异常区(不充水采空区)，低阻异常(充水采空区) |
| 浅层地震法 | 20×10 | 适用于地表松散层薄、震动干扰小的区域，不受地面导体或高压线的干扰，对于房柱式采空区勘察具有明显优势，但不能探测采空区积水。浅层二维地震法适用于地形较为平缓的浅层采空区勘察，三维地震法适用于中深-深部采空区勘察 | 反射波能量低、连续性变差或消失 |

2) 综合物探法

对于采空区物探勘察，各种物探方法都有其适用条件及物性前提条件。实践表明，单一方法较难解决相关地质问题。鉴于此，采空区探测需结合地形地质条件、采矿条件、人文干扰条件及探测精度等要求，建议采用两种及以上综合探测方法进行勘查，以相互验证，减少物探推断的多解性，增强探测效果，增加探测结果的可信度和准确性(表 3-8)。

**表 3-8　物探勘察组合方法及适用条件[41]**

| 采空区埋深 | 综合物探方法 | 一般测网网度(线点距)/(m×m) | 适用条件 |
| --- | --- | --- | --- |
| $H$<50m | 地质雷达 | 不大于 10×2 | 导体分布较多的区域、高压线附近区域、目的层上部存在大范围低阻覆岩的区域不宜采用该方法 |
|  | 高密度电阻率法 | 不大于 10×5 | 地形起伏较大、地表存在游散电流、电性差异较大、接地电阻较大或目的层上部存在高阻覆岩的区域不宜采用该方法 |
| 50m≤$H$<150m | 高密度电阻率法 | 不大于 20×10 | 地形起伏较大、地表存在游散电流、电性差异较大、接地电阻较大或目的层上部存在高阻覆岩的区域不宜采用该方法 |

续表

| 采空区埋深 | 综合物探方法 | 一般测网网度(线点距)/(m×m) | 适用条件 |
|---|---|---|---|
| 50m≤$H$<150m | 瞬变电磁法 | 不大于20×10 | 地面导体分布较多的区域或高压线附近区域，以及目的层上部存在大范围低阻覆岩的区域不宜采用该方法 |
| | 浅层地震法 | 不大于20×5 | 地表松软、震动干扰较强和地形起伏特别剧烈的区域不宜采用该方法 |
| 150≤$H$<400m | 瞬变电磁法 | 不大于40×20 | 地面导体分布较多的区域或高压线附近区域，以及目的层上部存在低阻覆岩的区域不宜采用该方法 |
| | 可控源音频大地电磁法 | 不大于40×20 | 地面导体分布较多的区域、高压线附近区域、地表电性差异较大的区域不宜采用该方法 |
| | 二维地震法 | 不大于40×10 | 地表松软、震动干扰较强和地形起伏特别剧烈的区域不宜采用该方法 |
| | 三维地震法 | GDP网格不大于5×10 | 地表松软、震动干扰较强和地形起伏特别剧烈的区域不宜采用该方法 |
| 400m≤$H$ | 可控源音频大地电磁法 | 不大于40×20 | 地面导体分布较多的区域、高压线附近区域、地表电性差异较大的区域不宜采用该方法 |
| | 三维地震法 | GDP不大于10×10 | 地表松软、震动干扰较强和地形起伏特别剧烈的区域不宜采用该方法 |

注：在进行综合物探时，在保证一种物探方法全区布置的前提下，另一种物探方法的测线布置可根据需要灵活布置，测网密度可根据需要适当加密或增大。

### 3.2.3 工程地质钻探

工程地质钻探是广泛采用的勘察方法，可以直接获得地质资料，是采空区探测最可靠的方法，可以为稳定性评价提供较准确的采空区空间分布特征及岩体力学参数。采空区勘察工作中，所有地质测绘、物探方法等得到的结论都必须要用工程地质钻探结果来验证。

1) 钻探目的

(1) 验证工程地质测绘及物探成果。

(2) 查明采空区地层岩性条件，建立综合柱状图。

(3) 查明水文地质条件，包括地下水位及其对混凝土的侵蚀性。

(4) 查明采空区的控制范围、几何形态、顶底标高、“三带”发育情况等。

(5) 采集岩土样品，进行岩土物理力学性质测试，特别是采空区顶部及上覆岩层的岩性物理力学性质，进行采空区发展演化分析。

(6) 进行必要的原位测试。

(7) 利用钻孔进行井中物探，如测井、钻孔电视等，可一孔多用。

2) 孔位确定方法

要利用工程地质测绘资料、物探异常及变形观测资料来布孔。

3）各勘察阶段钻孔布置原则

(1)可行性研究阶段应尽可能搜集矿区已有的钻孔资料(如勘探钻孔柱状图或矿区综合柱状图)，一般不布置钻探工作。若无现成的资料，可布置 1～2 个钻孔以取得工作区地层岩性及煤层厚度、层数、埋深及产状等基础资料。

(2)初步勘察阶段钻探是为了初步判断公路下伏采空区及“三带”，同时查明地层结构、岩土性质。钻孔应布置在地貌、地质构造、地层变化大且具有代表性的地段。当桥梁、隧道地段要增加技术性钻孔时，技术性钻孔应占总钻孔数的一半。

(3)详细勘察阶段是为了详细查明路基影响范围内下伏采空区及“三带”分布情况，路基受力层范围内的地层结构及岩土性质，有关公路防护工程地基的地层和岩土性质，为路基施工图设计及防护工程施工图设计提供地质依据。

4）采空区钻探技术要求及地质描述

采空区钻探技术要求及地质描述要点见表 3-9。

**表 3-9 观测周期选择表**

| 项目 | 调查内容 |
|---|---|
| 钻机 | ①如果采空区埋深小于 50m，可选用工程地质钻机，必要时可下地锚增加钻架的稳定性<br>②如果采空区埋深大于 50m，可选用水文钻机或探矿钻机，必要时要适当改装钻机以适应工程地质条件 |
| 钻具 | ①在松软、无夹矸煤层中用单动双层岩心管钻进<br>②在稍硬、有夹矸煤层中用双动双层岩心管钻进<br>③在坚硬破碎岩层中采用孔底喷具板循环钻进 |
| 冲洗液 | ①致密稳定地层中采用清水钻进<br>②为统计地层耗水量，一般采用清水钻进<br>③为了保证取土质量，黄土地层可采用无冲洗液的空气钻进 |
| 现场技术要求 | ①地下水位、标志地层界面及采空区深度测量误差在±0.05m 以内<br>②取心钻进回次进尺控制在 2.0m 以内<br>③除原位测试及有特殊要求的钻孔外，一般钻孔均应全孔取心，一般岩土的取心率不低于 80%，软质岩石不低于 60%<br>④注意观测地下水位并进行简易水文地质试验<br>⑤每孔测斜不少于 2 次，每 10m 布置 1 个点，钻孔孔斜小于 2° |
| 钻孔编录 | ①现场记录要及时准确，按回次进行，不得多回次合并进行，不得事后追忆<br>②绘制钻孔柱状图描述内容要规范、完整、清晰<br>③重要钻孔要保留岩心，并拍彩色岩心照片<br>④钻孔班报表要认真填写和保存，填报应及时准确，并有记录员及机长签字盖章 |

5）采空区及其“三带”划分

判断采空区及其“三带”的标准见表 3-10。

表 3-10　煤矿采空区"三带"判定依据[33]

| "三带" | 要素 | 备注 |
|---|---|---|
| 垮落带 | ①突然掉钻且掉钻次数频繁<br>②钻机速度时快时慢，有时发生卡钻或埋钻，钻具震动加剧<br>③孔口水位突然消失<br>④孔口有明显的吸风现象<br>⑤岩心破碎，层理、倾角紊乱，混杂有岩粉、淤泥、坑木、煤屑等 | 具备其一 |
| 裂缝带 | ①突然严重漏水或漏水量显著增加<br>②钻孔水位明显下降<br>③岩心有纵向裂纹或陡倾角裂隙<br>④钻孔有轻微吸风现象<br>⑤瓦斯、煤层自燃等有害气体上涌<br>⑥岩心采取率小于 75% | 具备其一 |
| 弯曲下沉带 | ①全孔返水<br>②无耗水量或耗水量很少<br>③取心率大于 75%<br>④进尺平稳<br>⑤岩心完整，无漏水现象 | 具备其一 |

### 3.2.4　各勘测方法质量经济对比

采空区各类勘察方法技术质量及经济评价对比见表 3-11。

表 3-11　采空区各类勘察方法技术质量及经济评价一览表[40]

| 勘察方法 | 意义及优点 | 缺点 |
|---|---|---|
| 采空区调查与测绘 | ①基础工作，指导整个勘察工作<br>②不用或少用仪器设备，费用低<br>③可直接观察岩性，调查面广 | ①粗线条<br>②无人烟、无资料地区难以开展<br>③隐蔽性大的空洞难以发挥作用<br>④覆盖较厚的空洞难以发挥作用 |
| 工程物探 | ①能取得较好的地质效果<br>②成本低廉<br>③全面连续提供综合信息<br>④操作简便、迅速 | ①多解性<br>②不能直接采取岩石样品<br>③探测精度、深度受地形、气候、人员、机械影响较大 |
| 工程钻探 | ①直接观察，采取岩心样品<br>②最终验证手段 | ①损伤性探查，可造成次生灾害<br>②费用高、勘察网度大，很难控制边界 |

## 3.3　采空区勘察报告

煤矿采空区勘察报告应包含工程概况、采空区区域采矿地质背景资料，采空区场地稳定性和工程建设适宜性评价，采空区地基工程技术措施，以及结论、建议及存在的问题等。

1) 工程概况、采空区区域采矿地质背景资料

该部分具体包括：

(1)工程概况。应着重说明拟建工程对采空区地基的特殊要求，拟建建(构)筑物地基允许变形值，建(构)筑物与采空区的相对位置关系等。

(2)场地的自然地理概况。包括地理位置、地形地貌、水文、交通、气候等。

(3)区域地质概况。包括地层岩性、地质构造、水文地质、工程地质、不良地质、地震烈度等。

(4)采空区综合勘察成果。包括工程地质调查、物探、钻探及沉降观测成果等，确定采空区影响拟建工程的范围及采空区采煤的层数、采出厚度、顶板岩性、开采时间、采出率、开采方法、顶板管理方法、采空区岩体结构特征等基本特征。此外，还应说明该矿区已有的岩层和地表移动基本参数和规律。

2)采空区场地稳定性及工程建设适宜性评价

该部分具体包括：

(1)采空区剩余空隙体积估算、压煤量计算及评价采空区对拟建工程的危害性等。

(2)论述采空区地面变形特征，计算剩余变形量，预测变形的发展趋势，评价工程场地的稳定性。

3)采空区地基工程技术措施

该部分具体包括：

(1)地基处理措施建议。

(2)抗变形措施建议。

4)结论、建议及存在的问题

结论中应明确指出采空区地基的不良地质特征，特殊性岩土的类别、范围、性质等，并根据稳定性分析结果，提出可行的处理措施及下一步工作的研究重点，必要时，要提出采空区上方建(构)筑物变形与内力监测的方案，为初步选定建(构)筑物结构和基础类型，编制初步设计文件等资料提供必要的工程地质依据。

# 第4章　老采空区覆岩稳定性和“活化”机理

地下煤层采出之后，上覆岩层将会产生移动、离层、裂缝、垮落等，岩层内部的原始应力平衡状态遭到破坏，应力重新分布，上覆岩体形成采动次生岩体结构，达到岩体系统内部新的平衡和相对稳定。在地应力、外力或岩体材料强度衰减等因素的作用或联合作用下，这种岩体系统平衡将再次被打破，致使采空区产生“二次活化”。老采空区“活化”是影响老采空区建设利用和老采空区上方新建建(构)筑物破坏的关键因素。因此，研究老采空区覆岩稳定性及“活化”机理是采煤塌陷地建设利用的前提和关键。

## 4.1　部分开采老采空区覆岩稳定性和“活化”机理

我国常用的部分开采方式主要有房柱(巷柱)式和条带开采。部分开采的房柱(巷柱)式开采曾经是国内外各矿区的主要采矿方法，至今许多地方小矿仍在广泛使用。目前在国外煤矿广泛应用的全部回采的房柱法就是从部分开采的房柱式开采演变发展而来的，对于地面有建(构)筑物需要保护时，仍采用只采煤房保留煤柱的部分开采法，只是现在的房柱法开采比过去更加有效和可靠。

文献[10]系统调查分析了美国报废矿上方的地表下沉问题，研究了房柱式采煤法开采的下沉特征和沉陷规律。我国目前许多小矿采用的房柱(巷柱)式开采，大多没有经过正规设计，残留煤柱不能有效支撑顶板和控制上覆岩层，在开采结束后不久就会引起地表明显塌陷和地表建(构)筑物损坏，并由此造成了许多纠纷和民事诉讼。

图4-1为徐州某小矿地下采空区简图，采出煤房宽度4.3～8.5m，煤柱宽度约10m，采深100～140m，采出厚度0.7m；开采结束约半年后地面建(构)筑物开始开裂、损坏，引起了居民与矿方的民事纠纷。

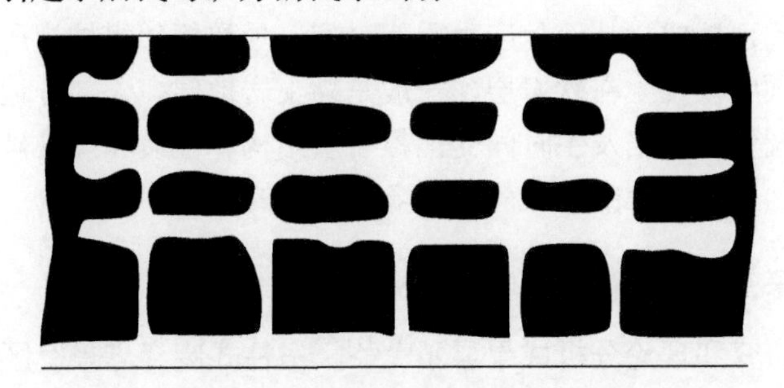

图4-1　徐州某小矿地下采空区简图

### 4.1.1 房柱式采空区覆岩移动和地表下沉特征

房柱式开采的老采空区岩体结构一般为弹塑性地基上煤柱支撑的上部较完整的层状结构岩体。煤柱和煤房的设计不合理，可能导致结构失稳而引起覆岩破坏和地表塌陷。图 4-2 为典型的房柱式老采空区覆岩移动和地表沉陷特征示意图。房柱式老采空区的地表下沉形式主要有塌陷坑和下沉盆地两种类型。

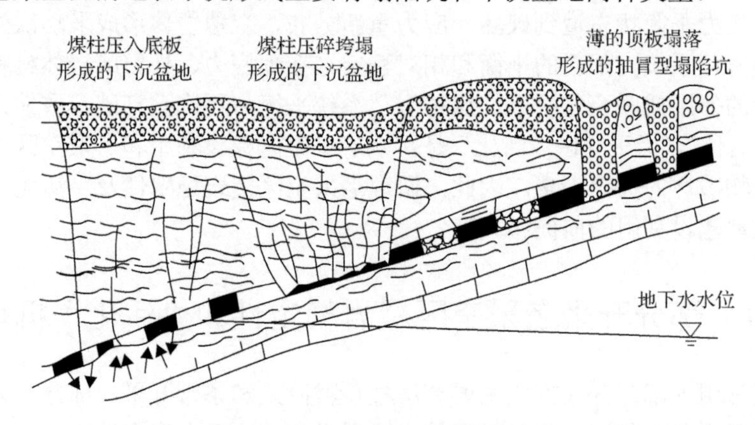


图 4-2 房柱式老采空区覆岩移动和地表沉陷特征

塌陷坑是由于局部煤房顶板的周期性相继垮落、坍塌，并穿过上覆岩层直至到达松散层后在地表形成的。塌陷坑的边缘一般是比较陡的。在剖面上，塌陷坑为漏斗形的锥形落洞，其直径随深度增加；在平面上塌陷坑呈圆形或椭圆形，后者常反映出矿房的几何形态。塌陷坑一般形成于覆岩较薄的地方，上覆岩层主要为软弱的风化层和松散层，或者发生在具有垂直张裂隙的岩石中，大部分是由于采后顶板垮落形成洞穴和采出的煤房过宽而形成的。若覆岩中有较硬的稳定岩层，将会限制塌陷坑的发展。

下沉盆地一般是浅的、开阔的凹地，它是由煤柱被压坏或压入顶底板导致覆岩向下垮落和弯曲下沉形成的。煤柱强度因受地下水位升降或风化作用的影响而降低。应力集中使煤柱发生片帮而变小，如果其承受不了荷载将会被破坏。一个煤柱破坏后引起顶板成拱从而使应力重新分配，导致相邻煤柱遭压垮或压入顶底板。煤柱压入顶底板发生在软岩层，一般是黏土岩地层。大部分塌陷坑和下沉盆地呈圆形或椭圆形。塌陷发生时间受上覆岩层结构、性质和煤柱破坏速度及其他如地下水、周围采动、上部附加荷载等多种因素的影响。

### 4.1.2 房柱式采空区稳定性和地表沉陷机制

大量调查研究和理论分析成果显示[10,11]，房柱式废弃老采空区失稳破坏并导致地面塌陷的主要机制为：煤柱压入底板和底鼓、煤柱破坏、顶板坍塌。不同的破坏机制将造成不同的地面塌陷形态。查明和弄清该老采空区破坏和“活化”的主要控制机制对分析其稳定性是至关重要的。

1) 煤柱压入底板和底鼓

受沉积环境影响，煤层底板一般为泥岩类软弱岩层，尤其是在房柱式采煤法开采中，通过留设方形或矩形煤柱支撑顶板，底板的受力状态由原来的相对均匀的荷载转变为相对集中的荷载，上覆岩层的质量通过煤柱转移至底板上；在煤房，底板失去约束产生卸载。底板的加载和卸载共同作用，导致底板产生剪切破坏和塑性流动，造成煤房内煤柱压入底板和底鼓。有试验表明，底鼓的范围可扩大到煤柱宽度的两倍。对于煤房宽度一般小于煤柱宽度两倍的房柱式采空区来讲，煤房底鼓是比较严重的。对于废弃老采空区，由于地下水和地面附加荷载的作用，将加剧煤柱压入底板和底鼓的发生。大面积煤柱压入底板和底鼓造成的老采空区地面沉陷一般形成较为平缓的下沉盆地。

2) 煤柱破坏

煤柱破坏无疑是废弃老采空区“活化”的主要因素，尤其是对于采深较大的老采空区。

煤柱的形状一般为正方形或矩形，在小窑中有时呈似圆形。煤柱的稳定性主要取决于煤柱应力和煤柱强度，当煤柱应力超过煤柱强度时，煤柱将失稳破坏。可以用安全系数来评判煤柱的稳定性，安全系数一般应在 1.5～2.0。安全系数由下式确定：

$$\text{煤柱稳定性安全系数}=\frac{\text{煤柱强度}}{\text{煤柱应力}} \tag{4-1}$$

在分析老采空区稳定性时，除了按上述公式分析煤柱强度和应力外，还需考虑在老采空区中的地下水、风化、采动影响等因素作用下煤柱的软化和强度弱化。

3) 顶板坍塌

顶板坍塌主要是由上覆岩层强度较差和煤柱过宽造成的。顶板坍塌一直发展到地表将形成塌陷坑。覆岩中的硬岩层可限制坍塌继续向上发展。在采深较大的地方，岩层的坍塌发展到一定的高度后将终止，而上方的岩层可能只发生弯曲下沉，最终在地表形成一个下沉盆地。类似于条带开采，顶板坍塌破坏也可分为逐层垮落和整体塌陷两种形式，其覆岩稳定性分析方法详见 4.3 节。

调查表明地表塌陷坑的形状大多为圆形或椭圆形。根据推测分析，井下房柱式采空区的顶板坍塌一般有 3 种形式：矩形坍塌、楔形坍塌和锥形坍塌，如图 4-3 所示。这主要取决于顶板岩层的节理分布、破碎程度和强度等因素。图 4-4 揭示了房柱式老采空区覆岩矩形坍塌的发展过程。

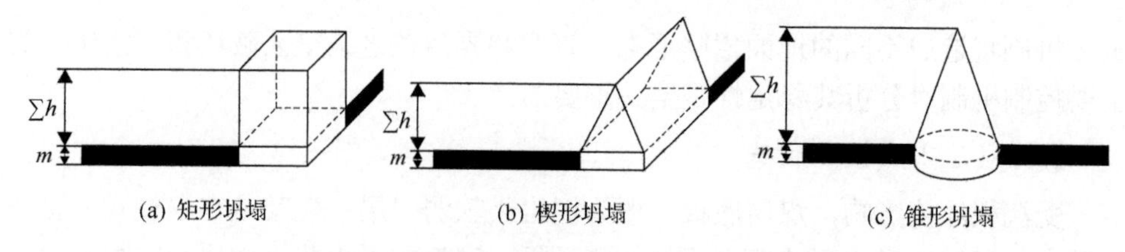


(a) 矩形坍塌　　(b) 楔形坍塌　　(c) 锥形坍塌

图 4-3　房柱式老采空区顶板坍塌形式示意图

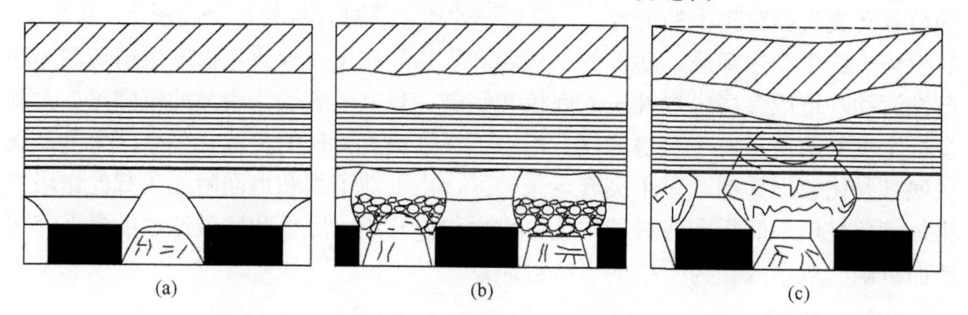

(a)　　(b)　　(c)

图 4-4　房柱式老采空区覆岩矩形坍塌的发展过程

不同的上覆岩层垮落方式垮落的最大高度不同。假设垮落的破碎岩块能全部充满采空区，则垮落的最大高度可按式(4-2)～式(4-4)估算。

(1)覆岩为矩形坍塌区的最大高度$\sum h$：

$$\sum h = \frac{m}{K_2 - 1} \tag{4-2}$$

式中，$m$ 为采出厚度，m；$K_2$ 为覆岩碎胀系数。

(2)覆岩为楔形坍塌区的最大高度$\sum h$：

$$\sum h = \frac{2m}{K_2 - 1} \tag{4-3}$$

(3)覆岩为锥形坍塌区的最大高度$\sum h$：

$$\sum h = \frac{3m}{K_2 - 1} \tag{4-4}$$

从上述公式可以看出，上覆岩层的锥形坍塌区的发育高度最大。而从覆岩垮落后的破裂岩体稳定性来看，呈现锥形坍塌的老采空区覆岩的长期稳定性最好。

若预测的顶板坍塌的最大高度达到或超过覆岩厚度，则说明顶板坍塌后地表将形成塌陷坑；若顶板坍塌的最大高度小于覆岩厚度，则地表一般形成小的下沉盆地。

设某采空区采出厚度为 2m，上覆岩层的平均碎胀系数为 1.10，按上述公式计算，则顶板坍塌的最大高度为 20～60m。

考虑到破碎岩体的压实特性，坍塌后的房柱式老采空区在受到上部附加荷载作用时仍将产生再压密现象和沉降变形。由于岩层移动的复杂性，房柱式老采空区的坍塌是不均衡和不彻底的，常常是部分煤房坍塌了，而相邻的煤房可能还继续稳定多年。因此，曾经发生过地面沉降的老采空区，在多年后可能会在附加荷载作用下再次发生沉陷。在许多不正规的小矿和老窑，由于煤房和煤柱大小不一，这种现象更加严重。

### 4.1.3　条带开采覆岩移动和岩体结构特点

条带开采法是一种在国内外煤矿应用较多、可有效控制覆岩和地表移动的部分开采法，在一些金属矿、非金属矿山解决"三下"(建筑物、水体、铁路下)开采问题时也有采用。其基本原理是采出部分煤炭，保留一部分煤炭以条带煤柱的形式支承上覆岩层，减缓岩层沉陷，控制地表移动和变形。根据条带开采设计思路不同，条带的布置主要有小采宽-小留宽和大采宽-大留宽两种类型。其主要区别在于：前者采出条带后，顶板不垮落或少量垮落致使垮落岩石不能充满采空区，煤柱处于单向受力状态；后者采出条带后，顶板垮落充分，垮落岩石能基本充满采空区，煤柱处于三向受力状态。成功的条带开采的标志是煤柱能保持永久的稳定性和地面不出现波浪状下沉盆地，其典型的覆岩移动与地表沉陷模式如图 4-5 和图 4-6 所示。

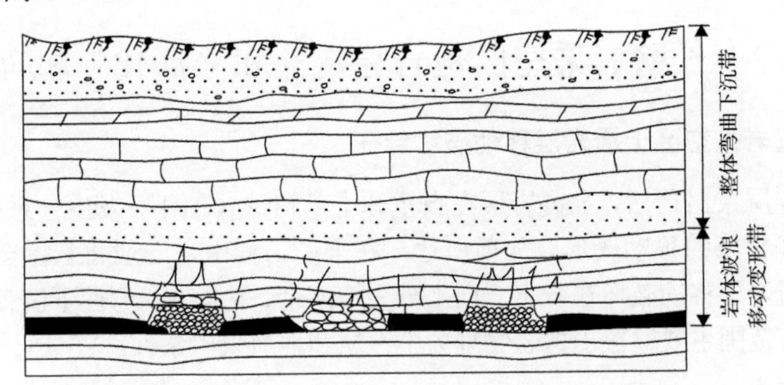


图 4-5　大采宽-大留宽条带开采覆岩移动典型模型

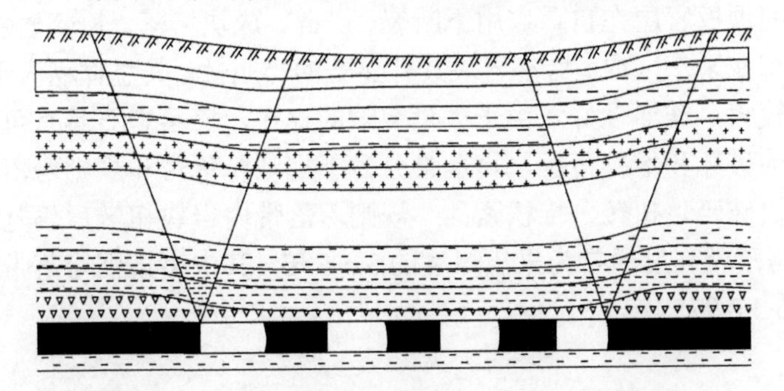

图 4-6　小采宽-小留宽条带开采覆岩移动典型模型

如图 4-5 和图 4-6 所示，根据国内外大量条带开采的研究结果，成功的条带开采后上覆岩层移动可以划分为岩体波浪移动变形带和整体弯曲下沉带，在地表形成一个浅缓的下沉盆地。同长壁开采类似，在岩体波浪移动变形带内的每个波浪(采出条带上方)中，自下而上分别为散体或破裂结构、块裂层状结构和较完整层状结构。由于采出条带宽度的限制，“三带”的发育程度往往不足。整体弯曲下沉带岩体为较完整层状结构，形成弹性地基板式弯曲型平衡状态。

条带开采上覆岩层中岩体波浪移动变形带发生在近煤层的一定范围内，其高度主要取决于采宽、留宽和覆岩结构。邹友峰采用三维层状介质理论数值模拟方法研究了条带开采岩体波浪移动变形带高度与采宽、留宽和覆岩结构的关系[52]。研究表明，岩体波浪移动变形带高度 $H_W$ 与采宽 $a$、留宽 $b_{留}$ 之和呈正比线性关系，其关系式为

$$H_{\mathrm{W}}=\left(0.01+1.39\frac{a+b_{留}}{H}\right)\cdot H \tag{4-5}$$

式中，$H$ 为开采深度，m。

文献[53]中对条带开采的沉陷机理、条带开采设计方法、煤柱稳定性等进行了详细论述，提出了硬岩层(托板)对沉陷的控制作用。

## 4.2 长壁老采空区覆岩稳定性和“活化”机理

### 4.2.1 长壁老采空区上覆岩层移动破坏特征

地下煤层采出之后，上覆岩层在自重和上部荷载作用下，发生一系列的弯曲、断裂破坏和复杂的移动变形。如前所述，在采矿工程中，一般将长壁全部垮落法开采后上覆岩层移动破坏在竖直方向上分为垮落带、裂缝带和弯曲下沉带(图 4-7)，各带的发育范围主要取决于覆岩物理力学性质和地质采矿条件。

1) 垮落带

采出空间顶板岩层在自重作用下断裂、破碎、成块垮落。垮落岩块大小不一，无规则地堆积在采空区内。垮落岩块具有显著的碎胀性，其总体积大于原岩体积，岩块间空隙较大，连通性好。由于大量空隙的存在，垮落岩石具有可压缩性。根据垮落岩块的破坏和堆积情况，垮落带分为不规则垮落带和规则垮落带。不规则垮落带内岩块破碎、扭转、堆积紊乱；规则垮落带内岩块扭转后仍基本保持原有层位关系。垮落带高度通常为采出厚度的 3～5 倍，其中不规则垮落带高度为采出厚度的 0.915～0.975 倍。

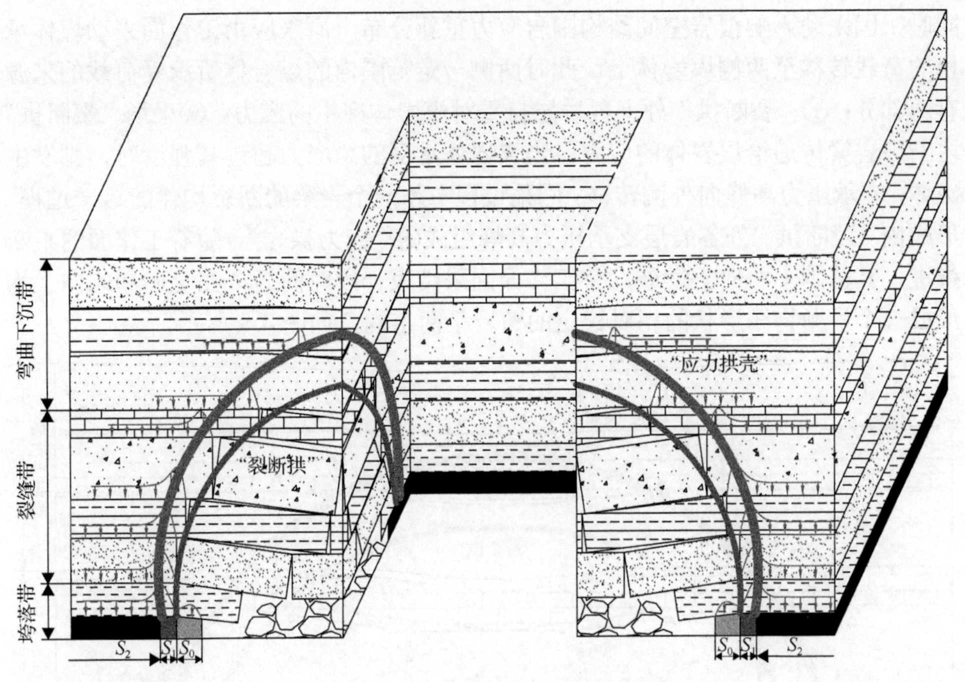


图 4-7　覆岩破坏移动分带示意图[54]

2) 裂缝带

裂缝带位于垮落带之上，其岩层发生较大的弯曲、变形和断裂破坏，但仍保持层状结构。该区域岩层不仅产生垂直于层理面的裂缝或断裂，而且产生大量顺层理面的离层裂缝；岩层断裂程度自下而上逐渐减轻。断裂岩块垮落带和裂缝带合称为导水裂缝带，是采动覆岩裂隙发育区，是覆岩二次移动的主要发源区。

3) 弯曲下沉带

弯曲下沉带位于裂隙带之上直至地表。弯曲下沉带各岩层在下沉过程中由于其刚度和强度的差异，在一些上硬下软的岩层界面处会产生离层裂隙；在采空区边缘上方或其外侧地表可能产生一些裂缝，这些裂缝表现为上宽下窄，到一定深度自行闭合消失，但在采深较小和表土层较薄时，这些裂缝可能会与裂隙带沟通。

### 4.2.2　长壁老采空区覆岩平衡结构力学模型

煤层上方岩层可以分为覆岩空间结构和覆岩空间结构外两部分。覆岩空间结构由在回采过程中对采场矿压有直接影响的“裂断拱”内的岩层结构组成；覆岩空间结构外是指回采过程中“裂断拱”外未产生明显运动的岩层。

长壁工作面回采过程中，采场悬露空间不断增大，上覆岩层自下而上不断断裂，待工作面回采结束后，长壁采空区形成自下而上依次内错的“裂断拱”结构。

同时，因采动影响覆岩空间结构围岩应力重新分布，原来应由工作面采动煤体承担的荷载转移至两侧煤岩体上，此时两侧一定范围内的煤岩体所承受荷载的来源有两部分：①“裂断拱”外上覆岩层自重对煤岩体产生的应力；②采场“裂断拱”内断裂岩梁传递给煤岩体的应力。当煤岩体承受的总应力超过其强度时，则发生破坏，支承压力高峰向外侧转移。回采过程中每一个岩梁的断裂均伴随这一过程，形成由“裂断拱”外各岩层支承压力高峰组成的“应力拱壳”，随着工作面的不断推进，其范围不断向上发展，待工作面回采结束一段时间后，在走向和倾向上均形成一个呈抛物线形状的相对稳定的覆岩平衡结构，如图 4-8 所示。

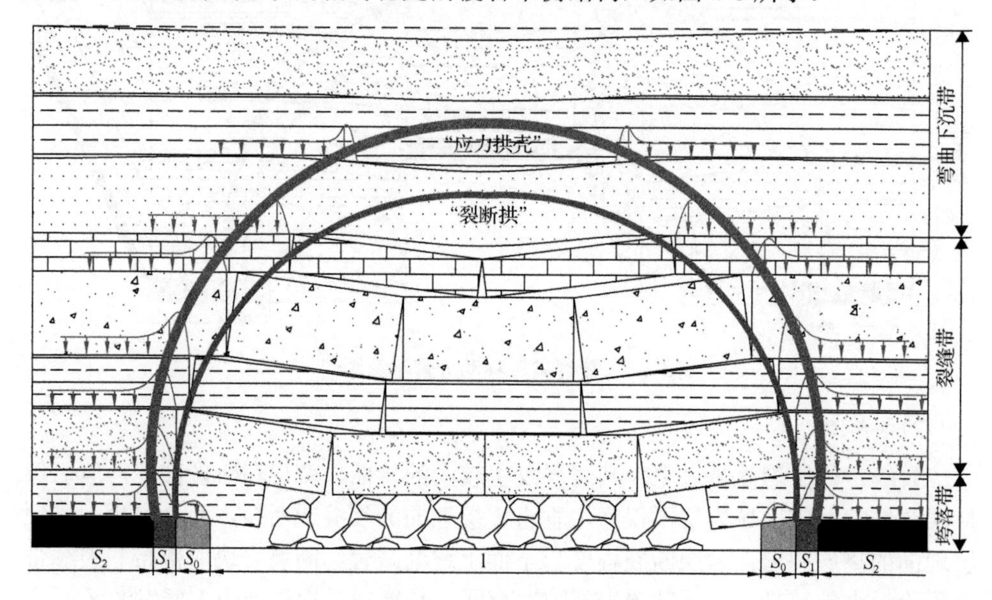


图 4-8　采场“双拱结构”模型示意图

1. “应力拱壳”力学结构特征

“应力拱壳”是开采扰动破坏原岩应力平衡，围岩在自组织能力作用下形成的某一强度准则下强度包络线的空间展布形态，并不是某一客观实体，而是存在于覆岩结构中，对其稳定性起决定作用的应力组合形态。“应力拱壳”位于尚未断裂的覆岩和采空区边缘未采煤岩体中，“应力拱壳”承担并传递上覆岩层荷载，是最主要的承载体。关键层尚未断裂前，“应力拱壳”拱基位于采空区两侧煤体应力升高区，拱顶位于坚硬岩层中，呈半空间椭球壳形状；关键层断裂后，“应力拱壳”拱基的一端位于采空区侧煤体应力升高区，另一端位于采空区垮落岩块应力升高区，拱顶位于主关键层断裂形成的砌体梁结构中，呈半空间环形壳形状。

2. “裂断拱”力学结构特征

“裂断拱”由冒落岩石和铰接的裂断岩梁组成。“裂断拱”在采场覆岩中形似半椭球体，拱基位于采空区两侧煤体上第一岩梁裂断位置，主关键层断裂前“裂断拱”拱顶随工作面宽度的增大而升高，“裂断拱”高度约为工作面宽度的一半；主关键层断裂后，“裂断拱”拱顶位于弯曲下沉带下部，高度达到该地质条件下的最大值。

3. 长壁老采空区覆岩平衡结构力学模型

当竖直方向上的覆岩结构类型为“砌体梁”类型时，长壁老采空区覆岩平衡结构力学模型为“拱式”，该类型覆岩力学平衡结构具有如下特点：

(1)“应力拱壳”呈半空间环形壳，如图4-9所示。拱基的一端位于采空区侧煤体应力升高区，另一端位于采空区垮落岩块应力升高区，拱顶位于主关键层断裂形成的砌体梁中。

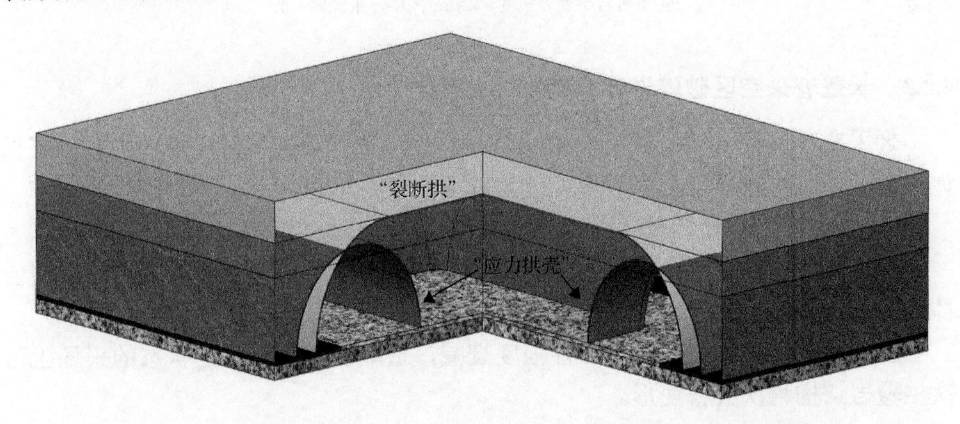


图4-9　“拱式”覆岩结构长壁老采空区“应力拱壳”三维示意图

(2)“裂断拱”在采场覆岩中形似半椭球体，如图4-9所示。拱基位于采空区两侧煤体上第一岩梁裂断位置，拱顶位于裂缝带的顶部，高度达到该地质条件的最大值。如图4-10所示，“裂断拱”倾向方向作用宽度为$L_{倾}+2S_0$，走向方向作用宽度为$L_{走}+2S_0$。

(3)“应力拱壳”与“裂断拱”在空间上发生交叉，“应力拱壳”承担其上直至地表的岩层荷载，只有当“应力拱壳”结构失稳时才会引起老采空区覆岩结构失稳。此时主关键层形成的砌体梁结构是“应力拱壳”存在的主要介质，其自身具有稳定性，只有当主关键层形成的砌体梁结构失稳后，“应力拱壳”才会失稳，才会造成主关键层形成的砌体梁结构下“应力拱壳”范围内“裂断拱”破裂岩石的移动。

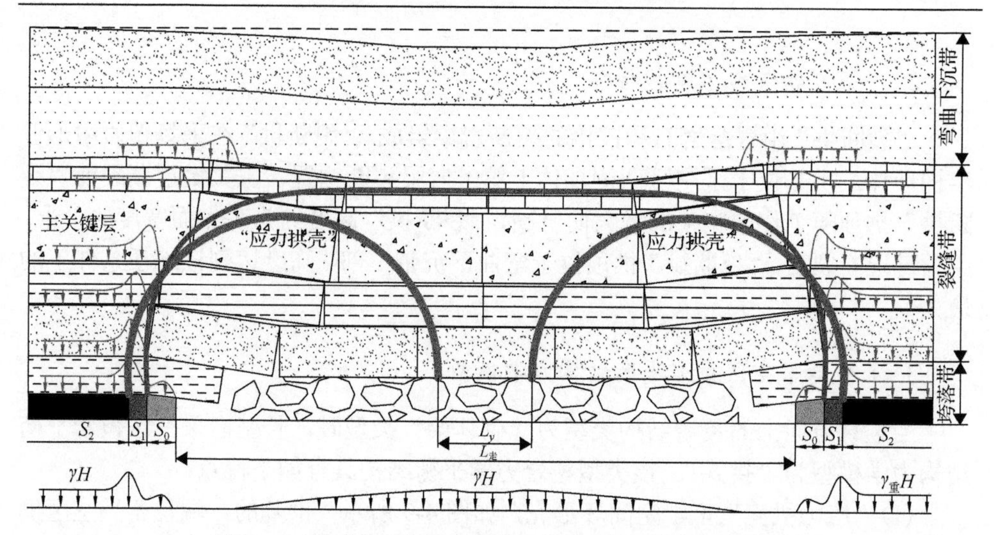


图 4-10　长壁老采空区"拱式"覆岩平衡结构力学模型

$S_0$-内应力场范围，m；$S_1$-塑性破坏区范围；$S_2$-弹性压缩区范围，m；
$\gamma_{重}$-上覆岩层重力密度，$kN/m^3$；$H$-开采深度，m

### 4.2.3　长壁老采空区破碎岩体"活化"机理

老采空区破碎岩体"活化"的原因有很多，其"活化"也有多种形式，根据调查和分析可将老采空区"活化"分为以下 4 种类型。

Ⅰ：在上覆岩体荷载作用下，采动破碎岩体存在长期的缓慢蠕变变形。

Ⅱ：采空区破碎岩体在地下水和空气作用下发生风化和强度衰减，在上覆岩体荷载下产生再压实。

Ⅲ：下部破碎岩体和残留煤柱强度衰减，造成处于相对稳定状态的采场上方次生覆岩结构再次失稳变形。

Ⅳ：外力作用造成采场上方次生覆岩结构再次失稳变形，这些外力主要包括地震力、区域地质构造活动引起的构造应力、附近采动或爆炸造成的扰动作用力、地面附加荷载作用等。

根据舒尔茨对沙尔留伯煤田资料的分析表明，长壁开采引起的地表移动过程一般为 5 年，多的可达 10～20 年；这是岩体在地下水等因素作用下长期变形的结果，如果对这种尚未稳定的破碎地基施加外力，必将导致其重新"活化"。

(1) 根据有关文献对长壁采空区最下层砌体梁全结构的力学分析结果可知，砌体梁第一岩块与第二岩块铰接处的垂直剪切力约为 $P_1/4$($P_1$ 为第一岩块质量和上覆荷载之和)，而已断裂岩块(第一岩块)与外侧未断裂岩块间的剪切力为 $3P_1/4$。说明采空区边缘悬露岩块的荷载绝大部分由煤壁支撑区所承担，而仅有小部分转向采空区垮落岩块。此断裂岩块相互铰接的岩体结构实质上是在岩层内形成了类似于一拱脚趋向于煤壁的半拱结构。显然，在此结构中第一、第二断裂岩块对采空区上方次生岩体结构的稳定性起关键作用，是采空区上方相对稳定的岩体结构中的关键岩块。若该关键岩块失稳必将导致长壁老采空区上覆岩体结构失稳，再次产生岩层移动变形，并进一步向上发展直至地表，使地表产生附加移动变形，进而导致地面建(构)筑物出现不均匀沉降和变形，影响建(构)筑物的使用。

(2)长壁老采空区上方砌体梁结构的存在，导致垮落区不同位置的破碎岩体的压密程度有较大的差异，主要表现为：在开切眼、停采线和上下顺槽附近，存在未被垮落岩块充分充填的空洞，垮落带自采空区边界向采空区中央可划分为未充分充填区、垮落岩块堆积区、垮落岩块逐渐压密区和充分压实区。

(3)在采空区中部上方的充分采动区内，垮落断裂岩块主要承受竖向压应力作用，随时间逐渐压实，但由于破碎岩块不可重复的性质，岩块间的裂隙将永久存在。在受到上部附加荷载作用时，主要产生再压密现象，其压缩量是有限的。

(4)在上覆岩层弯曲下沉带内，由于地层的层状沉积特点和各岩层力学性质的差异，在采动影响下将产生大量的离层裂隙，这些离层裂隙相互之间一般是不贯通的，其中正面上下岩层的力学性质差异越大、岩层黏结力越差，离层裂隙发育越充分。在受到地下水和外力作用尤其是竖向荷载作用时，这些离层裂隙可能产生压密、闭合等，发生地表沉降。

研究成果表明：Ⅰ、Ⅱ两种类型的长壁老采空区“活化”是比较平稳的，是一个长期过程，一般对地表的影响是较小的和缓慢的沉降，其不均衡沉降量是有限的，可能会造成地面小型的、强度较差的建(构)筑物出现斑裂现象，而对结构强度较好的钢筋混凝土结构建(构)筑物影响较小。而Ⅲ、Ⅳ两种类型的长壁老采空区“活化”，除非采空区距地表较近，地表残余沉降速度虽大于Ⅰ、Ⅱ两种类型的残余沉降速度，但沉降过程和分布特征一般是连续渐变的。为此，建(构)筑物应主要采用刚性和柔性措施提高建(构)筑物本身的抗变形能力，来避免和减轻地基沉降的影响。当采空区距地表很近时，尤其是当岩体破裂区接近建(构)筑物地基持力层时，老采空的存在将造成地基承载力大幅下降，一般应采取必要的地基处理措施，以保证破裂岩体地基的稳定性和足够的地基承载力。

对于浅部长壁老采空区上的建(构)筑物问题，国内有学者提出以建(构)筑物荷载影响深度、采空区垮落裂隙带发育高度不能相互重叠作为评价老采空区地基稳定性及其对建(构)筑物影响的依据；这里只考虑了地面荷载对地下采空区稳定性的影响，而忽略了其他外力、地质因素引起的老采空区失稳对上面建(构)筑物的影响。

根据上述分析，在地面建(构)筑物荷载和其他外力作用下采空区次生覆岩平衡结构的失稳是地表产生严重沉降变形的主要原因。因此对采空区次生覆岩平衡结构进行结构补强以提高岩体平衡结构地基的承载力，增加次生覆岩平衡结构的稳定性，是长壁老采空区上方破碎地基加固治理的主要途径之一。

# 第5章 煤(岩)柱稳定性分析

通过第4章对不同类型煤矿采空区“活化”机理分析可知，部分开采(条带采空区、房柱式采空区等)采空区“活化”的主要原因是作为承载结构的煤(岩)柱的失稳，因此在评价部分开采采空区稳定性时主要分析部分开采采空区煤(岩)柱稳定性。

## 5.1 条带采空区煤(岩)柱稳定性分析

### 5.1.1 条带采空区煤(岩)柱荷载

按照极限强度理论，当煤柱所承受的荷载超过煤柱强度时，煤柱就会破坏，此时的煤柱是不稳定的。煤柱工作荷载指煤柱承受的最大荷载，主要取决于地层层数、地层厚度等地质因素及每层的弹性模量、围岩硬度和煤柱硬度等物理力学参数。如果煤柱所承受的荷载小于煤柱强度，那么煤柱是稳定的。因此，正确估算煤柱所承受的荷载是煤柱设计的关键步骤之一，计算煤柱所承受的荷载的主要理论有有效区域理论、压力拱理论和 A. H. Wilson 两区约束理论等。

1)有效区域理论

在广泛的开采布局中，条带煤柱的尺寸一般比较规则。有效区域理论假定各煤柱支撑着其上部及与其相邻煤柱平分的采空区上部覆岩的质量。煤柱的工作荷载是煤柱影响区域内的固定荷载。大多数条带开采中回采宽度较小，采空区内除直接顶垮落外，基本顶一般不垮落。垮落矸石不接顶，所以采空区不承载。因此，可以认为采出宽度上覆岩层的质量全部转移到留设煤柱宽度上，条带煤柱荷载 $P$ 可由下式计算：

$$P = \frac{(a+b)\gamma_{\text{重}} H_0}{b_{\text{留}}} \tag{5-1}$$

式中，$a$、$b_{\text{留}}$ 分别为采宽和留设煤柱宽度，m；$H_0$ 为平均开采深度，m；$\gamma_{\text{重}}$ 为上覆岩层重力密度，kN/m$^3$。

由煤柱边缘的破裂和松动而引起煤柱有效承载面积减少，因而应考虑一定的安全储备，煤柱应力系数应增加为1.1[53]。相应的条带煤柱荷载计算公式为

$$P = \frac{1.1\left(a+b_{\text{留}}\right)\gamma_{\text{重}} H_0}{b_{\text{留}}} \tag{5-2}$$

应力系数是条带煤柱在规定最小围岩压力状态下的应力与围岩实际工作压力状态下的应力之比，是个无量纲参数。

当煤体一侧未采、另一侧无限开采时，采空区内距煤壁 $0.3H_0$ 处矸石承载的荷载为 $\gamma_{重}H_0$，且该处与煤壁的应力呈线性分布，对有限采动情况进行叠加，可以得到采空区内矸石承载情况下条带煤柱荷载 $P$ 的计算公式为

$$P=\frac{\left(a+b_{留}\right)\gamma_{重}H_0}{b_{留}}-\frac{\gamma_{重}b_{留}^2}{1.2b_{留}} \tag{5-3}$$

2)压力拱理论

压力拱理论认为，由于采空区上方形成压力拱，上覆岩层的荷载只有一少部分作用在直接顶上，其他部分的上覆岩层荷载会向两侧的煤柱转移。最大压力拱的形状被认为是椭圆形，其高度在采面上、下方分别约为采宽的2倍。压力拱的内宽 $L_1$ 主要受上覆岩层的厚度及采深的影响，压力拱的外宽 $L_2$ 主要受覆岩内部组合结构的影响。当采宽大于压力拱的内宽 $L_1$ 时，荷载会变得较为复杂，此时压力拱不稳定，有可能崩塌并伴随大量的覆岩沉陷。即使采宽小于压力拱的内宽 $L_1$，其稳定性也随时间的变化而变化。

3)A. H. Wilson 两区约束理论

煤柱两区(屈服区、核区)约束理论(或称渐进破坏理论)如图5-1所示，通过对煤柱的加载实验，发现在加载过程中煤柱的应力是变化的，从煤柱支承压力峰值到煤柱边界这一区段，煤体应力已超过了屈服点，并向采空区有一定量的流动，这个区域称为屈服区(或称塑性区)，其宽度用 $r$ 表示。屈服区向里的煤体变形较小，应力没有超过屈服点，大体符合弹性法则，这个区域被屈服区所包围，并受屈服区的约束，处于三轴应力状态，称为煤柱核区(或称弹性核区)。采空区承担的荷载与采空区内各点顶底板闭合量有关，采空区内各点的垂直应力与距煤壁的距离成正比，当该距离达到 $0.3H_0$ 时，采空区内各点的垂直应力恢复至原始荷载。

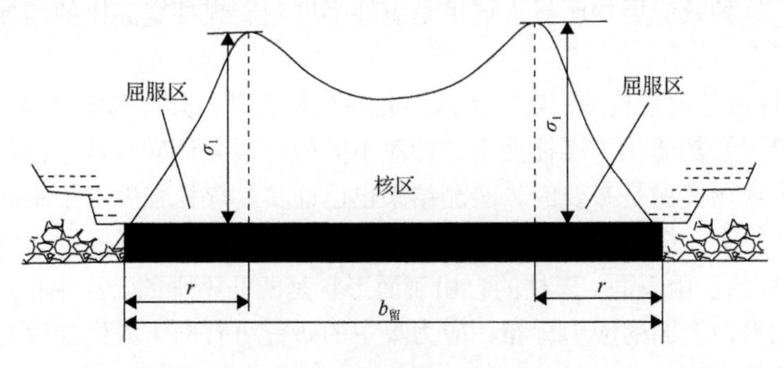


图5-1　煤柱屈服区及其核区

$\sigma_1$-最大支承压力

我国学者在研究了 A. H. Wilson 煤柱设计公式后认为该经验公式存在因简化而带来的问题：即将煤体的内摩擦角取固定值 36°，简化了煤体极限强度的计算公式，而煤体内摩擦角对极限强度的影响很大，不应该用一个定值简化计算。

上述理论虽然作了一定的近似和假设，但一般情况下仍能满足工程需求，因而得到了广泛应用。应该指出，当煤柱尺寸不规则时，大宽高比的煤柱将承担更多荷载，这种煤柱的荷载目前尚无较好的计算方法。工作面较窄且顶板岩层相对较硬时，工作面顶板岩层能承担荷载，而部分荷载转移到煤柱上；当工作面宽度增加、顶板岩层强度降低直到不能支撑拱形顶板时，全部荷载不得不由煤柱承担。但由于坚硬程度很难定量确定且变化很大，以及围岩特性、煤层与煤柱的相对位置关系、煤柱与煤柱的相对位置关系、煤柱强度等诸多因素都影响着煤柱荷载的大小，煤柱设计应基于全部荷载设计，同时应尽可能考虑各主要因素的影响。

### 5.1.2 条带采空区煤(岩)柱强度

煤柱强度是指每单位煤柱面积上能承受的最大荷载，反映了煤柱承担上覆岩层的能力，一般由现场大规模原地测试获得。它受煤块强度，煤柱尺寸，煤柱与顶、底板的接触，黏结力与围岩岩性等多种因素影响。

#### 1. 煤柱强度影响因素

岩石的强度与其尺寸、形状、边界条件和加载方式有关。煤柱强度不仅与煤块强度有关，而且取决于煤柱尺寸、煤柱内部地质构造、煤柱的自由表面、煤柱与顶底板的界面摩擦和黏结力、采场动态因素、围岩岩性、煤柱侧向力、开采方式及荷载的时间演化等诸多因素。

(1)煤柱尺寸。裂隙岩石的强度依赖于其尺寸变化，如方形岩石的强度随其宽高比的增加而增大。对于煤样也是如此，随着荷载的增加，煤样趋于膨胀，而煤柱的侧向力、煤样与顶底板的界面摩擦和黏结力则对其进行限制。随着煤柱宽高比的增加，这种效应更加明显，这也是煤柱强度随着煤柱宽高比的增加而增加的原因。

(2)煤柱内部地质构造。实际上煤体是各向异性体，其内部的节理、层理、弱面、夹层等因素都弱化了煤柱强度，针对不同的地质条件应具体分析，国内外学者普遍认为现场实测是必要的。实测结果也已证实，煤柱强度对于不同煤层、不同区域变化较大。煤柱内部地质构造可以对此做出合理的解释。

(3)煤柱的自由表面。煤柱的自由表面形状是凹凸不平的，且并非垂直于顶底板。煤柱的自由表面的应力分布、应力集中的研究将有助于人们加深对煤柱的力学行为的认识。

(4)煤柱与顶底板的界面摩擦和黏结力。研究认为，坚硬顶底板通过摩擦效应限制煤柱的水平变形，即增加了煤柱屈服区内核区的水平应力，相应增加了围压；软弱顶底板不能限制煤柱的水平变形，实际上可使煤样内产生水平拉力，削弱煤柱强度，最终将导致煤柱拉断破坏。

(5) 围压。一般来说，随着围压的增加，岩石的抗压强度显著增加。这表明煤柱的支护如固帮、加网、堆砌和锚固是非常有利的。

(6) 采场动态因素。采场动态因素是指水平应力与垂直应力比、采空区垮落状态、顶底板破坏状态、煤柱的自身破坏、开采方式和工作面推进等，这些因素都会影响煤柱强度。

煤柱荷载与煤柱强度是煤柱宽度计算与稳定性分析的基础，两者有待依靠实验和理论的结合进一步更真实地确定。

2. 煤柱强度计算公式

常用的煤柱强度计算公式有线性和指数两种，Obert 和 Bieniawski 公式的形式[55]如式(5-4)和式(5-5)所示：

$$\sigma = \sigma_c \left( A + B \frac{b_{留}}{m_{煤}} \right) \tag{5-4}$$

$$\sigma = \sigma_c \frac{b_{留}^A}{m_{煤}^B} \tag{5-5}$$

式中，$\sigma$ 为煤柱强度，MPa；$\sigma_c$ 为煤柱试块的单轴抗压强度，MPa；$A$、$B$ 为系数，$A+B=1$；$b_{留}$ 为煤柱宽度，m；$m_{煤}$ 为煤柱高度，m。

煤柱强度的两种计算公式的典型代表是 Obert-Dwvall/Wang 公式和 Salamon-Munro 公式，如下所述。

1) Obert-Dwvall/Wang 公式

Obert-Dwvall/Wang 根据硬岩及弹性力学理论提出煤柱强度可以按式(5-6)计算[55,56]：

$$\sigma = \sigma_m \left( 0.778 + 0.222 \frac{b_{留}}{m_{煤}} \right) \tag{5-6}$$

式中，$\sigma_m$ 为原位临界立方体煤柱单轴抗压强度，MPa。

式(5-6)适用于宽高比为 1～8 的煤柱，应用于煤柱绝对宽度较小的房柱式采煤法开采采掘巷道保护的煤柱计算。

2) Salamon-Munro 公式

Salamon 和 Munro 分析总结了南非 98 例稳定煤柱与 27 例破坏煤柱的研究成果，提出了煤柱强度的计算公式[55,56]：

$$\sigma = 7.2\frac{b_{留}^{0.46}}{m_{煤}^{0.66}} \tag{5-7}$$

从煤柱强度的线性和指数公式的对比中可以看出，线性公式没有反映出煤柱体积对煤柱强度的影响，但指数公式却很好地反映了这一点[57]。

煤柱强度有瞬时强度理论和长时强度理论。瞬时强度[58]理论主要有：

(1)核区强度不等理论。格罗布拉尔研究了煤柱核区强度和实际应力的联系，确定了煤柱核区内不同位置的强度，提出了适用于长条煤柱破坏包络面计算的通用公式。

(2)大板裂隙理论。白矛将采空区沿走向剖面看作边界作用均布荷载的无限大板中一个很扁的椭圆孔口，利用弹性断裂理论推导出孔口端部煤柱距煤壁任一距离点的应力计算公式。

(3)极限平衡理论。K.A.阿尔拉麦夫、马念杰和侯朝炯共同研究了承载矿柱与顶底板接触面上有整体内聚力条件下的任意三边尺寸比值的矿柱应力状态，得到了规则矿柱中性面和顶面所受垂直应力的分布状态。

长时强度理论[59,60]：由于流变作用的影响，条带煤柱强度随上覆岩层作用时间的延长而变小，最低值为时间趋于无限长时的强流变作用强度，它是一个很重要的流变力学指标。因此在进行煤柱强度计算时，应以煤柱长时强度作为计算指标。

### 5.1.3 条带采空区煤(岩)柱稳定性

目前主要有两种方法评价和描述煤柱的应力过程和失稳机理：极限强度理论和逐步破坏理论[61]。

极限强度理论认为当作用在煤柱上的荷载达到煤柱的极限强度时煤柱将遭到破坏。

逐步破坏理论指出当煤柱内存在着缺陷或应力不均匀现象时，其破坏是在最危险的区域开始，而后逐步扩展为极限破坏。被采空区包围的煤柱由围绕煤柱边缘的屈服区和被屈服区包围的煤柱核心带组成。若煤柱设计不合理，在地下水和上覆岩层荷载的长期作用下，煤柱两侧的塑性屈服区宽度逐渐增大、连通，煤柱失去核区，承载能力迅速降低，并以崩塌或蠕变状态溃屈。图 5-2 为条带煤柱失稳应力分布演化过程[53]。煤柱失去支承能力后，上覆岩层应力随之重新分布和移动变形，波浪移动变形带高度增大，地表再次出现移动和变形。

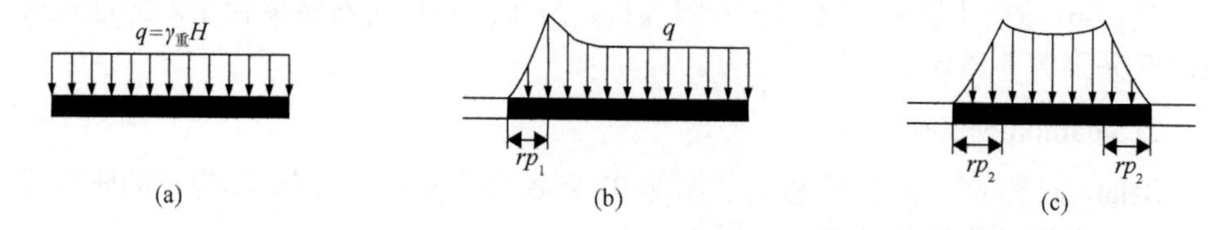

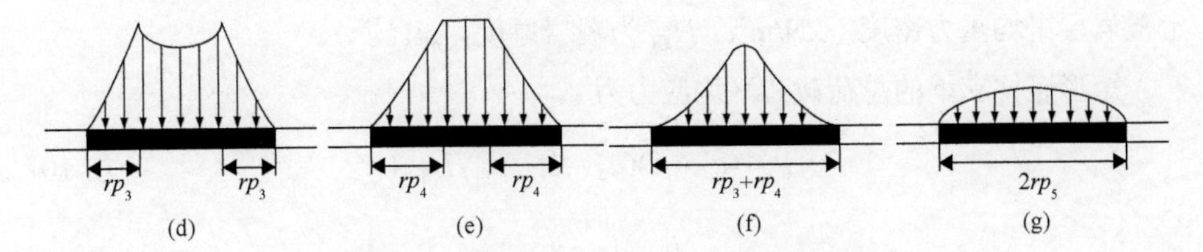


图 5-2　条带煤柱失稳应力分布演化过程

*r*-塑性区宽度；$p_1$、$p_2$、$p_3$、$p_4$、$p_5$-对应塑性区的平均支承压力

## 5.2　房柱采空区煤(岩)柱稳定性分析

部分开采的覆岩和地表沉降量主要由 3 部分组成：煤柱的压缩、煤柱压入底板、煤柱上覆岩层的压缩(含煤柱吃入顶板)。房柱式采煤法和条带开采中煤柱的永久稳定性是保证老采空区稳定的主要决定因素。

### 5.2.1　房柱采空区煤(岩)柱应力

煤柱所支承的区域包括煤柱上方和外侧相当于煤房或巷道一半的地区，如图 5-3 所示。

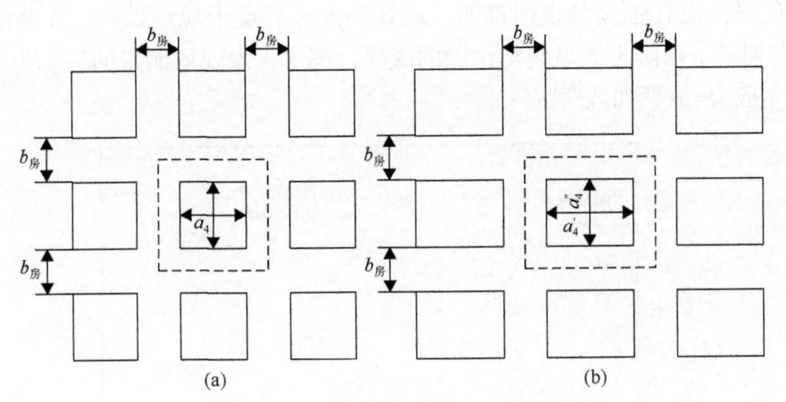


图 5-3　方形和矩形煤柱支承的荷载区域

正方形煤柱支承的总荷载 $P$ 和平均应力 $\sigma_a$ 为

$$P=(a_4+b_{房})^2\gamma_{重}H_{覆} \tag{5-8}$$

$$\sigma_a=\left(1+\frac{b_{房}}{a_4}\right)^2\gamma_{重}H_{覆} \tag{5-9}$$

式中，$a_4$ 为房柱式开采方形煤柱边长，m；$b_房$ 为房柱式开采煤房宽度，m；$\gamma_重$ 为

上覆岩层平均重力密度，kN/m$^3$；$H_{覆}$ 为覆岩厚度，m。

矩形煤柱支承的总荷载和平均应力为

$$P=(a_4'+b)(a_4''+b_{房})\gamma_{重}H_{覆} \tag{5-10}$$

$$\sigma_a=\left(1+\frac{b_{房}}{a_4'}\right)\left(1+\frac{b_{房}}{a_4''}\right)\gamma_{重}H_{覆} \tag{5-11}$$

式中，$a_4'$ 和 $a''$ 分别为矩形煤柱的长和宽，m。

上述公式可用来近似估算大面积房柱式开采时的煤柱应力。若一个煤柱破坏了，其承担的荷载将转移到周围煤柱上，造成周围煤柱应力的增高。对于小范围的房柱式开采，周围为未采煤层，由于应力拱作用，实际煤柱应力可能偏小。

### 5.2.2　房柱采空区煤(岩)柱强度

煤柱强度受多种因素影响，主要包括煤块强度、煤柱尺寸、煤柱内部地质构造、煤柱的自由表面、煤柱与顶底板的界面摩擦和黏结力、顶底板刚度、煤柱侧向力等，老采空区内地下水对煤柱的浸泡、风化和采动影响是煤柱强度衰减的主要原因。

准确确定煤柱强度是很困难的，最好的方法莫过于现场试验，文献[53]和文献[61]中列举了国际上大型现场试验的成果。图 5-4 为现场测定的边长为 1.4m 的方煤柱全应力-应变曲线[62]。

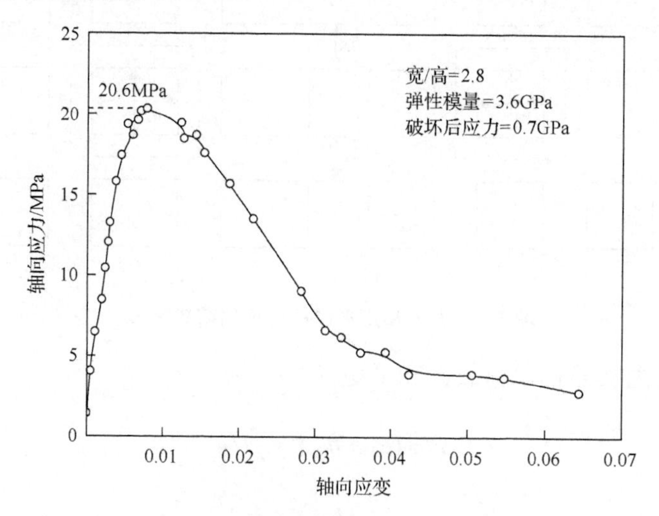


图 5-4　现场测试方煤柱全应力-应变曲线

由于现场试验的复杂性，有专家提出应用实验室小试块的测试数据换算为现场大试件的强度值。

立方体煤柱边长 $a_4$ 小于 0.9m 时：

$$\sigma_m = \sigma_c \sqrt{\frac{D}{a_4}} \tag{5-12}$$

立方体煤柱边长 $a_4$ 大于 0.9m 时：

$$\sigma_m = \sigma_c \sqrt{\frac{D}{0.9}} \tag{5-13}$$

式中，$\sigma_c$ 为实验室测试的煤柱试块的单轴抗压强度，MPa；$\sigma_m$ 为原位临界立方体煤柱单轴抗压强度，MPa；$D$ 为实验室试件的直径或立方体试块边长，m。

为此人们还提出了大量的煤柱强度计算公式，除式(5-6)外具有代表性的主要有以下两种。

(1)荷兰德(Holland)公式：

$$\sigma=\sigma_m \sqrt{\frac{a_4}{m_{煤}}} \tag{5-14}$$

该公式适用于煤柱宽高比为 2～8 的煤柱。

(2)比涅乌斯基(Bieniawski)公式：

$$\sigma=\sigma_m \left(0.64+0.36\frac{a_4}{m_{煤}}\right) \tag{5-15}$$

式中，$m_{煤}$ 为煤柱高度。

该公式是根据南非 Witbank 煤田宽高比为 0.5～34 的 66 个煤柱试件的大规模现场测试求出的。荷兰德认为，美国的煤矿应用这个公式设计煤柱时，取安全系数为 2.0 可足够保证煤柱的稳定性。

### 5.2.3　房柱采空区煤(岩)柱稳定性

用于评价和描述房柱采空区煤(岩)柱的应力分布和失稳机理的理论与条带煤柱的相同，也是极限强度理论和逐步破坏理论两种。

# 第 6 章　冒落破碎岩石压实变形规律研究

煤层开采引起上覆岩层变形、断裂(破碎)，在采空区垮落后仍然是“分层”排列，自下而上依次为垮落带、裂缝带和弯曲下沉带。垮落带在水平方向上具有分区性，从煤壁向采空区中部依次为未充分垮落区、逐渐压实区和充分压实区。采空区中部残余沉降主要表现为采空区(充分压实区)剩余空隙的再压实，包括垮落带破裂岩块间空隙的闭合和压实、断裂带岩块间裂隙的闭合和弯曲下沉带岩层间离层裂隙的闭合，其中垮落带破裂岩块间空隙的闭合和压实对采空区残余沉降的贡献最大。因此，研究破碎岩石压实变形规律对预计建(构)筑物荷载作用下均匀沉降区地表残余下沉值具有重要意义。

## 6.1　煤系地层岩石力学特性试验

煤系地层岩石力学特性试验采用矿山灾害预防控制省部共建国家重点实验室培育基地的 MTS815.03 电液伺服试验系统(图 6-1 和图 6-2)，对煤系地层中常见的 4 种岩石(泥岩、砂质泥岩、灰岩和砂岩)，分别在自然含水、饱水及不同干湿循环次数(将“室内自然干燥 7 天，常温下浸泡 7 天”定义为 1 次干湿循环，共干湿循环 5 次)状态下按测定方法[63]进行岩石常规物理力学参数测试试验，试验结果见表 6-1。表中，$\rho$、$\sigma_t$、$\sigma_c$、$E_T$、$c$ 和 $\varphi$ 分别表示岩石密度、抗拉强度、单轴抗压强度、弹性模量、黏聚力和内摩擦角。从表 6-1 中可以看出，饱水、干湿循环对 4 种岩石的强度和变形特征影响规律相同，对泥岩的软化作用最强，砂质泥岩次之，对灰岩影响最小，但干湿循环比饱水对其影响程度大。

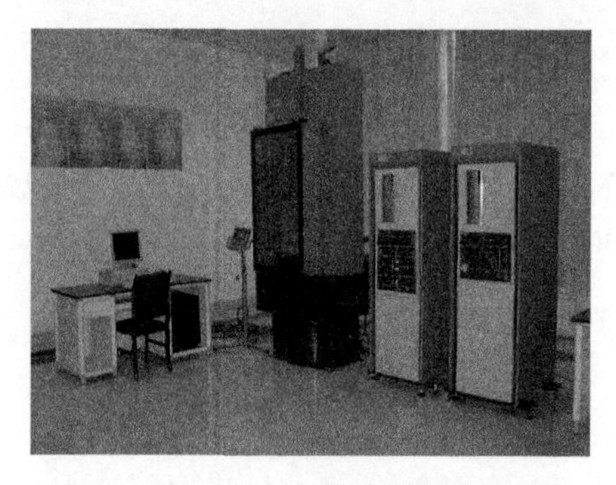

图 6-1　MTS815.03 电液伺服试验系统

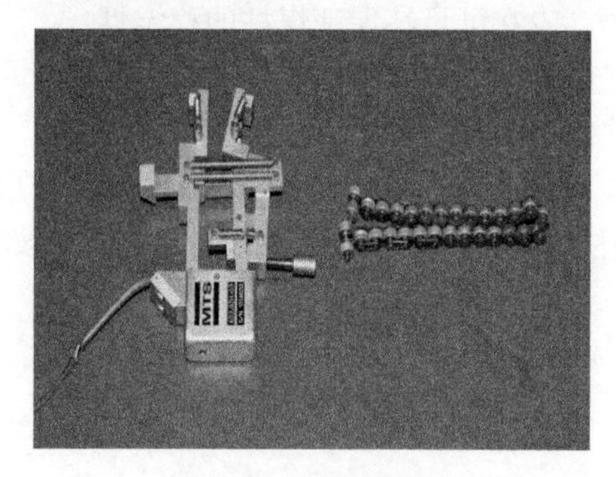

图 6-2　环向位移计

表 6-1　岩石物理力学参数测试结果

| 岩石名称 | 状态 | $\rho$/(g/cm$^3$) | $\sigma_t$/MPa | $\sigma_c$/MPa | $E_T$/GPa | $c$/MPa | $\varphi$/(°) |
|---|---|---|---|---|---|---|---|
| 泥岩 | 自然含水 | 2.600 | 2.500 | 27.200 | 14.000 | 22.600 | 19.100 |
| | 饱水 | 2.566 | 1.010 | 15.700 | 8.200 | 7.450 | 19.300 |
| | 干湿循环 5 次 | 2.325 | 0.616 | 9.248 | 2.940 | 1.607 | 5.730 |
| 砂质泥岩 | 自然含水 | 2.616 | 6.500 | 71.800 | 25.300 | 28.300 | 33.800 |
| | 饱水 | 2.594 | 4.250 | 67.800 | 15.600 | 19.300 | 34.200 |
| | 干湿循环 5 次 | 2.345 | 2.620 | 38.772 | 8.855 | 9.905 | 13.520 |
| 灰岩 | 自然含水 | 2.644 | 13.153 | 143.100 | 28.400 | 28.200 | 28.620 |
| | 饱水 | 2.578 | 7.460 | 112.900 | 20.200 | 21.560 | 22.750 |
| | 干湿循环 5 次 | 2.520 | 4.293 | 64.395 | 10.360 | 8.556 | 12.880 |
| 砂岩 | 自然含水 | 2.623 | 9.690 | 112.900 | 34.300 | 40.300 | 39.500 |
| | 饱水 | 2.611 | 8.870 | 107.400 | 32.500 | 32.000 | 38.700 |
| | 干湿循环 5 次 | 2.560 | 4.516 | 67.740 | 17.493 | 14.105 | 18.576 |

# 6.2　垮落破碎岩石压实变形规律试验方案

## 6.2.1　试验设备

采空区破碎岩体堆积面积大，其冒落破碎岩体的应力路径与一维侧限压缩状态比较接近，因此可采用侧限压缩试验来研究破碎岩石压实变形特征。

侧限压缩试验采用矿山灾害预防控制省部共建国家重点试验室培育基地自主研制的大尺寸破碎岩石变形-渗流试验系统，如图 6-3 所示，主要参数见表 6-2。

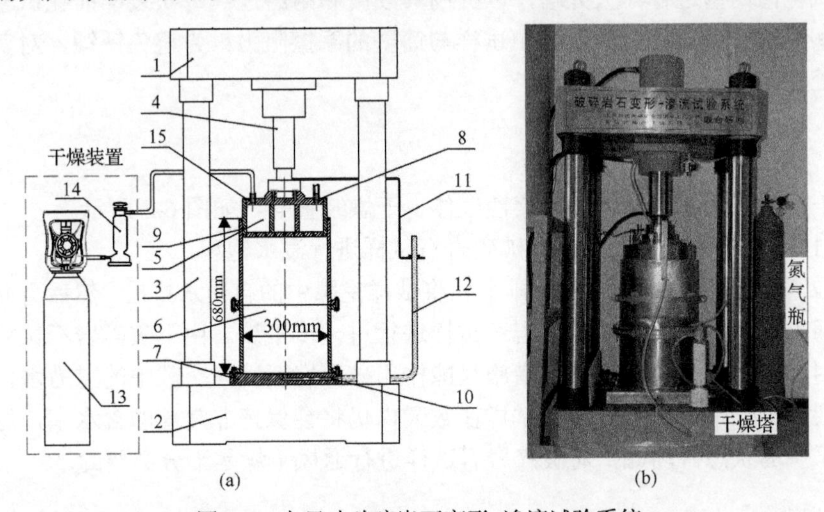


图 6-3　大尺寸破碎岩石变形-渗流试验系统

1-试验系统横梁；2-试验系统底座；3-立柱；4-加载油缸；5-加载压头；6-试验筒；7-试验筒底座；8-进水口；9-密封圈；10-出水(气)口；11-固定支架；12-出水管；13-氮气瓶；14-干燥塔；15-进气口

表 6-2 大尺寸破碎岩石变形-渗流试验系统主要参数

| 项目 | 轴压/kN | 液压油缸/mm | 试验筒直径/mm | 试验筒高度/mm |
|---|---|---|---|---|
| 量程 | 600 | 5 | 300 | 680 |
| 精度 | 0.01 | 0.01 | — | — |

1. 试验筒

垮落破碎岩石最大粒径可达几十厘米到 1m 量级，现有的仪器设备无法满足其原型级配垮落带破碎岩石力学特性的测定。试验研究表明[64, 65]，粗粒料试验采用 300mm 试样测得的力学参数与更大直径试样测得的力学参数差别不大。因此，破碎岩石变形-渗流试验系统试验筒内径采用 300mm，材料采用 45#钢，且对地表建(构)筑物安全威胁较大的老采空区埋深主要集中在 300m 之内。因此，将试验中所加载的最大轴压设为 7.5MPa，取侧压系数为 0.5，因此筒内壁的设计压力为 3.75MPa。由厚壁圆筒的环向应力计算公式[63]得到筒壁内最大环向应力 $\sigma_\theta$，即

$$\sigma_\theta = q_a\left(\frac{r_{外}^2}{r_{内}^2}+1\right)/\left(\frac{r_{外}^2}{r_{内}^2}-1\right) \tag{6-1}$$

式中，$r_{内}$ 为试验筒内径，且 $r_{内}$=300mm；$r_{外}$ 为试验筒外径，mm；$q_a$ 为试验筒筒壁内压，且 $q_a$=3.75MPa。

在试验中要保证试验筒发生弹性变形，最大环向应力应小于 45#钢的剪切屈服极限 170MPa。取安全系数为 0.5，由式(6-1)计算可得试验筒外径为 315mm。

试验筒内壁进行淬火处理，以提高其硬度和耐磨性；每次装样前在试验筒内壁涂润滑油，以减小试验过程中试样与筒壁的摩擦阻力；为避免锈蚀，对其进行镀铬处理。

2. 干湿循环系统

干湿循环系统包括水泵、惰性气体、干燥装置等，如图 6-3 所示。

(1)浸水过程：通过水泵对破碎岩石试样进行浸水饱和。

(2)干燥过程：先通过底部排水孔将试样空隙中的自由水排出，然后再向试验筒内通入干燥惰性气体对破碎岩石试样进行进一步干燥。由于破碎岩石试样处于相对封闭的状态，仅采用排水措施只能排出破碎岩石试样空隙中的重力水，如不采用通风干燥措施，破碎岩石试样在数天内仍将会保持非常高的含水率，达不到有效干燥的状态。因此，对破碎岩石试样进行通风干燥是十分必要的。

### 6.2.2 试样制备

因为大尺寸破碎岩石变形-渗流试验系统所允许的最大粒径为 60mm，所以利

用破碎机分别对 4 种岩石试样进行破碎，并利用分级筛将其筛分为 0～10mm、10～20mm、20～30mm、30～40mm、40～50mm 和 50～60mm 共 6 个粒径区间，分别存放(图 6-4)。为了克服维数灾难，本试验对 6 种粒径区间的破碎岩石采用连续级配进行配比。

图 6-4　筛分好的破碎岩块

连续级配是指用一套规定筛孔尺寸的标准筛对某一矿质混合料进行筛分时，所得到的级配曲线是一顺滑的曲线，且具有连续性，相邻粒级的粒料之间有一定的比例关系。这种由大到小，各粒级颗粒均有，并按质量比例搭配组成的矿质混合料称为连续级配混合料。现在常用的连续级配理论有 Fuller 理论和 Talbol 理论[66, 67]。

Fuller 理论是 Fuller 和 Thompson[68]根据试验提出的一种理想级配，即最大密度曲线，其认为级配曲线越接近抛物线，其密实度越大，其表达式为

$$P_i = 100\sqrt{\frac{d_i}{D_{\max}}} \tag{6-2}$$

式中，$P_i$ 为粒径为 $d_i$ 的颗粒的通过质量百分率，%；$d_i$ 为破碎岩石中的各粒径，mm；$D_{\max}$ 为破碎岩石的最大粒径，取值 60mm。

Talbol 理论是 Talbol 和 Richart[69]在 Fuller 理论的基础上得到的，认为矿质混合料组配的级配曲线应在一定范围内波动，将 Fuller 理论公式改成了 $n$ 次幂的形式

$$P_i = 100\left(\frac{d}{D_{\max}}\right)^n \tag{6-3}$$

式中，$n$ 为 Talbol 幂指数。

为了研究垮落破碎岩石粒径级配对其压实变形特性的影响，将 $n$ 的取值范围定为 0.3～0.7。不同 Talbol 幂指数条件下，垮落破碎岩石粒径级配曲线如图 6-5 所示，各级粒径区间内的岩石颗粒所占比例见表 6-3。从表 6-3 中可以看出，随着 Talbol 幂指数 $n$ 的增大，试样中大颗粒岩石含量增多。

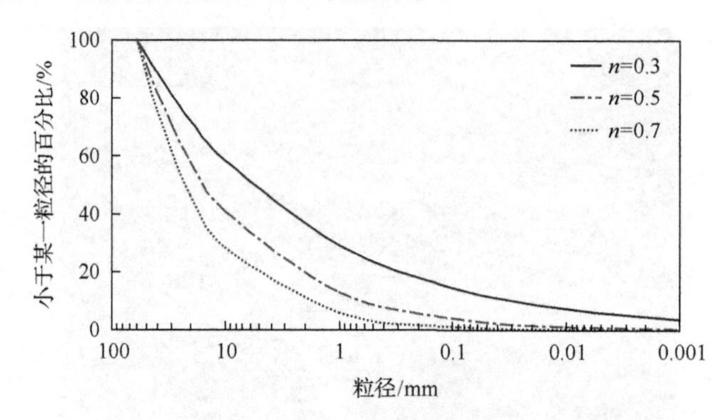


图 6-5　不同 Talbol 幂指数条件下垮落破碎岩石粒径级配曲线

**表 6-3　不同 Talbol 幂指数条件下各级粒径区间岩石颗粒所占比例**

| $n$ | 百分比/% | | | | | |
|---|---|---|---|---|---|---|
| | 0～10mm | 10～20mm | 20～30mm | 30～40mm | 40～50mm | 50～60mm |
| 0.3 | 58.43 | 13.50 | 9.30 | 7.32 | 6.13 | 5.32 |
| 0.5 | 40.82 | 16.91 | 12.98 | 10.94 | 9.64 | 8.71 |
| 0.7 | 28.53 | 17.82 | 15.21 | 13.73 | 12.73 | 11.98 |

### 6.2.3　试验方案与试验方法

1. 试验方案

因为采空区存在不充水、充水和季节性水位变化 3 种情况，所以垮落破碎岩石可能存在 3 种赋存状态：干燥状态(ZR)、浸水状态(JS)和干湿循环(GS)。因此本书共进行了 3 种试验：①自然含水状态垮落破碎岩石蠕变试验；②浸水状态垮落破碎岩石蠕变试验；③干湿循环状态垮落破碎岩石蠕变试验。

根据荷载扰动的临界开采深度和现场经验来看，除了其他影响因素外，受地面荷载影响较大的采空区主要集中在浅部开采区域，即开采深度一般小于 300m，因此本试验将最大轴向应力选为 7.5MPa。

为研究不同赋存环境(自然含水、浸水、干湿循环)、不同岩性(泥岩、砂质泥岩、灰岩和砂岩)、不同轴向应力(1.5MPa、3.5MPa、5.5MPa 和 7.5MPa)和不同粒径级配($n$=0.3、$n$=0.5、$n$=0.7)对破碎岩石压实变形特性的影响，本书共设计了 3 类

(共 27 组)试验，如表 6-4 所示。考虑到数据的离散性，相同试验重复进行 3 次，取其平均值作为试验结果。

**表 6-4　试验方案表**

| 赋存环境 | 序号 | 试样编号 | 岩性 | 轴向应力/MPa | Talbol 幂指数 |
|---|---|---|---|---|---|
| 自然含水状态(ZR) | Ⅰ | 1 | 泥岩 | 3.5 | 0.5 |
| | | 2 | 砂质泥岩 | 3.5 | 0.5 |
| | | 3 | 灰岩 | 3.5 | 0.5 |
| | | 4 | 砂岩 | 3.5 | 0.5 |
| | Ⅱ | 5 | 砂岩 | 1.5 | 0.5 |
| | | 6 | 砂岩 | 5.5 | 0.5 |
| | | 7 | 砂岩 | 7.5 | 0.5 |
| | Ⅲ | 8 | 砂岩 | 3.5 | 0.3 |
| | | 9 | 砂岩 | 3.5 | 0.7 |
| 浸水状态(JS) | Ⅰ | 1 | 泥岩 | 3.5 | 0.5 |
| | | 2 | 砂质泥岩 | 3.5 | 0.5 |
| | | 3 | 灰岩 | 3.5 | 0.5 |
| | | 4 | 砂岩 | 3.5 | 0.5 |
| | Ⅱ | 5 | 砂岩 | 1.5 | 0.5 |
| | | 6 | 砂岩 | 5.5 | 0.5 |
| | | 7 | 砂岩 | 7.5 | 0.5 |
| | Ⅲ | 8 | 砂岩 | 3.5 | 0.3 |
| | | 9 | 砂岩 | 3.5 | 0.7 |
| 干湿循环(GS) | Ⅰ | 1 | 泥岩 | 3.5 | 0.5 |
| | | 2 | 砂质泥岩 | 3.5 | 0.5 |
| | | 3 | 灰岩 | 3.5 | 0.5 |
| | | 4 | 砂岩 | 3.5 | 0.5 |
| | Ⅱ | 5 | 砂岩 | 1.5 | 0.5 |
| | | 6 | 砂岩 | 5.5 | 0.5 |
| | | 7 | 砂岩 | 7.5 | 0.5 |
| | Ⅲ | 8 | 砂岩 | 3.5 | 0.3 |
| | | 9 | 砂岩 | 3.5 | 0.7 |

注：Ⅰ代表不同岩性，Ⅱ代表不同轴向应力，Ⅲ代表不同粒径级配。

2. 试验方法及步骤

基本操作步骤、数据记录间隔时间及稳定标准均参照《土工试验规程》(SL 237—1999)[70]。

1) 自然含水状态垮落破碎岩石蠕变试验方法

考虑位移计量程和预算最大变形[71, 72]将未压缩破碎岩石试样控制高度确定为630mm。将制备好的干燥破碎岩石试样装入试验筒至控制高度，按照土工试验规程要求的间隔时间采集数据；试验稳定标准[70, 73, 74]为每1h应变差小于$5\times10^{-4}$；加载方式选为荷载控制；为使破碎岩石受力过程与采空区冒落矸石更相近，加载速率采用0.5kN/s；试验荷载分别为1.5MPa、3.5MPa、5.5MPa和7.5MPa。试验结束后将试样取出并烘干、筛分、称重。

2) 浸水状态垮落破碎岩石蠕变试验方法

浸水状态垮落破碎岩石蠕变试验是按照自然含水状态垮落破碎岩石蠕变试验方法做的平行试验，采用的是饱水试样(用水浸泡72h)，并且试验中采用了基于U形管原理设计的水头维持装置，实现了试验过程中水头始终与破碎岩石试样同高，如图6-3所示。

3) 干湿循环状态垮落破碎岩石蠕变试验方法

干湿循环状态垮落破碎岩石蠕变试验是按照自然含水状态垮落破碎岩石蠕变试验方法做的平行试验，其采用的是自然含水状态破碎岩石试样，通过在荷载作用蠕变过程中从破碎岩石试样底部浸水饱和模拟采空区充水及通过破碎岩石试样内部进水的自由排出模拟采空区干燥过程。通过反复的浸水饱和、排水模拟采空区充水、干燥实现干湿循环，其中破碎岩石试样由干燥到饱水、再由饱水到干燥的过程为一次干湿循环。

处于相对封闭状态的破碎岩石试样很难达到完全干燥。本试验中干燥状态是指试样含水率小于1%(制样含水量)时的状态。经试验测定，破碎岩石浸泡1.5h后可基本达到饱水状态；处于饱和状态的破碎岩石试样，通风干燥1.5h后各部位破碎岩石试样的含水率基本低于1%，因此将“浸水饱和1.5h后排水，然后通风干燥1.5h”定义为破碎岩石的1次干湿循环，即1次循环约需3h。

具体试验步骤如下：①将制备好的自然含水状态的破碎岩石试样装入试验筒至控制高度，设置试验系统参数，将荷载加载至设定值；②待变形稳定后通过水头饱和法从破碎岩石试样底部进水使其饱和，并维持水头与试样同高；③静置1.5h后，打开试样底部排水阀，同时从顶部进气口对试验筒内的破碎岩石试样缓慢通入干燥氮气，排水时间为1.5h；④重复步骤②～③，如图6-6所示。

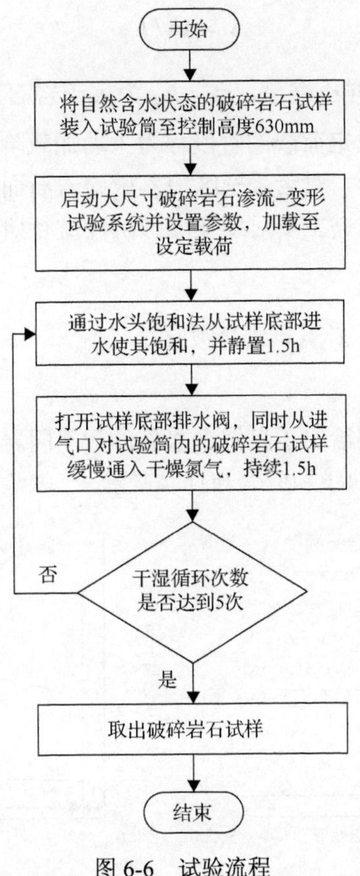


图 6-6　试验流程

试验荷载与自然含水状态垮落破碎岩石蠕变试验相同，每次试验进行 5 次循环，持续时间约 16.5h。

## 6.3　垮落破碎岩石压实变形与分形特征分析

### 6.3.1　自然含水条件下垮落破碎岩石压实变形特征

压实过程中轴向应力与应变间具有一定的相关性，为研究两者之间的关系，为实际工程提供依据，根据经验定义破碎岩石的名义轴向应力 $\sigma_2$，即

$$\sigma_2 = P_2 / S_{截} \tag{6-4}$$

式中，$P_2$ 为作用在破碎岩石试样上的轴向压力，kN；$S_{截}$ 为试验筒截面积，$m^2$。

定义破碎岩石的名义轴向应变 $\varepsilon$ 为破碎岩石试样压实变形量与装入试验筒内初始高度之比，即

$$\varepsilon = \Delta h / h_{试} \tag{6-5}$$

式中，$\Delta h$ 为破碎岩石试样压缩量，m；$h_{试}$ 为破碎岩石试样装料高度，m。

将荷载由 0 加载至设定荷载的阶段称为主动加载阶段；将达到设定荷载之后的阶段称为蠕变变形阶段。对老采空区垮落破碎岩石而言，蠕变变形是在一定荷载作用下的蠕变，因此本书主要对蠕变变形阶段进行研究，将荷载达到设定荷载的时刻作为时间 0 点。

### 1. 不同岩性垮落破碎岩石压实变形特征

#### 1) 变形特征

图 6-7 和图 6-8 分别给出了自然含水条件下不同岩性垮落破碎岩石试样蠕变变形阶段的压缩量-时间曲线和应变-时间曲线。

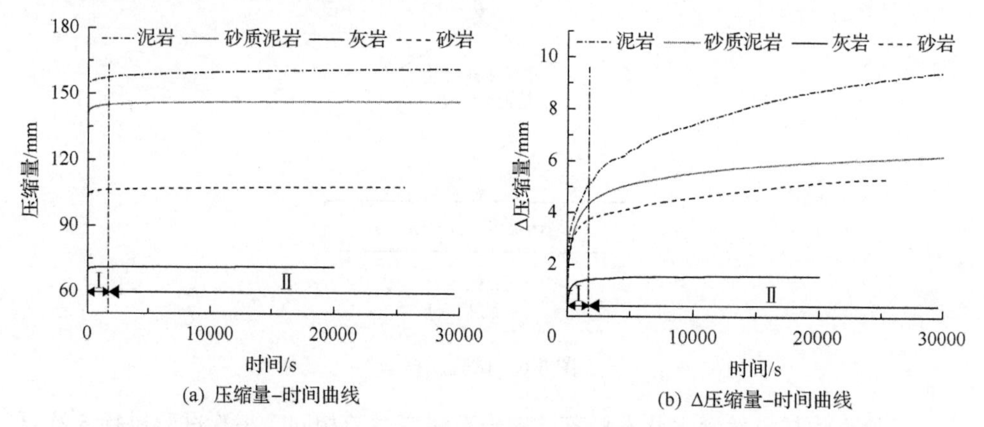

(a) 压缩量-时间曲线　(b) Δ压缩量-时间曲线

图 6-7　自然含水条件下不同岩性垮落破碎岩石试样压缩量-时间曲线(3.5MPa)

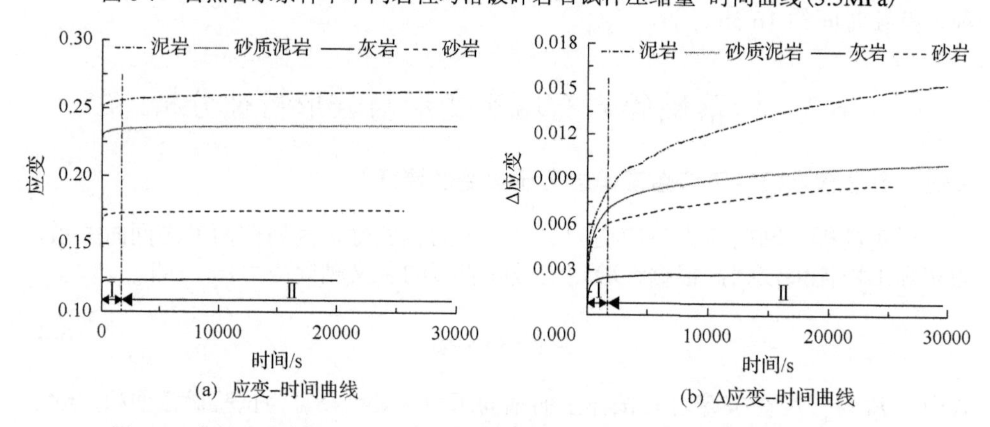

(a) 应变-时间曲线　(b) Δ应变-时间曲线

图 6-8　自然含水条件下不同岩性垮落破碎岩石试样应变-时间曲线(3.5MPa)

从图 6-7(a)和图 6-8(a)可以看出，由于垮落破碎岩石横向变形受到试验筒限制，垮落破碎岩石蠕变曲线与完整岩石试样加速蠕变前的变形特征十分相似，但没有出现加速蠕变阶段。因此，垮落破碎岩石蠕变过程可分为瞬态蠕变阶段(第Ⅰ阶段)和稳定蠕变阶段(第Ⅱ阶段)两个阶段；变形特征值(压缩量和应变)与时间呈对数函数关系(表6-5)；在相同应力水平下，岩石自然含水条件下单轴抗压强度越大(泥岩＜砂质泥岩＜砂岩＜灰岩)，蠕变稳定时的变形特征值(压缩量和应变)越小。从图6-7(b)和图6-8(b)可以看出，在相同应力水平下，岩石单轴抗压强度越大，蠕变变形阶段的Δ变形特征值(Δ压缩量和Δ应变)越小；反之，则越大。其原因是岩石单轴抗压强度越大，岩石颗粒抵抗变形和破碎的能力越强，因此，在相同荷载作用下，强度越高的岩石所产生的蠕变变形越小。

**表6-5 自然含水条件下不同岩性破碎砂岩试样压缩量和应变与时间相关关系(3.5MPa)**

| 项目 | 岩性 | 相关关系 | 相关系数 |
|---|---|---|---|
| 压缩量 $\Delta h$ | 泥岩 | $\Delta h = 143.700 + 1.743 \times \ln(t + 644.943)$ | 0.997 |
| | 泥质砂岩 | $\Delta h = 139.814 + 0.686 \times \ln t$ | 0.993 |
| | 灰岩 | $\Delta h = 70.323 + 0.105 \times \ln(t - 1.125)$ | 0.837 |
| | 砂岩 | $\Delta h = 101.725 + 0.594 \times \ln(t + 2.284)$ | 0.982 |
| 应变 $\varepsilon$ | 泥岩 | $\varepsilon = 0.234 + 0.003 \times \ln(t + 644.943)$ | 0.997 |
| | 泥质砂岩 | $\varepsilon = 0.226 + 0.001 \times \ln t$ | 0.993 |
| | 灰岩 | $\varepsilon = 0.122 + 1.823 \times \ln(t - 1.125)$ | 0.837 |
| | 砂岩 | $\varepsilon = 0.165 + 9.647 \times \ln(t + 2.284)$ | 0.982 |

2)压实特征

图6-9和图6-10分别给出了自然含水条件下不同岩性垮落破碎岩石试样蠕变变形阶段的残余碎胀系数-时间曲线和空隙率-时间曲线。

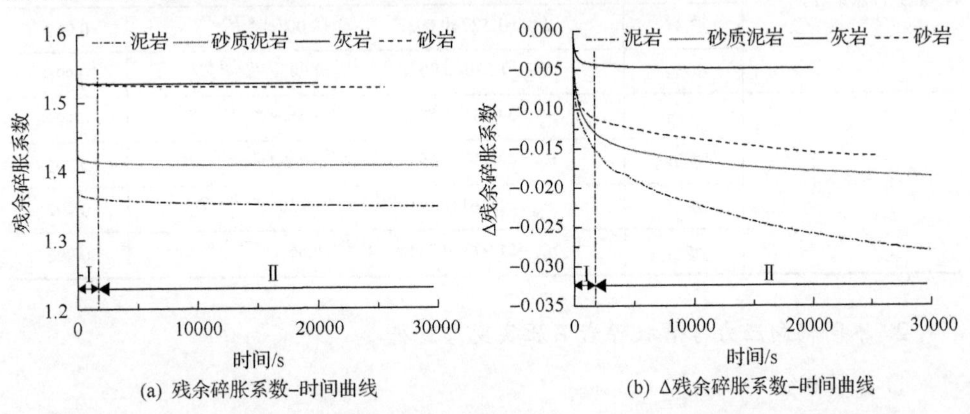


(a) 残余碎胀系数-时间曲线　(b) Δ残余碎胀系数-时间曲线

图6-9 自然含水条件下不同岩性垮落破碎岩石试样残余碎胀系数-时间曲线(3.5MPa)

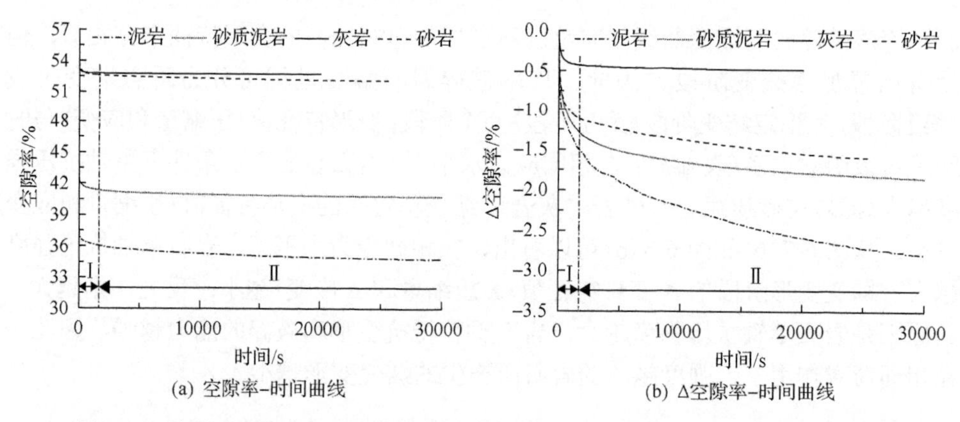


(a) 空隙率-时间曲线　　(b) Δ空隙率-时间曲线

图 6-10　自然含水条件下不同岩性垮落破碎岩石试样空隙率-时间曲线(3.5MPa)

从图 6-9(a)和 6-10(a)可以看出，垮落破碎岩石试样蠕变变形阶段的压实特征值(残余碎胀系数和空隙率)变化特征与瞬态蠕变阶段(第Ⅰ阶段)和稳定蠕变阶段(第Ⅱ阶段)相对应，压实特征值(残余碎胀系数和空隙率)与时间呈指数函数关系(表 6-6)；在相同应力水平下，岩石单轴抗压强度越大，蠕变稳定时的压实特征值(残余碎胀系数和空隙率)也越大。从图 6-9(b)和 6-10(b)可以看出，在相同应力水平下，岩石单轴抗压强度越大，蠕变变形阶段的 Δ 压实特征值(Δ 残余碎胀系数和 Δ 空隙率)越小；反之，则越大。其原因是岩石单轴抗压强度越大，岩石颗粒抵抗变形和破碎的能力越强，因此，在相同轴向应力作用下，强度高的破碎岩石在蠕变变形阶段的 Δ 压实特征值(Δ 残余碎胀系数和 Δ 空隙率)越小。

**表 6-6　自然含水条件下不同岩性破碎砂岩试样残余碎胀系数和空隙率与时间相关关系(3.5MPa)**

| 项目 | 岩性 | 相关关系 | 相关系数 |
|---|---|---|---|
| 残余碎胀系数 $K_{残}$ | 泥岩 | $K_{残}=1.345+0.008e^{(-x/913.490)}+0.016e^{(-x/16732.533)}$ | 0.999 |
| | 泥质砂岩 | $K_{残}=1.407+0.006e^{(-x/11523.515)}+0.008e^{(-x/671.528)}$ | 0.995 |
| | 灰岩 | $K_{残}=1.527+0.003e^{(-x/913.490)}+0.001e^{(-x/3725.265)}$ | 0.992 |
| | 砂岩 | $K_{残}=1.520+0.007e^{(-x/314.216)}+0.007e^{(-x/14791.470)}$ | 0.996 |
| 空隙率 $n_{空}$ | 泥岩 | $n_{空}=34.481+0.822e^{(-x/913.490)}+1.560e^{(-x/16732.533)}$ | 0.999 |
| | 泥质砂岩 | $n_{空}=40.736+0.593e^{(-x/11523.520)}+0.845e^{(-x/671.529)}$ | 0.995 |
| | 灰岩 | $n_{空}=52.741+0.080e^{(-x/3725.259)}+0.305e^{(-x/204.783)}$ | 0.992 |
| | 砂岩 | $n_{空}=51.993+0.734e^{(-x/314.216)}+0.669e^{(-x/14791.682)}$ | 0.996 |

2. 不同轴向应力垮落破碎岩石压实变形特征

1) 变形特征

图 6-11 和图 6-12 分别给出了自然含水条件下不同轴向应力破碎砂岩试样蠕

变变形阶段的压缩量-时间曲线和应变-时间曲线。

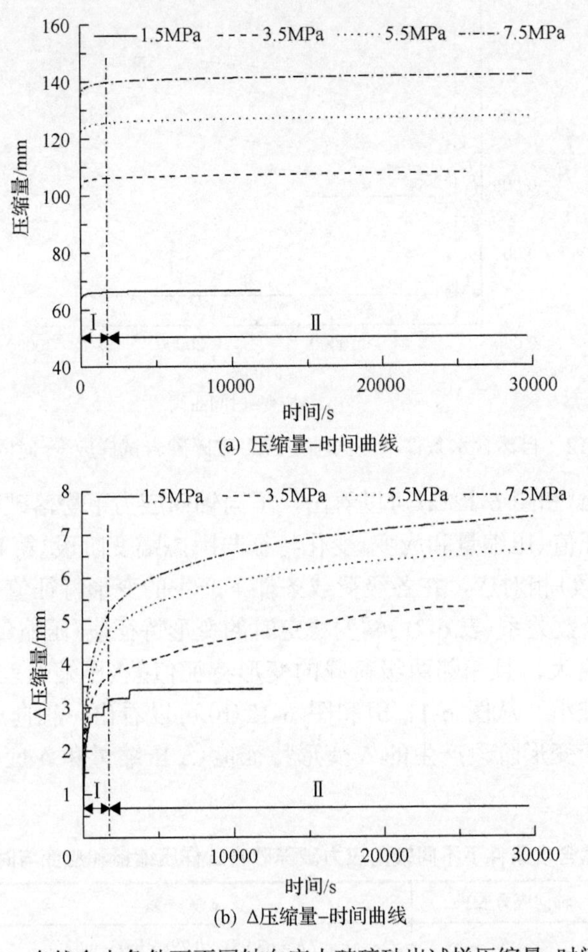


(a) 压缩量-时间曲线

(b) Δ压缩量-时间曲线

图6-11 自然含水条件下不同轴向应力破碎砂岩试样压缩量-时间曲线

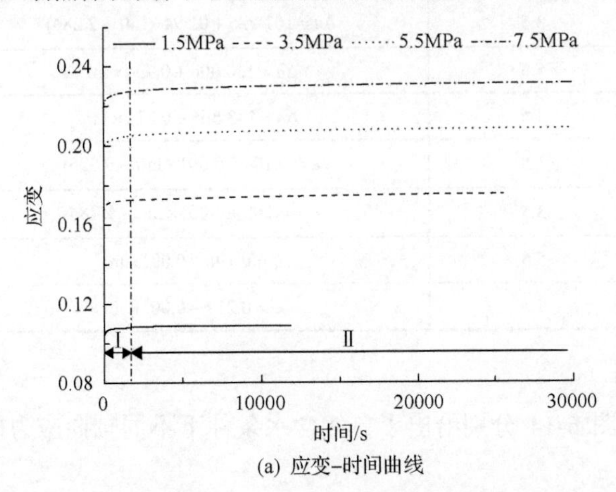


(a) 应变-时间曲线

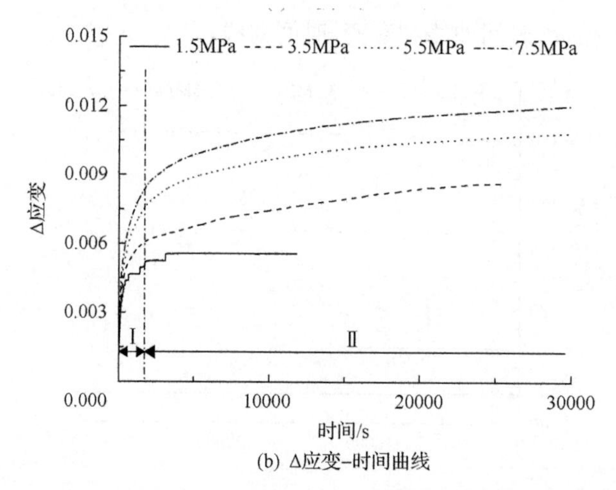

(b) Δ应变–时间曲线

图 6-12　自然含水条件下不同轴向应力破碎砂岩试样应变–时间曲线

从图 6-11(a)和图 6-12(a)可以看出，不同轴向应力下垮落破碎砂岩试样蠕变阶段的变形特征值(压缩量和应变)变化特征与瞬态蠕变阶段(第Ⅰ阶段)和稳定蠕变阶段(第Ⅱ阶段)相对应，在各级荷载条件下产生的变形特征值(压缩量和应变)与时间呈对数函数关系(表 6-7)；蠕变稳定时的变形特征值(压缩量和应变)随轴向应力的增大而增大，且相邻两级荷载的变形特征值差(压缩量差和应变差)随着荷载的增大而减小。从图 6-11(b)和图 6-12(b)可以看出，轴向应力越大，破碎砂岩试样在蠕变变形阶段产生的 Δ 变形特征值(Δ 压缩量和 Δ 应变)越大；反之，则越小。

**表 6-7　自然含水条件下不同轴向应力破碎砂岩试样压缩量和应变与时间相关关系**

| 项目 | 轴向应力/MPa | 相关关系 | 相关系数 |
|---|---|---|---|
| 压缩量 $\Delta h$ | 1.5 | $\Delta h = 63.951 + 0.298 \times \ln(t - 0.525)$ | 0.838 |
| | 3.5 | $\Delta h = 101.725 + 0.594 \times \ln(t + 2.284)$ | 0.982 |
| | 5.5 | $\Delta h = 120.006 + 0.734 \times \ln t$ | 0.993 |
| | 7.5 | $\Delta h = 133.566 + 0.816 \times \ln t$ | 0.993 |
| 应变 $\varepsilon$ | 1.5 | $\varepsilon = 0.104 + 0.001 \times \ln(t - 0.525)$ | 0.838 |
| | 3.5 | $\varepsilon = 0.165 + 0.001 \times \ln(t + 2.284)$ | 0.982 |
| | 5.5 | $\varepsilon = 0.196 + 0.001 \times \ln t$ | 0.993 |
| | 7.5 | $\varepsilon = 0.217 + 0.001 \times \ln t$ | 0.993 |

2)压实特征

图 6-13 和图 6-14 分别给出了自然含水条件下不同轴向应力破碎砂岩试样蠕

变变形阶段的残余碎胀系数-时间曲线和空隙率-时间曲线。

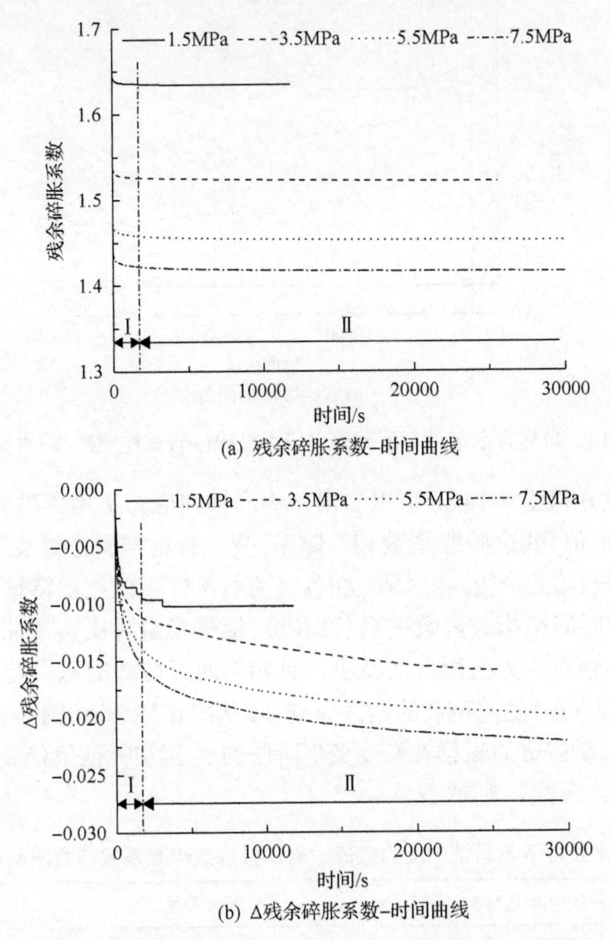


(a) 残余碎胀系数-时间曲线

(b) Δ残余碎胀系数-时间曲线

图 6-13　自然含水条件下不同轴向应力破碎砂岩试样残余碎胀系数-时间曲线

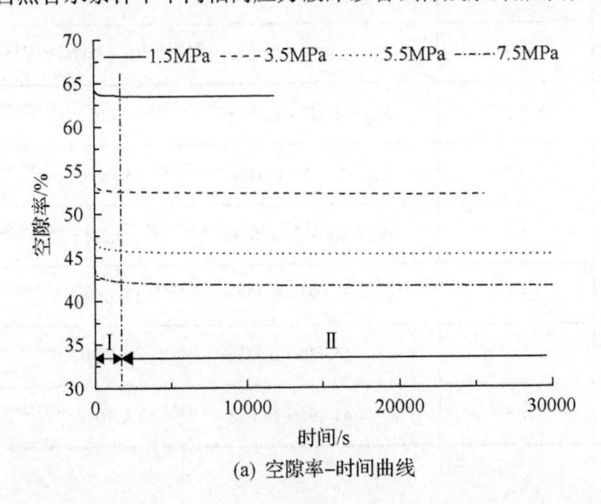


(a) 空隙率-时间曲线

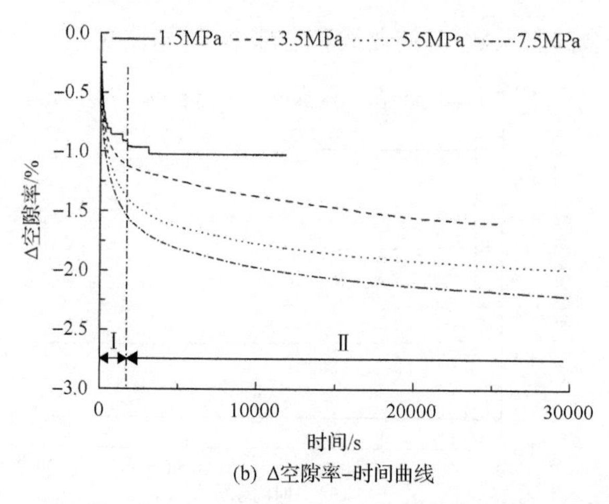


(b) Δ空隙率–时间曲线

图 6-14 自然含水条件下不同轴向应力破碎砂岩试样空隙率–时间曲线

从图 6-13(a)和图 6-14(a)可以看出，不同轴向应力下垮落破碎砂岩试样在蠕变阶段压实特征值(残余碎胀系数和空隙率)变化特征与瞬态蠕变阶段(第Ⅰ阶段)和稳定蠕变阶段(第Ⅱ阶段)相对应，在各级荷载条件下的压实特征值(残余碎胀系数和空隙率)与时间呈指数函数关系(表 6-8)；蠕变稳定时压实特征值(残余碎胀系数和空隙率)随轴向应力的增大而减小，且相邻两级荷载的压实特征值差(残余碎胀系数差和空隙率差)随着荷载的增大而减小。从图 6-13(b)和图 6-14(b)可以看出，轴向应力越大，破碎砂岩试样在蠕变变形阶段的 Δ 压实特征值(Δ 残余碎胀系数和 Δ 空隙率)越大；反之，则越小。

**表 6-8 自然含水条件下不同轴向应力破碎砂岩试样残余碎胀系数和空隙率与时间相关关系**

| 项目 | 轴向应力/MPa | 相关关系 | 相关系数 |
| --- | --- | --- | --- |
| 残余碎胀系数 $K_{残}$ | 1.5 | $K_{残}=1.634+0.006e^{(-x/110.492)}+0.003e^{(-x/1373.626)}$ | 0.985 |
| | 3.5 | $K_{残}=1.520+0.007e^{(-x/14791.670)}+0.007e^{(-x/314.216)}$ | 0.996 |
| | 5.5 | $K_{残}=1.451+0.009e^{(-x/671.529)}+0.006e^{(-x/11523.522)}$ | 0.995 |
| | 7.5 | $K_{残}=1.415+0.010e^{(-x/671.525)}+0.007e^{(-x/11523.483)}$ | 0.995 |
| 空隙率 $n_{空}$ | 1.5 | $n_{空}=63.432+0.574e^{(-x/110.492)}+0.335e^{(-x/1373.626)}$ | 0.985 |
| | 3.5 | $n_{空}=51.993+0.734e^{(-x/314.217)}+0.669e^{(-x/14791.682)}$ | 0.996 |
| | 5.5 | $n_{空}=45.130+0.637e^{(-x/11523.643)}+0.907e^{(-x/671.541)}$ | 0.995 |
| | 7.5 | $n_{空}=41.496+1.009e^{(-x/671.527)}+0.709e^{(-x/11523.504)}$ | 0.995 |

### 3. 不同粒径配比垮落破碎岩石压实变形特征

#### 1) 变形特征

图 6-15 和图 6-16 分别给出了自然含水条件下不同粒径配比破碎砂岩试样蠕变变形阶段的压缩量-时间曲线和应变-时间曲线。

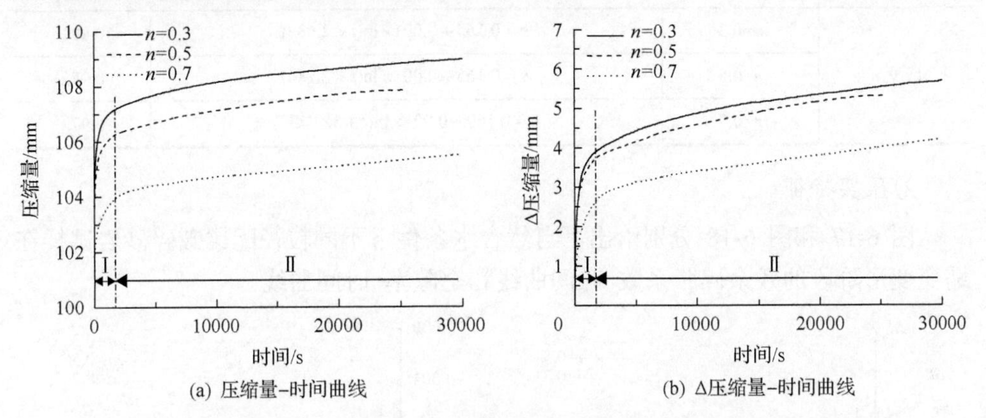


(a) 压缩量-时间曲线　(b) Δ压缩量-时间曲线

图 6-15　自然含水条件下不同粒径配比破碎砂岩试样压缩量-时间曲线(3.5MPa)

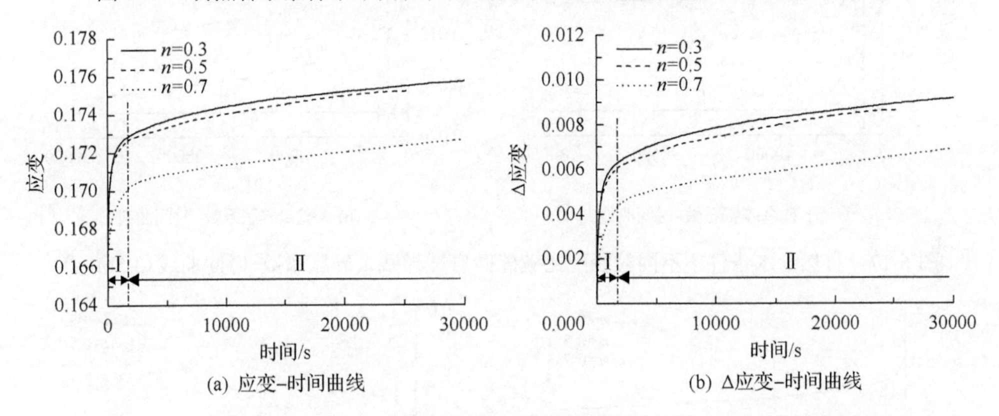


(a) 应变-时间曲线　(b) Δ应变-时间曲线

图 6-16　自然含水条件下不同粒径配比破碎砂岩试样应变-时间曲线(3.5MPa)

从图 6-15(a)和图 6-16(a)可以看出，不同粒径配比破碎砂岩试样蠕变变形阶段的变形特征值(压缩量和应变)变化特征与瞬态蠕变阶段(第Ⅰ阶段)和稳定蠕变阶段(第Ⅱ阶段)相对应，变形特征值(压缩量和应变)与时间呈对数函数关系(表 6-9)；蠕变稳定时的变形特征值(压缩量和应变)随 Talbol 幂指数的增大而减小。从图 6-15(b)和图 6-16(b)可以看出，Talbol 幂指数越大，破碎砂岩试样在蠕变变形阶段产生的 Δ 变形特征值(Δ 压缩量和 Δ 应变)越小；反之，则越大。其原因是随着 Talbol 幂指数的增大，破碎岩石中大颗粒含量增多，大颗粒岩石之间易形成骨架，在相同轴线应力作用下，岩石滚动和滑动越困难，轴向位移和应变越小。

**表 6-9　自然含水条件下不同粒径配比破碎砂岩试样压缩量和应变与时间相关关系(3.5MPa)**

| 项目 | Talbol 幂指数 | 相关关系 | 相关系数 |
|---|---|---|---|
| 压缩量 $\Delta h$ | $n$=0.3 | $\Delta h = 102.251 + 0.647 \times \ln(t + 2.633)$ | 0.991 |
| | $n$=0.5 | $\Delta h = 101.725 + 0.594 \times \ln(t - 2.284)$ | 0.982 |
| | $n$=0.7 | $\Delta h = 97.953 + 0.740 \times \ln(t + 322.733)$ | 0.972 |
| 应变 $\varepsilon$ | $n$=0.3 | $\varepsilon = 0.165 + 0.001 \times \ln(t + 2.633)$ | 0.991 |
| | $n$=0.5 | $\varepsilon = 0.165 + 0.001 \times \ln(t + 2.284)$ | 0.982 |
| | $n$=0.7 | $\varepsilon = 0.160 + 0.001 \times \ln(t + 322.733)$ | 0.972 |

2)压实特征

图 6-17 和图 6-18 分别给出了自然含水条件下不同粒径配比破碎砂岩试样在蠕变变形阶段的残余碎胀系数-时间曲线和空隙率-时间曲线。

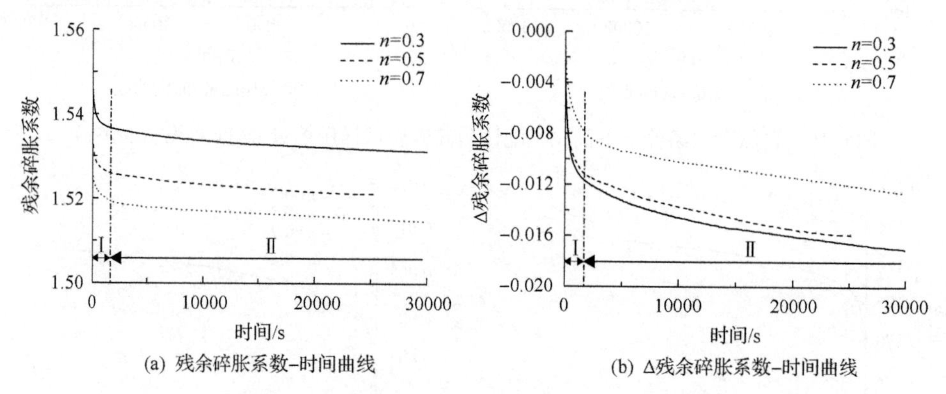


(a) 残余碎胀系数-时间曲线　(b) Δ残余碎胀系数-时间曲线

图 6-17　自然含水条件下不同粒径配比破碎砂岩试样残余碎胀系数-时间曲线(3.5MPa)

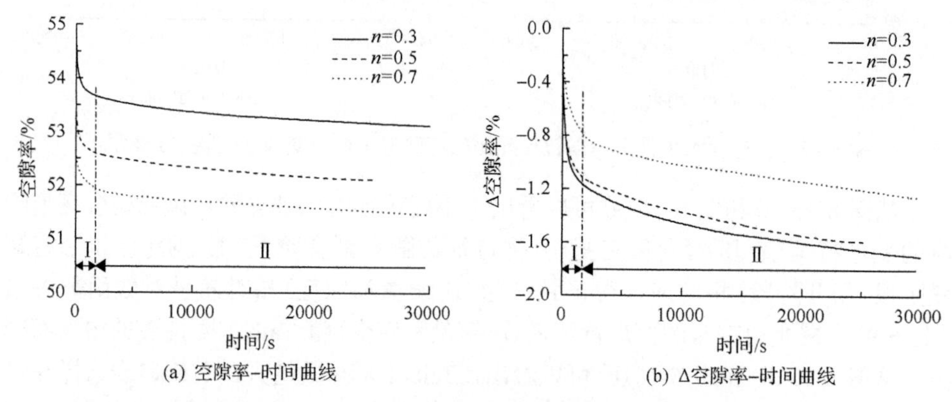


(a) 空隙率-时间曲线　(b) Δ空隙率-时间曲线

图 6-18　自然含水条件下不同粒径配比破碎砂岩试样空隙率-时间曲线(3.5MPa)

从图 6-17(a)和 6-18(a)可以看出，不同粒径配比破碎砂岩试样蠕变变形阶段的压实特征值(残余碎胀系数和空隙率)变化特征与瞬态蠕变阶段(第Ⅰ阶段)和稳定蠕变阶段(第Ⅱ阶段)相对应，压实特征值(残余碎胀系数和空隙率)与时间呈指数函数关系(表 6-10)；蠕变稳定时的压实特征值(残余碎胀系数和空隙率)随 Talbol 幂指数的增大而减小。从图 6-17(b)和 6-18(b)可以看出，Talbol 幂指数越大，破碎砂岩试样在蠕变变形阶段产生的 Δ 压实特征值(Δ 残余碎胀系数和 Δ 空隙率)越小；反之，则越大。其原因为 Talbol 幂指数越大，破碎砂岩试样中大颗粒含量越多，越容易形成骨架，在相同轴向应力作用下，岩石滚动和滑动越困难，因此 Δ 压实特征值(Δ 残余碎胀系数和 Δ 空隙率)越小。

**表 6-10　自然含水条件下不同粒径配比破碎砂岩试样残余碎胀系数和空隙率与时间相关关系(3.5MPa)**

| 项目 | Talbol 幂指数 | 相关关系 | 相关系数 |
|---|---|---|---|
| 残余碎胀系数 $K_{残}$ | $n$=0.3 | $K_{残}=1.530+0.007e^{(-x/14987.458)}+0.008e^{(-x/351.732)}$ | 0.995 |
| | $n$=0.5 | $K_{残}=1.520+0.007e^{(-x/14791.670)}+0.007e^{(-x/314.216)}$ | 0.996 |
| | $n$=0.7 | $K_{残}=1.509+0.006e^{(-x/668.870)}+0.010e^{(-x/50954.272)}$ | 0.998 |
| 空隙率 $n_{空}$ | $n$=0.3 | $n_{空}=53.044+0.665e^{(-x/14987.458)}+0.820e^{(-x/351.732)}$ | 0.995 |
| | $n$=0.5 | $n_{空}=51.993+0.734e^{(-x/314.217)}+0.669e^{(-x/14791.68198)}$ | 0.996 |
| | $n$=0.7 | $n_{空}=50.943+0.645e^{(-x/668.871)}+0.950e^{(-x/50954.310)}$ | 0.998 |

### 6.3.2　浸水条件下垮落破碎岩石压实变形特征

1. 不同岩性垮落破碎岩石压实变形特征

1) 变形特征

图 6-19 和图 6-20 分别给出了浸水条件下不同岩性垮落破碎岩石试样蠕变变形阶段的压缩量-时间曲线和应变-时间曲线。

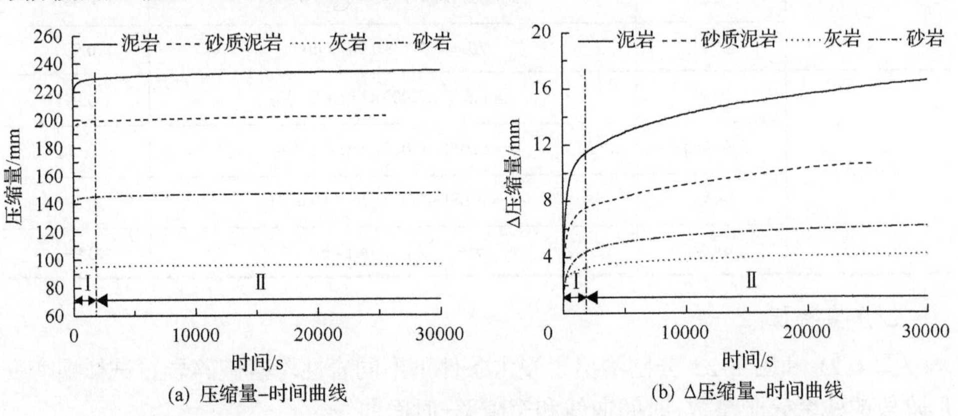


(a) 压缩量-时间曲线　(b) Δ压缩量-时间曲线

图 6-19　浸水条件下不同岩性垮落破碎岩石试样压缩量-时间曲线(3.5MPa)

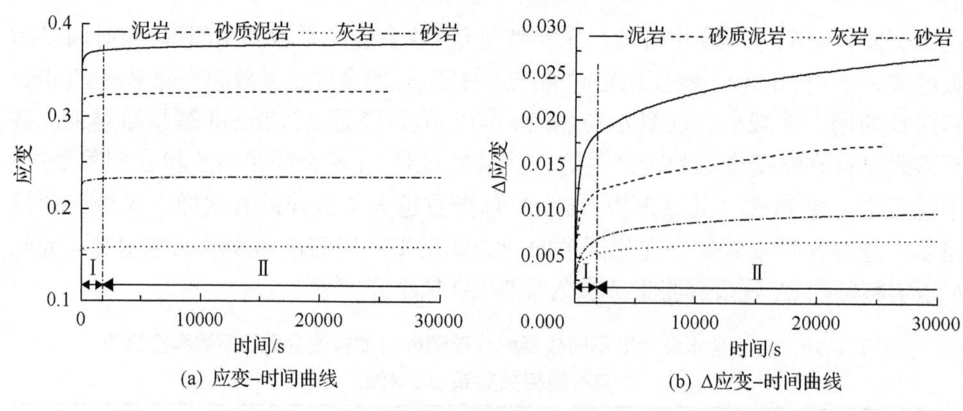

(a) 应变–时间曲线　　(b) Δ应变–时间曲线

图 6-20　浸水条件下不同岩性垮落破碎岩石试样应变–时间曲线(3.5MPa)

从图 6-19(a)和图 6-20(a)可以看出，浸水条件下垮落破碎岩石试样蠕变变形阶段的变形特征值(压缩量和应变)变化特征与瞬态蠕变阶段(第Ⅰ阶段)和稳定蠕变阶段(第Ⅱ阶段)相对应，变形特征值(压缩量和应变)与时间呈对数函数关系(表 6-11)；岩石的饱水单轴抗压强度越大(泥岩＜砂质泥岩＜砂岩＜灰岩)，蠕变稳定时的变形特征值(压缩量和应变)越小。从图 6-19(b)和图 6-20(b)可以看出，在相同轴向应力作用下，岩石饱水单轴抗压强度越大，破碎岩石试样在蠕变变形阶段产生的Δ变形特征值(Δ压缩量和Δ应变)越小；反之，则越大。其原因是岩石饱水单轴抗压强度越大，抵抗变形的能力越强。

**表 6-11　浸水条件下不同岩性垮落破碎岩石试样压缩量和应变与时间相关关系**(3.5MPa)

| 项目 | 岩性 | 相关关系 | 相关系数 |
|---|---|---|---|
| 压缩量 $\Delta h$ | 泥岩 | $\Delta h = 214.801 + 1.882 \times \ln(t + 2.633)$ | 0.991 |
| | 泥质砂岩 | $\Delta h = 189.941 + 1.188 \times \ln(t + 2.284)$ | 0.982 |
| | 灰岩 | $\Delta h = 92.610 + 0.343 \times \ln(t - 0.672)$ | 0.996 |
| | 砂岩 | $\Delta h = 0.224 + 0.001 \times \ln t$ | 0.993 |
| 应变 $\varepsilon$ | 泥岩 | $\varepsilon = 0.348 + 0.003 \times \ln(t + 2.633)$ | 0.991 |
| | 泥质砂岩 | $\varepsilon = 0.308 + 0.002 \times \ln(t + 2.284)$ | 0.982 |
| | 灰岩 | $\varepsilon = 0.154 + 0.001 \times \ln(t - 0.672)$ | 0.996 |
| | 砂岩 | $\varepsilon = 0.224 + 0.001 \times \ln t$ | 0.993 |

2)压实特征

图 6-21 和图 6-22 分别给出了浸水条件下不同岩性垮落破碎岩石试样蠕变变形阶段的残余碎胀系数–时间曲线和空隙率–时间曲线。

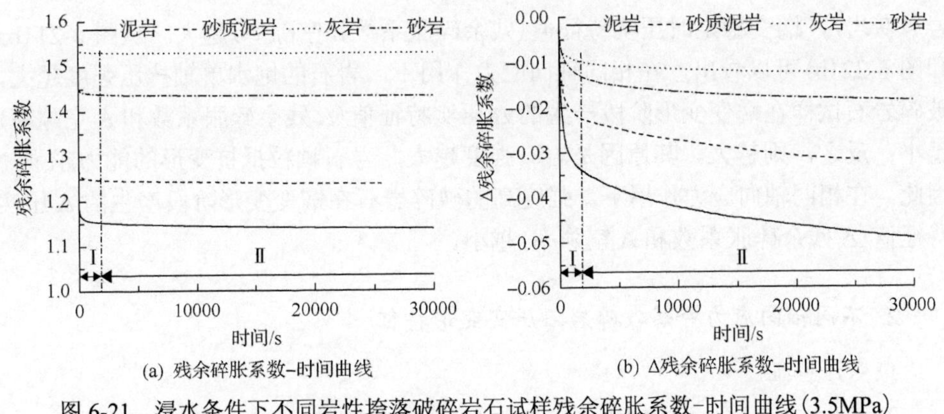


(a) 残余碎胀系数-时间曲线　(b) Δ残余碎胀系数-时间曲线

图 6-21　浸水条件下不同岩性垮落破碎岩石试样残余碎胀系数-时间曲线(3.5MPa)

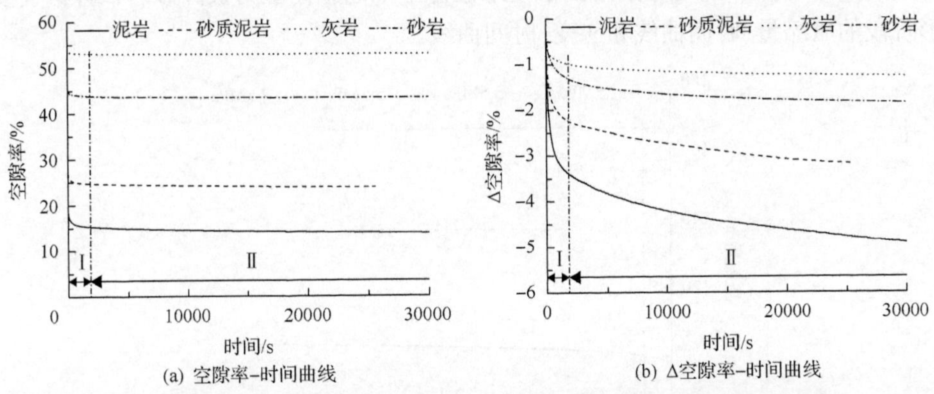


(a) 空隙率-时间曲线　(b) Δ空隙率-时间曲线

图 6-22　浸水条件下不同岩性垮落破碎岩石试样空隙率-时间曲线(3.5MPa)

从图 6-21(a)和 6-22(a)可以看出，浸水条件下垮落破碎岩石试样在蠕变变形阶段的压实特征值(残余碎胀系数和空隙率)变化特征与瞬态蠕变阶段(第Ⅰ阶段)和稳定蠕变阶段(第Ⅱ阶段)相对应，压实特征值(残余碎胀系数和空隙率)与时间呈指数函数关系(表 6-12)；岩石的饱水单轴抗压强度越大(泥岩＜砂质泥岩＜砂

**表 6-12　浸水条件下不同岩性垮落破碎岩石试样残余碎胀系数和空隙率与时间相关关系(3.5MPa)**

| 项目 | 岩性 | 相关关系 | 相关系数 |
|---|---|---|---|
| 残余碎胀系数 $K_{残}$ | 泥岩 | $K_{残}=1.135+0.019e^{(-x/14987.461)}+0.024e^{(-x/351.732)}$ | 0.995 |
| | 泥质砂岩 | $K_{残}=1.235+0.013e^{(-x/14791.682)}+0.015e^{(-x/314.217)}$ | 0.996 |
| | 灰岩 | $K_{残}=1.527+0.003e^{(-x/16329.536)}+0.004e^{(-x/654.474)}$ | 0.989 |
| | 砂岩 | $K_{残}=1.432+0.008e^{(-x/671.526)}+0.006e^{(-x/11523.492)}$ | 0.995 |
| 空隙率 $n_{空}$ | 泥岩 | $n_{空}=13.496+1.919e^{(-x/14987.449)}+2.367e^{(-x/351.731)}$ | 0.995 |
| | 泥质砂岩 | $n_{空}=23.508+1.334e^{(-x/14791.683)}+1.464e^{(-x/314.217)}$ | 0.996 |
| | 灰岩 | $n_{空}=52.738+0.446e^{(-x/654.499)}+0.323e^{(-x/16329.790)}$ | 0.989 |
| | 砂岩 | $n_{空}=43.240+0.595e^{(-x/10523.497)}+0.847e^{(-x/671.2)}$ | 0.995 |

岩＜灰岩)，蠕变稳定时压实特征值(残余碎胀系数和空隙率)越大。从图 6-21(b)和图 6-22(b)可以看出，在相同轴向应力作用下，岩石的饱水单轴抗压强度越大，破碎岩石试样在蠕变变形阶段产生的Δ压实特征值(Δ残余碎胀系数和Δ空隙率)越小；反之，则越大。其原因是岩石强度越大，岩石颗粒抵抗变形的能力越强，因此，在相同轴向应力作用下，强度高的破碎岩石在蠕变变形阶段产生的Δ压实特征值(Δ残余碎胀系数和Δ空隙率)越小。

2. 不同轴向应力垮落破碎岩石压实变形特征

1)变形特征

图 6-23 和图 6-24 分别给出了浸水条件下不同轴向应力破碎砂岩试样蠕变变形阶段的压缩量-时间曲线和应变-时间曲线。

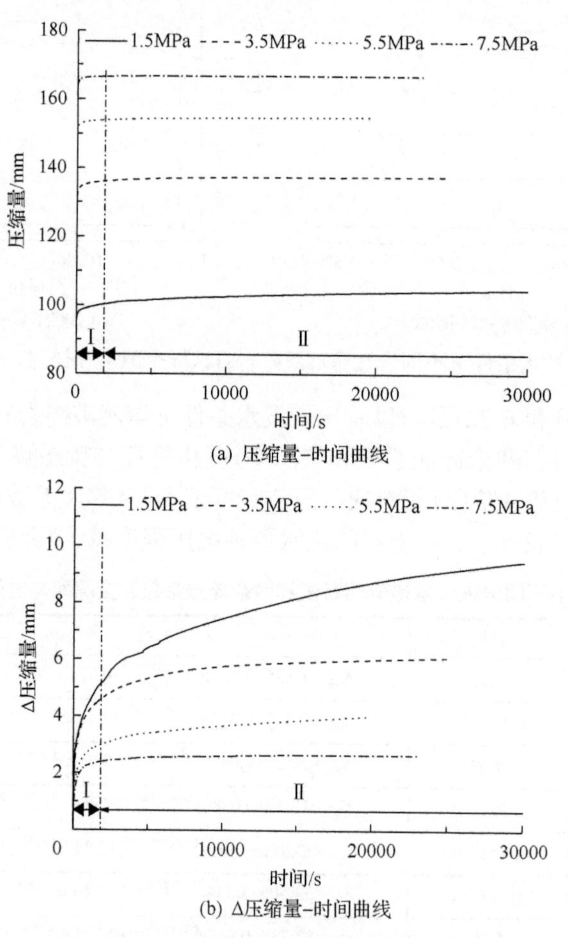


图 6-23　浸水条件下不同轴向应力破碎砂岩试样压缩量-时间曲线

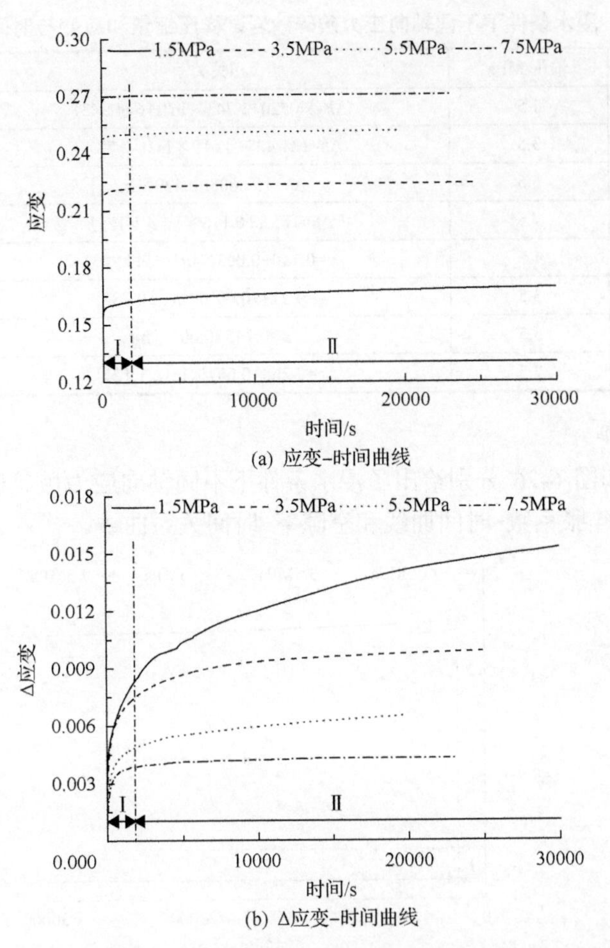

(a) 应变–时间曲线

(b) Δ应变–时间曲线

图 6-24　浸水条件下不同轴向应力破碎砂岩试样应变–时间曲线

从图 6-23(a)和图 6-24(a)可以看出，浸水条件下不同轴向应力垮落破碎砂岩试样蠕变阶段的变形特征值(压缩量和应变)变化特征与瞬态蠕变阶段(第Ⅰ阶段)和稳定蠕变阶段(第Ⅱ阶段)相对应，不同轴向应力下的变形特征值(压缩量和应变)与时间呈对数函数关系(表 6-13)；蠕变稳定时变形特征值(压缩量和应变)随轴向应力的增大而增大，且相邻两级荷载的变形特征值差(压缩量差和应变差)随着荷载的增大而减小。从图 6-23(b)和图 6-24(b)可以看出，轴向应力越大，破碎砂岩试样在蠕变变形阶段产生的 Δ 变形特征值(Δ 压缩量和 Δ 应变)越小；反之，则越大。其原因是随着轴向应力的增大，浸水条件下破碎砂岩试样在主动加载阶段产生的变形量所占比例增大，可供蠕变发展的空间相对减小。

**表 6-13　浸水条件下不同轴向应力破碎砂岩试样压缩量和应变与时间相关关系**

| 项目 | 轴压/MPa | 相关关系 | 相关系数 |
|---|---|---|---|
| 压缩量 $\Delta h$ | 1.5 | $\Delta h$=86.520+1.743×ln(t+644.943) | 0.997 |
| | 3.5 | $\Delta h$=131.427+0.619×ln(t–0.787) | 0.974 |
| | 5.5 | $\Delta h$=150.608+0.429×lnt | 0.996 |
| | 7.5 | $\Delta h$=165.1+0.176×ln(t–1.125) | 0.837 |
| 应变 $\varepsilon$ | 1.5 | $\varepsilon$=0.140+0.003×ln(t+644.943) | 0.997 |
| | 3.5 | $\varepsilon$=0.214+0.001×ln(t–0.787) | 0.974 |
| | 5.5 | $\varepsilon$=0.245+0.001×lnt | 0.996 |
| | 7.5 | $\varepsilon$=0.268+0.001×ln(t–1.125) | 0.837 |

2）压实特征

图 6-25 和图 6-26 分别给出了浸水条件下不同轴向应力破碎砂岩试样蠕变变形阶段的残余碎胀系数-时间曲线和空隙率-时间关系曲线。

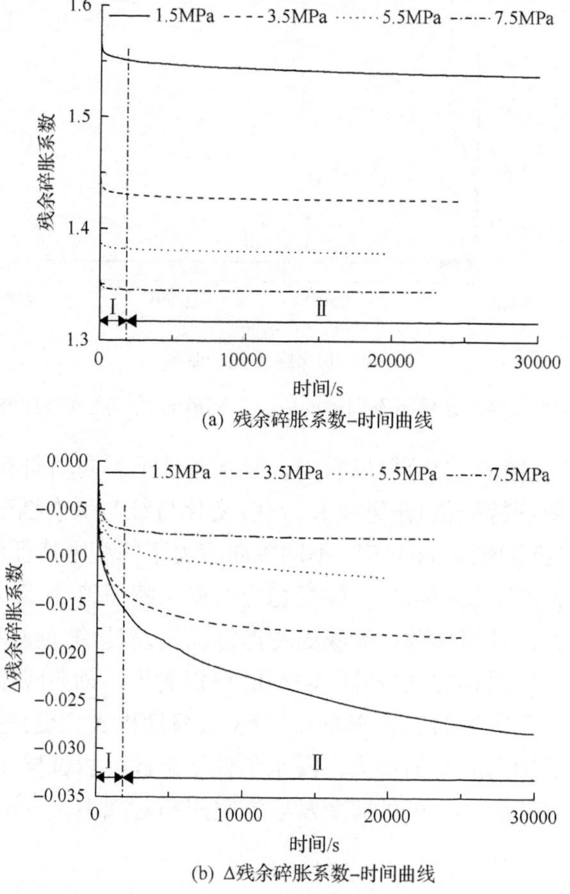


(a) 残余碎胀系数-时间曲线

(b) Δ残余碎胀系数-时间曲线

图 6-25　浸水条件下不同轴向应力破碎砂岩试样残余碎胀系数-时间曲线

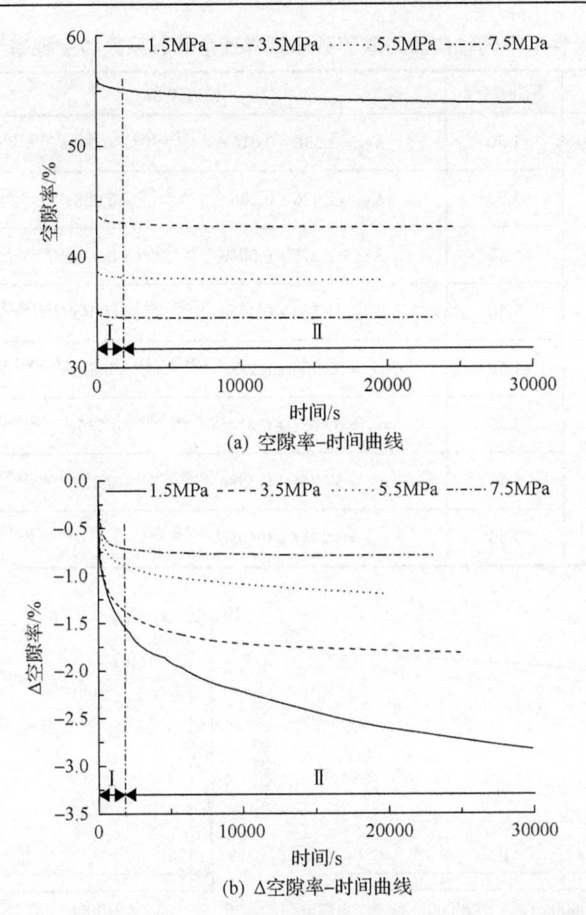


(a) 空隙率-时间曲线

(b) Δ空隙率-时间曲线

图 6-26　浸水条件下不同轴向应力破碎砂岩试样空隙率-时间曲线

从图 6-25(a)和图 6-26(a)可以看出，浸水条件下不同轴向应力垮落破碎砂岩试样在蠕变变形阶段的压实特征值(残余碎胀系数和空隙率)变化特征与瞬态蠕变阶段(第Ⅰ阶段)和稳定蠕变阶段(第Ⅱ阶段)相对应，压实特征值(残余碎胀系数和空隙率)与时间呈指数函数关系(表 6-14)，蠕变稳定时压实特征值(残余碎胀系数和空隙率)随轴向应力的增大而减小，且相邻两级荷载的压实特征值差(残余碎胀系数差和空隙率差)随着荷载的增大而减小。从图 6-25(b)和图 6-26(b)可以看出，轴向应力越大，破碎砂岩试样在蠕变变形阶段产生的 Δ 压实特征值(Δ 残余碎胀系数和 Δ 空隙率)越小；反之，则越大。

3. 不同粒径配比垮落破碎岩石压实变形特征

1) 变形特征

图 6-27 和图 6-28 分别给出了浸水条件下不同粒径配比破碎砂岩试样蠕变变形阶段的压缩量-时间曲线和应变-时间曲线。

**表 6-14 浸水条件下不同轴向应力破碎砂岩试样残余碎胀系数和空隙率与时间相关关系**

| 项目 | 轴压/MPa | 相关关系 | 相关系数 |
|---|---|---|---|
| 残余碎胀系数 $K_{残}$ | 1.50 | $K_{残}=1.536+0.016e^{(-x/16732.536)}+0.008e^{(-x/913.491)}$ | 0.999 |
| | 3.50 | $K_{残}=1.426+0.006e^{(-x/4629.259)}+0.008e^{(-x/260.521)}$ | 0.995 |
| | 5.50 | $K_{残}=1.378+0.004e^{(-x/8750.492)}+0.005e^{(-x/341.823)}$ | 0.992 |
| | 7.50 | $K_{残}=1.344+0.005e^{(-x/204.783)}+0.001e^{(-x/3725.257)}$ | 0.992 |
| 空隙率 $n_{空}$ | 1.50 | $n_{空}=53.554+1.573e^{(-x/16732.535)}+0.829e^{(-x/913.490)}$ | 0.999 |
| | 3.50 | $n_{空}=42.636+0.814e^{(-x/260.520)}+0.635e^{(-x/4609.256)}$ | 0.995 |
| | 5.50 | $n_{空}=37.846+0.398e^{(-x/8750.488)}+0.829e^{(-x/341.822)}$ | 0.992 |
| | 7.50 | $n_{空}=34.434+0.505e^{(-x/204.783)}+0.133e^{(-x/3725.257)}$ | 0.992 |

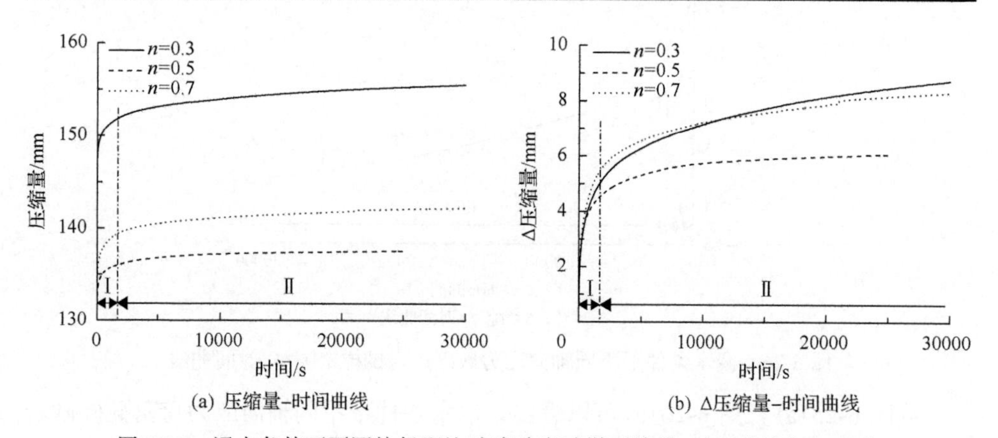


(a) 压缩量-时间曲线　　(b) Δ压缩量-时间曲线

图 6-27 浸水条件下不同粒径配比破碎砂岩试样压缩量-时间曲线(3.5MPa)

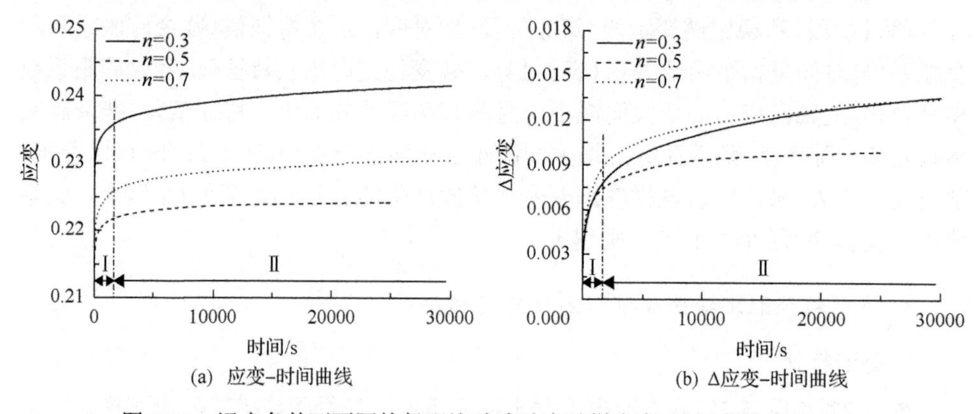


(a) 应变-时间曲线　　(b) Δ应变-时间曲线

图 6-28 浸水条件下不同粒径配比破碎砂岩试样应变-时间曲线(3.5MPa)

从图 6-27(a)和图 6-28(a)可以看出，浸水条件下不同粒径配比破碎砂岩试样蠕变变形阶段的变形特征值(压缩量和应变)变化特征与瞬态蠕变阶段(第Ⅰ阶段)和稳定蠕变阶段(第Ⅱ阶段)相对应，变形特征值(压缩量和应变)与时间呈对数函数关系(表 6-15)；Talbol 幂指数 $n$=0.5 的破碎砂岩试样在蠕变稳定时的变形特征值(压缩量和应变)最小，$n$=0.7 的次之，$n$=0.3 的最大。从图 6-27(b)和图 6-28(b)可以看出，Talbol 幂指数 $n$=0.5 的破碎砂岩试样蠕变变形阶段的 Δ 变形特征值(Δ 压缩量和 Δ 应变)最小，$n$=0.3 和 $n$=0.7 的基本相等。其原因是水的软化和润滑作用使试样在相同应力条件下的应力比(压实应力与岩块强度之比)增大，致使试样干密度成为控制破碎砂岩试样变形的主要因素。

**表 6-15　浸水条件下不同粒径配比破碎砂岩试样压缩量和应变与时间相关关系(3.5MPa)**

| 项目 | Talbol 幂指数 | 相关关系 | 相关系数 |
|---|---|---|---|
| 压缩量 $\Delta h$ | $n$=0.3 | $\Delta h = 142.152 + 1.292 \times \ln(t + 75.245)$ | 0.999 |
| | $n$=0.5 | $\Delta h = 131.427 + 0.619 \times \ln(t - 0.787)$ | 0.974 |
| | $n$=0.7 | $\Delta h = 131.632 + 1.033 \times \ln(t + 4.109)$ | 0.996 |
| 应变 $\varepsilon$ | $n$=0.3 | $\varepsilon = 0.221 + 0.002 \times \ln(t + 75.245)$ | 0.999 |
| | $n$=0.5 | $\varepsilon = 0.214 + 0.001 \times \ln(t - 0.787)$ | 0.974 |
| | $n$=0.7 | $\varepsilon = 0.213 + 0.002 \times \ln(t + 4.109)$ | 0.996 |

2)压实特征

图 6-29 和图 6-30 分别给出了浸水条件下不同粒径配比破碎砂岩试样在蠕变变形阶段的残余碎胀系数-时间曲线和空隙率-时间曲线。

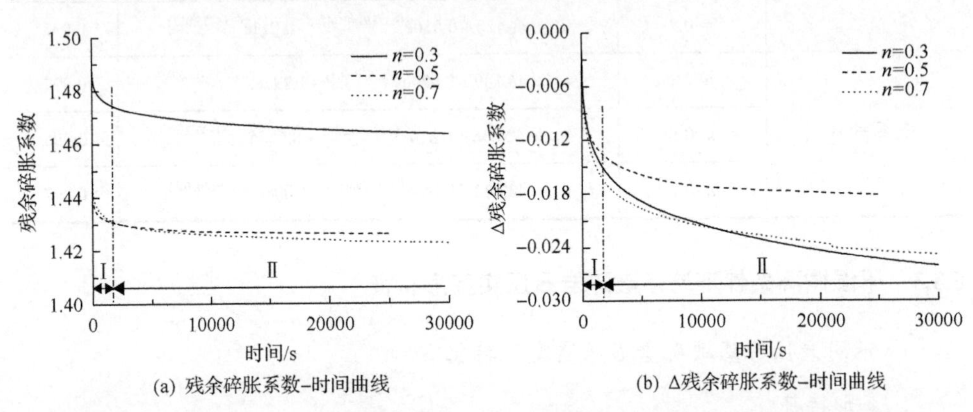


(a) 残余碎胀系数-时间曲线　　(b) Δ残余碎胀系数-时间曲线

图 6-29　浸水条件下不同粒径配比破碎砂岩试样残余碎胀系数-时间曲线(3.5MPa)

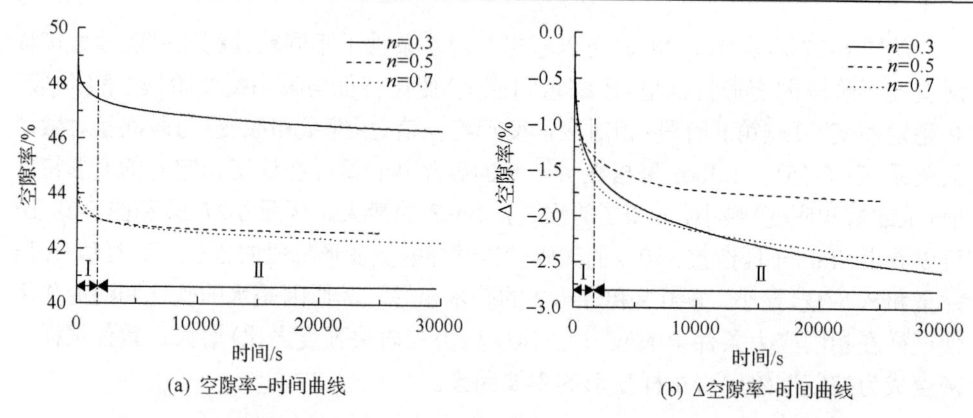


(a) 空隙率-时间曲线　　(b) Δ空隙率-时间曲线

图 6-30　浸水条件下不同粒径配比破碎砂岩试样空隙率-时间曲线(3.5MPa)

从图 6-29(a)和 6-30(a)可以看出，浸水条件下垮落破碎砂岩试样在蠕变变形阶段的压实特征值(残余碎胀系数和空隙率)变化特征与瞬态蠕变阶段(第Ⅰ阶段)和稳定蠕变阶段(第Ⅱ阶段)相对应，压实特征值(残余碎胀系数和空隙率)与时间呈指数函数关系(表 6-16)；Talbol 幂指数 $n$=0.3 的破碎砂岩试样在蠕变稳定时的变形特征值(残余碎胀系数和空隙率)最大，$n$=0.7 和 $n$=0.5 的基本相等。从图 6-29(b)和 6-30(b)可以看出，在相同轴向应力作用下，Talbol 幂指数 $n$=0.5 的破碎砂岩试样蠕变变形阶段的Δ实特征值(Δ残余碎胀系数和Δ空隙率)最小，$n$=0.3 和 $n$=0.7 的基本相等。

**表 6-16　浸水条件下不同粒径配比破碎砂岩试样残余碎胀系数和空隙率与时间相关关系(3.5MPa)**

| 项目 | Talbol 幂指数 | 相关关系 | 相关系数 |
|---|---|---|---|
| 残余碎胀系数 $K_{残}$ | $n$=0.3 | $K_{残}=1.462+0.010e^{(-x/668.66)}+0.013e^{(-x/13807.625)}$ | 0.997 |
| | $n$=0.5 | $K_{残}=1.426+0.006e^{(-x/4609.259)}+0.008e^{(-x/260.521)}$ | 0.995 |
| | $n$=0.7 | $K_{残}=1.420+0.010e^{(-x/19140.748)}+0.011e^{(-x/775.017)}$ | 0.992 |
| 空隙率 $n_{空}$ | $n$=0.3 | $n_{空}=46.189+0.980e^{(-x/668.661)}+1.297e^{(-x/13807.627)}$ | 0.997 |
| | $n$=0.5 | $n_{空}=42.636+0.814e^{(-x/260.520)}+0.635e^{(-x/4609.256)}$ | 0.995 |
| | $n$=0.7 | $n_{空}=42.033+1.149e^{(-x/775.015)}+1.008e^{(-x/19140.705)}$ | 0.992 |

### 6.3.3　干湿循环条件下垮落破碎岩石压实变形特征

1. 不同岩性垮落破碎岩石压实变形特征

1) 变形特征

图 6-31 和图 6-32 分别给出了干湿循环条件下不同岩性垮落破碎岩石试样蠕变变形阶段的压缩量-时间曲线和应变-时间曲线。

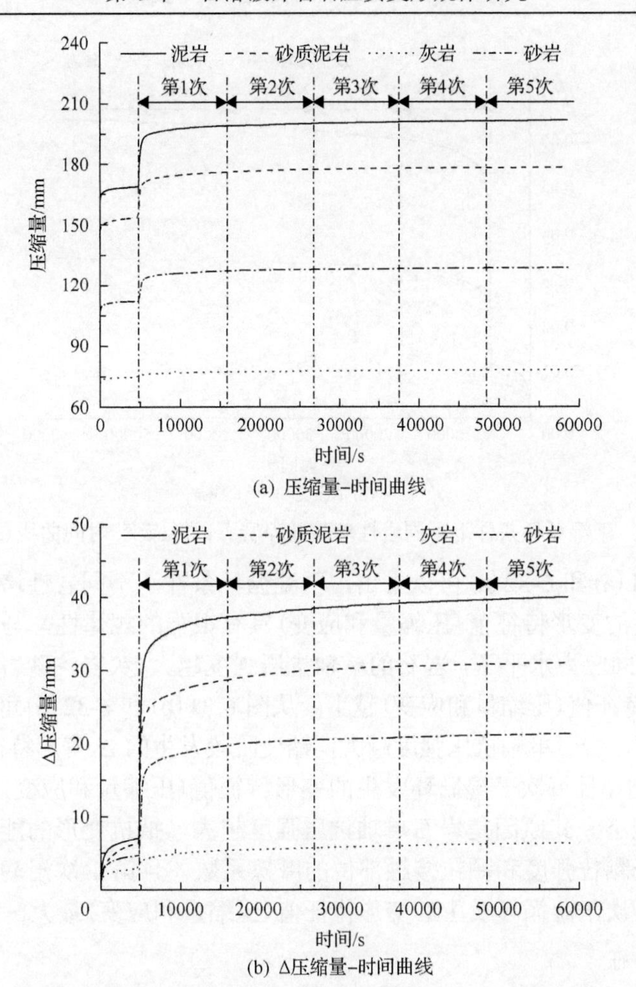


(a) 压缩量-时间曲线

(b) Δ压缩量-时间曲线

图 6-31　干湿循环条件下不同岩性垮落破碎岩石试样压缩量-时间曲线(3.5MPa)

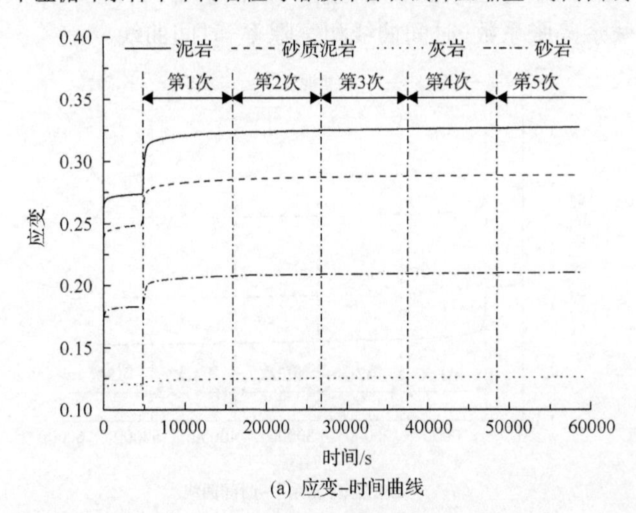


(a) 应变-时间曲线

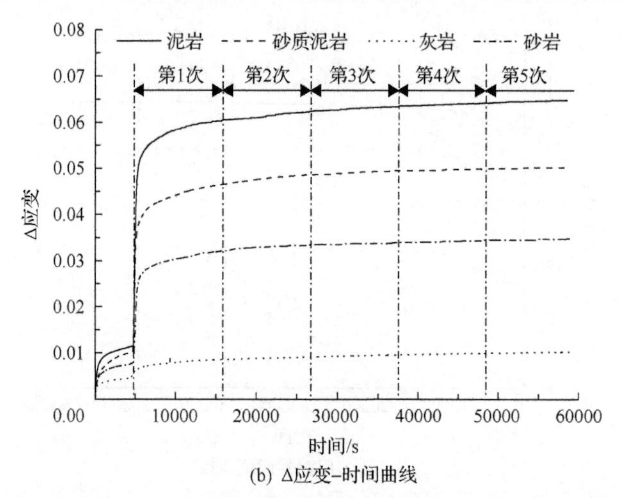


(b) Δ应变-时间曲线

图 6-32 干湿循环条件下不同岩性垮落破碎岩石试样应变-时间曲线(3.5MPa)

从图 6-31(a)和 6-32(a)可以看出，干湿循环条件下不同岩性垮落破碎岩石试样在蠕变阶段的变形特征值(压缩量和应变)具有很强的规律性，与干湿循环过程相对应；在相同应力水平下，岩石的单轴抗压强度越大(灰岩＞砂岩＞砂质泥岩＞泥岩)，变形特征值(压缩量和应变)越小。从图 6-31(b)和 6-32(b)可以看出，在相同荷载作用下，岩石单轴抗压强度越大，蠕变阶段发生的 Δ 变形特征值(Δ 压缩量和 Δ 应变)越小，且每次干湿循环发生的变形特征值(压缩量和应变)随干湿循环次数的增大而减小。其原因是岩石单轴抗压强度越大，抵抗变形的能力越强；水的浸润将会降低颗粒强度和颗粒接触部位的摩擦系数，且第 1 次浸润的影响作用最大，因此第 1 次干湿循环发生的变形特征值(压缩量和应变)最大。

2)压实特征

图 6-33 和图 6-34 分别给出了干湿循环条件下不同岩性垮落破碎岩石试样蠕变变形阶段的残余碎胀系数-时间曲线和空隙率-时间曲线。

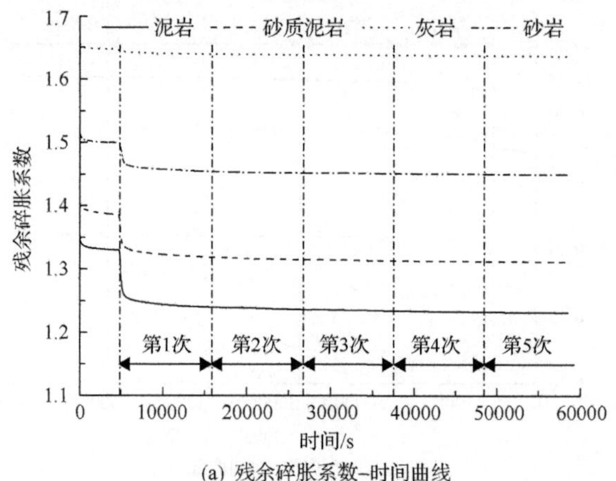


(a) 残余碎胀系数-时间曲线

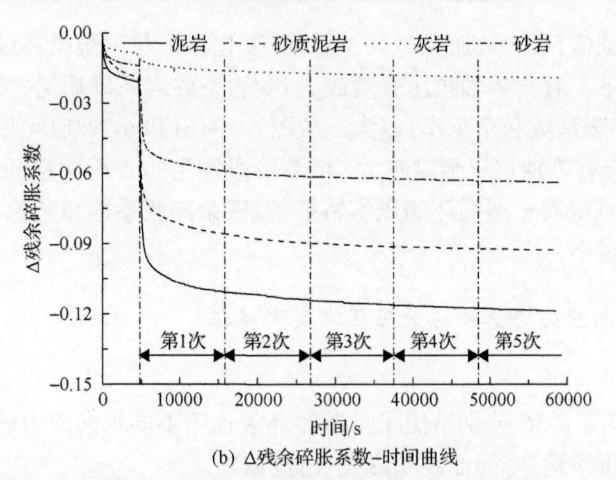


(b) Δ残余碎胀系数–时间曲线

图 6-33　干湿循环条件下不同岩性垮落破碎岩石试样残余碎胀系数–时间曲线(3.5MPa)

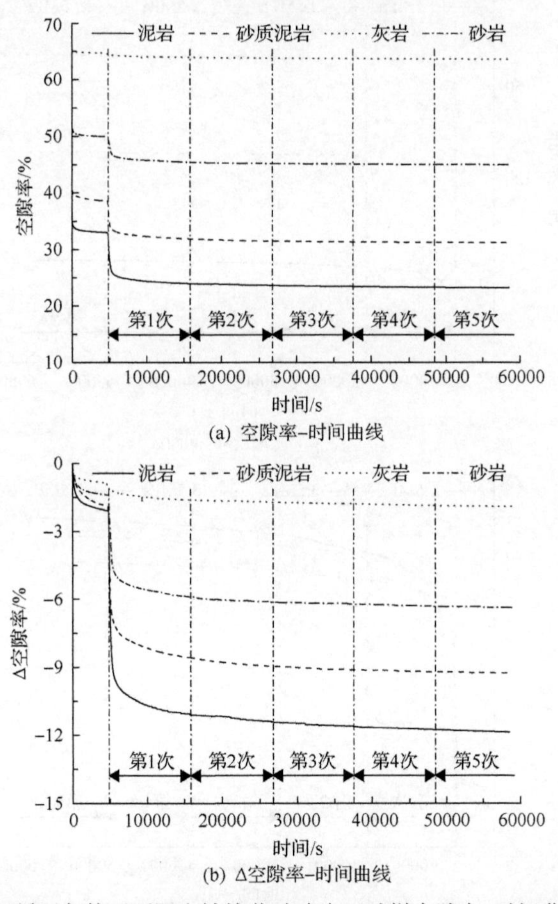


(b) Δ空隙率–时间曲线

图 6-34　干湿循环条件下不同岩性垮落破碎岩石试样空隙率–时间曲线(3.5MPa)

从图 6-33(a)和 6-34(a)可以看出，干湿循环条件下垮落破碎岩石试样在蠕变阶段的压实特征值(残余碎胀系数和空隙率)变化特征与干湿循环过程相对应；在相同应力水平下，岩石单轴抗压强度越大(灰岩＞砂岩＞砂质泥岩＞泥岩)，压实特征值(残余碎胀系数和空隙率)越大。从图 6-33(b)和 6-34(b)可以看出，在相同荷载作用下，岩石单轴抗压强度越大，蠕变阶段发生的 Δ 压实特征值(Δ 压缩量和 Δ 应变)越小，且每次干湿循环的压实特征值(残余碎胀系数和空隙率)随干湿循环次数的增大而减小。

2. 不同轴向应力垮落破碎岩石压实变形特征

1) 变形特征

图 6-35 和图 6-36 分别给出了干湿循环条件下不同轴向应力破碎砂岩试样蠕变变形阶段的压缩量-时间曲线和应变-时间曲线。

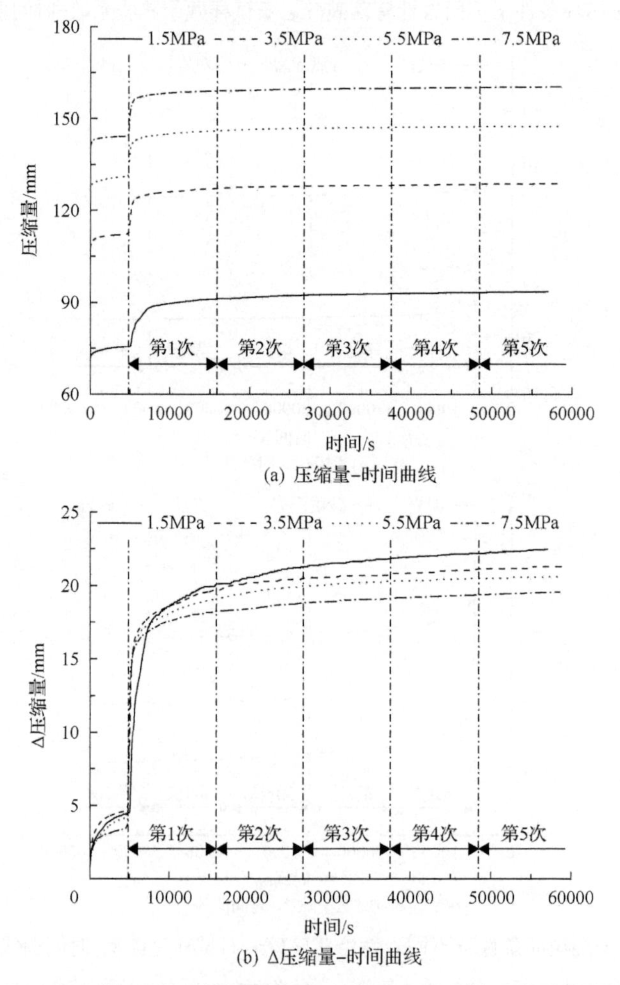


(a) 压缩量-时间曲线

(b) Δ压缩量-时间曲线

图 6-35　干湿循环条件下不同轴向应力破碎砂岩试样压缩量-时间曲线

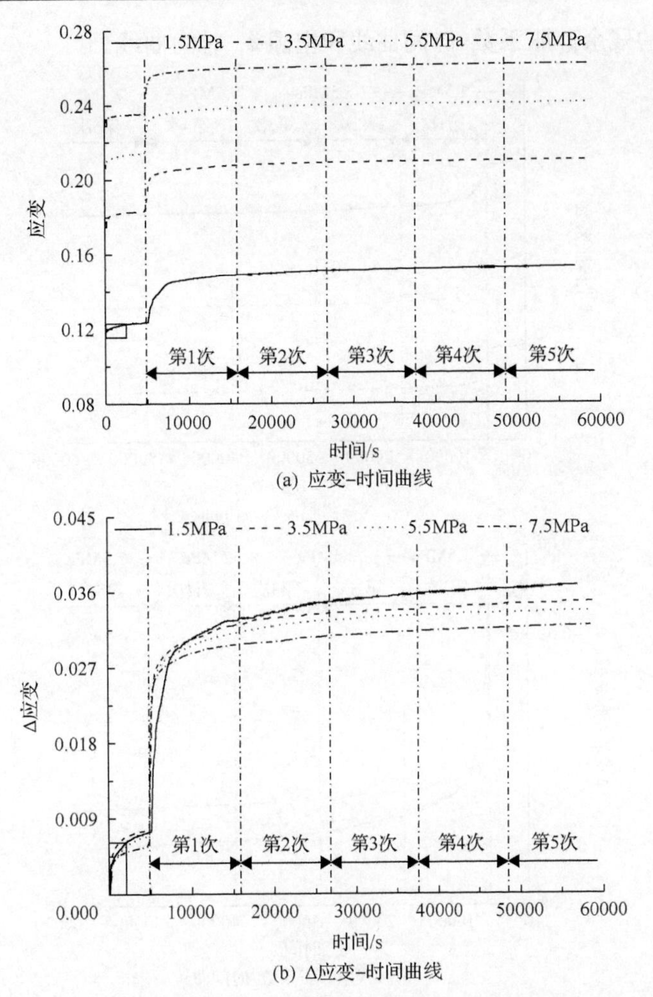


(a) 应变–时间曲线

(b) Δ应变–时间曲线

图 6-36　干湿循环条件下不同轴向应力破碎砂岩试样应变–时间曲线

从图 6-35(a)和 6-36(a)可以看出，干湿循环条件下不同轴向应力垮落破碎岩石试样在蠕变阶段发生的变形特征值(压缩量和应变)变化特征与干湿循环过程相对应；变形特征值(压缩量和应变)随轴向应力的增大而增大，且相邻两级荷载的变形特征值差(压缩量差和应变差)随荷载的增大而减小。从图 6-35(b)和 6-36(b)可以看出，轴向应力越大，蠕变阶段发生的 Δ 变形特征值(Δ 压缩量和 Δ 应变)越小，且每次干湿循环发生的变形特征值(压缩量和应变)随干湿循环次数的增大而减小。其原因是随着轴向应力的增大，破碎砂岩试样在主动加载阶段产生的变形量所占比例增大，可供蠕变发展的空间相对减小。

2)压实特征

图 6-37 和图 6-38 分别给出了干湿循环条件下不同轴向应力破碎砂岩试样蠕

变变形阶段的残余碎胀系数-时间曲线和空隙率-时间曲线。

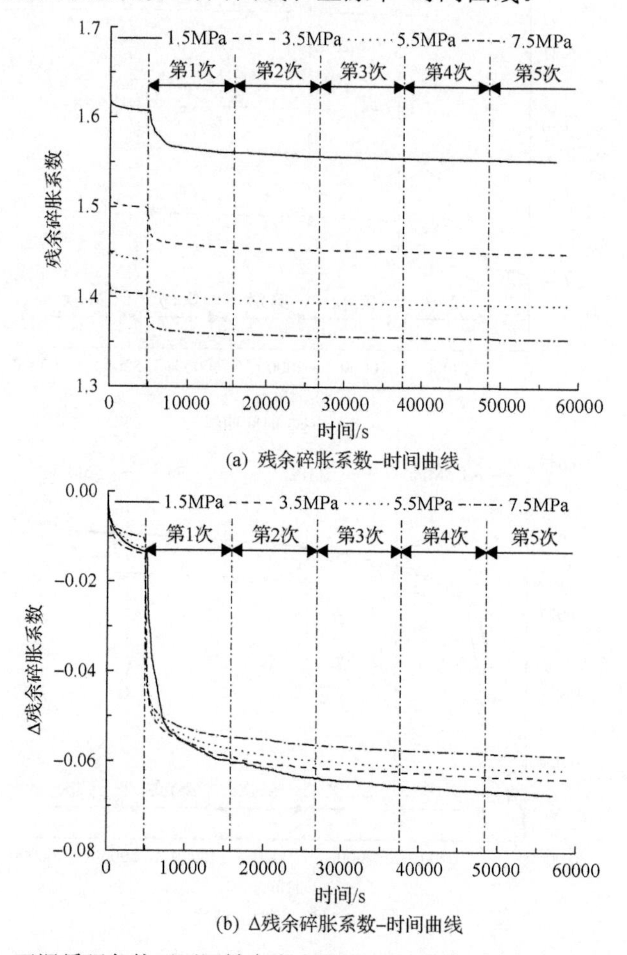


(a) 残余碎胀系数-时间曲线

(b) Δ残余碎胀系数-时间曲线

图 6-37　干湿循环条件下不同轴向应力破碎砂岩试样残余碎胀系数-时间曲线

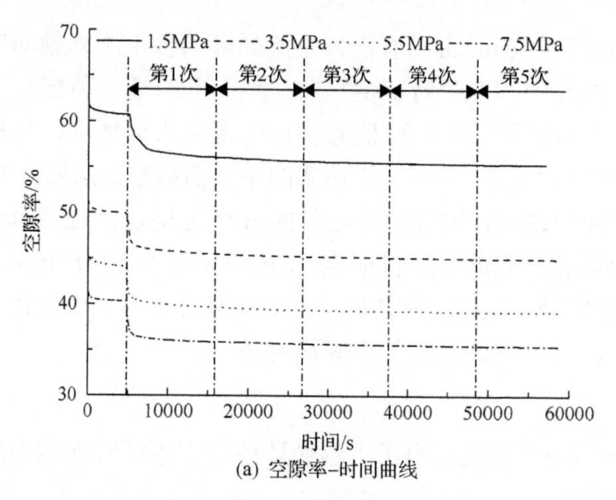


(a) 空隙率-时间曲线

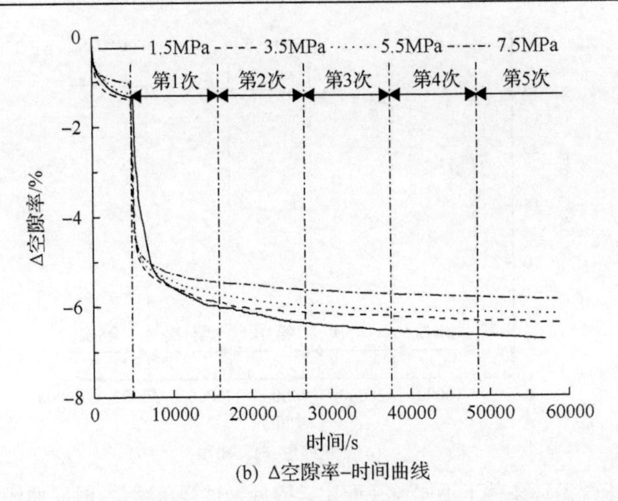


(b) Δ空隙率–时间曲线

图 6-38　干湿循环条件下不同轴向应力破碎砂岩试样空隙率–时间曲线

从图 6-37(a)和 6-38(a)可以看出，干湿循环条件下不同轴向应力垮落破碎砂岩试样蠕变阶段的压实特征值(残余碎胀系数和空隙率)变化特征与干湿循环过程相对应；压实特征值(残余碎胀系数和空隙率)随轴向应力的增大而减小，且相邻两级荷载的压实特征值差(残余碎胀系数差和空隙率差)随荷载的增大而减小。从图 6-37(b)和 6-38(b)可以看出，轴向应力越大，破碎砂岩试样蠕变阶段的 Δ 压实特征值(Δ 压缩量和 Δ 应变)越小；反之，则越大。

3. 不同粒径配比垮落破碎岩石压实变形特征

1) 变形特征

图 6-39 和图 6-40 分别给出了干湿循环条件下不同粒径配比破碎砂岩试样蠕变变形阶段的压缩量–时间曲线和应变–时间曲线。

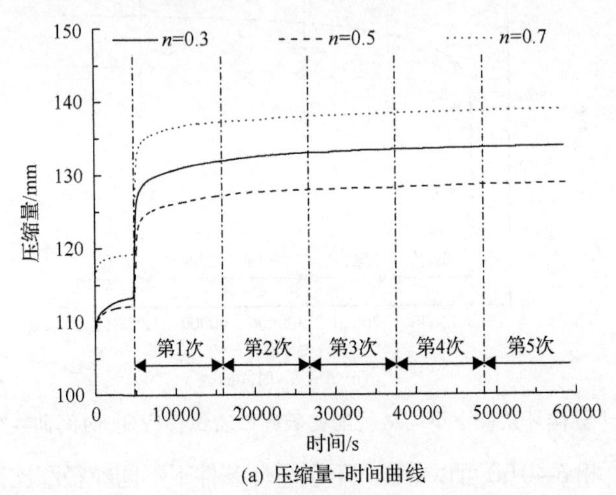


(a) 压缩量–时间曲线

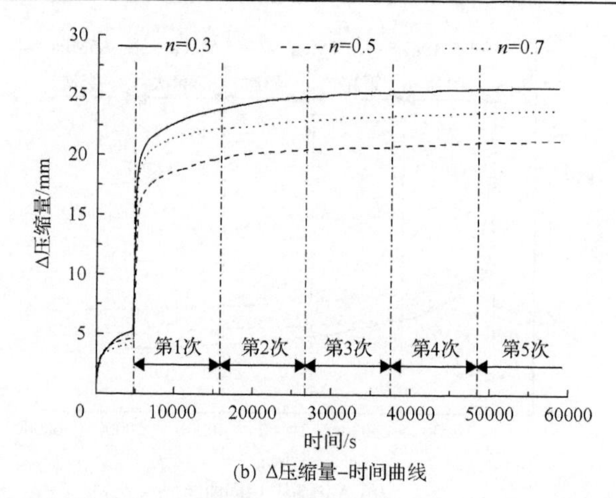

(b) Δ压缩量-时间曲线

图 6-39　干湿循环条件下不同粒径配比破碎砂岩试样压缩量-时间曲线(3.5MPa)

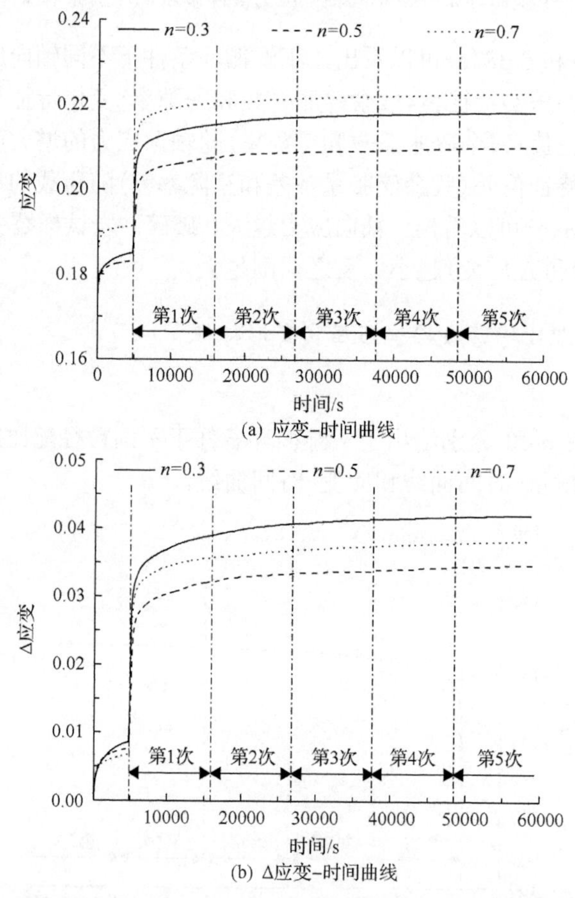

(a) 应变-时间曲线


(b) Δ应变-时间曲线

图 6-40　干湿循环条件下不同粒径配比破碎砂岩试样应变-时间曲线(3.5MPa)

从图 6-39(a)和 6-40(a)可以看出，干湿循环条件下不同粒径配比破碎砂岩试样蠕变变形阶段的变形特征值(压缩量和应变)变化特征与干湿循环过程相对应；Talbol 幂指数 $n$=0.5 的破碎砂岩试样变形特征值(压缩量和应变)最小，$n$=0.3 的次之，$n$=0.7 的最大。从图 6-39(b)和 6-40(b)可以看出，$n$=0.5 的破碎砂岩试样蠕变阶段发生的Δ变形特征值(Δ压缩量和Δ应变)最小，$n$=0.7 的次之，$n$=0.3 的最大，且每次干湿循环的变形特征值(压缩量和应变)随干湿循环次数的增大而减小。其原因是 $n$=0.5 的破碎砂岩试样具有最大干密度，可供蠕变发展的空间最小；$n$=0.7 的破碎砂岩试样与 $n$=0.3 的破碎砂岩试样大颗粒多，可形成相对稳定的骨架结构，因此 $n$=0.5 的破碎砂岩试样在蠕变阶段的Δ变形特征值(Δ压缩量和Δ应变)最小，$n$=0.7 的次之，$n$=0.3 的最大。

2)压实特征

图 6-41 和图 6-42 分别给出了干湿循环条件下不同粒径配比破碎砂岩试样蠕变变形阶段的残余碎胀系数-时间曲线和空隙率-时间曲线。

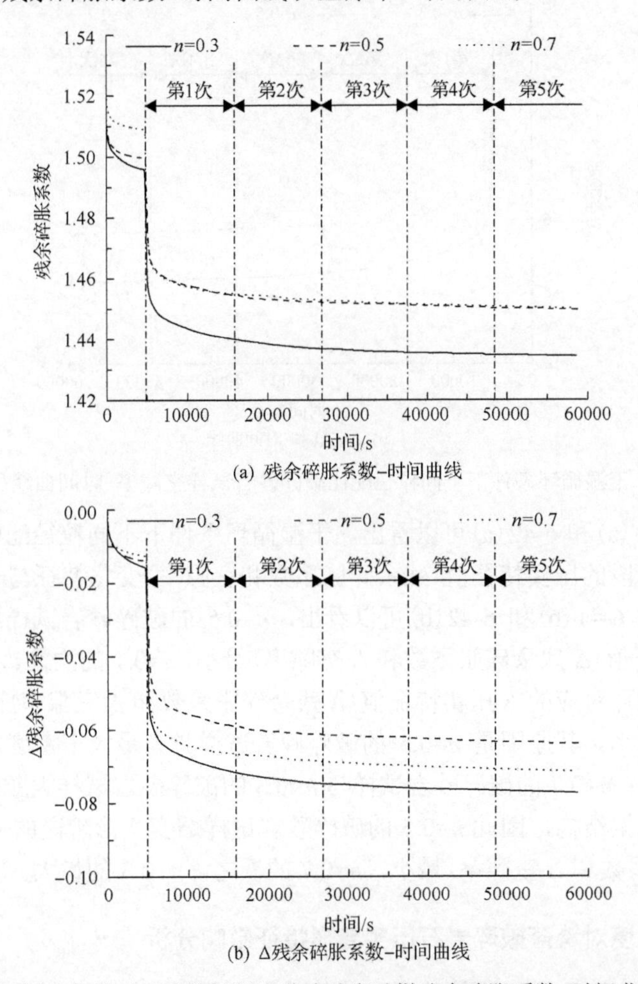


(a) 残余碎胀系数-时间曲线

(b) Δ残余碎胀系数-时间曲线

图 6-41　干湿循环条件下不同粒径配比破碎砂岩试样残余碎胀系数-时间曲线(3.5MPa)

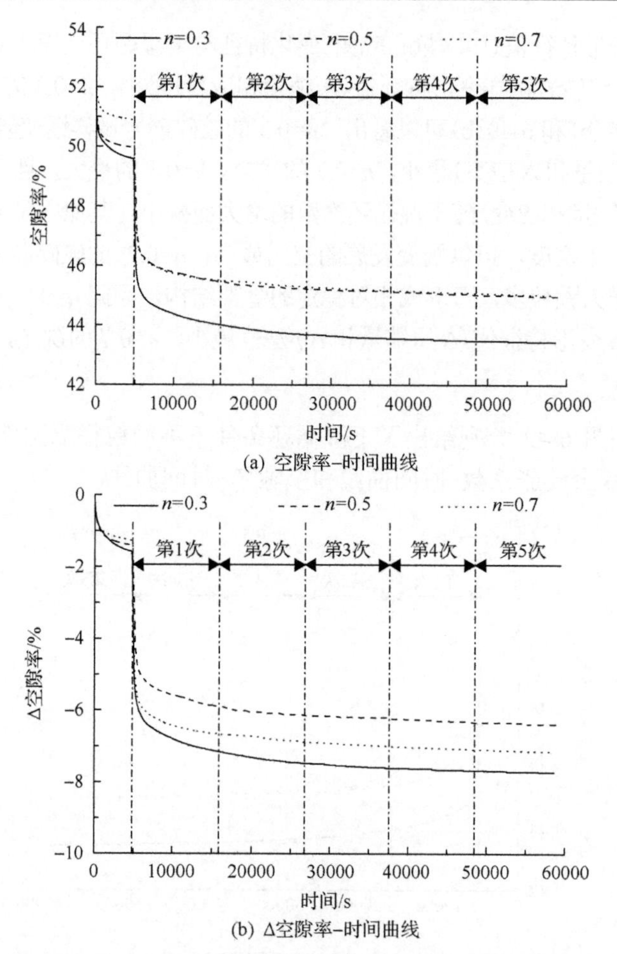

(a) 空隙率-时间曲线

(b) Δ空隙率-时间曲线

图 6-42　干湿循环条件下不同粒径配比破碎砂岩试样空隙率-时间曲线(3.5MPa)

从图 6-41(a)和 6-42(a)可以看出，干湿循环条件下不同粒径配比破碎砂岩试样蠕变变形阶段的压实特征值(残余碎胀系数和空隙率)变化特征与干湿循环过程相对应。从图 6-41(b)和 6-42(b)可以看出，$n$=0.5 的破碎砂岩试样蠕变阶段发生的 Δ 压实特征值(Δ 残余碎胀系数和 Δ 空隙率)最小，$n$=0.7 的次之，$n$=0.3 的最大，且每次干湿循环对应的 Δ 压实特征值(Δ 残余碎胀系数和 Δ 空隙率)随干湿循环次数的增大而减小。其原因是 $n$=0.5 的破碎砂岩试样具有最大干密度，可供蠕变发展的空间最小；$n$=0.7 的破碎砂岩试样与 $n$=0.3 的破碎砂岩试样大颗粒多，可形成相对稳定的骨架结构，因此 $n$=0.5 的破碎砂岩试样蠕变变形阶段的 Δ 压实特征值(Δ 残余碎胀系数和 Δ 空隙率)最小，$n$=0.7 的次之，$n$=0.3 的最大。

### 6.3.4　赋存环境对垮落破碎岩石压实变形特征影响分析

煤系地层岩石受成岩环境的影响使其矿物成分、胶结类型等因素较为复杂。

岩石浸水后将发生一系列物理和化学作用[75]，浸水对不同岩性岩石的作用也不相同，主要有以下 3 种[76]：①软化作用。水进入岩石材料颗粒间的空隙削弱了颗粒之间的黏聚力，致使岩石强度降低。②溶蚀作用。水可以溶解某些矿物成分，特别是含有黏土质矿物的泥岩遇水软化尤为明显。③水楔作用。水在压缩时空隙体积的减小会引起空隙水压增加产生附加应力，触发岩石内部裂隙尖端扩展、强度降低。综上所述，水对岩石的软化、溶蚀和水楔作用致使浸水岩石的强度和变形参数均有不同程度的降低。

1. 对不同岩性垮落破碎岩石压实变形与分形特征影响分析

1) 对变形特征值的影响

本小节对比分析了 4 种不同岩性垮落破碎岩石在 3 种赋存条件下的变形特征值，如图 6-43 和图 6-44 所示。

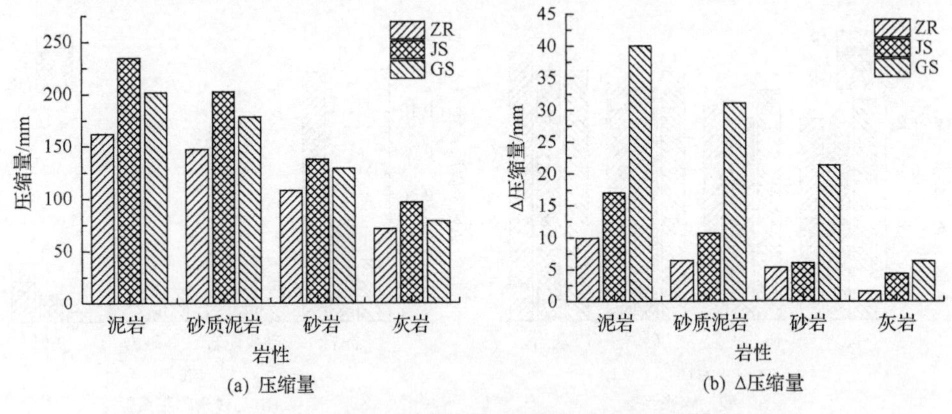


(a) 压缩量　(b) Δ压缩量

图 6-43　不同赋存条件下不同岩性垮落破碎岩石压缩量(3.5MPa)

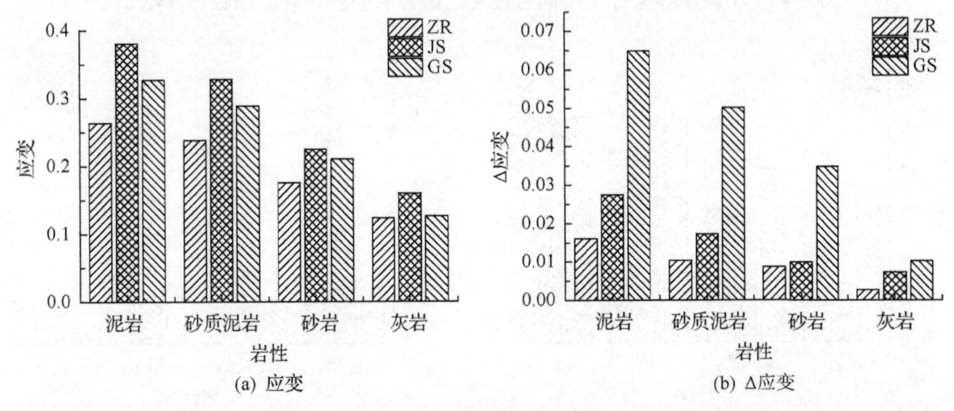


(a) 应变　(b) Δ应变

图 6-44　不同赋存条件下不同岩性垮落破碎岩石应变(3.5MPa)

从图 6-43 和图 6-44 可以看出，对同种岩性的破碎岩石而言，变形特征值(压缩量和应变)存在“浸水状态＞干湿循环＞自然含水”的关系，而Δ变形特征值(Δ压缩量和Δ应变)存在“干湿循环＞浸水状态＞自然含水”的关系；随着岩石单轴抗压强度的增大，3种赋存条件下的破碎岩石变形特征值(压缩量和应变)逐渐减小，Δ变形特征值(Δ压缩量和Δ应变)逐渐减小。其原因是浸水状态岩石单轴抗压强度降低，因水的润滑作用颗粒之间的摩擦系数降低，而干湿循环状态的主动加载阶段岩石处于干燥状态，压缩过程中形成相对稳定的骨架，因此变形特征值(压缩量和应变)为“浸水状态＞干湿循环＞自然含水”；浸水状态初始变形量所占比例大，可供蠕变发展的空间相对较小，所以Δ变形特征值(Δ压缩量和Δ应变)为“干湿循环＞浸水状态＞自然含水”。

2)对压实特征值的影响

本小节对比分析了4种不同岩性垮落破碎岩石在3种赋存条件下的压实特征值，如图6-45和图6-46所示。

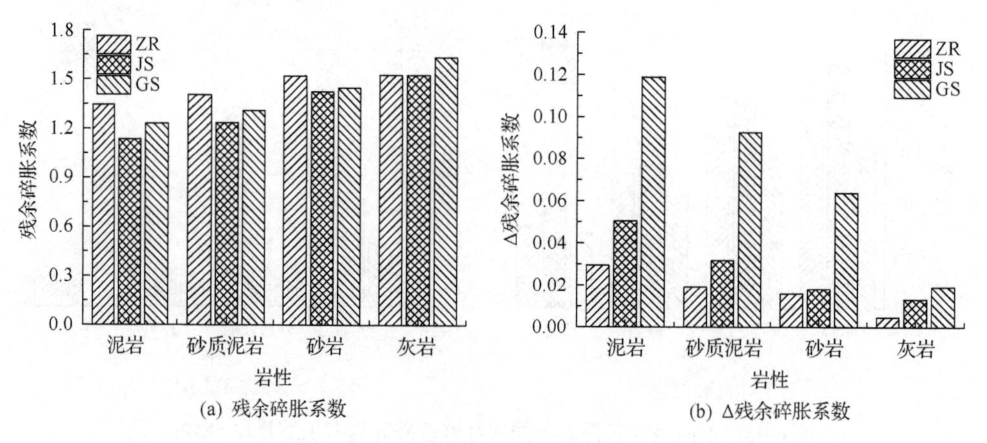

(a) 残余碎胀系数　　(b) Δ残余碎胀系数

图6-45　不同赋存条件下不同岩性垮落破碎岩石残余碎胀系数(3.5MPa)

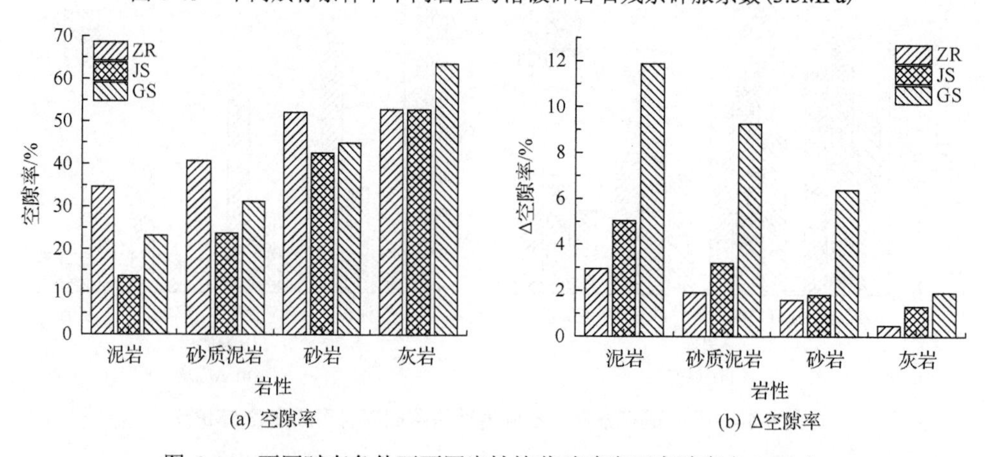

(a) 空隙率　　(b) Δ空隙率

图6-46　不同赋存条件下不同岩性垮落破碎岩石空隙率(3.5MPa)

从图 6-45 和图 6-46 可以看出，随着岩石单轴抗压强度的增大，3 种赋存条件下的破碎岩石的压实特征值(残余碎胀系数和空隙率)逐渐增大，Δ 压实特征值(Δ 残余碎胀系数和 Δ 空隙率)逐渐减小；对同种岩性的破碎岩石而言，Δ 变形特征值(Δ 残余碎胀系数和 Δ 空隙率)存在“干湿循环＞浸水状态＞自然含水”的关系。

2. 对不同轴向应力垮落破碎岩石压实变形与分形特征影响分析

1) 对变形特征值的影响

本小节对比分析了垮落破碎砂岩试样在不同轴向应力、不同赋存条件下的变形特征值，如图 6-47 和图 6-48 所示。

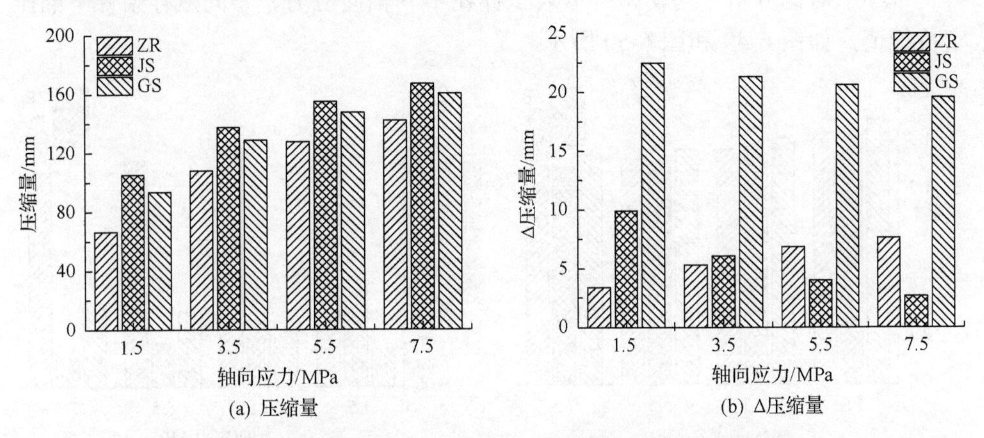


(a) 压缩量　(b) Δ压缩量

图 6-47　不同赋存条件、轴向应力下垮落破碎砂岩试样压缩量

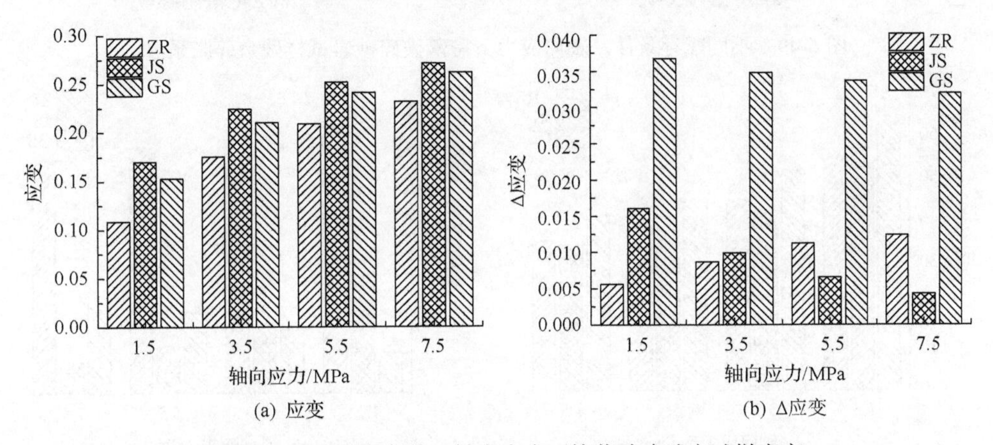


(a) 应变　(b) Δ应变

图 6-48　不同赋存条件、轴向应力下垮落破碎砂岩试样应变

从图 6-47 和图 6-48 可以看出，3 种赋存条件下破碎砂岩试样的变形特征值(压缩量和应变)随轴向应力的增大而增大，自然含水破碎砂岩试样的 Δ 变形特征值(Δ 压缩量和 Δ 应变)随轴向应力的增大而增大，而浸水状态和干湿循环条件下的变化

规律与之相反；在相同轴向应力作用下，3 种赋存条件下的破碎砂岩试样变形特征值(压缩量和应变)存在“浸水条件＞干湿循环＞自然含水”的关系；当轴向应力≤3.5MPa 时，Δ 变形特征值(Δ 压缩量和 Δ 应变)存在“干湿循环＞浸水状态＞自然含水”的关系，而当轴向应力≥5.5MPa 时，Δ 变形特征值(Δ 压缩量和 Δ 应变)存在“干湿循环＞自然含水＞浸水状态”的关系。其原因是水的软化和润滑作用致使浸水状态下主动加载阶段的变形量所占比例大，可供后期蠕变发展的空间较小，且应力越大，可供后期蠕变发展的空间越小。

2) 对压实特征值的影响

本小节对比分析了垮落破碎砂岩试样在不同轴向应力、不同赋存条件下的压实特征值，如图 6-49 和图 6-50 所示。

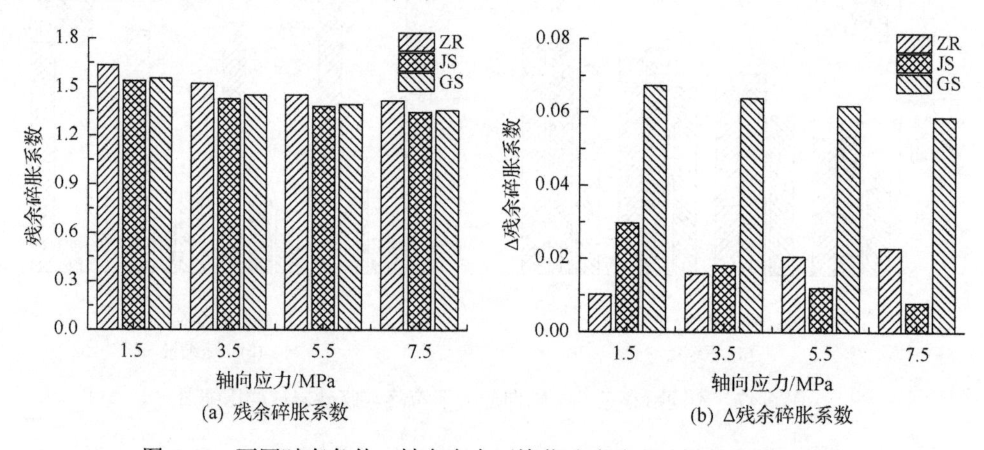

(a) 残余碎胀系数 (b) Δ残余碎胀系数

图 6-49 不同赋存条件、轴向应力下垮落破碎砂岩试样残余碎胀系数

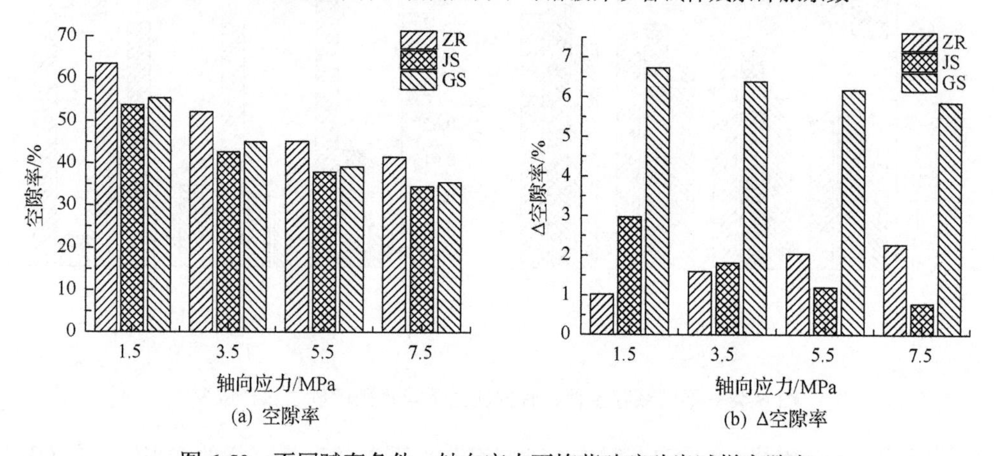

(a) 空隙率 (b) Δ空隙率

图 6-50 不同赋存条件、轴向应力下垮落破碎砂岩试样空隙率

从图 6-49 和图 6-50 可以看出，3 种赋存条件破碎砂岩试样的压实特征值(残

余碎胀系数和空隙率）随轴向应力的增大而减小，浸水状态和干湿循环条件下的破碎砂岩试样的 Δ 压实特征值（Δ 残余碎胀系数和 Δ 空隙率）随轴向应力的增大而减小，而自然含水状态下的变化规律与之相反；在相同轴向应力作用下，3 种赋存条件下破碎砂岩试样压实特征值（残余碎胀系数和空隙率）存在“浸水状态＜干湿循环＜自然含水”的关系；轴向应力≤3.5MPa 时，Δ 压实特征值（Δ 残余碎胀系数和 Δ 空隙率）存在“干湿循环＞浸水状态＞自然含水”的关系，而当应力≥5.5MPa 时，存在“干湿循环＞自然含水＞浸水状态”的关系。

3. 对不同粒径配比垮落破碎岩石压实变形与分形特征影响分析

1）对变形特征值的影响

本小节对比分析了 3 种赋存条件下不同粒径配比垮落破碎砂岩试样变形特征值，如图 6-51 和图 6-52 所示。

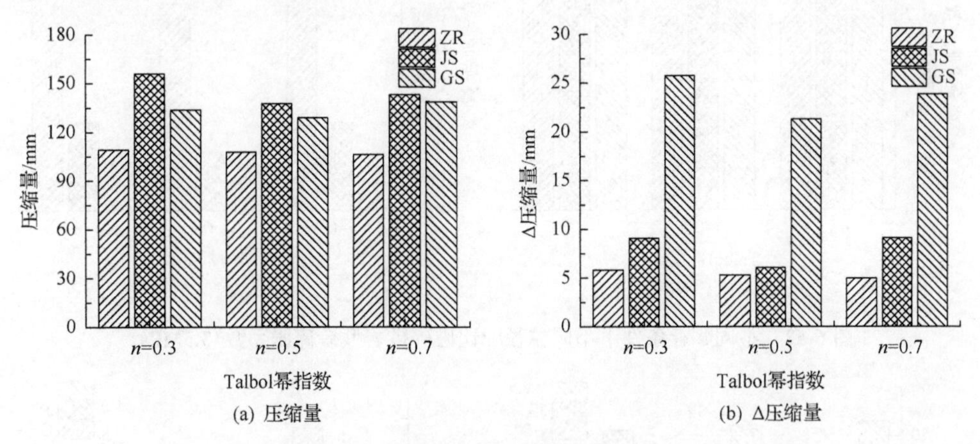

(a) 压缩量　(b) Δ压缩量

图 6-51　不同赋存条件下不同粒径配比破碎砂岩压缩量（3.5MPa）

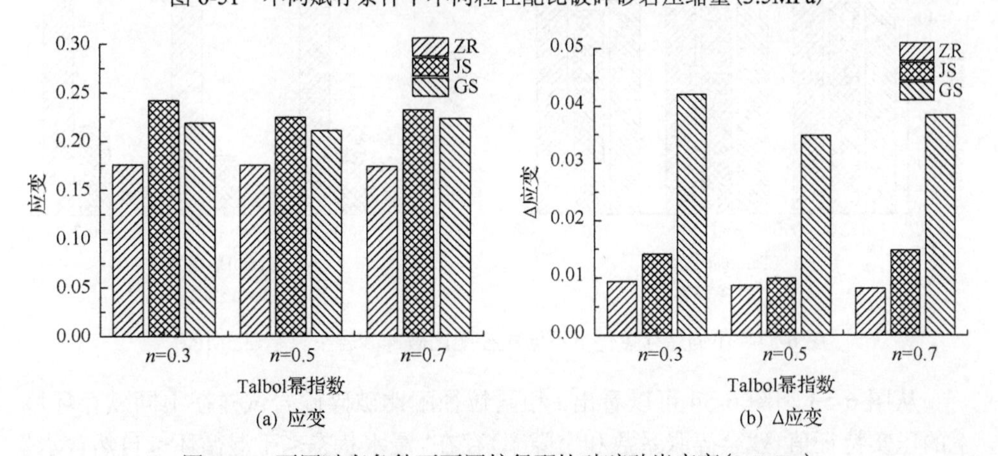

(a) 应变　(b) Δ应变

图 6-52　不同赋存条件下不同粒径配比破碎砂岩应变（3.5MPa）

从图 6-51 和图 6-52 可以看出，Talbol 幂指数 $n$=0.5 的破碎砂岩试样在三种不同赋存环境下的变形特征值(压缩量和应变)和 Δ 变形特征值(Δ 压缩量和 Δ 应变)最小；相同配比破碎砂岩试样在不同赋存环境下的变形特征值(压缩量和应变)存在“浸水条件＞干湿循环＞自然含水”的关系；Δ 变形特征值(Δ 压缩量和 Δ 应变)存在“干湿循环＞浸水条件＞自然含水”的关系。其原因是 $m$=0.5 的破碎砂岩试样具有最大干密度，同等条件下可供蠕变发展的空间最小。

2)对压实特征值的影响

本小节对比分析了 3 种赋存条件下不同粒径配比垮落破碎砂岩试样压实特征值，如图 6-53 和图 6-54 所示。

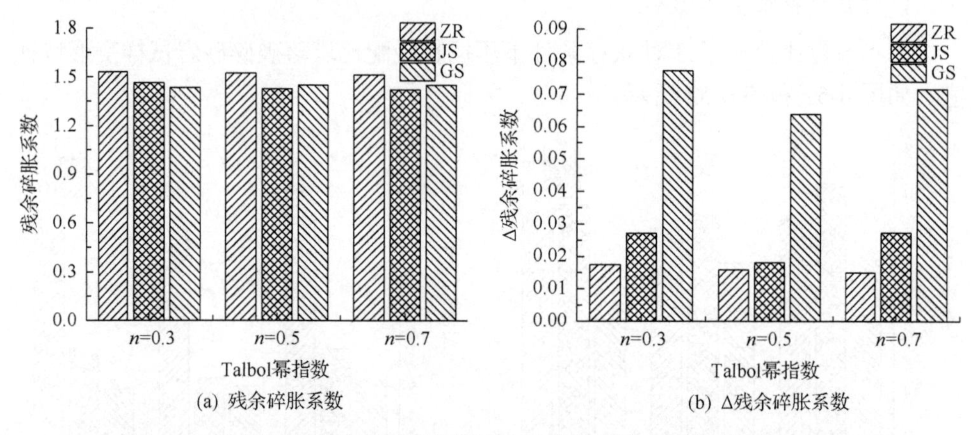

(a) 残余碎胀系数　　(b) Δ残余碎胀系数

图 6-53　不同赋存条件下不同粒径配比破碎砂岩残余碎胀系数(3.5MPa)

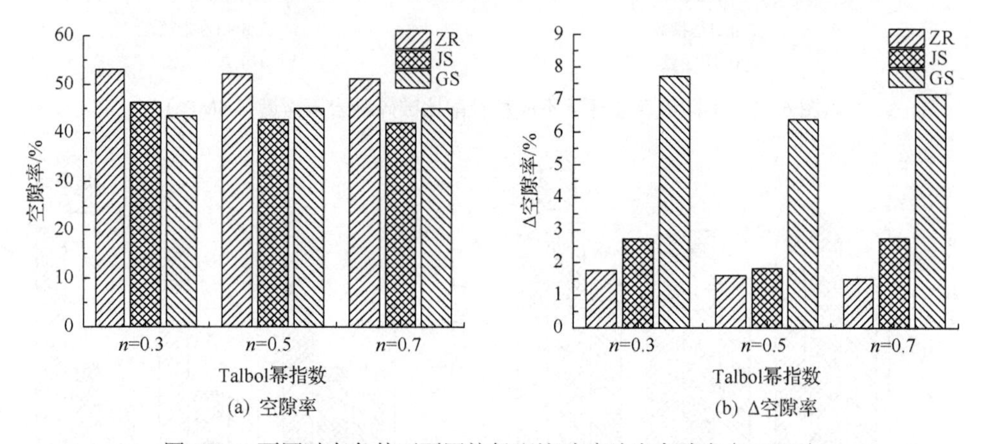

(a) 空隙率　　(b) Δ空隙率

图 6-54　不同赋存条件下不同粒径配比破碎砂岩空隙率(3.5MPa)

从图 6-53 和图 6-54 可以看出，相同粒径配比破碎砂岩试样在不同赋存环境下的压实特征值(残余碎胀系数和空隙率)存在“浸水状态＜干湿循环＜自然含水”的关系($n$=0.3 除外)，Δ 变形特征值(Δ 残余碎胀系数和 Δ 空隙率)存在“干湿循环＞浸水状态＞自然含水”的关系；不同粒径配比破碎砂岩试样在 3 种不同赋存条件下的 Δ 变形特征值(Δ 残余碎胀系数和 Δ 空隙率)存在“$n$=0.5＜$n$=0.7＜$n$=0.3”的关系。

# 第 7 章　采空区地表移动变形规律与变形预计

## 7.1　地表移动变形的概念

### 7.1.1　地表移动变形的形式

地表移动变形和破坏的形式归纳起来有下列几种。

1) 地表移动盆地

在开采影响涉及地表以后，受采动影响的地表从原有的标高向下沉降，从而在采空区上方地表形成一个比采空区面积大得多的沉陷区域，这种地表沉陷区域称为地表移动盆地，或称为下沉盆地(图 7-1)。

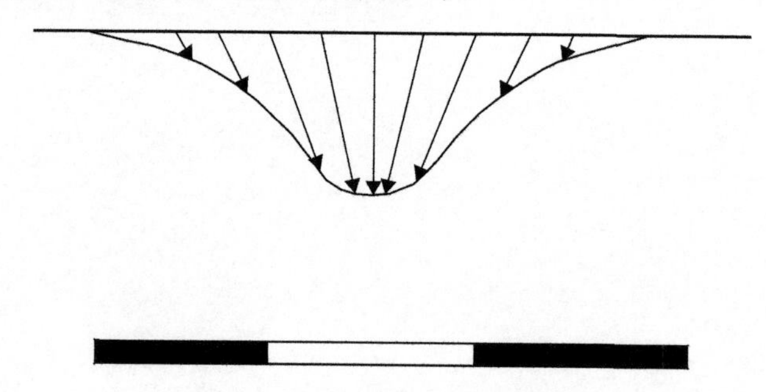

图 7-1　地表下沉盆地主剖面图

2) 裂缝及台阶

在地表移动盆地的外边缘区，地表可能产生裂缝。裂缝的深度和宽度与有无第四纪松散层及其厚度、性质和变形值大小密切相关。地表裂缝一般平行于采空区边界发展。当采深和采出厚度的比值较小时，在推进过程中工作面前方地表可能发生平行于工作面的裂缝。但裂缝的宽度和深度都比较小。这种裂缝随工作面推进先张开而后逐渐闭合。

地表裂缝的形状为楔形，地面开口大，随深度的增大而减小，到一定深度后尖灭。我国某煤矿槽探资料表明，裂缝深度一般不大于 5m。但在基岩直接出露地表的情况下，裂缝深度可达数十米。当采深很小、采出厚度较大时，地表裂缝有可能与采空区相连通。

有时在采空区周围的地表形成环形破坏堑沟，如图 7-2 所示。

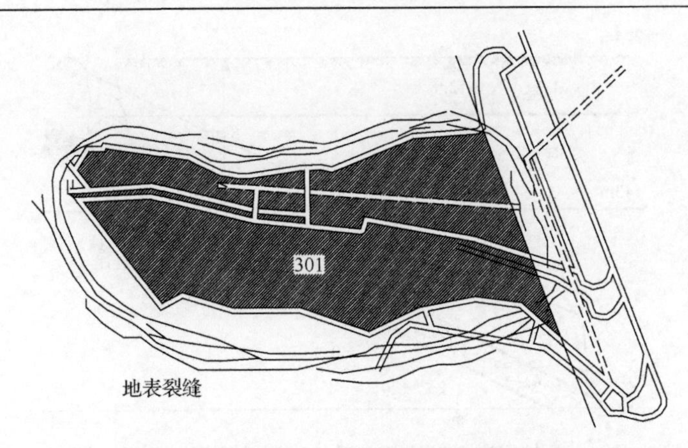


图 7-2　柴里矿 301 工作面地表裂缝实测图

在急倾斜煤层条件下，地表可能出现裂缝群或台阶，如图 7-3 所示。

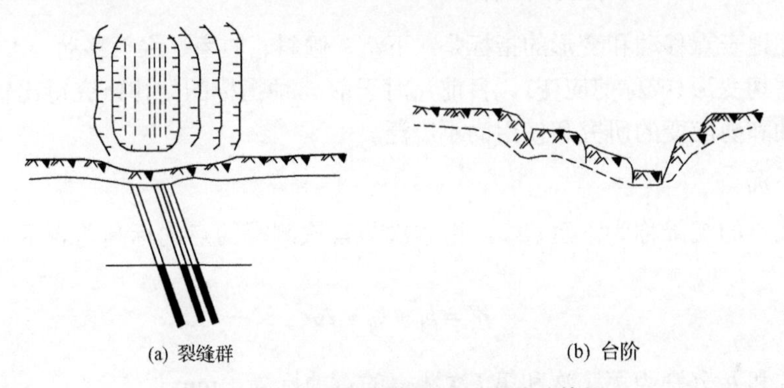


图 7-3　开采急倾斜煤层时地表移动特征

3) 塌陷坑

塌陷坑多出现在急倾斜煤层开采条件下。但当浅部缓倾斜或倾斜煤层开采，地表有非连续性破坏时，也可能出现漏斗状塌陷坑。

在有含水层的松散层下采煤时，不适当地提高回采上限，也会在地表引起漏斗状塌陷坑。开滦唐家庄矿用水力采煤法开采厚度为 3.1～3.5m、倾角为 15°～21°的煤层，设计开采上边界距松散层底板垂高为 18m，由于水枪落煤超过回采上限，水沙溃入大巷，地面出现直径为 30m、深度为 11～13m 的塌陷坑。鹤岗富力矿用倾斜分层下行垮落法开采厚度为 4～6m、倾角为 23°～24°的煤层，由于该工作面上边界以上是采用落垛法回采，冒落破坏达到松散层底部，在地表产生了直径为 5～6m、深度为 4～5m 的圆形塌陷坑(图 7-4)。

急倾斜煤层开采时，煤层露头处附近地表呈现出严重的非连续性破坏，往往也会出现漏斗状塌陷坑。

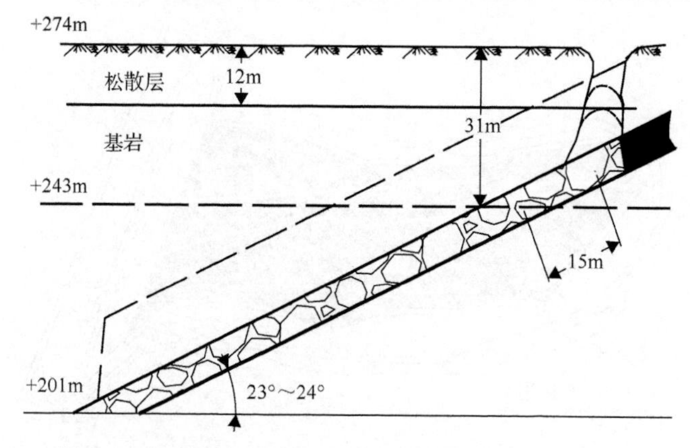


图 7-4　鹤岗富力矿浅部开采地表漏斗状塌陷坑示意图

### 7.1.2　描述地表移动和变形的指标

描述地表点移动和变形的指标是：下沉、倾斜、曲率、水平移动、水平变形、扭曲和剪切变形(或称剪应变)。目前，对于前 5 种指标的规律研究得比较充分，而对扭曲和剪应变的研究和使用尚不广泛。

1) 下沉

地表点的沉降称为下沉($W$)，用本次与首次测得的点的标高差表示，单位为 mm，即

$$W = h_1 - h_j = \Delta h \tag{7-1}$$

式中，$h_1$ 和 $h_j$ 分别为第 1 次和第 $j$ 次测得的点的标高，mm。

2) 倾斜

地表下沉盆地沿某一方向的坡度称为倾斜($i$)，也称为斜率(图 7-5)。其平均值以两点间下沉值之差 $\Delta W$ 除以点间距 $l^0$ 表示，单位为 mm/m，即

$$i_{AB} = \frac{W_B - W_A}{l_{AB}^0} = \frac{\Delta W_1}{l_1^0} \tag{7-2}$$

式中，$W_A$ 为 $A$ 点的下沉值；$W_B$ 为 $B$ 点的下沉值；$\Delta W_1$ 为 $A$、$B$ 两点的下沉值之差；$i_{AB}$ 为 $AB$ 段的倾斜值；$l_{AB}^0$、$l_1^0$ 为 $A$、$B$ 两点之间的距离。

3) 曲率

下沉盆地剖面线的弯曲度叫曲率($K$)。其平均值以相邻两线段倾斜差 $\Delta i$ 除以两线段中点的间距表示，单位为 mm/m$^2$，即

$$K_B = \frac{i_{BC} - i_{AB}}{0.5(AB + BC)} = \frac{\Delta i}{0.5(l_1^0 + l_2^0)} \tag{7-3}$$

式中，$K_B$ 为 $B$ 点的曲率；$i_{BC}$ 为 $BC$ 段的倾斜值；$\Delta i$ 为 $AB$、$BC$ 两线段的倾斜差；$l_2^0$ 为 $B$、$C$ 两点之间的间距。

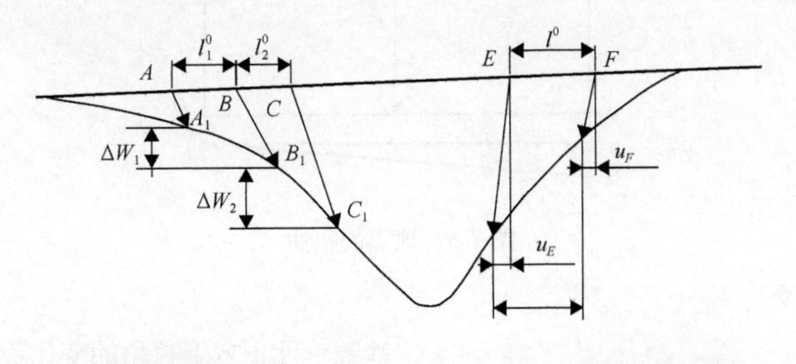


图 7-5　地表倾斜、曲率、水平移动、水平变形计算示意图

$A$、$B$、$C$、$E$、$F$-下沉前的地表点；$A_1$、$B_1$、$C_1$-下沉后与之对应的地表点

4) 水平移动

地表下沉盆地点沿某一水平方向的位移叫水平移动($u$)，以本次与首次测得的从该点至控制点的水平距离差 $\Delta l$ 来表示，单位为 mm，即

$$u=\Delta l=l_0-l_j \tag{7-4}$$

式中，$l_j$、$l_0$ 分别为第 $j$ 次和首次测得的该点与控制点的水平距离，mm。

5) 水平变形

下沉盆地内两点间单位长度的水平移动差称为水平变形($\varepsilon$)。其平均值以两点间水平移动差 $\Delta u$ 除以两点间距表示，单位为 mm/m，即

$$\varepsilon=\frac{u_E-u_F}{EF}=\frac{\Delta u}{l^0} \tag{7-5}$$

式中，$u_E$ 为 $E$ 点的水平移动值；$u_F$ 为 $F$ 点的水平移动值；$l^0$ 为 $E$、$F$ 两点间的间距。

6) 扭曲

地表下沉盆地内两平行线段倾斜差与其间距之比称为地表的扭曲($S$)，如图 7-6 所示。

其平均值(mm/m$^2$)用下式表示：

$$S=\frac{i_{AB}-i_{CD}}{l_1^0}=\left(\frac{\Delta W_{AB}}{AB}-\frac{\Delta W_{CD}}{CD}\right)\frac{1}{l_1^0}=\frac{\Delta i_{AB-CD}}{l_1^0} \tag{7-6}$$

式中，$i_{AB}$ 为 $AB$ 段的倾斜值；$i_{CD}$ 为 $CD$ 段的倾斜值；$\Delta W_{AB}$ 为 $A$、$B$ 两点的下沉值之差；$\Delta W_{CD}$ 为 $C$、$D$ 两点的下沉值之差；$\Delta i_{AB-CD}$ 为 $AB$、$CD$ 段的倾斜差。

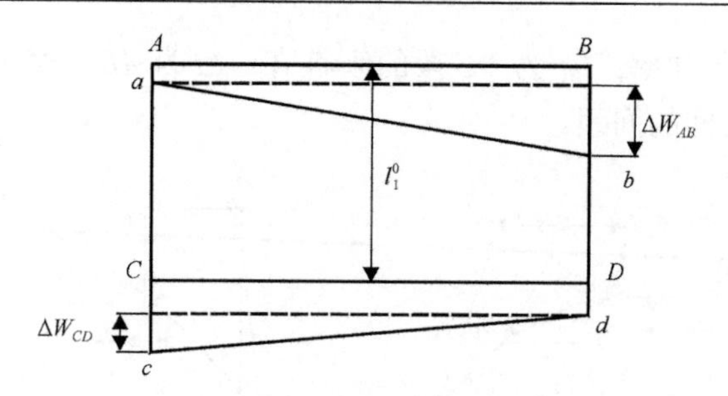


图 7-6　地表的扭曲

7) 剪应变

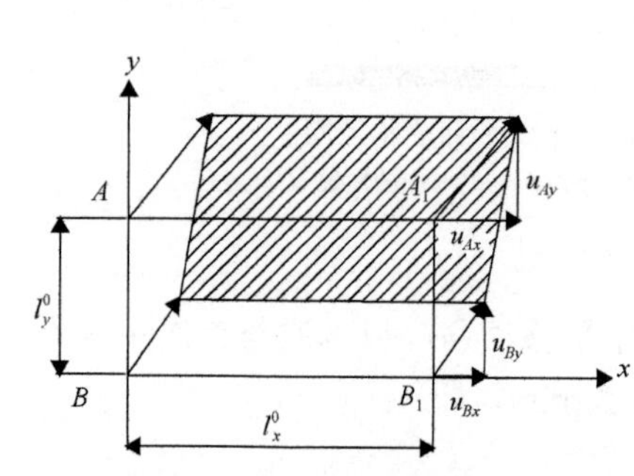


图 7-7　地表的剪应变

地表单元正方形直角的变化称为地表的剪应变($\gamma_{剪}$)(图 7-7)。其平均值以两个对边长度变化值的差($u_{Ax}$–$u_{Bx}$, $u_{Ay}$–$u_{By}$)除以其间距 $l_y^0$、$l_x^0$ 的和表示，单位为 mm/m，即

$$\gamma_{剪}=\frac{u_{Ax}-u_{Bx}}{A_1B_1}+\frac{u_{Ay}-u_{By}}{AA_1}=\frac{\Delta u_x}{l_y^0}+\frac{\Delta u_y}{l_x^0} \tag{7-7}$$

式中，$u_{Ax}$ 为 $A$ 点沿 $x$ 方向的水平移动值；$u_{Bx}$ 为 $B$ 点沿 $x$ 方向的水平移动值；$u_{Ay}$ 为 $A$ 点沿 $y$ 方向的水平移动值；$u_{By}$ 为 $B$ 点沿 $y$ 方向的水平移动值；$\Delta u_x$ 为 $A$、$B$ 两点沿 $x$ 方向的水平移动值；$\Delta u_y$ 为 $A$、$B$ 两点沿 $y$ 方向的水平移动值；$l_x^0$ 为 $B$、$B_1$ 两点间的间距，m；$l_y^0$ 为 $A$、$B$ 两点间的间距，m。

## 7.2　地表移动盆地及其特征

### 7.2.1　地表移动盆地的形成

地表移动盆地是在工作面推进过程中逐渐形成的。一般是当回采工作面自开切眼开始向前推进距离相当于(1/4～1/2)$H_0$($H_0$ 为平均开采深度)时，开采影响涉及地表，引起地表下沉。随工作面的继续向前推进，地表的影响范围不断扩大，下沉值不断增大，在地表形成了一个比采空区面积大得多的下沉盆地。

图 7-8 展示了地表移动盆地随工作面推进的形成过程。当工作面由开切眼推进到位置 1 时，在地表形成一个小盆地 $W_1$。工作面继续推进到位置 2 时，在移动盆地 $W_1$ 的范围内，地表继续下沉，同时工作面前方原来尚未移动地区的地表点先后开始移动，从而使移动盆地 $W_1$ 扩大形成移动盆地 $W_2$。随着工作面的推进，相继形成地表移动盆地 $W_3$、$W_4$。这种移动盆地是在工作面推进过程中形成的，因此称动态移动盆地。工作面回采结束后，地表移动不会立即停止，移动盆地的边界还将继续向工

作面方向扩展，移动先在开切眼一侧稳定，而后在停采线一侧逐渐形成最终的移动盆地 $W_{04}$。通常所说的地表移动盆地就是指最终形成的移动盆地，又称为静态移动盆地。在工作面推进过程中，如图 7-9 所示的工作面停在 1、2、3、4 的位置上，待地表稳定后，其对应的每一个位置都会有一个静态的移动盆地 $W_{01}$、$W_{02}$、$W_{03}$、$W_{04}$。

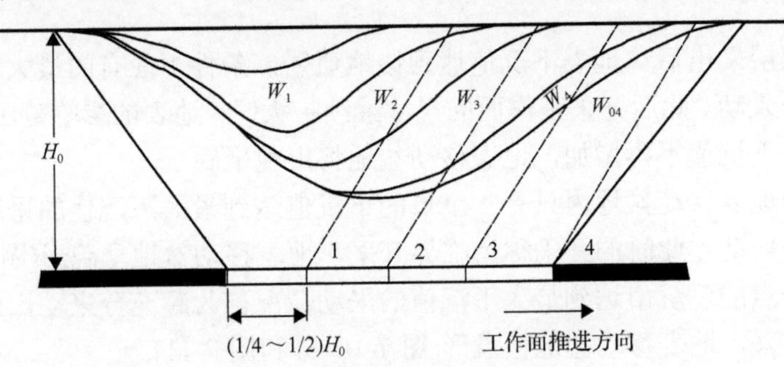


图 7-8　地表移动盆地的形成过程

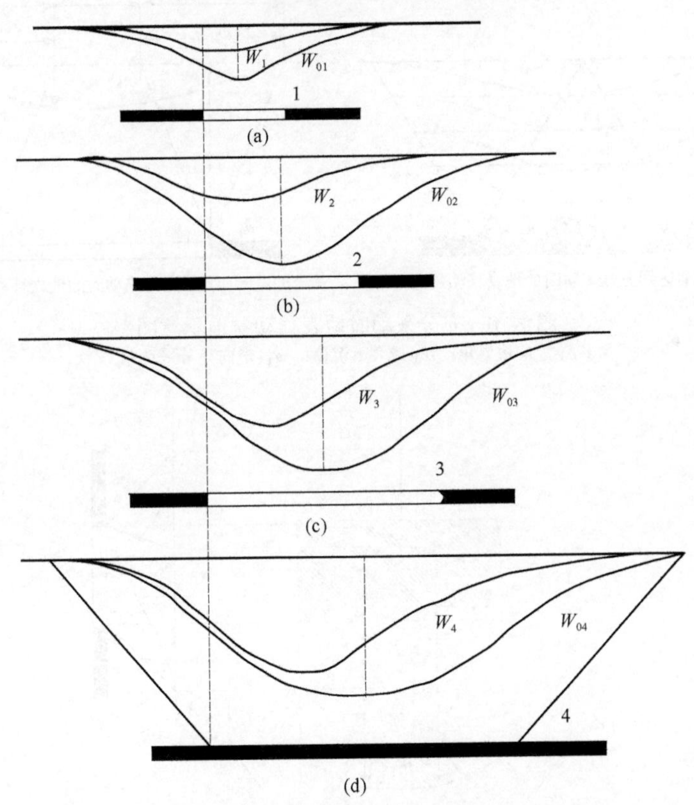


图 7-9　动态和静态移动盆地示意图

在地表移动动态发展过程中，开采工作面后方的地表点仍在继续移动，但其移动的剧烈程度随远离工作面而逐渐减弱，直至稳定，一般最先开始移动的点最先达到稳定。

### 7.2.2 充分采动和非充分采动

1. 充分采动

地下煤层采出后，地表下沉值达到该地质采矿条件下应有的最大值，此时的采动为充分采动。此后开采工作面的尺寸继续扩大时，地表的影响范围相应扩大，但地表最大下沉值不再增加，地表移动盆地将出现平底。

通常把地表移动盆地内只有一个点的下沉值达到最大下沉值的采动情况称为刚达到充分采动，此时的开采称为临界开采，地表移动盆地呈碗形[图 7-10(a)]。地表有多个点的下沉值达到最大下沉值的采动情况称为超充分采动，此时的开采为超临界开采，地表移动盆地呈盘形[图 7-10(b)和图 7-11]。

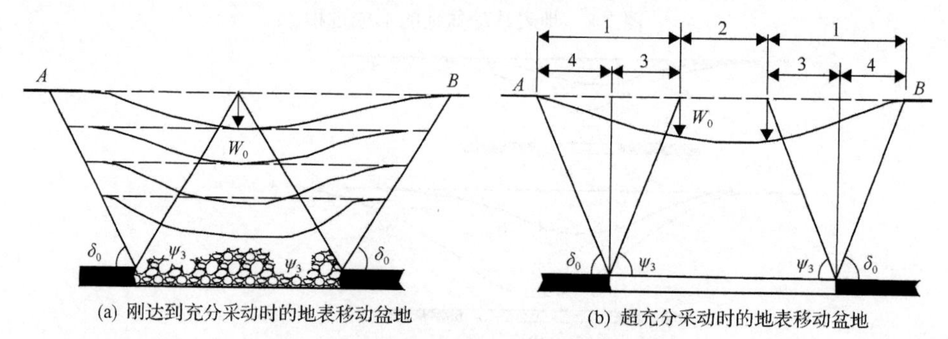


图 7-10　充分采动时地表移动盆地示意图

$\delta_0$-走向边界角；$W_0$-最大下沉值；$\psi_3$-走向充分采动角

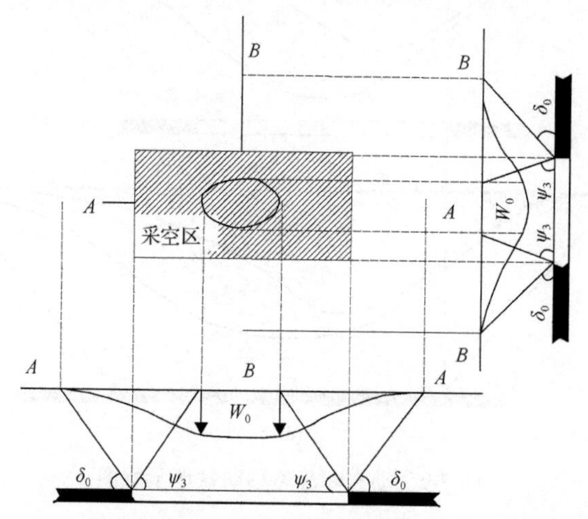


图 7-11　水平煤层超充分采动时的地表移动盆地示意图

在超充分采动时，静态地表移动盆地将出现平底部分，在平底范围内，各处的下沉值相等，其他的移动和变形值近似为零。假设开采工作面从某处已采到无限远处，而在其正交方向为充分采动的一种理想化开采状态，则称其为半无限开采。

实际观测表明，通常在采空区的长度和宽度均达到和超过(1.2～1.4)$H_0$ 时，地表可达到充分采动。

2. 非充分采动

采空区尺寸(长度和宽度)小于该地质采矿条件下的临界开采尺寸时，地表任意点的下沉值均未达到该地质采矿条件下应有的最大下沉值，这种采动称为非充分采动，此时地表移动盆地为碗形，或称其为有限开采(图 7-12～图 7-14)。

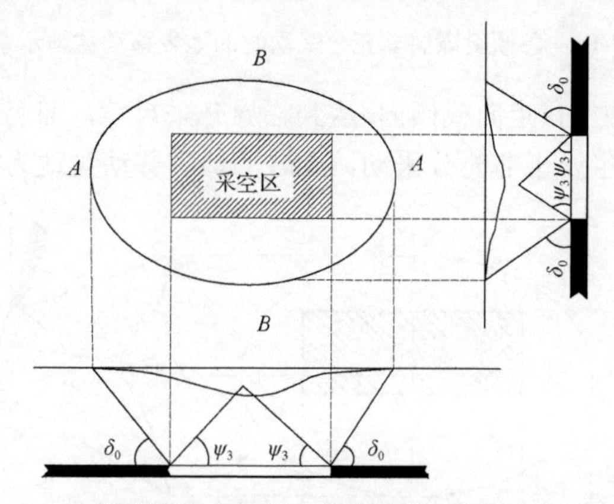


图 7-12　水平煤层非充分采动时的地表移动盆地示意图

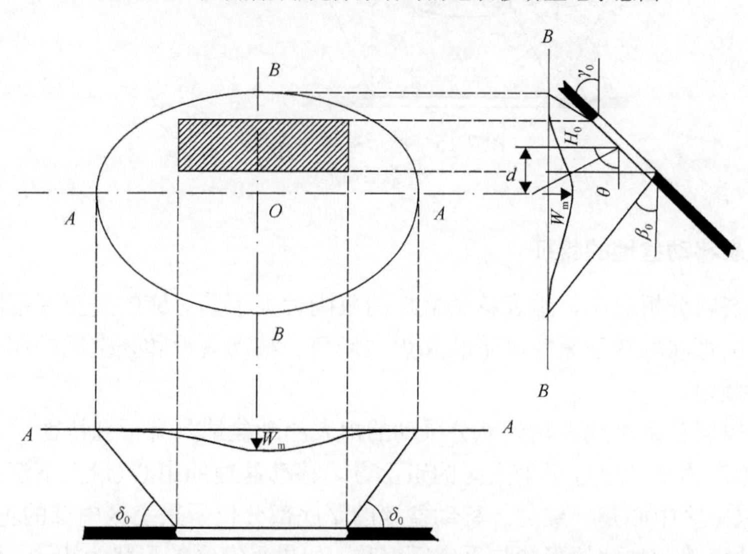


图 7-13　倾斜煤层非充分采动时的地表移动盆地示意图

$W_m$-非充分采动条件下的最大下沉值；$\gamma_0$-上山边界角；$\beta_0$-下山边界角；$H_0$-平均开采深度；$\theta$-最大下沉角；

$d$-倾向主断面上采空区中心到最大下沉点之间的距离

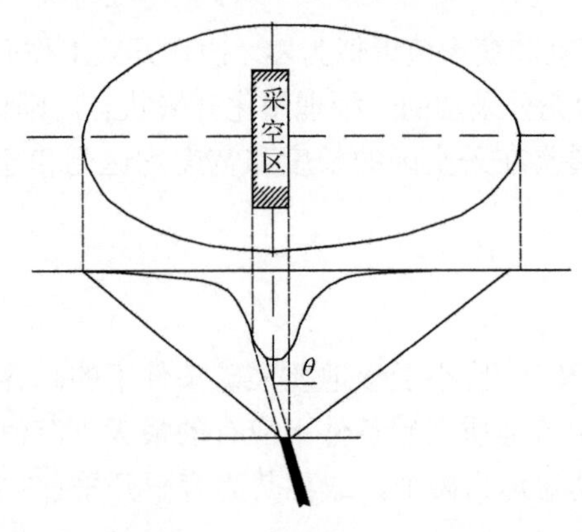


图 7-14 急倾斜煤层非充分采动时的地表移动盆地示意图

工作面沿一个方向(走向或倾向)达到临界开采尺寸，而另一个方向未达到临界开采尺寸的情况也属于非充分采动，此时的地表移动盆地为槽形(图 7-15)。

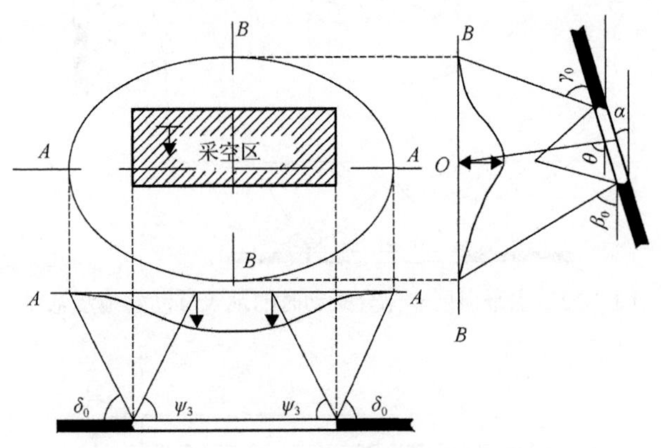


图 7-15 槽形盆地示意图

$\alpha$- 煤层倾角

### 7.2.3 地表移动盆地的特征

实测资料分析表明，地表移动盆地的范围远大于其对应的采空区范围。地表移动盆地的形状取决于采空区形状和煤层倾角。移动盆地和采空区的相对位置取决于煤层倾角。

水平煤层开采时地表达到充分采动的地表移动盆地具有下列特征：

(1)地表移动盆地位于采空区的正上方。移动盆地的中心(最大下沉点所在的位置)和采空区中心是一致的。移动盆地的平底部分位于采空区中部的正上方。

(2)地表移动盆地的形状与采空区对称。如果采空区的形状为矩形，那么移动盆地的平面形状为椭圆形。

(3)移动盆地内外边缘区的分界点大致位于采空区边界的正上方或略有偏离。

在水平煤层开采条件下，非充分采动和刚达到充分采动时的移动盆地特征与超充分采动时的移动盆地特征相似，所不同的是移动盆地内不出现最大下沉值相等的平底区域，只有一个最大下沉点，而且最大下沉点位于采空区中心的正上方。

倾斜煤层开采过程中地表未达到充分采动时，地表移动盆地具有下列特征：

(1)在倾斜方向上，移动盆地的中心(最大下沉点处)偏向采空区的下山方向，和采空区中心不重合。

(2)移动盆地与采空区的相对位置在走向方向上对称于倾斜中心线，而在倾斜方向上不对称。煤层倾角越大，这种不对称性越明显。

(3)移动盆地的上山方向较陡，移动范围较小；下山方向较缓，移动范围较大。

倾斜煤层充分采动时，移动盆地出现平底，充分采动区内的移动和变形特点与水平煤层充分采动区相似。

急倾斜煤层开采时，地表移动盆地具有如下特征：

(1)地表移动盆地形状的不对称性更加明显。工作面下边界上方地表的开采影响到达开采范围以外很远；上边界上方开采的影响则能到达煤层底板岩层。整个移动盆地明显偏向煤层下山方向。

(2)最大下沉值不是出现在采空区中心的正上方，而是大致出现在采空区下边界的上方。

(3)地表的最大水平移动值大于最大下沉值。

急倾斜煤层开采时，不出现充分采动情况。

### 7.2.4　地表移动盆地主断面及其移动变形规律

1. 地表移动盆地主断面

地表移动盆地内各点的移动和变形不完全相同，但在正常情况下，移动和变形的分布是有规律的。

图 7-16 为水平煤层开采后的地表移动分布规律示意图，图中 $a$、$b$、$c$、$d$ 为采空区轮廓在地表的投影，虚线表示移动盆地内的下沉等值线(是一组近似平行于开采边界的线族)，箭头表示地表点移动方向在平面上的投影。由图可知，采空区中心的正上方的地表下沉值最大，向四周逐渐减小，到采空区边界上方下沉值减小比较迅速，向外逐渐趋于零。地表点的水平移动大致指向采空

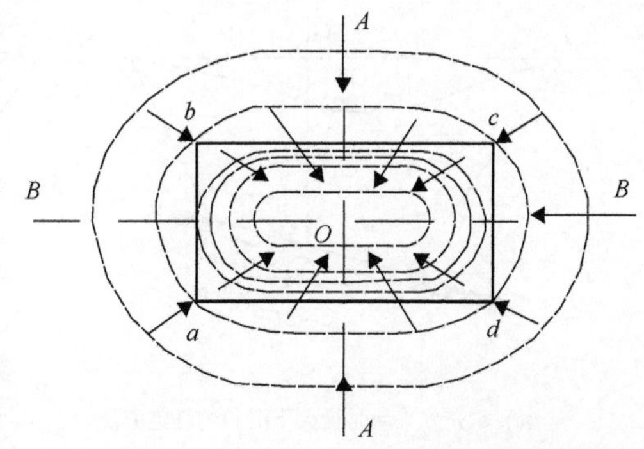

图 7-16　地表移动盆地下沉等值线图

区中心，采空区中心的上方地表最终几乎不发生水平移动。开采边界上方地表水平移动值最大，向外逐渐减小为零。水平移动等值线也是一组平行于开采边界的线族。

在地表移动盆地内，下沉值最大的点和水平移动值为零的点都在采空区中心，因此，通过采空区中心与煤层走向平行或垂直的断面上的地表移动值最大。在此断面上几乎不产生垂直于断面的水平移动。通常将地表移动盆地内通过最大下沉点(或者说移动盆地的中心)所作的沿煤层走向或倾向的垂直断面称为地表移动盆地主断面。其中沿煤层走向方向的地表移动盆地主断面称为走向主断面，即图 7-16 中的 *B-B*；沿煤层倾向方向的地表移动盆地主断面称为倾向主断面，即图 7-16 中的 *A-A*。

移动盆地内主断面的个数取决于最大下沉点的个数。在走向和倾向均未达到充分采动的情况下，移动盆地为碗形，盆地内只有一个最大下沉点，此时，只能作出一个沿走向和一个沿倾向的主断面。在走向达到充分采动而倾向未达到充分采动的情况下，移动盆地为长方形、为沿煤层走向方向的槽形盆地，此时只能作出一个沿走向方向的主断面，在走向主断面上有若干个点的下沉值相等，通过其中任意一点均可作出沿倾向方向的主断面。反之，若倾向达到充分采动而走向未达到充分采动时，则可作出若干个走向主断面和一个倾向主断面，这种情况很少见。在走向和倾向均达到充分采动的情况下，地表移动盆地为盘形，移动盆地会出现平底，通过平底内任意一点均可作出走向主断面和倾向主断面，此时，可有若干个走向主断面和倾向主断面。

移动盆地主断面的位置一般在采空区的中间，但与采动程度和煤层倾角有关。在非充分采动情况下，通过采空区中心所作的平行于煤层倾向的垂直断面即为移动盆地的倾向主断面。图 7-17 中 *O* 点是倾斜主断面上的最大下沉点。通过最大下沉点作平行于煤层走向的垂直断面，即为走向主断面。

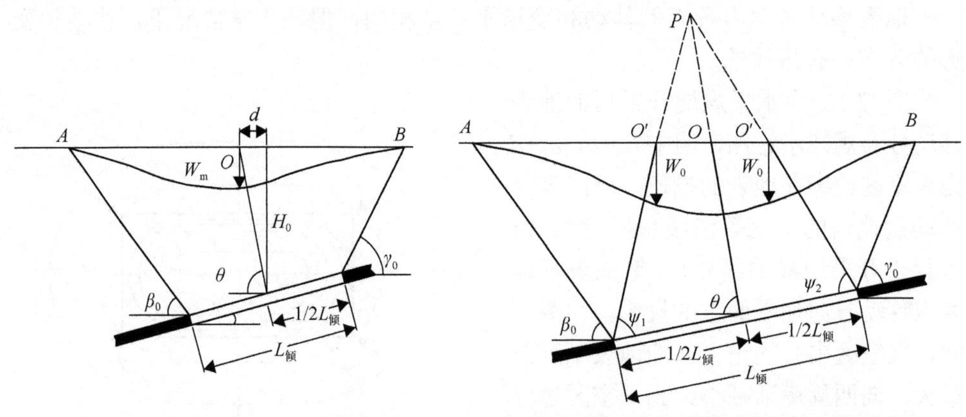


(a) 非充分采动时最大下沉角的确定方法　　(b) 充分采动时最大下沉角和充分采动角的确定方法

图 7-17　最大下沉角和充分采动角确定方法示意图

$L_{倾}$-采空区倾向长度

在充分采动时，按充分采动角 $\psi_1$（下山充分采动角）、$\psi_2$（上山充分采动角）和 $\psi_3$（走向充分采动角）确定地表充分采动区的范围后，通过该范围所作的煤层走向和倾向的垂直断面均为主断面。

2. 主断面的移动变化规律

本节所述的主断面的移动变化规律是指地表移动盆地稳定后主断面内的移动和变形分布规律，并且是典型化和理想化之后的。

地表移动盆地稳定后主断面内的移动和变形分布规律与许多地质采矿因素有关，如果开采均采用定向长壁式采煤、全部垮落法管理顶板，并且开采厚度均相同，那么影响移动和变形分布规律的地质采矿因素主要就是煤层倾角、采区尺寸和开采深度。而采区尺寸和开采深度之比可决定地表的采动程度。

1) 水平煤层（或沿煤层走向主断面）非充分采动时主断面内地表的移动和变形分布规律（图 7-18）

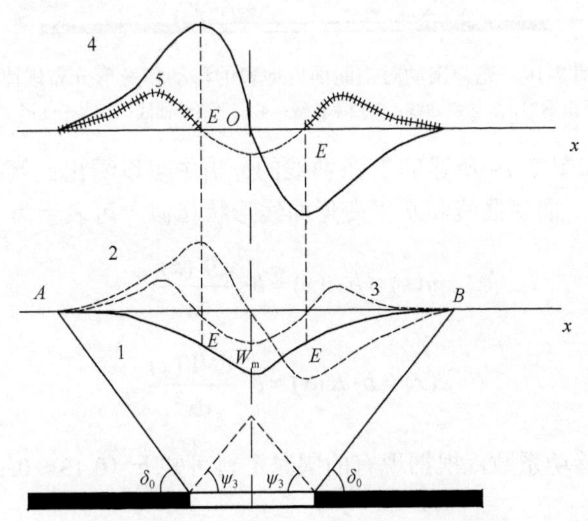


图 7-18　非充分采动时主断面内地表的移动和变形分布规律

1-下沉曲线；2-倾斜曲线；3-曲率曲线；4-水平移动曲线；5-水平变形曲线；*O*-采空区中心

水平煤层开采时的采动程度可用走向充分采动角 $\psi_3$ 来判别。当用 $\psi_3$ 角所作的两直线交于岩层内部而未及地表时，地表为非充分采动。

图 7-18 和图 7-19 中的 *E* 点为拐点。在采场四周煤层未采的情况下，拐点不在工作面开采边界的正上方而略偏向采空区一侧。在地表充分采动条件下，拐点处下沉值约为最大下沉值的一半。

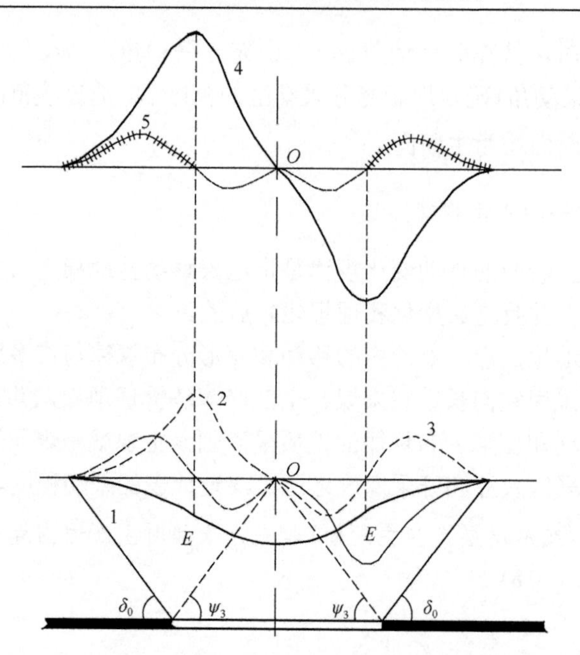


图 7-19　充分采动时主断面内地表的移动和变形分布规律

1-下沉曲线；2-倾斜曲线；3-曲率曲线；4-水平移动曲线；5-水平变形曲线

从图 7-18 和图 7-19 所述的 5 条曲线的分析中可以看出：倾斜曲线和水平移动曲线形状相似，曲率曲线和水平变形曲线形状相似，可表示为

$$u(x) = b \cdot i(x) = b \cdot \frac{\mathrm{d}W(x)}{\mathrm{d}x} \tag{7-8}$$

$$\varepsilon(x) = b \cdot K(x) \approx b \cdot \frac{\mathrm{d}^2W(x)}{\mathrm{d}x^2} \tag{7-9}$$

式中，$b$ 为水平移动系数，根据现有的国家资料可知 $b$=(0.13～0.18)$H$，$H$ 为开采深度。

2）水平煤层（或沿煤层走向主断面）充分采动时主断面内地表的移动和变形分布规律（图 7-19）

当用走向充分采动角 $\psi_3$ 所作的两直线刚好交于地表 $O$ 点时，地表刚好达到充分采动。$O$ 点为最大下沉点，用 $\delta_0$ 确定盆地边界点 $A$、$B$。

3）水平煤层（或走向主断面）超充分采动时主断面内地表的移动和变形分布规律（图 7-20）

当用 $\psi_3$ 角所作的两直线在地表交于 $O_1$、$O_2$ 两点，$O_1$ 和 $O_2$ 点间出现平底时，地表达到超充分采动。

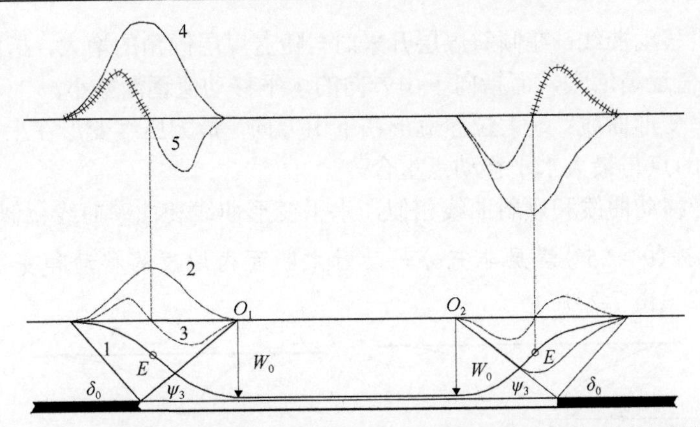


图 7-20　水平煤层超充分采动时主断面内地表的移动和变形分布规律

1-下沉曲线；2-倾斜曲线；3-曲率曲线；4-水平移动曲线；5-水平变形曲线

4) 倾斜 (15°＞$\alpha$＞55°) 煤层非充分采动时主断面内地表的移动和变形分布规律(图 7-21)

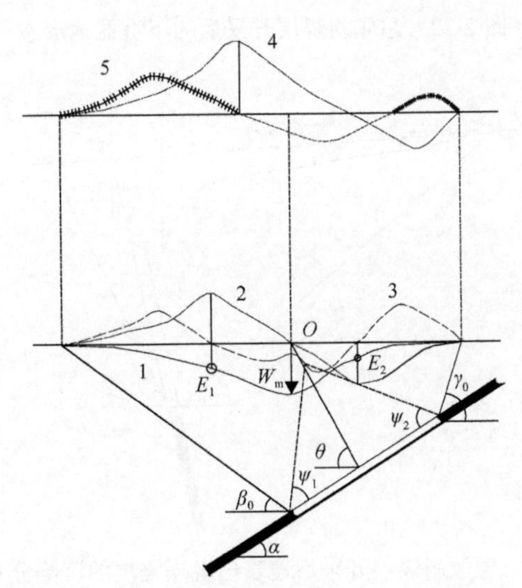


图 7-21　倾斜煤层非充分采动时主断面内地表的移动和变形分布规律

1-下沉曲线；2-倾斜曲线；3-曲率曲线；4-水平移动曲线；5-水平变形曲线

利用下山充分采动角 $\psi_1$ 和上山充分采动角 $\psi_2$ 确定充分采动程度。用 $\gamma_0$、$\beta_0$ 确定上、下山盆地边界点，用最大下沉角 $\theta$ 确定最大下沉点。

倾斜煤层非充分采动时地表移动和变形具有如下规律。

(1) 下沉曲线、倾斜曲线和曲率曲线：下沉曲线失去对称性，如上山部分的下沉曲线比下山部分的下沉曲线要陡，范围要小；最大下沉点向下山方向偏离、其位置用最大下沉角 $\theta$ 确定；下沉曲线的两个拐点与采空区不对称，偏向下山方向。随着下沉曲线的变化，倾斜曲线和曲率曲线也相应发生变化。

(2) 水平移动曲线：在倾斜煤层开采时，随着煤层倾角的增大，指向上山方向的水平移动值逐渐增大，而指向下山方向的水平移动值逐渐减小。

(3) 水平变形曲线：最大拉伸变形在下山方向，最大压缩变形在上山方向，水平变形为零的点与最大水平移动点重合。

(4) 水平移动曲线和倾斜曲线相似，水平变形曲线和曲率曲线相似。

5) 急倾斜 ($\alpha > 55°$) 煤层非充分采动时主断面内地表的移动和变形分布规律（图 7-22～图 7-24）

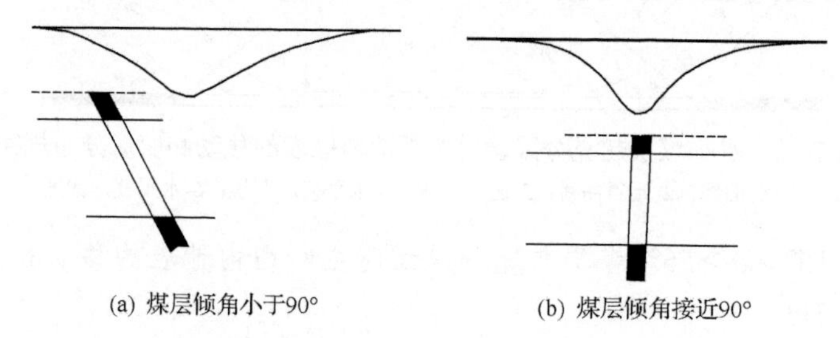


图 7-22　急倾斜煤层开采后的下沉盆地形态

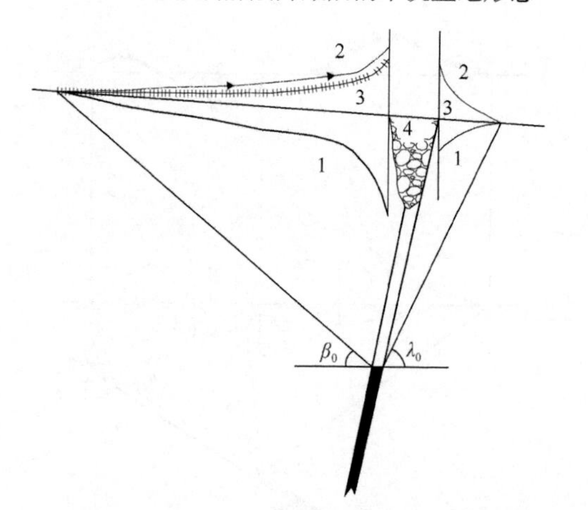


图 7-23　急倾斜煤层开采后地表出现塌陷坑的沉陷分布规律

1-下沉曲线；2-水平移动曲线；3-水平变形曲线；4-地表塌陷坑

急倾斜煤层非充分采动时地表移动和变形有如下规律：

(1) 下沉盆地形态的非对称性十分明显，下山方向的影响范围远远大于上山方向的影响范围。随着煤层倾角的增大，倾斜剖面形状由对称的碗形逐渐变成非对称的瓢形。当煤层倾角接近 90°时，下沉盆地剖面又转变为比较对称的碗形或兜形（图 7-22）。

(2) 随着煤层倾角的增大，最大下沉点位置逐渐移向煤层上山方向，当煤层倾角接近 90°时，最大下沉点位于煤层露头上方。急倾斜煤层开采时不出现充分采动情况，最大下沉值随回采阶段垂高的增加而增大。

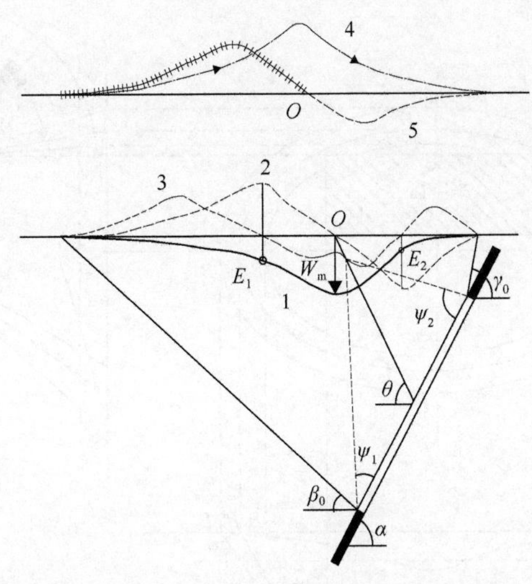


图 7-24　急倾斜煤层非充分采动时主断面内移动和变形分布规律

1-下沉曲线；2-倾斜曲线；3-曲率曲线；4-水平移动曲线；5-水平变形曲线

(3) 在松散层较薄的情况下，可能只出现指向上山方向的水平移动。

(4) 当开采厚度大、开采深度小、煤层顶底板坚硬不易冒落且煤质较软时，开采后采空区上方的煤层易沿煤层底板滑落。这种滑落可能一直发展到地表，使地表煤层露头处出现塌陷坑(图 7-23)。在开采深度较大、开采厚度较小、顶底板岩石较松软、松散层较厚的情况下，地表不一定出现塌陷坑(图 7-24)。因此，急倾斜煤层开采后地表是否出现塌陷坑，应根据具体的地质采矿条件而定。

### 7.2.5　地表移动盆地边界的确定

1. 地表移动盆地边界的划分

1) 移动盆地的最外边界

移动盆地的最外边界是以地表移动和变形都为零的盆地边界点所圈定的边界。这个边界由仪器观测确定。考虑到观测误差，一般取下沉量为 10mm 的点为边界点。所以，最外边界实际上是下沉量为 10mm 的点圈定的边界，如图 7-25 中 *ACBD* 所示。

2) 移动盆地的危险移动边界

危险移动边界是根据盆地内的地表移动与变形对建(构)筑物有无危害而划分的边界。对建(构)筑物有无危害的标准是以临界变形值来衡量的。目前我国采用的临界变形值是：$i=3\text{mm/m}$、$\varepsilon=2\text{mm/m}$、$K=0.2\text{mm/m}^2$。这组临界变形值是针对一般砖木结构建(构)筑物求出的。用这个指标圈定的范围以外为地表移动和变形对建(构)筑物不产生明显损害的地带；圈定的范围以内为地表移动和变形将对建(构)筑物产生有害影响的地带，如图 7-25 中 *A′C′B′D′*所示。

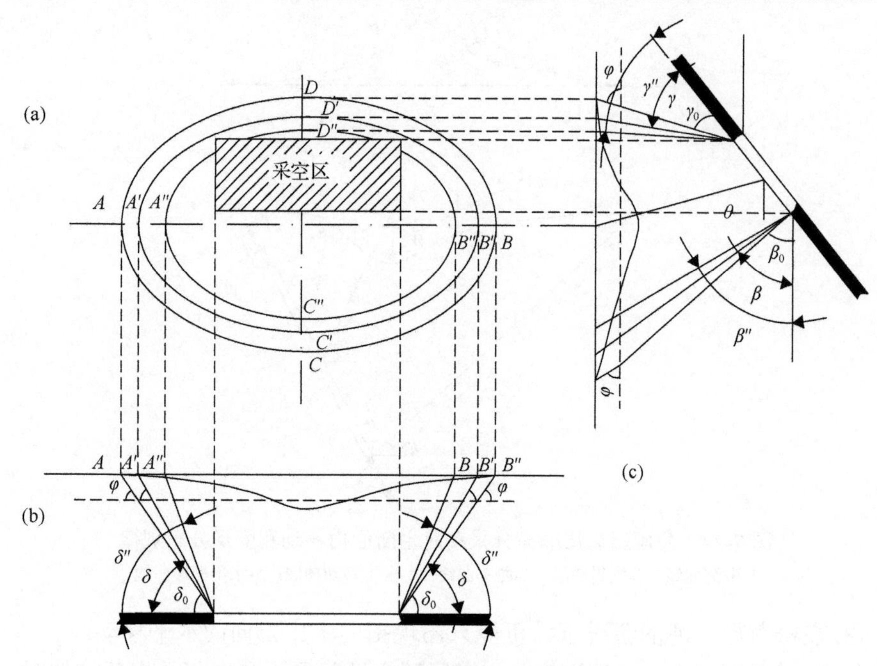


图 7-25　地表移动盆地边界的确定示意图

*ABCD*-最外边界(下沉盆地边界)；*A'B'C'D'*-危险移动边界(下沉盆地移动边界)；
*A''B''C''D''*-裂缝边界(下沉盆地地面最外裂缝边界)

应该指出，不同结构的建(构)筑物能承受最大变形的能力不一样，所以各种类型的建(构)筑物都应有对应的临界变形值。在确定移动盆地的危险移动边界时，用相应建(构)筑物的临界变形值圈定，会更接近于实际情况。

3) 移动盆地的裂缝边界

裂缝边界是根据移动盆地内最外侧的裂缝圈定的边界，如图 7-25 中的 *A''C''B''D''* 所示。

图 7-26 标出了水平、倾斜、急倾斜煤层开采后所形成的 3 个边界。在这个主断面图上，*AB* 为最外边界，*A'B'* 为危险移动边界，*A''B''* 为裂缝边界。

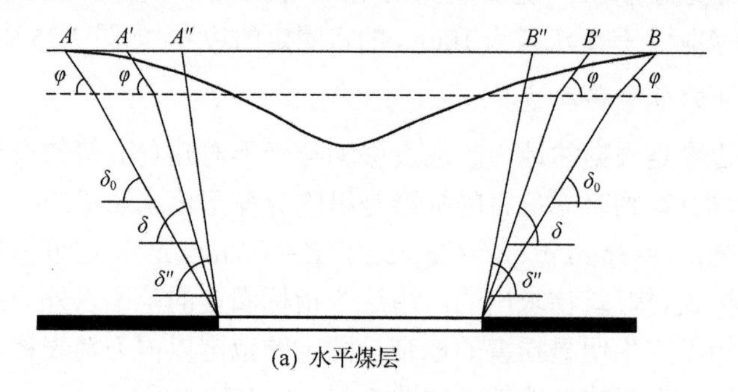


(a) 水平煤层

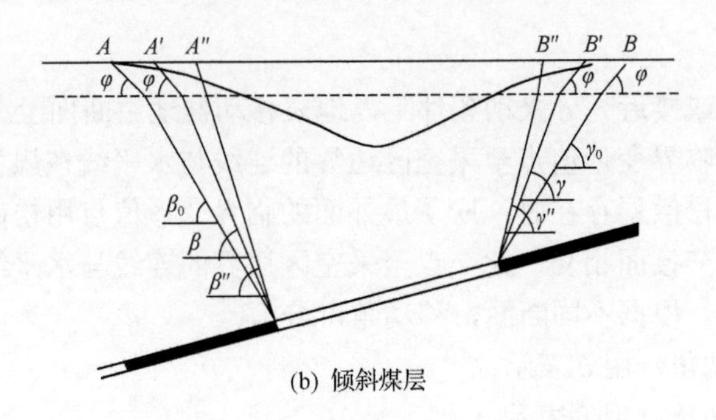


(b) 倾斜煤层

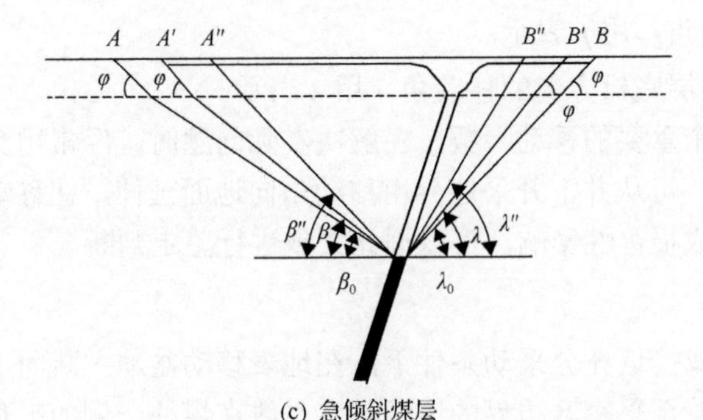


(c) 急倾斜煤层

图 7-26　边界角、移动角及裂缝角求取方法

$\varphi$-松散层移动角(一般取 45)°；$\delta_0$、$\beta_0$、$\gamma_0$、$\lambda_0$-走向、下山、上山和急倾斜煤层底板方向的边界角；$\delta$、$\beta$、$\gamma$、$\lambda$-走向、下山、上山和急倾斜煤层底板方向的移动角；$\delta''$、$\beta''$、$\gamma''$、$\lambda''$-走向、下山、上山和急倾斜煤层底板方向的裂缝角

### 2. 圈定边界的角值参数及有关盆地的角值

通常用角值参数圈定移动盆地边界。所谓角值参数主要指边界角、移动角、裂缝角和松散层移动角，如图 7-25(b)、(c)和图 7-26 所示。

1)边界角

在充分采动或接近充分采动条件下，地表移动盆地主断面上盆地边界点(下沉 10mm 的点)至采空区边界的连线与水平线在煤柱一侧的夹角称为边界角。当有松散层存在时，应先从盆地边界点用松散层移动角(一般取 45°)画线和基岩与松散层交接面相交，此交点至采空区边界的连线与水平线在煤柱一侧的夹角称为边界角。按不同断面，边界角可分为：

(1)走向边界角，用 $\delta_0$ 表示；

(2)下山边界角，用 $\beta_0$ 表示；

(3)上山边界角，用 $\gamma_0$ 表示；

(4)急倾斜煤层底板方向的边界角，用 $\lambda_0$ 表示。

2) 移动角

在充分采动或接近充分采动条件下，地表移动盆地主断面上 3 个临界变形值中最外面的一个临界变形值点至采空区边界的连线与水平线在煤柱一侧的夹角称为移动角。当有松散层存在时，应从最外面的临界变形值点用松散层移动角画线和基岩与松散层交接面相交，此交点至采空区边界的连线与水平线在煤柱一侧的夹角称为移动角。根据不同断面，移动角可分为：

(1) 走向移动角，用 $\delta$ 表示；

(2) 下山移动角，用 $\beta$ 表示；

(3) 上山移动角，用 $\gamma$ 表示；

(4) 急倾斜煤层底板方向的移动角，用 $\lambda$ 表示。

移动角是一个重要的移动参数，在解决实际问题时，经常用到它。例如，在开采损害纠纷中，可从井下开采边界用移动角向地面延伸，在移动角外，一般不对建(构)筑物造成损害性影响，可以据此大致进行鉴定判断。

3) 裂缝角

在充分采动或接近充分采动条件下，在地表移动盆地主断面上，移动盆地内最外侧的地表裂缝至采空区边界的连线与水平线在煤柱一侧的夹角称为裂缝角。裂缝角可分为：

(1) 走向裂缝角，用 $\delta''$ 表示；

(2) 上山裂缝角，用 $\gamma''$ 表示；

(3) 下山裂缝角，用 $\beta''$ 表示；

(4) 急倾斜煤层底板方向的裂缝角，用 $\lambda''$ 表示。

4) 松散层移动角

松散层移动角用 $\varphi$ 表示，它不受煤层倾角的影响，其确定方法有直接法和间接法两种。

(1) 直接法：当煤层埋藏较浅，上覆岩层主要为松散层时，可设置松散层观测站，通过实地观测，求取 $\varphi$ 角。

(2) 间接法：当采空区上部基岩直接露出地表，或虽有松散层，但松散层厚度很薄，在整个上覆岩层中占的比例很小时，可通过设站观测，直接求取基岩的移动角，然后利用已知的基岩移动角，间接求取松散层移动角 $\varphi$，如图 7-27 所示。具体方法为用基岩移动角自采空区边界画线和基岩松散层交接面相交于 $B$ 点，$B$ 点至地表下沉量为 10mm 的 $C$ 点连线与水平线在煤柱一侧的夹角即为松散层移动角 $\varphi$。

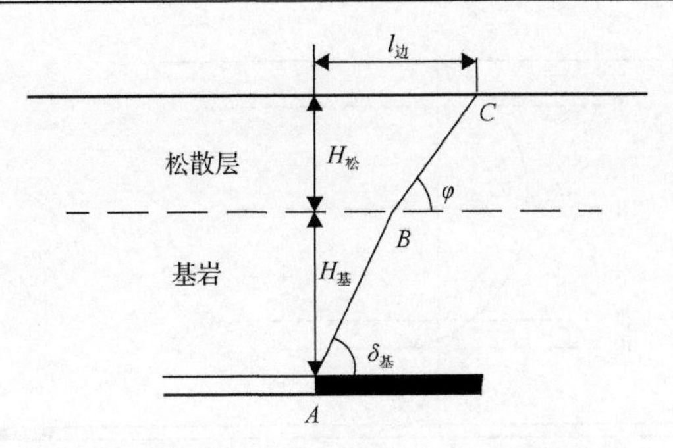


图 7-27　间接法求取松散层移动角示意图

$l_{边}$-采空区边界至地表移动盆地边界的距离，m；$H_{松}$-松散层厚度，m；$H_{基}$-基岩厚度，m

与沉陷盆地有关的还有充分采动角 $\psi_1$、$\psi_2$、$\psi_3$ 及最大下沉角 $\theta$(在图 7-17 中已有描述)。以上所述各角为岩层与地表移动的重要参数，均系通过实地观测确定的。在实际运用中，往往取 $\varphi$=45°。

## 7.3　地表移动盆地的空间分布和时间过程

地下煤层采出后引起的地表沉陷是一个时间和空间过程。随着工作面的推进，不同时间的回采工作面与地表点的相对位置不同，开采对地表点的影响也不同。地表点的移动经历了一个由开始移动到剧烈移动，最后到停止移动的全过程。在生产实践中经常会遇到下述情况，即仅仅根据稳定后(或静态)的沉陷规律还不能很好地解决实际问题，必须进一步研究移动变形的动态规律。例如，在超充分采动条件下，地表下沉盆地出现平底，在此平底范围内地表下沉值相同，地表变形等于零或接近于零(仅有极微小变形)，但不能认为在此区域内的建(构)筑物不经受变形，不遭到破坏，因为在工作面推进过程中该区域内的每一个点均要经受动态变形的影响，虽然这种动态变形是临时性的，但它同样可以使建(构)筑物遭到破坏；在建(构)筑物下采煤时，需要随时确定建(构)筑物受采动影响的开始时间和在不同时期的地表移动变形量，以便对建(构)筑物采取适当措施，如加强观测、加固、临时迁出或改变用途等；在铁路下采煤时，需根据动态变形规律确定铁路维修范围，预计铁路上部建(构)筑起垫量等；在进行协调开采时，根据动态变形规律可以更合理地安排回采工作面之间的相互关系；等等。以上这些都说明了开展采动过程中地表移动和变形分布规律研究的必要性。

### 7.3.1　地表点的移动轨迹

地表点从开始移动到剧烈移动，再到移动逐渐停止，是一个较为复杂的时间和空间过程，现以移动盆地走向主断面充分采动区内的地表点 $A$ 为例进行说明(图 7-28)。

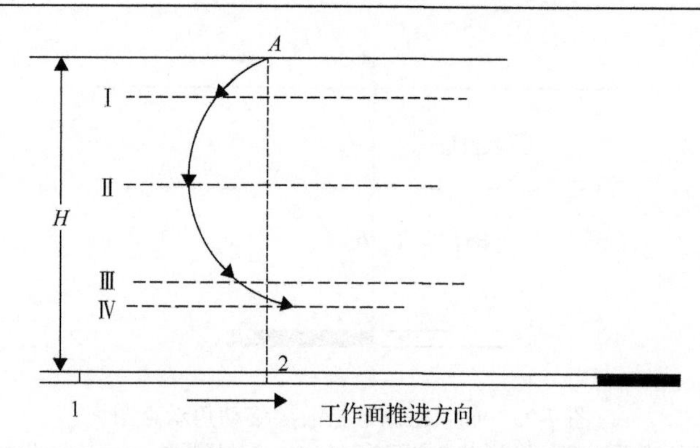


图 7-28　采动过程中主断面内地表点移动轨迹示意图

(1)当工作面由远处向 A 点推进、移动波及 A 点时，地表下沉速度由小逐渐变大，A 点的移动方向与工作面推进方向相反，此阶段为移动的第Ⅰ阶段。

(2)当工作面通过 A 点正下方(如 2 处)继续向前推进时，地表下沉速度迅速增大，并逐渐达到最大下沉速度，A 点的移动方向近于铅垂方向，此阶段为移动第Ⅱ阶段。

(3)当工作面继续向前推进，逐渐远离地表 A 点后，A 点的移动方向逐渐与工作面推进方向相同，此阶段为移动的第Ⅲ阶段。

(4)当工作面远离地表点达到一定距离后，回采工作面对 A 点的影响逐渐消失，A 点的移动停止。稳定后，A 点的位置并不一定在其起始位置的正下方，一般略微偏向回采工作面停止位置一侧，此阶段为移动的第Ⅳ阶段。

上面所述为处于充分采动区内的地表点的移动轨迹。地表移动盆地内各点的移动轨迹并不一致(图 7-29)，其原因是地表移动盆地内的每一个点与采空区的相对位置不同。位于充分采动区左侧的点，不受迎工作面推进的影响，只受工作面通过该点后的影响；而位于充分采动区右侧的点，只受迎工作面推进的影响，而不受工作面通过该点后的影响。移动盆地内各地表点移动的共同特点是：开始时移动方向都指向回采工作面，移动稳定后移动方向都指向采空区中心。

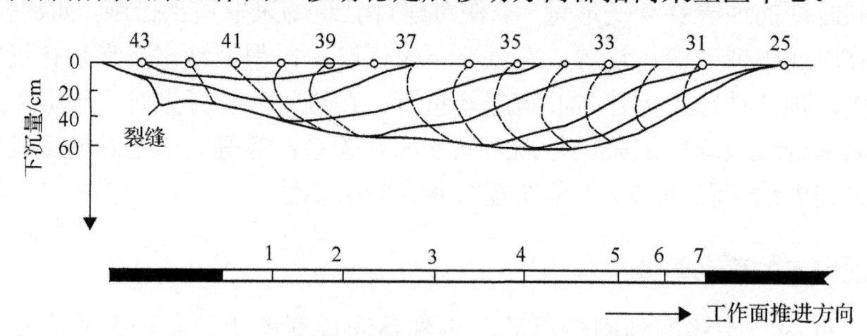


图 7-29　采动过程中地表点移动与工作面位置相对关系

### 7.3.2　地表点的移动轨迹

1) 起动距

在走向主断面上，工作面由开切眼推进一定距离到达某点后(图 7-30)，岩层移动开始涉及地表。通常把地表开始移动时工作面的推进距离称为起动距。地表开始下沉是以观测地表点的下沉值达到 10mm 为标准的。一般在初次采动时，起动距约为(1/4～1/2) $H_0$ ($H_0$ 为平均开采深度)。起动距的大小主要和开采深度及岩石的物理力学性质有关。

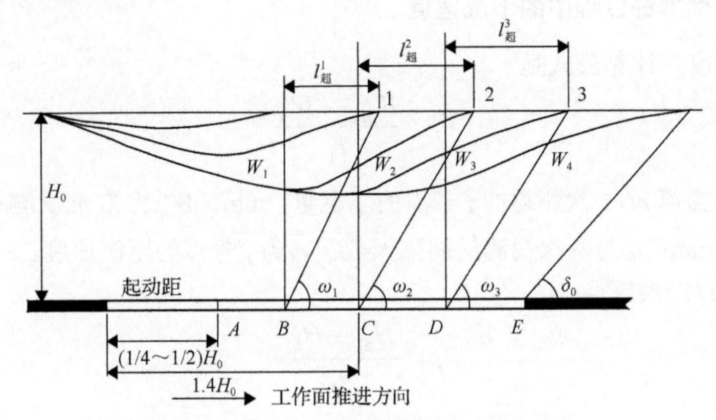


图 7-30　工作面推进过程中的超前影响

$W_1$、$W_2$、$W_3$、$W_4$-工作面推进到位置 B、C、D、E 处时形成的下沉盆地；$\omega_1$、$\omega_2$、$\omega_3$-工作面推进到 B、C、D 处时的超前影响角；$l_超^1$、$l_超^2$、$l_超^3$-工作面推进到 B、C、D 位置处时的超前影响距

2) 超前影响、超前影响角、超前影响距

在图 7-30 中，当工作面推进至 B 点时，得下沉盆地 $W_1$，工作面前方 1 点开始受采动影响而下沉；当工作面推进距离约为(1/4～1/2) $H_0$，即推进至 C 点时，得下沉盆地 $W_2$，地表 2 点开始受影响而下沉。从这里可以看出，在工作面推进过程中，工作面前方的地表受采动影响而下沉，这种现象称为超前影响。将工作面前方地表开始移动(即下沉 10mm)的点和当时工作面的连线与水平线在煤柱一侧的夹角称为超前影响角，用 $\omega$ 表示。开始移动的点到工作面的水平距离 $l_超$ 称为超前影响距。已知超前影响距和开采深度，便可计算超前影响角，其计算公式为

$$\omega = \operatorname{arccot}\frac{l_超}{H_0} \tag{7-10}$$

式中，$l_超$ 为超前影响距，m；$H_0$ 为平均开采深度，m。

影响超前影响角大小的因素如下所述。

(1) 采动程度：当地表为非充分采动时，$\omega$ 值随开采面积的增大而减小，如 $\omega_1$；当地表达到充分采动后，$\omega$ 值基本趋于定值，如 $\omega_2$，$\omega_3$；当工作面回采结束、地

表移动稳定后，$\omega$ 值等于走向边界角 $\delta_0$。

(2)工作面推进速度：$\omega$ 值随着工作面推进速度的增大而增大。据枣庄煤矿资料，当工作面推进速度为 1m/d 时，$\omega$=62°；当工作面推进速度为 1.5m/d 时，$\omega$=71°；当工作面推进速度为 2.1m/d 时，$\omega$=78°。

(3)采动次数：重复采动时的超前影响角比初次采动时小。

掌握了超前影响的规律，就可以在工作面推进过程中，确定工作面在任意位置的地表影响范围。

### 7.3.3　工作面推进过程中的下沉速度

下沉速度的计算公式是

$$V_f = \frac{W_{m+1} - W'_m}{t_4} \tag{7-11}$$

式中，$W_{m+1}$ 为第 $m$+1 次测得的 $f$ 号点的下沉量，mm；$W'_m$ 为第 $m$ 次测得的 $f$ 号点的下沉量，mm；$t_4$ 为两次观测的间隔天数；$V_f$ 为 $f$ 号点的下沉速度。

式(7-11)经换算得

$$V_f = \frac{H_{Af} - H_{Bf}}{t_4} \tag{7-12}$$

式中，$H_{Af}$ 为工作面推进到 $A$ 点(此时进行第 $m$ 次观测)时所观测的 $f$ 点高程，m；$H_{Bf}$ 为工作面推进到 $B$ 点(此时进行第 $m$+1 次观测)时所观测的 $f$ 点高程，m。

式(7-12)说明点的前后两次高程之差除以两次测量的时间间隔，即可得采动影响范围内地表各点在此时间间隔内的平均下沉速度。

图 7-31 表示工作面推进过程中的下沉速度曲线，横坐标表示为 $x$，纵坐标表示为 $V(x)$，1、2、3、4 分别为不同位置时的下沉速度曲线。从图 7-31 中可以看出如下规律。

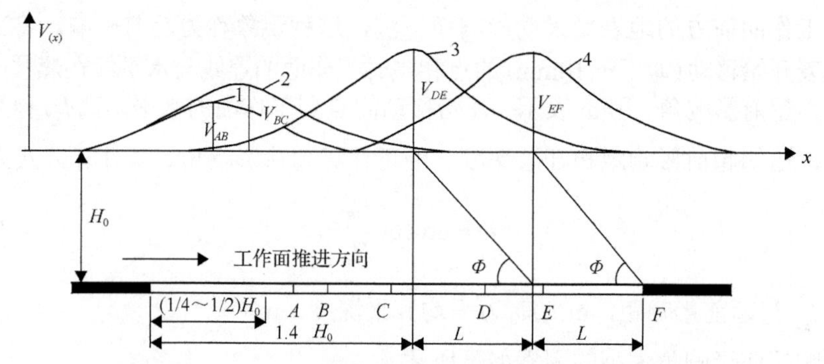


图 7-31　工作面推进过程中的下沉速度曲线和滞后影响

1、2-非充分采动时的下沉速度曲线；3、4-充分采动时的下沉速度曲线；

$V_{AB}$-工作面从 $A$ 点推进到 $B$ 点过程中的最大下沉速度($V_{BC}$、$V_{DE}$、$V_{EF}$ 类似)

(1) 在非充分采动时，即工作面由 $A$ 点推进至 $B$ 点，由 $B$ 点推进至 $C$ 点时，随着采空区面积的增大，地表各点的下沉速度逐渐增大，最大下沉速度也逐渐增加。当从 $A$ 点推进到 $B$ 点时，地表各点的平均下沉速度曲线为曲线 1，最大下沉速度为 $V_{AB}$；当从 $B$ 点推进到 $C$ 点时，地表各点的平均下沉速度曲线为曲线 2，最大下沉速度为 $V_{BC}$。

(2) 当达到充分采动后，下沉速度分布曲线有如下特征：①地表各点的下沉速度有一定的变化规律，可以用图 7-31 中的下沉速度曲线 3、4 描述；②当工作面继续推进，地表下沉速度曲线形状基本不变；③地表最大下沉速度达到该地质采矿条件下的最大值；④随着工作面的推进，地表最大下沉速度点和回采工作面之间的相对位置基本不变，最大下沉速度点也有规律地向前移动。可以发现，当地表达到充分采动后，在地表下沉速度曲线上，最大下沉速度总是滞后于回采工作面的一个固定距离，此固定距离称为最大下沉速度滞后距，用 $L_{滞}$ 表示。这种现象称为最大下沉速度滞后现象。地表最大下沉速度点与相应的回采工作面连线，与煤层(水平线)在采空区一侧有一个夹角，称为最大下沉速度滞后角，用 $\Phi$ 表示，其计算公式为

$$\Phi = \operatorname{arccot} \frac{L_{滞}}{H_0} \tag{7-13}$$

式中，$L_{滞}$ 为最大下沉速度滞后距，m；$H_0$ 为平均开采深度，m。

影响最大下沉速度滞后角的因素有很多，主要有岩性、平均开采深度 $H_0$ 和工作面推进速度。有的资料说明，在岩性和工作面推进速度变化较小的情况下，通常开采深度越大，最大下沉速度滞后角越大；开采深度越小，最大下沉速度滞后角越小。

地表出现最大下沉速度的地点是该时刻地表移动最剧烈的地点。掌握了最大下沉速度滞后角的变化规律，便可在工作面推进过程中随时确定地表移动最剧烈的地区。

### 7.3.4　地表移动持续时间

所谓地表移动持续时间或移动过程总时间是指在充分采动或接近充分采动情况下，下沉值最大的地表点从移动开始到移动稳定所持续的时间。移动持续时间或移动过程总时间应根据地表最大下沉点求得，因为在移动盆地内各地表点中，地表最大下沉点的下沉量最大，下沉持续时间最长。地表最大下沉速度 $V_{fm}$ 是某点相邻两次观测下沉值 $\Delta W$ 与该观测间隔时间 $\Delta t$ 的比值的最大值。

### 7.3.5　工作面推进过程中地表移动和变形的变化规律

1. 水平移动变化规律

工作面推进过程中的倾斜变化规律与水平移动变化规律基本相同(图 7-32)。

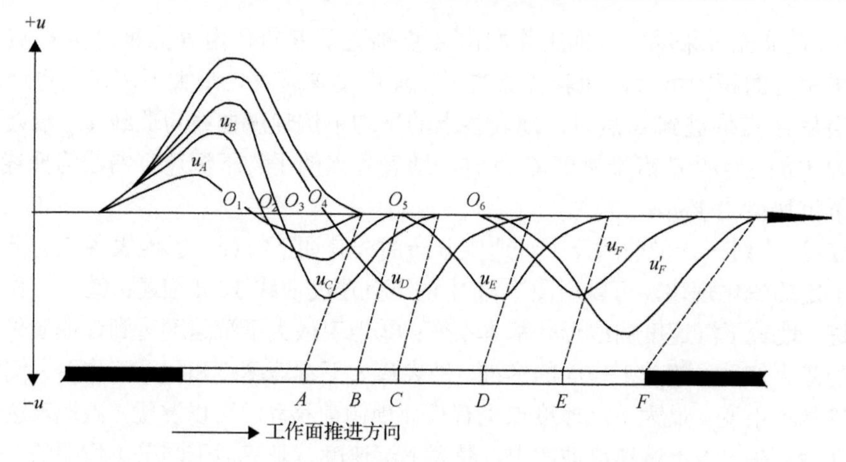


图 7-32　采动过程中地表水平移动曲线变化规律

## 2. 曲率变化规律

固定边界上方地表的最大正曲率，在非充分采动时由小到大逐渐增加，至地表移动稳定时达到最大值；最大负曲率先由小到大逐渐增加，然后又由大变小至充分采动时达到一固定值。图 7-33 表示工作面推进过程中地表曲率的变化规律。

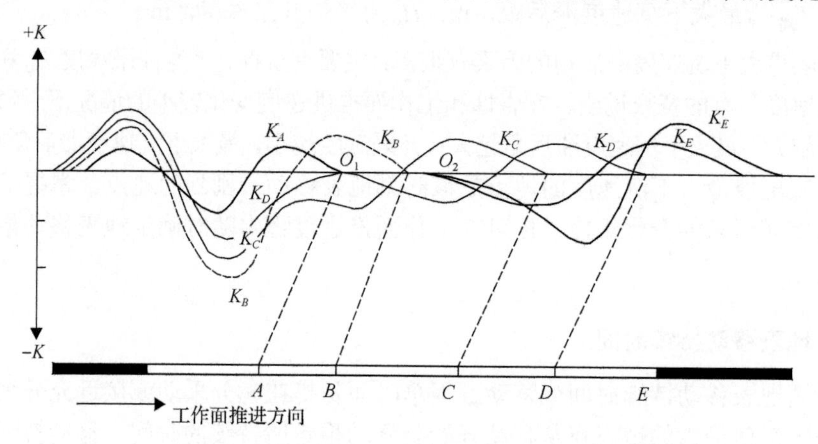


图 7-33　采动过程中地表曲率变形曲线变化规律

在推进过程中工作面边界上方地表最大正曲率，在非充分采动时由小到大逐渐增加到一固定值，如图中 $K_A$、$K_B$、$K_C$ 分别表示工作面在 A 点、B 点、C 点时的地表曲率曲线。当达到充分采动，即采到 D 点时，盆地内出现两个最大负曲率，盆地中心点 $O_1$ 处曲率值等于零。当达到超充分采动时，推进过程中工作面前后的曲率变形曲线随着工作面的推进而均匀地向前移动，曲线形状基本相似，最大正负曲率变形值基本相同，曲率变形零值区不断扩大。当工作面停采后，工作面上方的地表曲率变形曲线仍继续向前移动一段距离，最大曲率值仍继续增大，直至地表移动达到稳定。$K_E'$ 为移动稳定后的曲率变形曲线。

需要指出的是，当采区尺寸足够大，地表已达到充分采动时，工作面推进过程中前方煤层上方的地表最大曲率变形值小于移动稳定后的地表最大曲率变形值，但在开切眼(固定边界)附近，地表尚未达到充分采动时，工作面推进过程中的地表最大负曲率变形值的绝对值大于其稳定后的地表最大负曲率变形值的绝对值。

回采工作面推进过程中的地表水平变形变化规律与曲率变形变化规律基本相同。

3. 垂直于推进方向断面上地表移动与变形规律

垂直于推进方向断面上地表移动与变形规律如图 7-34 所示，应当指出，目前对采动过程中地表移动和变形规律的研究得很不充分，尤其是对一些参数的变化规律研究得更少，今后需要加强这方面的研究工作。

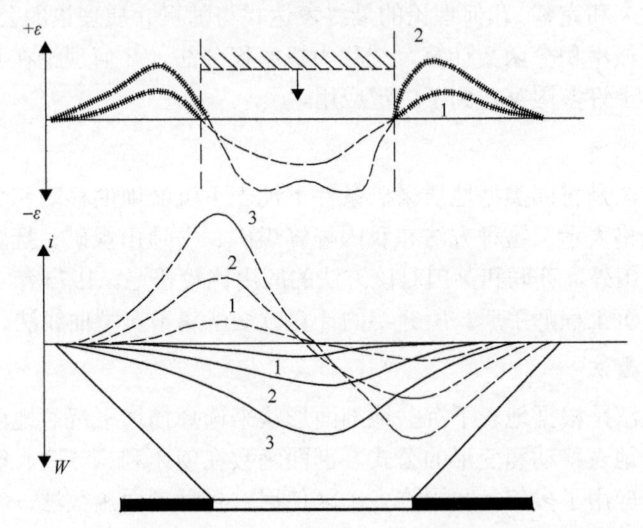


图 7-34　垂直于工作面推进方向的断面上下沉、倾斜和水平变形的变化规律

1、2、3-工作面推进到不同位置

## 7.4　地表移动变形的预计方法

### 7.4.1　地表移动预计概念及意义

地表移动预计是开采损害评价和环境防护的重要内容，在开采及相关工程设计施工之前都要进行地表移动变形的预计。目前，国内外比较广泛使用的地表移动预计方法有 3 类：理论法、典型曲线法和剖面函数法[3, 77]。

1) 理论法

计算地表移动的理论法有随机介质理论法、弹塑性理论法、几何理论法等。

随机介质理论是李特维尼申教授于1956年提出的。后来，我国刘天泉院士、刘宝琛院士、廖国华教授、周国铨教授等在这方面做了许多工作，完善和发展了这一理论，并提高了它的实用性，使其成为广泛应用的概率积分法。

阿维尔申(苏联)曾应用塑性理论研究地表移动，沙乌斯托维奇(波兰)、M.鲍莱茨基和M.胡戴克(波兰)、库玛尔(印度)等根据弹性理论认为下沉盆地剖面类似于梁或板的弯曲。但由于受采动岩体的力学常数难以精确确定，至今尚未达到定量的实用阶段。近十余年来，随着有限元法的广泛应用，弹塑性理论用于计算地表移动和变形成为可能。电子计算机的快速运算能力给选择较为复杂而又与实际符合的数学、力学模型创造了条件。我国许多从事岩层移动及“三下”开采的学者在这方面已做了大量卓有成效的研究工作，并完善和发展了这一理论。

几何理论开始于20世纪20年代。1950年以来，该理论由布得雷克、克诺特(波兰)加以发展和完善。几何理论的最终表达式与随机介质理论的公式是一致的，由于都利用了概率积分函数计算，统称为概率积分法。几何理论在我国和包括波兰在内的世界上许多国家得到了广泛应用。

2) 典型曲线法

典型曲线法是将同类型地质采矿条件下地表下沉盆地的移动和变形分布用无因次曲线或表格表示。这种方法在我国峰峰煤矿、平顶山煤矿、抚顺煤矿等矿区成功使用。在国外，苏联和英国对该方法的应用比较普遍。1975年英国煤炭管理局出版的《下沉工程师手册》所介绍的计算方法就属于典型曲线法。

3) 剖面函数法

剖面函数法是根据地表下沉盆地剖面形状来选择描述下沉盆地剖面的相应函数，作为计算地表移动和变形的公式。剖面函数在匈牙利、苏联、德国、英国、南斯拉夫等国应用了多年。我国许多矿区使用过多种剖面函数法，特别是负指数函数法应用得较多。综合上述各种预计方法，其中概率积分法目前在我国使用极为广泛，因此现在《建筑物、水体、铁路及主要井巷煤柱留设与压煤开采规范》(2017版)仅推荐采用概率积分法。

根据预计的要求、保护对象的空间位置和开采矿层的情况，地表移动变形预计的内容可以包括下列内容的一项或几项：

(1)下沉盆地主断面上的移动和变形预计。预计地表沿下沉盆地走向主断面和(或)倾向主断面的移动和变形分布。

(2)最大值预计。预计地表的下沉、倾斜、曲率、水平移动和水平变形的最大值及其出现的位置。

(3)地表任意点的移动和变形值预计。预计地表下沉盆地内任意点的下沉值及该点沿指定方向的倾斜、曲率、水平移动、水平变形、扭曲和剪应变值。

(4) 多工作面和(或) 多煤层开采时岩层和地表移动预计。地表点受到重复开采的影响，预计时应考虑所有影响的总和。

### 7.4.2　概率积分法

在众多开采沉陷的预计方法中，概率积分法是目前我国用于开采沉陷预计最为广泛的方法。概率积分法因其所选用的移动和变形预计公式中含有概率积分(或其导数)而得名，因为这种方法的基础理论是随机介质理论，所以又叫随机介质理论法[3]。随机介质理论先由波兰学者李特威尼申于 20 世纪 50 年代引入地表移动变形计算，后由我国刘宝琛院士、廖国华教授发展为概率积分法[78, 79]。经过我国开采沉陷研究工作者几十年来的研究，目前，其已成为我国最为成熟、应用最为广泛的预计方法。1985 年国家煤炭工业部颁布的《建筑物、水体、铁路及主要巷道煤柱留设与压煤开采规范》，以随机介质理论为基础的概率积分法为主要的预计方法，并给出了全国各矿区地表移动预计的概率积分法参数，进一步推动了概率积分法在我国煤炭行业开采沉陷计算中的应用。2017 年，《建筑物、水体、铁路及主要巷道煤柱留设与压煤开采规范》(2017 版) 中更进一步地推荐收录了概率积分法[32]。下面介绍概率积分法预计的部分公式。

在平面问题中，所谓半无限开采是指开采边界的一侧，在断面方向采空区为无限长；若拐点偏移距 $S>0$ 的煤层已全厚采出，$S<0$ 的煤层全都没有开采，此种情况称为半无限开采。

1. 半无限开采的倾斜煤层($\alpha<50°$) (图 7-35)

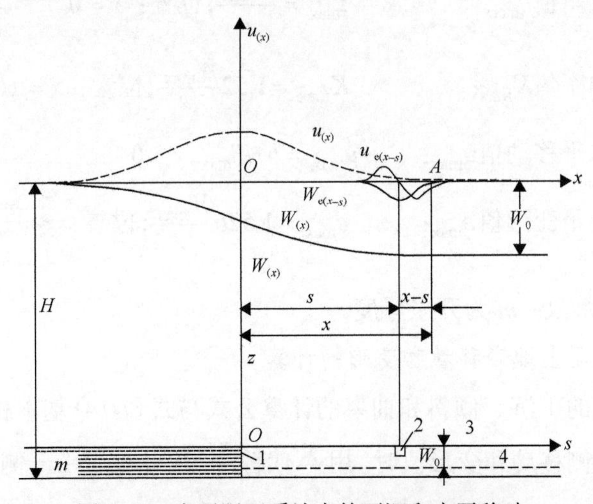


图 7-35　半无限开采地表的下沉和水平移动

1-煤壁；2-开采单元；3-下沉前顶板原始位置；4-下沉后顶板假设位置；$W_0$-顶板下沉量；$x$-任意点与煤壁之间的距离；$s$-开采单元与煤壁之间的距离

1) 走向主断面上地表移动和变形值计算

$$
\left.\begin{aligned}
&\text{下沉值}W(x)\text{:} && W(x)=\frac{W_{\max}}{\sqrt{\pi}}\int_{-\sqrt{\pi}\frac{x}{r}}^{\infty}\mathrm{e}^{-\lambda^2}\mathrm{d}\xi\\
&\text{倾斜}i(x)\text{:} && i(x)=\frac{W_{\max}}{r}\mathrm{e}^{-\pi\left(\frac{x}{r}\right)^2}\\
&\text{曲率}K(x)\text{:} && K(x)=\frac{2\pi}{r}W_{\max}\left(\frac{x}{r}\right)\mathrm{e}^{-\pi\left(\frac{x}{r}\right)^2}\\
&\text{水平移动}u(x)\text{:} && u(x)=bW_{\max}\cdot\mathrm{e}^{-\pi\left(\frac{x}{r}\right)^2}\\
&\text{水平变形}\varepsilon(x)\text{:} && \varepsilon(x)=-2\pi\frac{W_{\max}}{r}\left(\frac{x}{r}\right)\cdot\mathrm{e}^{-\pi\left(\frac{x}{r}\right)^2}
\end{aligned}\right\}\qquad(7\text{-}14)
$$

式中，$x$ 为计算点的坐标，m；$r$ 为主要影响半径；$W_{\max}$ 为最大下沉值；$b$ 为水平移动系数。坐标原点为计算边界(考虑拐点偏距)在地表的投影，坐标轴指向采空区方向为正，指向煤柱方向为负。

2) 走向主断面上地表移动和变形的最大值及其位置

$$
\left.\begin{aligned}
&\text{最大下沉值}W_{\max}\text{:} && W_{\max}=qm\cdot\cos\alpha;\text{位置：}x=\infty\\
&\text{最大倾斜值}i_{\max}\text{:} && i_{\max}=\frac{W_{\max}}{r};\text{位置：}x=0\\
&\text{最大曲率值}K_{\max}\text{:} && K_{\max}=1.52\frac{W_{\max}}{r^2};\text{位置：}x=\pm0.4r\\
&\text{最大水平移动值}u_{\max}\text{:} && u_{\max}=b\cdot W_{\max};x=0\\
&\text{最大水平变形值}\varepsilon_{\max}\text{:} && \varepsilon_{\max}=1.52b\frac{W_{\max}}{r};\text{位置：}x=\pm0.4r
\end{aligned}\right\}\qquad(7\text{-}15)
$$

式中，$q$ 为下沉系数；$m$ 为开采厚度。

3) 倾斜主断面上地表移动和变形的计算

倾斜主断面的下沉、倾斜和曲率的计算公式与式(7-14)基本相同，仅计算倾斜主断面上山一侧移动和变形值时，用 $\frac{y}{r_2}$ 代替 $\frac{x}{r}$；仅计算下山一侧移动和变形时，用 $\frac{y}{r_1}$ 代替 $\frac{x}{r}$。

倾斜主断面水平移动 $u_{1,2}(y)$ 和水平变形值 $\varepsilon_{1,2}(y)$ 计算式为

$$\left.\begin{aligned} u_{1,2}(y) &= u_{\max} \cdot \mathrm{e}^{-\pi\left(\frac{y}{r_{1,2}}\right)} \pm W(y)\cot\theta \\ \varepsilon_{1,2}(y) &= \varepsilon_{\max}\left[-4.13\frac{y}{r_{1,2}}\mathrm{e}^{-\pi\left(\frac{y}{r_{1,2}}\right)^2} \pm i(y)\cot\theta\right] \end{aligned}\right\} \tag{7-16}$$

式中，$r_{1,2}$ 为倾斜主断面下山边界主要影响半径($r_1$)和上山边界主要影响半径($r_2$)，m。

$$r_1 = \frac{H_1}{\tan\beta},\ r_2 = \frac{H_2}{\tan\beta} \tag{7-17}$$

式中，$H_1$ 为下山计算开采深度，m，$H_1 = H_1' - S_1\sin\alpha$；$H_2$ 为上山计算开采深度，m，$H_2 = H_2' - S_2\sin\alpha$；$H_1'$、$H_2'$ 分别为实测的下山开采深度和上山开采深度，m；$S_1$、$S_2$ 分别为下山和上山边界拐点偏移距，m；$\tan\beta$ 为主要影响角正切。

计算上山一侧的水平移动 $u_2(y)$ 和水平变形 $\varepsilon_2(y)$ 时，式(7-16)中对应的计算式右端第二项取负号，计算下山一侧的 $u_2(y)$ 和 $\varepsilon_2(y)$ 时取正号。

倾斜主断面 $y$ 坐标的原点为由下山计算边界(考虑拐点偏距)按开采影响传播角 $\theta_0$ 作直线与地面的交点。

4) 倾斜主断面上地表移动变形的最大值及其位置

倾斜主断面上最大倾斜值和最大曲率值的计算公式与式(7-16)基本相同，仅在计算倾斜主断面上山一侧最大移动变形值时，用 $\frac{y}{r_2}$ 代替 $\frac{x}{r}$，计算下山一侧最大移动变形值时，用 $\frac{y}{r_1}$ 代替 $\frac{x}{r}$，倾斜主断面上最大水平移动值和最大水平变形值的计算公式如下。

对于上山一侧，计算最大拉伸时，$\cot\theta_0$ 取“−”，$\sqrt{\frac{\cot^2\theta_0}{b^2}+8\pi}$ 取“+”；计算最大压缩时，$\cot\theta_0$ 取“−”，$\sqrt{\frac{\cot^2\theta_0}{b^2}+8\pi}$ 取“−”。对于下山一侧，计算最大拉伸时，$\cot\theta_0$ 取“+”，$\sqrt{\frac{\cot^2\theta_0}{b^2}+8\pi}$ 取“+”；计算最大压缩时，$\cot\theta_0$ 取“+”，$\sqrt{\frac{\cot^2\theta_0}{b^2}+8\pi}$ 取“−”。

$$
\left.\begin{aligned}
&\text{最大水平移动值}u_{\max}\text{：}\ u_{\max}=bW_{\max}\mathrm{e}^{-\frac{1}{\pi}\frac{\cot^2\theta_0}{4b^2}}+\frac{W_{\max}\cdot\cot\theta_0}{\sqrt{\pi}}\int_{-\frac{\cot\theta_0}{2b\sqrt{\pi}}}^{\infty}\mathrm{e}^{-\lambda^2}\mathrm{d}\lambda\\
&\text{位置：}\ \frac{y}{r}=\frac{\cot\theta_0}{2\pi b}\\
&\text{最大水平变形}\varepsilon_{\max}\text{：}\ \varepsilon_{\max}=\frac{W_{\max}}{2r_{1,2}}\left(\pm\cot\theta_0\pm\sqrt{\frac{\cot^2\theta_0}{b^2}+8\pi}\right)\\
&\qquad\qquad\exp\left\{-\left[\frac{\cot\theta_0}{8\pi b}\left(\frac{\cot\theta_0}{b}+\sqrt{\frac{\cot^2\theta_0}{b^2}+8\pi}\right)+\frac{1}{2}\right]\right\}\\
&\text{位置：}\ \frac{y}{r_{1,2}}=\frac{\dfrac{-\tan\theta_0}{b}\pm\sqrt{\dfrac{\cot^2\theta_0}{b^2}+8\pi}}{4\pi}
\end{aligned}\right\}\quad(7\text{-}18)
$$

计算最大拉伸变形位置时(在煤柱一侧)，$\sqrt{\frac{\cot^2\theta_0}{b^2}+8\pi}$ 取“+”，计算最大压缩变形位置时(在采空区一侧)，$\sqrt{\frac{\cot^2\theta_0}{b^2}+8\pi}$ 取“−”。

2. 有限开采条件下地面任意点移动和变形计算

$$
\left.\begin{aligned}
&\text{下沉}W(x,y)\text{:}\quad W(x,y)=\frac{1}{W_{\max}}W(x)\cdot W(y)\\
&\text{倾斜}i(x,y,\phi)\text{:}\quad i(x,y,\phi)=\frac{1}{W_{\max}}[i(x)W(y)\cos\phi+i(y)W(x)\sin\phi]\\
&\text{曲率}K(x,y,\phi)\text{:}\quad K(x,y,\phi)=\frac{1}{W_{\max}}\big[K(x)W(y)\cos^2\phi+K(y)W(x)\sin^2\phi\\
&\qquad\qquad +i(x)i(y)\cdot\sin 2\phi\big]\\
&\text{水平移动：}u(x,y,\phi)\\
&u(x,y,\phi)=\frac{1}{W_{\max}}[u(x)W(y)\cos\phi+u(y)W(x)\cdot\sin\phi]\\
&\text{水平变形：}\varepsilon(x,y,\phi)\\
&\varepsilon(x,y,\phi)=\frac{1}{W_{\max}}[\varepsilon(x)W(y)\cos^2\phi+K(y)W(x)\sin^2\phi+u(x)i(y)\\
&\qquad +u(y)i(x)\sin\phi\cdot\cos\phi]
\end{aligned}\right\}\quad(7\text{-}19)
$$

式中，$\phi$为从横坐标 $x$ 方向反时针旋转到待求方向的角度，(°)；$W(x)$、$i(x)$、$K(x)$、$u(x)$、$\varepsilon(x)$为计算点在走向主断面上投影点的下沉、倾斜、曲率、水平移动和水平变形($y$ 方向为充分采动时)；$W(y)$、$i(y)$、$K(y)$、$u(y)$、$\varepsilon(y)$为计算点在倾斜主断面上投影点的下沉、倾斜、曲率、水平移动和水平变形($x$ 方向为充分采动时)。

3. 两个方向上均为有限开采时的下沉剖面移动与变形计算

在前面的计算中，$W(x)$、$i(x)$、…和 $W(y)$、$i(y)$、…均不是实际的有限开采的下沉剖面，而是另一个方向充分采动时的下沉剖面。为了得到实际主断面上有限开采的下沉剖面(另一个方向上也可能是有限开采)可以由式(7-20)导出，并记为 $W[x]$、$i[x]$、……，即

$$\begin{aligned}
&\text{下沉：} && W[x]=C_{xm}[W_3(x)-W_4(x-l)]\\
&\text{倾斜：} && i[x]=C_{xm}[i_3(x)-i_4(x-l)]\\
&\text{曲率：} && K[x]=C_{xm}[K_3(x)-K_4(x-l)]\\
&\text{水平移动：} && u[x]=C_{xm}[u_3(x)-u_4(x-l)]\\
&\text{水平变形：} && \varepsilon[x]=C_{xm}[\varepsilon_3(x)-\varepsilon_4(x-l)]
\end{aligned} \tag{7-20}$$

另一方向上的各种移动与变形如下。

$$\begin{aligned}
&\text{下沉：} && W[y]=C_{ym}[W_3(y)-W_4(y-L)]\\
&\text{倾斜：} && i[y]=C_{ym}[i_3(y)-i_4(y-L)]\\
&\text{曲率：} && K[y]=C_{ym}[K_3(y)-K_4(y-L)]\\
&\text{水平移动：} && u[y]=C_{ym}[u_3(y)-u_4(y-L)]\\
&\text{水平变形：} && \varepsilon[y]=C_{ym}[\varepsilon_3(y)-\varepsilon_4(y-L)]
\end{aligned} \tag{7-21}$$

式中，$C_{xm}$、$C_{ym}$ 分别为下沉盆地走向和倾斜方向上的采动程度系数，其数值等于下沉剖面 $W(x)$ 和 $W(y)$ 的最大值除以最大下沉值 $W_{max}$；$l$、$L$ 分别为走向和倾斜采空区长度减去两端相关偏距并乘以角度校正值，m，即 $l=D_3-S_3-S_4$，$L=(D_1-S_1-S_2)\cdot\dfrac{\sin(\theta_0+\alpha)}{\sin\theta_0}$，其中 $D_1$ 为采空区倾向长度，$D_3$ 为采空区走向长度，单位均为 m。

### 7.4.3　计算基本参数及其取值范围

用概率积分法计算地表移动与变形值的公式中，所需的基本参数有 5 个，即下沉系数 $q$、主要影响角的正切 $\tan\beta$、拐点偏移距 $S$、水平移动系数 $b$ 和开采影响传播角 $\theta_0$。

1) 下沉系数 $q$

充分采动时，地表最大下沉值 $W_{max}$ 与煤层法线采厚 $M_{法}$ 在铅垂方向投影长度的比值称下沉系数：

$$q = \frac{W_{max}}{M_{法} \cdot \cos\alpha} \tag{7-22}$$

式中，$\alpha$ 为煤层倾角。

2) 水平移动系数 $b$

充分采动时，走向主断面上地表最大水平移动值 $u_{max}$ 与地表最大下沉值 $W_{max}$ 的比值称水平移动系数：

$$b = \frac{u_{max}}{W_{max}} \tag{7-23}$$

3) 开采影响传播角 $\theta_0$

充分采动时，倾向主断面上地表最大下沉值 $W_{max}$ 与该点水平移动值 $u_{wmax}$ 的比值的反正切为开采影响传播角：

$$\theta_0 = \operatorname{arccot}\left(\frac{W_{max}}{u_{wmax}}\right) \tag{7-24}$$

式中，$u_{wmax}$ 为倾向剖面上最大下沉值点处的水平移动值，mm。

4) 主要影响角的正切 $\tan\beta$

主要影响角的正切 $\tan\beta$ 为走向主断面上走向边界采深 $H_z$ 与其主要影响半径 $r_z$ 之比：

$$\tan\beta = \frac{H_z}{r_z} \tag{7-25}$$

充分采动时，走向主断面上下沉值分别为 $0.16W_{max}$ 和 $0.84W_{max}$ 值的点间距为 $0.8r_z$，即 $l$=$0.8r_z$，由此可得 $r_z$=$l$/0.8。

5) 拐点偏移距 $S$

充分采动时，下沉盆地主断面上下沉值为 $0.5W_{max}$、最大倾斜和曲率为零的 3 个点的点位 $x$(或 $y$) 的平均值 $x_0$(或 $y_0$) 为拐点坐标。将 $x_0$(或 $y_0$) 向煤层投影(走向断面按 90°、倾向断面按影响传播角 $\theta_0$ 投影)，其投影点至采区边界的距离为拐点偏移距。拐点偏移距分下山边界拐点偏移距 $S_1$、上山边界拐点偏移距 $S_2$、走向左边界拐点偏移距 $S_3$ 和走向右边界拐点偏移距 $S_4$。

以上参数的取值范围大致如下：

(1) $q$ 为 0.6～0.9，一般为 0.6～0.8；

(2) $b$ 一般在 0.20～0.40 变化；

(3) $\theta_0$ 可按 $\theta_0=90°-K\cdot\alpha$ 取值；

(4) $\tan\beta$ 在 1.04～6.80 变化，常见值为 1.3～2.5。

(5) $S$ 与顶板岩性和采空区尺寸有关，顶板软弱和采空区尺寸小时，$S$ 偏小，相反则偏大，而达到充分采动时趋于定值。

当中硬顶板充分开采时 $S$ 可取 $0.15H$，非充分开采时 $S$ 可取 $(0.10\sim0.14)H$。

### 7.4.4 计算机计算

当前计算机应用非常广泛，已摆脱了繁杂的手算预计，大多数都用专门程序拟合计算各种参数，并将参数输入专用程序即可预计地表移动变形的各种结果，并可以用各种等值线图表示出任意点的各种移动变形值。

## 7.5 地表残余移动变形规律及预计

### 7.5.1 长壁老采空区地表残余移动变形规律

模拟和现场实测研究结果表明，长壁老采空区的“活化”沉降特征主要表现为采动空隙的再压密、采空区边缘煤柱和顶板岩体结构失稳引起的边界空洞充填和离层压密。物理和数值模拟研究表明，长壁老采空区“活化”造成的地表沉降具有采空区中部沉降量大、沉降均匀，采空区边界上方沉降量次之、沉降差异较大，而采空区外侧沉降量最小，即长壁老采空区“活化”地表沉降的分布近似呈中部大、边缘小的似盆形，也就是说长壁老采空区地表残余移动变形规律与长壁开采地表移动变形规律相似。

### 7.5.2 老采空区地表残余移动变形预计

#### 1. 小窑和老窑采空区上方地表的残余移动变形预计

无论采用什么样的房式或柱式采煤方法，小窑和老窑采空区的失稳都主要表现为煤柱或围岩坍塌、垮落及充填采空区，然后塌陷逐渐发展到地表形成下沉盆地或塌陷坑。塌陷坑主要是开采空洞顶板出现抽冒性塌落造成的，一般发生在采深很小的地区。下沉盆地一般是煤柱被压坏或压入顶底板导致顶板垮落、覆岩垂直向下弯曲形成的，通常是一个较浅、开阔的盆状凹地，其分布形态类似于长壁全垮落法地表移动盆地。

因此，在预测具有一定采深的老采空区“活化”可能造成的沉陷时，可采用等价开采预测法，即根据勘察摸清老采空区分布和地质采矿条件，将地下采空区等价为同样范围的全部垮落法采空区，然后采用常用的开采沉陷预计技术进行地表移动和变形预计，具体步骤如下所述[25]。

(1)针对地下老采空区的残留煤柱和采场分布情况，圈出地下老采空区的范围。

(2)分析煤柱的稳定性，利用宽度较大、稳定性好的煤柱将开采区域隔离成几个等价工作面，宽度较小、稳定性差的煤柱应计入等价工作面。

(3)分析估算等价工作面内的煤炭采出率，并据此换算出该开采区域的等价开采厚度。等价开采厚度 $M'$ 可按下式近似估算：

$$M' = M \times \rho$$

式中，$M$ 为实际采厚；$\rho$ 为采出率。

(4)根据等价工作面和等价采厚，按常规方法如概率积分法、典型曲线法等计算地表移动和变形。预计参数可采用本矿区全部开采时的预计参数。

该方法适用于残留煤柱大小、分布比较均匀，煤柱失稳后上覆岩层呈大面积塌陷的老采空区沉陷预计。

若残留煤柱分布不均匀，可将采空区划分为相对均匀的几个区域，分别按该方法进行预计。

### 2. 长壁老采空区地表残余移动变形预计方法

根据工作面残余沉降实测结果，发现残余沉降仍基本符合开采沉陷盆地的基本特征，因此，老采空区残余沉降变形预计仍可采用概率积分法。

根据颗粒体介质力学理论，假设在岩层移动过程结束后，所有的采动空隙均被充分充填并压密，则形成的地表移动盆地应是理想的随机介质模型(即常用的概率积分模型)下沉分布形式，或称为理想的极限下沉分布，如图 7-36 中的曲线 $W'(x)$，即最大下沉量等于采厚乘以极限下沉系数 $q'$，煤柱边界上方的下沉值为最大下沉值的一半。

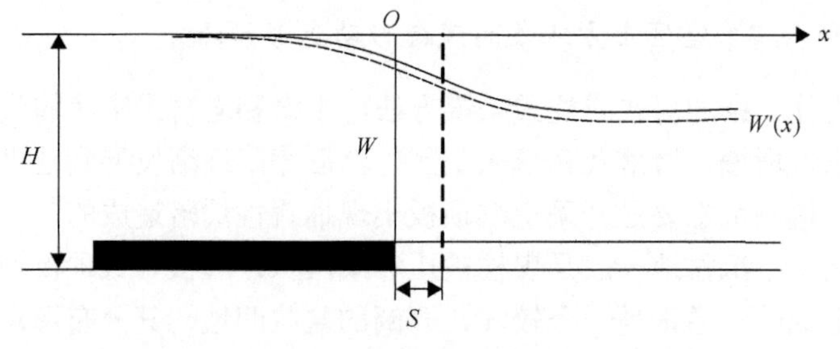


图 7-36　采空区上方理想下沉和实际下沉曲线

$H$-开采深度；$S$-拐点偏移距

半无限开采条件下的极限下沉分布曲线为

$$W'(x)=\frac{q'm}{2}\left[\operatorname{erf}\left(\frac{\sqrt{\pi}}{r}x\right)+1\right] \tag{7-26}$$

式中，$W'(x)$为理想随机介质模型下沉曲线；$m$ 为开采厚度，m；$q'$为极限下沉系数，显然 $q<q'<1$；$r$ 为主要影响半径，m；$x$ 为离采空区边界的距离，m。

实际中，由于破裂岩体的碎胀作用和采空区边界的顶板不充分垮落作用，实际的底边下沉曲线为

$$W(x)=\frac{qm}{2}\left[\operatorname{erf}\left(\frac{\sqrt{\pi}}{r}x-S\right)+1\right] \tag{7-27}$$

式中，$W(x)$为实际随机介质模型下沉曲线；$m$ 为开采厚度，m；$q$ 为一般下沉系数；$S$ 为拐点偏移距，m。

假设老采空区在各种因素的综合作用下达到充分“活化”时，地表移动可达到理想的随机介质分布状态。因此考虑充分“活化”后的地表总下沉量可采用理想随机介质模型下沉曲线 $W'(x)$来描述，即作为开采引起的极限下沉分布。

则老采空区“活化”引起的极限附加下沉量为

$$\begin{aligned}W_{\mathrm{e}}(x)&=W'(x)-W(x)\\&=\frac{q'm}{2}\left[\operatorname{erf}\left(\frac{\sqrt{\pi}}{r}x\right)+1\right]-\frac{qm}{2}\left[\operatorname{erf}\left(\frac{\sqrt{\pi}}{r}x-S\right)+1\right]\\&=\frac{W'_{\max}}{2}\left[\operatorname{erf}\left(\frac{\sqrt{\pi}}{r}x\right)+1\right]-\frac{W_{\max}}{2}\left[\operatorname{erf}\left(\frac{\sqrt{\pi}}{r}x-S\right)+1\right]\end{aligned} \tag{7-28}$$

$W'_{\max}=q'm$ 为水平煤层开采地表极限最大下沉值。倾斜煤层开采地表极限最大下沉值为

$$W'_{\max}=q'm\cos\alpha \tag{7-29}$$

$W_{\max}=qm$ 为一般的水平煤层开采地表最大下沉值。倾斜煤层开采地表极限最大下沉值为

$$W_{\max}=qm\cos\alpha \tag{7-30}$$

$W_{\mathrm{e}}$ 可以作为长壁老采空区“活化”造成的地表附加沉降的最大值。极限下沉系数 $q'$可根据充分压实后的岩石极限碎胀系数进行估算，也可根据多次重复采动和充分下沉后的地表实测数据进行近似估算，或直接按其极限状态 $q'=1$ 考虑。

需要说明的是，长壁采空区上方地表的残余沉降是一个长期过程，工作面停

采时间越长，其剩余沉降量越小。因此在计算时应考虑到不同工作面停采时间和采深的影响，并依次来修正当前已完成下沉的下沉系数，如图 7-37 所示。

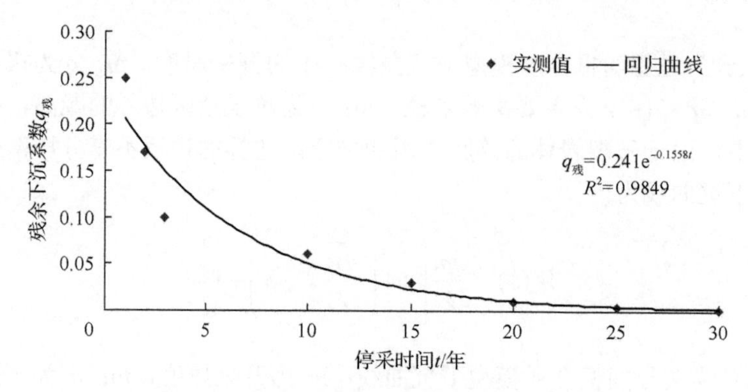


图 7-37 残余下沉系数与停采时间的关系[80]

根据式(7-28)求一阶导数和二阶导数可获得“活化”引起的地表残余倾斜 $i_e(x)$ 和地表残余曲率 $K_e(x)$ 的计算公式：

$$\begin{aligned} i_e(x) &= \frac{\mathrm{d}W_e(x)}{\mathrm{d}x} \\ &= \frac{\mathrm{d}W'(x)}{\mathrm{d}x} - \frac{\mathrm{d}W(x)}{\mathrm{d}x} \\ &= i'(x) - i(x) \\ &= \frac{W'_{\max}}{r} \mathrm{e}^{-\pi\frac{x^2}{r^2}} - \frac{W_{\max}}{r} \mathrm{e}^{-\pi\frac{(x-S)^2}{r^2}} \end{aligned} \tag{7-31}$$

式中，$i'(x)$ 为理想随机介质模型地表倾斜。

$$\begin{aligned} K_e(x) &= \frac{\mathrm{d}i_e(x)}{\mathrm{d}x} \\ &= \frac{\mathrm{d}i'(x)}{\mathrm{d}x} - \frac{\mathrm{d}i(x)}{\mathrm{d}x} \\ &= \frac{2\pi W_{\max}}{r^3} x\mathrm{e}^{-\pi\frac{(x-S)^2}{r^2}} - \frac{2\pi W'_{\max}}{r^3} x\mathrm{e}^{-\pi\frac{x^2}{r^2}} \end{aligned} \tag{7-32}$$

根据类似的方法，假设极限地表移动的水平移动系数 $b$ 与一般地表移动盆地基本相同，可获得老采空区“活化”引起的地表附加水平移动和附加水平变形的计算公式：

$$u_e(x) = bW'_{\max} \mathrm{e}^{-\pi\frac{x^2}{r^2}} - bW_{\max} \mathrm{e}^{-\pi\frac{(x-S)^2}{r^2}} \tag{7-33}$$

$$\varepsilon_{\mathrm{e}}(x)=\frac{2\pi b W_{\max}}{r^2}x\mathrm{e}^{-\pi\frac{(x-S)^2}{r^2}}-\frac{2\pi b W'_{\max}}{r^2}x\mathrm{e}^{-\pi\frac{x^2}{r^2}} \tag{7-34}$$

应用以上各公式可以近似估算半无限开采条件下长壁老采空区极限“活化”造成的沿主断面的地表附加移动和变形分布。根据概率积分法预计公式推导方法，可导出地表任意点的附加移动和变形计算公式。在选取计算参数时，考虑到采空区破裂岩土体较原岩更加松软、破碎，主要影响角正切可参照开采沉陷参数适当增大。其他参数可近似取用原开采沉陷预测参数。

### 3. 老采空区地表移动变形数值计算预计方法

数值模拟计算是分析老采空区地基稳定性和地基沉降变形的有效方法。常用的数值模拟方法包括有限元法、边界元法、离散元法及混合法，其中应用最普遍的为有限元法，国内外已经有许多可直接用于岩土工程分析的、比较成熟的有限元计算软件，如 ADINA、SAP、NCAP、NOLM83、UDEC、FLAC、ANASYS 等。

采用数值模拟方法进行老采空区沉降预计主要有以下步骤。

#### 1) 建立物理模型

根据研究工作需要，首先应根据所要模拟分析的对象确定模拟空间范围(三维模型)或剖面位置(二维模型)；其次根据有关的地质采矿条件，绘制一个底层立体图或剖面图，图中应标明各主要岩层的岩性、采动破坏情况和地面建(构)筑物的位置、基础尺寸和荷载情况。

#### 2) 建立计算几何模型

根据岩土力学和有关地基稳定性研究成果，在物理模型的基础上，根据建(构)筑物荷载和地下采动岩体的具体情况，确定计算模型的尺寸和边界。根据多次数值模型分析模型边界效应对计算结果的影响和采动影响岩体的特殊性进行分析。计算模型的尺寸确定必须满足下述原则。

(1) 计算模型的尺寸必须大于拟建建(构)筑物在地基中形成的应力泡和可能造成建(构)筑物附加沉陷变形的老采空区范围。

(2) 如图 7-38 所示，在沿煤层走向方向上，计算模型的宽度 $l$ 可按式(7-35)计算：

$$l \geqslant 6 l_{走} \tag{7-35}$$

或按式(7-36)计算：

$$l \geqslant l_{走} + 2h_{表}\cot\varphi + 2(H_0 - h_{表})\cot\delta \tag{7-36}$$

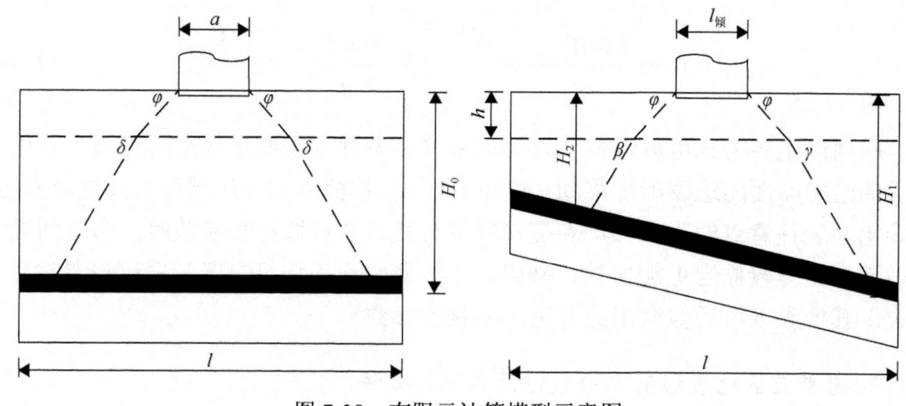


图 7-38　有限元计算模型示意图

在沿煤层倾向方向上，计算模型的宽度 $L$ 可按式(7-37)计算：

$$L \geqslant 6l_{倾} \tag{7-37}$$

或按式(7-38)计算：

$$L \geqslant l_{倾} + 2h_{表}\cot\varphi + (H_1 - h_{表})\cot\gamma + (H_2 - h_{表})\cot\beta \tag{7-38}$$

式中，$l_{走}$、$l_{倾}$ 分别为建(构)筑物走向和倾向长度，m；$H_0$、$h_{表}$ 分别为建(构)筑物下方开采煤层的平均开采深度和表土层厚度，m；$H_1$、$H_2$ 分别为倾斜断面上模型下山和上山方向的煤层开采深度，m；$\delta$、$\gamma$、$\beta$ 分别为本矿区的开采沉陷走向、上山和下山岩层移动角，(°)；$\varphi$ 为松散层移动角。

计算模型的深度，一般计算至开采煤层底板下 15～20m。

最后确定的计算模型范围应尽量同时满足上述两类公式的要求。

根据地层的岩性、采动岩体破坏情况及地面建(构)筑物荷载情况可将模型分割成一定数量的单元；根据单元所在的位置和岩性情况，可将这些单元分为若干组。

给定模型的边界条件要满足现场地质条件和生产实践的要求。对于老采空区地面建(构)筑物沉陷预测数值模型，一般给定的边界条件为：上部边界自由和给定建(构)筑物荷载约束；左、右边界的水平位移固定约束(置零)，垂直位移不约束(自由)；底部边界的水平位移和垂直位移固定约束(置零)。

3)选择岩土体本构模型和屈服准则

考虑普通岩体和破碎岩土体的力学特点，一般采用的岩土体本构模型为带拉断计算的 Drucker-Prager-Cap 模型，即在材料的弹塑性分析中，弹性阶段的应力-应变关系按弹性力学规律求解，在塑性阶段采用的屈服准则、流动法则和硬化模型分别为 Drucker-Prager 屈服准则、Prandtl-Reuss 弹塑性流动理论(增量理论)，在计算中一旦材料被拉断，则该方向的主应力值将为零，将重新形成新的刚度矩阵进而导致应力局部区域重新分布。

这一材料模型已广泛地应用于岩土类材料模拟计算中。实践证明，用这种材料模型描述岩土类材料具有很多优越性且比较符合实际[81-83]。

4) 岩土体力学参数的确定

根据模型中各组单元的岩性与破坏情况，确定各组单元材料的物理力学参数。对于 ADINA 程序[82]，采用带拉断计算的 Drucker-Prager-Cap 模型计算二维模型时，需要输入下列参数：

各岩层、土体单元组的重力密度 $\gamma$；

各岩层、土体单元组的弹性模量 $E$ 和泊松比 $\mu$；

各岩层、土体单元组的屈服函数参数 $\alpha$ 和 $K_3$；

各岩层、土体单元组的硬化帽参数 $D_{硬}$ 和 $W_{硬}$；

各岩层、土体单元组的硬化帽的初始位置 $\sigma_{\mathrm{m}}^{0}$；

各岩层、土体单元组的抗拉强度 $T$。

在计算中，实际采用的各岩土体物理力学性质主要是根据本区基岩钻探和工程地质勘查取样测定的岩样物理力学参数。考虑到岩体力学参数与岩样力学参数相差较大，参照有关岩石力学、土力学资料[84-87]，经试验对比、计算机反演模拟分析[87]等方法，确定了通过岩样参数获得模拟计算岩体参数的修正原则和修正系数，使得模拟结果更符合实际。根据理论研究和反演计算分析结果，可按下列原则确定在有限元模拟计算中的各类岩土体参数[25]。

(1) 未采动和采动弯曲下沉带岩体力学参数：这些岩体呈较完整层状结构，其岩体参数与原岩参数相同或基本相同。参考有关岩体力学试验成果和数值模拟计算反演分析结果，其弹性模量 $E$、黏聚力 $C$、屈服函数参数 $K_3$ 和抗拉强度 $T$ 可取同层位岩样试验参数的 1/3～1/5，硬化帽的初始位置取岩样单轴抗压强度的 4～6 倍，其他参数同岩样物理力学参数。

(2) 断裂带岩体参数：断裂带岩体主要呈块裂层状结构，根据部分试验成果和大量模拟计算反演分析，其等效的弹性模量 $E$、黏聚力 $C$、屈服函数参数 $K_3$ 和抗拉强度 $T$ 可取同层位岩样试验参数的 1/20～1/10，硬化帽的初始位置取岩样单轴抗压强度的 2.5 倍，泊松比取同层位岩样试验参数的 1～2 倍(但不超过 0.5)，岩体重力密度根据采动岩样和破碎岩体碎胀系数按下式取定：

$$\rho' = \frac{M_{岩}}{V'} = \rho\frac{V}{V'} = \frac{\rho}{K_2} \tag{7-39}$$

式中，$\rho'$ 为岩体密度，kg/m³；$M_{岩}$ 为岩块质量，kg；$V'$ 为岩体体积，m³；$K_2$ 为覆岩碎胀系数；$V$ 为岩块体积，m³。

(3) 垮落带岩体参数：垮落带岩体呈散体或碎裂结构，其物理力学性质较破碎前变化大，根据部分试验成果和大量模拟计算反演分析，其部分岩体等效的弹性模量 $E$、黏聚力 $C$、屈服函数参数 $K_3$ 可取同层位岩样试验参数的 1/20～1/30，抗拉强度 $T$ 取 0，硬化帽的初始位置取岩样单轴抗压强度的 1～2 倍，泊松比取同层位岩样试验参数的 1～2 倍(但不超过 0.5)，岩体重力密度根据采动岩样和破碎岩体碎胀系数按式(7-39)取定。

(4) 风化带岩体力学参数：风化带岩体主要呈碎裂结构，其弹性模量 $E$、黏聚力 $C$、屈服函数参数 $K_3$ 和抗拉强度 $T$ 可取同层位岩样试验参数的 1/6，或取同层位风化带岩样参数的 1/3；硬化帽的初始位置取岩样单轴抗压强度的 2.5 倍，或取同层位风化岩样单轴抗压强度的 5 倍，其他参数同岩样物理力学参数。

(5) 为了保证平衡迭代运算的收敛性，个别极软弱岩层硬化帽的初始位置可再做适当的扩大。

(6) 如果单元中涉及几个层位性质不同的岩土体，则该单元的力学参数取几个层位的岩土体力学参数的加权平均值，其权重按各层位岩土体在单元中所占的比重确定。

5) 确定计算方案和上机模拟计算、数据后处理、建(构)筑物地基沉降和变形计算

对数值模拟计算结果进行后处理，计算出基础底面和不同层位地基中的移动和变形，并绘制出有关移动和变形的曲线，可将其直接作为建(构)筑物抗变形结构模拟研究的基础数据和地基移动位移边界条件。根据对采空区上方不同位置的移动变形计算结果的综合分析，可基本确定出采空区上覆岩层的“活化”程度和特征，为进一步采取采动破碎地基的加固处理提供基础资料和依据。

应用数值方法分析老采空区稳定性和地基沉降预计是目前应用最广泛的方法，虽然其模拟计算精度目前只能达到半定量的水平，但基本能满足现场的工程要求。

# 第8章 采空区场地稳定性及工程建设适宜性评价

建设于采空区场地的建(构)筑物，无论其重要性如何，采空区场地本身的稳定性为先决条件，应最先评价。在此基础上，根据拟建建(构)筑物的工程条件，分析采空区剩余变形对拟建工程及工程建设活动对采空区稳定性的影响程度，综合评价采空区拟建工程的工程建设适宜性和地基稳定性。

## 8.1 采空区场地稳定性评价

采空区场地稳定性评价应根据采空区类型、开采方法及顶板管理方法、终采时间、地表移动变形特征、采深、顶板岩性及松散层厚度、煤(岩)柱稳定性等，宜采用定性和定量评价相结合的方法，可将采空区划分为稳定、基本稳定和不稳定3种类型。

不同类型采空区场地稳定性的评价因子可按表8-1确定，采空区对拟建工程的影响程度评价因子可按表8-2确定。

**表8-1 不同类型采空区场地稳定性评价因素[33]**

| 评价因素 | 采空区类型 | | | |
|---|---|---|---|---|
| | 顶板垮落充分的采空区 | 顶板垮落不充分的采空区 | 单一巷道及巷采的采空区 | 条带式开采的采空区 |
| 终采时间 | ● | ● | ● | ● |
| 地表移动变形特征 | ● | ● | ○ | ● |
| 采深 | ○ | ● | ○ | ○ |
| 顶板岩性 | ○ | ● | ● | ○ |
| 松散层厚度 | ○ | ● | △ | △ |
| 地表移动变形值 | ● | ○ | ○ | ○ |
| 煤(岩)柱稳定性 | △ | ○ | ● | △ |

注：“●”表示作为主控评价因素；“○”表示作为一般评价因素；“△”表示可不作为评价因素。

采空区稳定性评价可采用开采条件判别法、地表移动变形判别法和煤(岩)柱稳定性分析法等进行评价。

**表 8-2　采空区对拟建工程影响程度评价因素[32]**

| 评价因素 | 采空区类型 | | | |
|---|---|---|---|---|
| | 顶板垮落充分的采空区 | 顶板垮落不充分的采空区 | 单一巷道及巷采的采空区 | 条带式开采的采空区 |
| 采空区场地稳定性 | ● | ● | ○ | ○ |
| 建(构)筑物重要程度 | ● | ● | ● | ● |
| 地表移动变形特征及发展趋势 | ○ | ● | ○ | ○ |
| 地表剩余移动变形 | ● | ○ | △ | ○ |
| 采空区密实状态 | ● | ● | ● | ○ |
| 采深 | ● | ● | ● | ● |
| 采深采厚比 | ● | ● | ● | ● |
| 顶板岩性 | ○ | ○ | ● | ● |
| 松散层厚度 | ● | ○ | △ | ● |
| 活化影响因素 | ● | ● | ● | ● |
| 煤(岩)柱安全稳定性 | △ | △ | ○ | ● |

注：“●”表示作为主控评价因素；“○”表示作为一般评价因素；“△”表示可不作为评价因素。

### 8.1.1　开采条件判别法

采空区的稳定性与终采时间、覆岩岩性、覆盖土层厚度、变形特征等因素有关。开采条件判别法是综合上述因素进行采空区稳定性评价的一种定性评价方法，主要用于采空区稳定性的初步评价。对不规则、非充分采动等顶板垮落不充分的、难以进行定量计算的采空区场地，可仅采用开采条件判别法进行定性评价。

开采条件判别法应符合下列规定：

(1)开采条件判别法可用于各种类型采空区场地的稳定性评价。

(2)对不规则、非充分采动等顶板垮落不充分的难以进行定量计算的采空区场地，可仅采用开采条件判别法进行定性评价。

(3)开采条件判别法判别标准应以工程类比和本区经验为主，并综合各类评价因素进行判别。无类似经验时，宜以采空区终采时间为主要因素，结合地表移动变形特征、顶板岩性及松散层厚度等因素，按表 8-3～表 8-5 进行综合判别。

**表 8-3　按采空区终采时间确定顶板垮落充分的采空区场地稳定性等级[33]**

| 稳定等级 | 终采时间 $t$/年 | | |
|---|---|---|---|
| | 软弱覆岩 | 较硬覆岩 | 坚硬覆岩 |
| 稳定 | $t>1.0$ | $t>2.5$ | $t>4.0$ |
| 基本稳定 | $0.6<t\leqslant 1.0$ | $1.5<t\leqslant 2.5$ | $2.5<t\leqslant 4.0$ |
| 不稳定 | $t\leqslant 0.6$ | $t\leqslant 1.5$ | $t\leqslant 2.5$ |

注：软弱覆岩指采空区上覆岩层的饱和单轴抗压强度小于或等于 30MPa；较硬覆岩指采空区上覆岩层饱和单轴抗压强度大于 30MPa 且小于或等于 60MPa；坚硬覆岩指采空区上覆岩层饱和单轴抗压强度大于 60MPa。

表 8-4　按地表移动变形特征确定采空区场地稳定性等级[33]

| 稳定等级 | 不稳定 | 基本稳定 | 稳定 |
|---|---|---|---|
| 地表移动变形特征 | 非连续变形 | 连续变形 | 连续变形 |
| | | 盆地边缘区 | 盆地中间区 |
| | 地面有塌陷坑、台阶 | 地面倾斜、有裂缝 | 地面无地裂缝、台阶、塌陷坑 |

表 8-5　按顶板岩性及松散层厚度确定浅层采空区场地稳定性等级[33]

| 稳定等级 | 不稳定 | 基本稳定 | 稳定 |
|---|---|---|---|
| 顶板岩性 | 无坚硬岩层分布或为薄层、软硬岩层互层状分布 | 有厚层状坚硬岩层分布且 15.0m＞层厚＞5.0m | 有厚层状坚硬岩层分布且层厚≥15.0m |
| 松散层厚度 $h$/m | $h\leqslant 5$ | $5<h\leqslant 30$ | $h>30$ |

对于单一巷道及巷采的采空区、小窑采空区而言，按地表延续时间和终采时间进行场地稳定性判别的适用性较差，此时终采时间仅作为确定顶板垮落充分的采空区场地稳定性等级的评价因素。

采空区场地稳定性与覆岩强度有关，根据《建筑物、水体、铁路及主要井巷煤柱留设与压煤开采指南》中所列典型工作面观测站地表移动实测参数可知，软弱覆岩地表移动时间一般介于 0.6～1.0 年；较硬覆岩地表移动时间一般介于 1.5～2.5 年；坚硬覆岩地表移动时间一般介于 2.0～4.0 年。

采空区的稳定性同时还与地形地质条件、矿床赋存条件、采矿方法及顶板管理方式等因素有关，其他评价因素对场地稳定性影响程度的判别可按表 8-6 进行判断。

表 8-6　其他评价因素对场地稳定性影响程度的判别[33]

| 评价因素 | 影响程度 | | |
|---|---|---|---|
| | 小 | 中 | 大 |
| 地形地貌 | 地貌单元类型单一，地形开阔平坦，地形坡度小于 5° | 地貌单元类型较多，地形起伏中等，地形坡度介于 5°～15°，相对高差较大 | 地貌单元类型较多，地形起伏大，地形坡度一般大于 15°，相对高差大 |
| 地质构造 | 无断层、褶皱，节理、裂隙不发育 | 有断层、褶皱，节理、裂隙发育 | 断层、褶皱发育，节理、裂隙极发育 |
| 矿层倾角 | 近水平(缓倾斜)采空区 | 倾斜采空区 | 急倾斜采空区 |
| 开采层数 | 单层 | 多层 | 多层 |

无实测资料时，地表移动延续时间 $T$ 按如下方法确定。

(1) 根据最大下沉点的下沉量、下沉速度与时间关系确定地表移动延续时间时，可按下列方法确定：①下沉 10mm 时为移动期开始时间；②连续 6 个月累计下沉值不超过 30mm 时，可认为地表移动期结束；③从地表移动期开始到结束的整个时间段为地表移动的延续时间；④在地表移动的延续时间内，地表下沉速度大于 50mm/月(1.7mm/d)(煤层倾角 $\alpha$<55°)或大于 30mm/月(1.0mm/d)(煤层倾角 $\alpha$≥55°)的持续时间为活跃期；从地表移动期开始到活跃期开始的阶段可划为初始期；从活跃期结束到移动期结束的阶段可划为衰退期(图 8-1)。

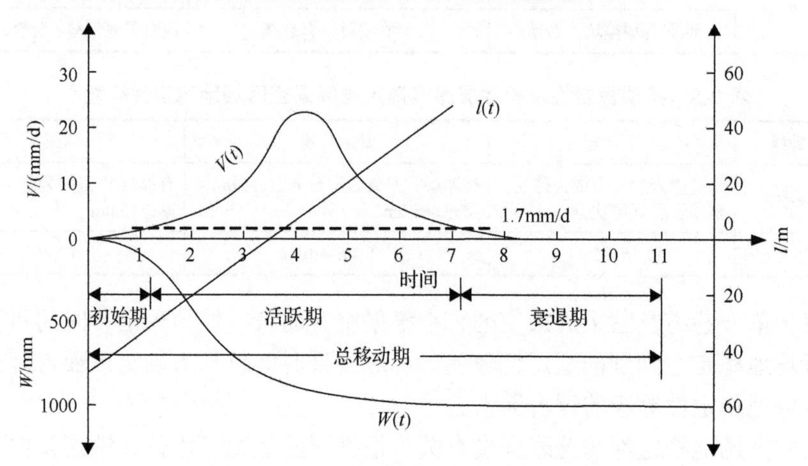


图 8-1　地表移动延续时间的确定方法[33]

(2)当无实测资料时，地表移动延续时间 $T$ 可按下列公式确定：

当 $H_0$≤400m 时，$T = 2.5H_0$；

当 $H_0$>400m 时，$T = 1000\exp\left(1-\dfrac{400}{H_0}\right)$。

### 8.1.2　地表移动变形判别法

地表移动变形判别法是根据地面剩余变形值、地面变形速率，定量评价采空区场地稳定性的方法，宜以现场监测结果为准。没有实测资料的，可根据地质、采矿条件，选择第 7 章中讲述的预计方法，计算出采空区地表剩余变形，评价采空区场地稳定性。

在采用地表移动变形判别法时应符合下列规定：

(1)地表移动变形判别法可用于顶板垮落充分、规则开采的采空区场地的稳定性定量评价。对顶板垮落不充分且不规则开采的采空区场地的稳定性，可采用等效法等计算结果进行判别和评价。

(2)地表移动变形值宜以场地实际监测结果为判别依据，有成熟经验的地区可采用经现场核实与验证的地表变形预测结果作为判别依据。

(3)下沉速率及下沉值为地表移动量，倾斜、曲率、水平变形值为地表变形量。地表移动量决定了场地稳定性，而地表变形量的大小和建(构)筑物本身抵抗采动变形的能力决定了建(构)筑物受开采影响的损坏程度，两者不宜混淆。在评价采空区场地稳定性时，宜以地面下沉速度及下沉值作为主要指标，并应结合其他参数按表 8-7 进行综合判断。

**表 8-7　按地表剩余移动变形值确定场地稳定性等级[33]**

| 稳定状态 | 评价因子 | | | |
|---|---|---|---|---|
| | 下沉速率 $V_W$ 及累计下沉值 | 剩余倾斜值 $\Delta i$/(mm/m) | 剩余曲率值 $\Delta K$/($10^{-3}$/m) | 剩余水平变形值 $\Delta\varepsilon$/(mm/m) |
| 稳定 | $V_W$＜1.0mm/d，且连续 6 个月累计下沉值＜30mm | $\Delta i<3$ | $\Delta K<0.2$ | $\Delta\varepsilon<2$ |
| 基本稳定 | $V_W$＜1.0mm/d，但连续 6 个月累计下沉值≥30mm | $3\leqslant\Delta i<10$ | $0.2\leqslant\Delta K<0.6$ | $2\leqslant\Delta\varepsilon<6$ |
| 不稳定 | $V_W\geqslant1.0$mm/d | $\Delta i\geqslant10$ | $\Delta K\geqslant0.6$ | $\Delta\varepsilon\geqslant6$ |

### 8.1.3　煤(岩)柱稳定性分析法

对于穿巷、房柱及单一巷道等类型的采空区，其开采深度和相对空间尺寸一般不大，其采空区场地稳定性评价主要是评价巷道煤(岩)柱的稳定性。

在采用煤(岩)柱稳定分析法时，应符合下列规定。

(1)煤(岩)柱稳定分析法可用于穿巷、房柱及单一巷道等类型采空区场地稳定性的定量评价。

(2)巷道(采空区)的空间形态、断面尺寸、埋藏深度、上覆岩层特征及其物理力学性质指标等计算参数，应通过实际勘察成果并结合矿区经验确定。

(3)煤(岩)柱安全稳定性系数计算可按式(8-1)进行计算，场地稳定性等级评价应按表 8-8 进行判别：

$$K_p=\frac{B_h\cdot\sigma_m}{\gamma_{重0}H_{埋}(B_h+B_z)} \tag{8-1}$$

式中，$\gamma_{重0}$ 为上覆岩层的平均重度，kN/m$^3$；$H_{埋}$ 为煤(岩)柱埋深，m；$B_h$ 为保留煤(岩)柱条带的宽度，m；$B_z$ 为采出条带宽度，m；$\sigma_m$ 为煤(岩)柱的极限抗压强度，kPa。

**表 8-8　按煤(岩)柱安全稳定性系数确定场地稳定性等级[33]**

| 稳定状态 | 不稳定 | 基本稳定 | 稳定 |
|---|---|---|---|
| 煤(岩)柱安全稳定性系数 $K_p$ | $K_p\leqslant1.2$ | $1.2<K_p\leqslant2$ | $K_p>2$ |

当采用条带式开采时，煤(岩)柱安全稳定性系数也可按式(8-1)计算，如图 8-2 所示。

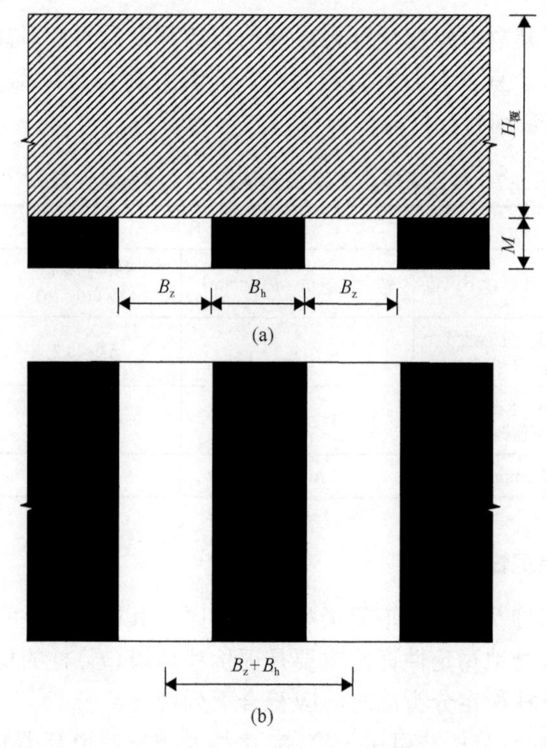


图 8-2　条带式开采计算示意图

当采用充填条带式开采或条带煤(岩)柱有核区存在时，煤(岩)柱安全稳定性系数可按下式计算：

$$K_p=\frac{P_U}{P_Z} \tag{8-2}$$

式中，$P_U$为煤(岩)柱能承受的极限荷载，kN、kN/m 或 kPa；$P_Z$为煤(岩)柱实际承受的荷载，kN、kN/m 或 kPa。

煤(岩)柱能承受的极限荷载$P_U$的计算应符合下列规定。

对于房柱式开采，当采区的宽度足够大且煤(岩)柱尺寸比较规则、各煤(岩)柱的刚度相同时，对于房柱形煤(岩)柱，其所能承受的极限荷载为

$$P_U^F=\sigma_m(B_hB_zM)^{-0.75}(B_h/M)^{0.48} \tag{8-3}$$

对于条带式开采所形成的矩形煤(岩)柱，其所能承受的极限荷载$P_U^J$，可按下式计算：

$$P_U^J=4\gamma_{重0}H_覆\left[B_hL_h-4.92(B_h+L_h)MH_埋\times10^{-3}+32.28M^2H_埋^2\times10^{-6}\right] \tag{8-4}$$

式中，$M$为煤(岩)柱长度，m；$L_h$为采出煤层厚度，m。

对于条带式开采形成的长条形煤(岩)柱，其所能承受的极限荷载 $P_{\mathrm{U}}^{\mathrm{L}}$ 可按下式计算:

$$P_{\mathrm{U}}^{\mathrm{L}}=4\gamma_{重0}H_{埋}(B_{\mathrm{h}}-4.92MH_{埋}\times10^{-3}) \tag{8-5}$$

煤(岩)柱实际承受的荷载 $P_{\mathrm{Z}}$ 的计算应符合下列规定。

对于房柱式开采，当采区的宽度足够大且煤(岩)柱尺寸比较规则、各煤(岩)柱的刚度相同时，煤(岩)柱实际承受的荷载 $P_{\mathrm{Z}}^{\mathrm{F}}$ 可按下式进行计算，如图 8-3 所示:

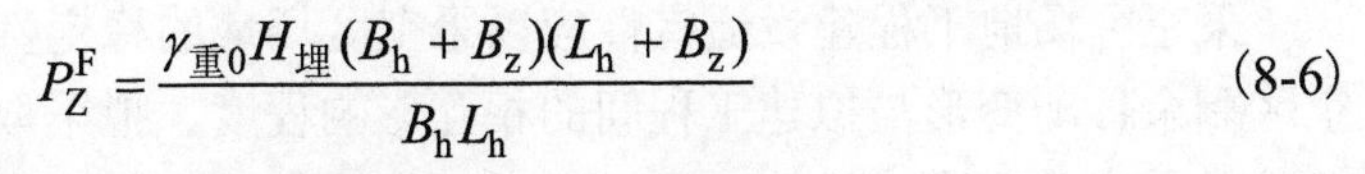

$$P_{\mathrm{Z}}^{\mathrm{F}}=\frac{\gamma_{重0}H_{埋}(B_{\mathrm{h}}+B_{\mathrm{z}})(L_{\mathrm{h}}+B_{\mathrm{z}})}{B_{\mathrm{h}}L_{\mathrm{h}}} \tag{8-6}$$

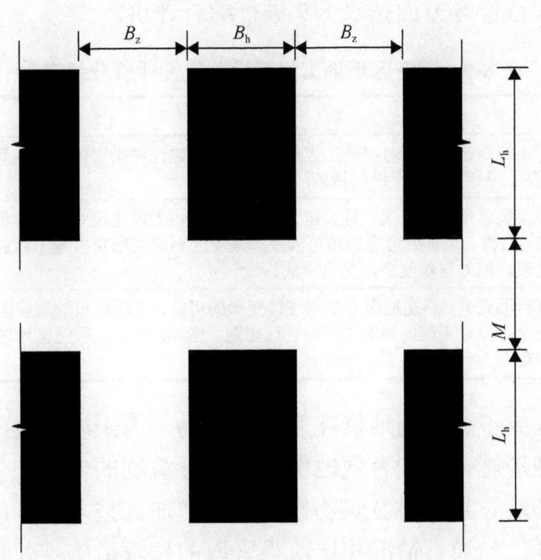


图 8-3　房柱式开采计算示意图

对于条带式开采所形成的矩形煤(岩)柱，其实际承受的荷载 $P_{\mathrm{Z}}^{\mathrm{J}}$ 可按下式进行计算:

$$P_{\mathrm{Z}}^{\mathrm{J}}=\gamma_{重0}L_{\mathrm{h}}\left[B_{\mathrm{h}}H_{埋}+\frac{B_{\mathrm{z}}}{2}\left(2H_{埋}-\frac{B_{\mathrm{z}}}{0.6}\right)\right] \tag{8-7}$$

对于条带式开采所形成的长条形煤(岩)柱，其实际承受的荷载 $P_{\mathrm{Z}}^{\mathrm{L}}$ 可按下式进行计算:

$$P_{\mathrm{Z}}^{\mathrm{L}}=\gamma_{重0}\left[B_{\mathrm{h}}H_{埋}+\frac{B_{\mathrm{z}}}{2}\left(2H_{埋}-\frac{B_{\mathrm{z}}}{0.6}\right)\right] \tag{8-8}$$

下列地段宜直接划分为不稳定地段:

(1)采空区垮落时，地表出现塌陷坑、台阶状裂缝等非连续变形的地段。

(2)特厚煤层和倾角大于55°的厚煤层浅埋及露头地段。

(3)由地表移动和变形引起边坡失稳、山崖崩塌及坡脚隆起地段。

(4)非充分采动顶板垮落不充分、采深小于150m，且需要大量抽取地下水的地段。

## 8.2 采空区场地工程建设适宜性评价

采空区场地工程建设适宜性应以采空区场地的稳定性为主控因素，并考虑采空区剩余移动变形与拟建工程间的相互影响程度、拟采取的抗采动影响技术措施的难易程度及工程造价等方面按表8-9进行综合评价。

**表8-9 采空区场地工程建设适宜性评价分级表**[33]

| 级别 | 分级说明 |
| --- | --- |
| 适宜 | 采空区垮落裂隙带密实，对拟建工程影响小；工程建设对采空区稳定性影响小；采取一般工程防护措施(限于规划、建筑、结构措施)可以建设 |
| 基本适宜 | 采空区垮落裂隙带基本密实，对拟建工程影响中等；工程建设对采空区稳定性影响中等；采取规划、建筑、结构、地基处理等措施可以控制采空区剩余变形对拟建工程的影响，或虽需进行采空区地基处理，但处理难度小，且造价低 |
| 适宜性差 | 采空区垮落不充分，存在地面发生非连续变形的可能，工程建设对采空区稳定性影响大或者采空区剩余变形对拟建工程的影响大，需进行规划、建筑、结构、采空区治理和地基处理等的综合设计，处理难度大且造价高 |

在采动影响区或不稳定场地修建建(构)筑物，需采取一定的抗采动技术措施或采空区地基处理措施，才能有效地保证建(构)筑物的安全和使用功能，这些技术措施的实施，必然导致建(构)筑物修建成本增加。技术措施的难易程度基本决定了投资增加程度。与通常情况相比，当采取的技术措施使建造建(构)筑物的土建投资增加量不超过正常情况下投资额的15%时，可认为拟建建(构)筑物适宜修建；当超过正常情况下土建投资额的15%，而不超过30%时，则认为拟建建(构)筑物基本适宜修建；当超过正常情况下土建投资额的30%时，则认为拟建建(构)筑物修建“适宜性差”。

### 8.2.1 采空区对拟建工程的影响程度

采空区对拟建工程的影响程度应根据采空区场地稳定性、建(构)筑物重要程度和变形要求(表8-10)、地表移动变形特征及发展趋势、地表移动变形值、采深和采深采厚比、垮落断裂带的密实状态、活化影响因素等，采用工程类比法、采空区特征判别法、活化影响因素分析法、地表剩余移动变形判别法等方法分析。一般情况下，采空区场地稳定性、地表移动变形特征和变形量为主要因素，其他因素应根据采空区的特征及危害后果结合本区经验综合评价。

**表 8-10　按场地稳定性及工程重要性程度和变形要求定性分析采空区对工程的影响程度[33]**

| 场地稳定性 | 拟建工程重要程度和变形要求 | | |
|---|---|---|---|
| | 重要、变形要求高 | 一般、变形要求一般 | 次要、变形要求低 |
| 稳定 | 中等 | 中等-小 | 小 |
| 基本稳定 | 大-中等 | 中等 | 中等-小 |
| 不稳定 | 大 | 大-中等 | 中等 |

## 1. 工程类比法

工程类比法可用于各种类型采空区对拟建工程影响程度的定性评价。应在对位于地质、采矿条件相同或相似的同一矿区或邻近矿区的类似工程进行全面细致调查的基础上，根据表 8-11 进行工程类比。

**表 8-11　采用工程类比法定性分析采空区对工程的影响程度**

| 影响程度 | 类比工程或场地的特征 |
|---|---|
| 大 | 地面、建(构)筑物开裂、塌陷，且处于发展、活跃阶段 |
| 中等 | 地面、建(构)筑物开裂、塌陷，但已经稳定 6 个月以上且开裂、塌陷不再发展 |
| 小 | 地面、建(构)筑物无开裂；或有开裂、塌陷，但已经稳定 2 年以上且不再发展；邻近同类型采空区场地的类似工程有成功经验 |

在稳定、基本稳定的采空区场地，对可不作地基变形验算的次要建(构)筑物(表 8-12)，可仅采用工程类比法等定性方法进行评价。

**表 8-12　可不作地基变形验算的设计等级为丙级的建筑物范围[88]**

| | | | | | | | | |
|---|---|---|---|---|---|---|---|---|
| 地基主要受力层情况 | 地基承载力特征值 $f_{ak}$/kPa | | | 80≤$f_{ak}$<100 | 100≤$f_{ak}$<130 | 130≤$f_{ak}$<160 | 160≤$f_{ak}$<200 | 200≤$f_{ak}$<300 |
| | 各土层坡度/(°) | | | ≤5 | ≤10 | ≤10 | ≤10 | ≤10 |
| 建筑类型 | 砌体承重结构和框架结构(层数) | | | ≤5 | ≤5 | ≤6 | ≤6 | ≤7 |
| | 单层排架结构(6m 柱距) | 单跨 | 吊车额定起重量/t | 10～15 | 15～20 | 20～30 | 30～50 | 50～100 |
| | | | 厂房跨度/m | ≤18 | ≤24 | ≤30 | ≤30 | ≤30 |
| | | 多跨 | 吊车额定起重量/t | 5～10 | 10～15 | 15～20 | 20～30 | 30～75 |
| | | | 厂房跨度/m | ≤18 | ≤24 | ≤30 | ≤30 | ≤30 |
| | 烟囱 | 高度/m | | ≤40 | ≤50 | ≤75 | | ≤100 |
| | 水塔 | 高度/m | | ≤20 | ≤30 | ≤30 | | ≤30 |
| | | 容积/$m^3$ | | 50～100 | 100～200 | 200～300 | 300～500 | 500～1000 |

注：①地基主要受力层系指条形基础底面下深度为 3*b*(*b* 为基础底板宽度)，独立基础下为 1.5*b*，且厚度均小于 5m 的范围(二层以下一般的民用建筑除外)；

②地基主要受力层中如有承载力特征值小于 130kPa 的土层，表中砌体承重结构的设计，应符合《建筑地基基础设计规范》(GB 50007—2011)[88]中的有关要求；

③表中砌体承重结构和框架结构均指民用建筑，对于工业建筑可按厂房高度、荷载情况折合成与其相当的民用建筑层数；

④表中吊车额定起重量、烟囱高度和水塔容积的数值系指最大值。

### 2. 采空区特征判别法

采空区特征判别法可用于各种类型采空区对拟建工程的影响程度的定性评价。对不规则、非充分采动等顶板垮落不充分且难以进行定量计算的采空区场地，可仅用采空区特征判别法进行定性评价。

采空区特征判别法应根据采空区场地稳定性、采深、采深采厚比、地表变形特征及发展趋势、采空区的密实状态及充水状态等，按表 8-13 的规定进行综合评价。

**表 8-13　根据采空区特征及活化影响因素定性分析采空区对工程的影响程度[33]**

| 影响程度 | 采空区特征 | | | 活化影响因素 |
|---|---|---|---|---|
| | 采空区采深 $H$ 或采深采厚比 $H/m$ | 采空区的密实状态及充水状态 | 地表变形特征及发展趋势 | |
| 大 | $H<50\text{m}$ 或 $50\text{m}\leqslant H<200\text{m}$ 且 $H/m<30$ | 存在空洞，钻探过程中出现掉钻、孔口窜风 | 正在发生不连续变形；或现阶段相对稳定，但存在发生不连续变形的可能性大 | 活化的可能性大，影响强烈 |
| 中等 | $50\text{m}\leqslant H<200\text{m}$ 且 $H/m\geqslant 30$ 或 $200\text{m}\leqslant H<300\text{m}$ 且 $H/m<60$ | 基本密实，钻探过程中采空区部位大量漏水 | 现阶段相对稳定，但存在发生不连续变形的可能 | 活化的可能性中等，影响一般 |
| 小 | $H\geqslant 300\text{m}$ 或 $200\text{m}\leqslant H<300\text{m}$ 且 $H/m\geqslant 60$ | 密实，钻探过程中不漏水、微量漏水但返水或间断返水 | 不再发生不连续变形 | 活化的可能性小，影响小 |

### 3. 活化影响因素分析法

活化影响因素分析法可用于不稳定和基本稳定的采空区场地。

应评价地下水位上升引起的浮托作用、煤(岩)柱软化作用等和地下水位下降引起垮落断裂带压密，以及潜蚀、虹吸作用等的影响；并应评价地下水径流引起岩土流失诱发地面塌陷的可能性。

应评价地震、地面振动荷载等引起松散垮落断裂带再次压密，诱发地面塌陷和不连续变形的可能性。

活化影响因素分析法应以定性分析评价为主，预测评价地表变形特征、发展趋势及其对工程的影响，有条件时宜结合数值模拟方法进行综合评价。

对于划分为稳定及基本稳定的煤矿采空区场地，确定煤矿采空区治理设计方案时，尚应考虑下列影响煤矿采空区稳定性的“活化”因素：

(1) 非充分采动的煤矿采空区及小窑煤矿采空区，地下水长期对煤(岩)柱、顶底板岩石的软化作用；

(2) 充分采动煤矿采空区垮落、采动裂隙等长期入渗对煤矿采空区的潜蚀、软化作用；

(3) 地表水经塌陷坑、采动裂隙等长期入渗对煤矿采空区的作用；

(4) 多煤层重复采动及邻近矿区开采的作用；

(5) 地质构造褶皱、断裂强烈发育的煤矿采空区受邻近矿区采动、爆炸震动、地震等作用；

(6) 充水煤矿采空区因相邻矿区开采的疏排水作用；未充水煤矿采空区因外界因素积水的软化作用。

4. 地表剩余移动变形判别法

地表剩余移动变形判别法可用于充分和规则开采、顶板垮落充分的采空区的影响程度的定量评价，对顶板垮落不充分的不规则开采采空区的影响也可采用等效法等计算结果进行判别评价。

地表剩余移动变形判别法是根据预计的剩余变形值，结合建(构)筑物的允许变形值及本区经验综合判别，按表 8-14 的规定进行综合评价。

**表 8-14　根据采空区地表剩余变形值确定采空区对工程的影响程度[33]**

| 影响程度 | 地表剩余变形 | | | |
|---|---|---|---|---|
| | 剩余下沉值 $\Delta W$/mm | 剩余倾斜值 $\Delta i$/(mm/m) | 剩余水平变形值 $\Delta\varepsilon$/(mm/m) | 剩余曲率值 $\Delta K$/($10^{-3}$/m) |
| 大 | $\Delta W \geqslant 200$ | $\Delta i \geqslant 10$ | $\Delta\varepsilon \geqslant 6$ | $\Delta K \geqslant 0.6$ |
| 中等 | $100 \leqslant \Delta W < 200$ | $3 \leqslant \Delta i < 10$ | $2 \leqslant \Delta\varepsilon < 6$ | $0.2 \leqslant \Delta K < 0.6$ |
| 小 | $\Delta W < 100$ | $\Delta i < 3$ | $\Delta\varepsilon < 2$ | $\Delta K < 0.2$ |

在有经验或监测资料齐全可靠的地区，可以根据计算的地表变形进行地表变形分级(表 8-15)，评价地表变形的剧烈程度。

**表 8-15　采空区影响下的地表变形分级[33]**

| 地表变形分级 | 预计地表变形值指标(最大值) | | | 备注 |
|---|---|---|---|---|
| | $\lvert\varepsilon\rvert$/(mm/m) | $\lvert i\rvert$/(mm/m) | $\lvert K\rvert$/($10^{-3}$/m) | |
| Ⅰ | ≤2.0 | ≤3.0 | ≤0.2 | 三项指标同时具备 |
| Ⅱ | ≤4.0 | ≤6.0 | ≤0.4 | 三项指标至少具备其一 |
| Ⅲ | ≤6.0 | ≤10.0 | ≤0.6 | |
| Ⅳ | >6.0 | >10.0 | >0.6 | |

地表变形特征值的大小反映了采动对地表的影响程度，进而也反映了地表变形对于建(构)筑物的影响程度，尽管建(构)筑物实际受损害程度还取决于其自身的整体刚度和构件强度，但对同类建(构)筑物，地表变形特征值越大，则受到的影响也越大。不同变形特征值对应的抗采动影响建(构)筑物的适宜性也不尽相同。

采动影响下地表的工程性利用应根据工程实施的具体时间，结合地表移动的不同时间阶段判断拟实施工程场地的稳定性：若场地的工程利用在采动影响显现之前或地表移动期内，则地表变形指标应采用预计的变形最大值；若场地的工程利用在地表移动期结束之后，则地表变形指标应采用预计的残余变形最大值。

现有技术方法预测的采空区地表残余变形值是采空区未来很长一段时间内地面的残余变形理论累计值，目前尚缺乏经长期监测验证的结果，其与附加应力作用下的地基土层固结沉降不同，不会在短时间内发生和完成。考虑到采空区场地地面建(构)筑物建成后一般均存在一定量的土层固结沉降，参照现行国家标准《建筑地基基础设计规范》(GB 50007—2011)[88]制定了采空区场地剩余变形的限值为建(构)筑物允许变形值(表 8-16)的 1/2，其他工程可根据其设计允许的变形限值参照执行。

**表 8-16　建筑物的地基变形允许值[88]**

| 变形特征 | | 地基土类别 | |
|---|---|---|---|
| | | 中低压缩性土 | 高压缩性土 |
| 砌体承重结构基础的局部倾斜 | | 0.002 | 0.003 |
| 工业与民用建筑相邻柱基的沉降差 | 框架结构 | $0.002l$ | $0.003l$ |
| | 砌体墙填充的边排柱 | $0.0007l$ | $0.001l$ |
| | 当基础不均匀沉降时不产生附加应力的结构 | $0.005l$ | $0.005l$ |
| 单层排架结构(柱距为 6m)柱基的沉降量/mm | | 120 | 200 |
| 桥式吊车轨面的倾斜(按不调整轨道考虑) | 纵向 | 0.004 | |
| | 横向 | 0.003 | |
| 多层和高层建筑的整体倾斜 | $H_g \leqslant 24$ | 0.004 | |
| | $24 < H_g \leqslant 60$ | 0.003 | |
| | $60 < H_g \leqslant 100$ | 0.0025 | |
| | $H_g > 100$ | 0.002 | |
| 体型简单的高层建筑基础的平均沉降量/mm | | 200 | |
| 高耸结构基础的倾斜 | $H_g \leqslant 20$ | 0.008 | |
| | $20 < H_g \leqslant 50$ | 0.006 | |
| | $50 < H_g \leqslant 100$ | 0.005 | |
| | $100 < H_g \leqslant 150$ | 0.004 | |
| | $150 < H_g \leqslant 200$ | 0.003 | |
| | $200 < H_g \leqslant 250$ | 0.002 | |
| 高耸结构基础的沉降量/mm | $H_g \leqslant 100$ | 400 | |
| | $100 < H_g \leqslant 200$ | 300 | |
| | $200 < H_g \leqslant 250$ | 200 | |

注：①本表数值为建(构)筑物地基实际最终变形允许值；

②有括号者仅适用于中压缩性土；

③$l$ 为相邻柱基的中心距离，mm；$H_g$ 为自室外地面起算的建筑物高度，m；

④倾斜指基础倾斜方向两端点的沉降差与其距离的比值；

⑤局部倾斜指砌体承重结构沿纵向 6～10m 内基础两点的沉降差与其距离的比值。

### 8.2.2　拟建工程对采空区的影响程度

拟建工程对采空区稳定性的影响程度应根据建(构)筑物荷载及影响深度等，采用荷载临界影响深度判别法、附加应力分析法、数值分析法等方法，按表 8-17 进行划分。

**表 8-17　根据荷载临界影响深度定量评价工程建设对采空区稳定性影响程度的评价标准[33]**

| 影响程度 | 大 | 中等 | 小 |
|---|---|---|---|
| 荷载临界影响深度 $H_D$ 和采空区深度 $H_{采}$ | $H_D<H_{采}$ | $H_D \leqslant H_{采} \leqslant 1.5H_D$ | $H_{采}>1.5H_D$ |
| 附加应力影响深度 $H_\alpha$ 和垮落断裂带深度 $H_{lf}$ | $H_{lf}<H_\alpha$ | $H_\alpha \leqslant H_{lf}<2.0H_\alpha$ | $H_{lf} \geqslant 2.0H_\alpha$ |

注：①采空区深度 $H_{采}$ 指巷道(采空区)等的埋藏深度，对于条带式开采和穿巷开采指垮落拱顶的埋藏深度；

②垮落断裂带深度 $H_{lf}$ 指采空区垮落断裂带的埋藏深度，$H_{lf}$=采空区深度 $H_{采}$–垮落带高度 $H_m$–断裂带高度 $H_{li}$，宜通过钻探及其岩心描述并辅以测井资料确定；当无实测资料时，也可根据采厚、覆岩性质及岩层倾角等按《建筑物、水体、铁路及主要巷道煤柱留设与压煤开采规范》(2017 版)[32]计算确定。

#### 1. 荷载临界影响深度判别法

荷载临界影响深度判别法可用于工程建设对穿巷、房柱及单一巷道等类型采空区场地稳定性影响程度的定量评价。

荷载临界影响深度计算时，建(构)筑物基底压力、基础尺寸等基本参数应由设计单位提供，暂无准确数据时，可按类似的工程经验数据确定。

穿巷、房柱开采自然垮落拱高度宜以实际勘探结果为准。采用经验公式计算时，应用本矿区或相同地质条件的邻近矿区的实测资料进行验证，验证的钻孔不宜少于两个。

荷载临界影响深度判别法应根据计算的影响深度、顶板岩性及本区经验等，按表 8-17 的规定进行综合判别。

对于穿巷、房柱及单一巷道等浅埋非充分采动类型采空区，根据调查和测绘圈定地表裂缝和塌陷坑范围，判断该区域属于不稳定地段，未经处理不适宜构建建筑；在其附近构建建筑时，需有一定的安全距离。安全距离的大小可根据建(构)筑物等级、性质确定，一般应大于 5～15m。当建(构)筑物位于采空区影响范围之内时，应进行顶板稳定性分析，本书将穿巷、房柱及单一巷道等浅埋非充分采动类型采空区的顶板岩梁结构简化为“梁”，基于尖点突变理论得到了建(构)筑物荷载作用下不同类型采空区顶板岩梁的失稳判据。

1) 突变理论

覆岩平衡结构的突变失稳是指该力学系统在外界因素作用下发生的不连续剧变，而突变理论(catastrophe theory)就是研究系统随外界控制参数改变而发生不连续变化的数学理论，可以很好地解释系统如何从连续渐变走向突变。

突变理论是著名的法国数学家 R.Thom 于 1972 年提出并系统阐述的思想[89]，后经著名的数学家 Zeeman 将该思想定名为“突变理论”[90]。Zeeman 和苏联数学家 Arnold、美国数学家 Gilmore 等又将突变理论应用于社会学、生物学、心理学、物理学、医学、化学及工程学等诸多领域。目前，突变理论已在软科学(如经济学、形态发生学、生态学、心理学、医学等)、硬科学(如光学、物理学、力学、工程学等)和人文科学(如社会学、语言学、军事科学等)等各类学科领域得到广泛应用。

突变理论是非线性理论的一个分支，是研究系统状态随外界控制参数连续改变而发生连续变化的数学理论[91-95]，用来阐述非线性系统如何从连续渐变走向系统性质的突变。突变理论来源于拓扑学，是在拓扑学、奇点理论、结构稳定性等数学分支的基础上发展起来的，所涉及的数学基础包括：

(1) 描述系统的势函数的梯度-梯度动力学系统；

(2) 系统所具备的特征-同胚和结构稳定性；

(3) 确定系统奇点性质(稳定性)的 Hessen 矩阵及其余秩数；

(4) 判断系统势函数稳定性时所做的最低量次的扰动添加——万能扩展；

(5) 万能扩展所需要的扩展参数的数目-余数。

突变理论最核心的内容是分类定理，其中心思想是认为自然界中的一切突变形式可以根据系统的控制空间和状态空间的维数进行分类。我们所处的时空是四维的，因此，R.Thom 研究提出，在控制变量不大于 4、状态不大于 2 的情况下最多可有 7 种基本突变模型[89]，见表 8-18。

**表 8-18　突变模型分类表[89]**

| 突变模型 | 突变核 | 状态变量/数量 | 控制变量/余维数 | 势函数 |
|---|---|---|---|---|
| 折叠 | $x^3$ | $(x)/1$ | $(j)/1$ | $V(x)=x^3+jx$ |
| 尖点 | $x^4$ | $(x)/1$ | $(j、v)/2$ | $V(x)=4x^4+jx^2+v$ |
| 燕尾 | $x^5$ | $(x)/1$ | $(j、v、w)/3$ | $V(x)=x^5+jx^3+vx^2+wx$ |
| 蝴蝶 | $x^6$ | $(x)/1$ | $(t、j、v、w)/4$ | $V(x)=x^6+tx^4+jx^3+vx^2+wx$ |
| 双曲脐点 | $x^3–xy^2$ | $(x、y)/1$ | $(j、v、w)/3$ | $V(x)=x^3+y^3+wxy+jx+vy$ |
| 椭圆脐点 | $x^3–y^3$ | $(x、y)/1$ | $(j、v、w)/3$ | $V(x)=x^3-xy^2+w(x^2+y^2)+jx+vy$ |
| 脐点 | $x^2y+y^4$ | $(x、y)/1$ | $(t、j、v、w)/4$ | $V(x)=y^4+x^2y+wx^2+ty^2+jx+vy$ |

尖点突变模型(cusp catastrophe model)具有两个控制变量和一个状态变量，是应用最多的一种突变模型，主要具有多模态、不可达性、突跳性、发散性和滞后性的特点。

采用尖点突变模型分析长壁老采空区覆岩平衡结构失稳破坏问题可以采用如

下步骤[92, 96]。

(1) 根据长壁老采空区覆岩平衡结构力学结构特点、受力特征建立相应的力学模型；

(2) 求得覆岩平衡结构的总势能，并建立势能函数表达式，再利用泰勒(Taylor)公式展开、变量代换等方法将其转化为尖点突变的标准形式，其势能函数的标准形式为

$$V(x)=x^4+jx^2+vx \tag{8-9}$$

式中，$x$ 为状态变量；$j$、$v$ 为控制变量。

(3) 将势能函数 $V(x)$ 对状态变量 $x$ 求解一阶导数，得到平衡曲面 $M$ 的平衡方程及系统的奇点值方程：

$$V(x)'=4x^3+2jx+v=0 \tag{8-10}$$

用式(8-10)对状态变量 $x$ 求一阶导数，可得覆岩平衡系统的临时状态：

$$V(x)''=12x^2+2j=0 \tag{8-11}$$

控制变量 $j$–$v$ 平面的投影构成分叉集 Δ，联立式(8-10)和式(8-11)消去状态变量 $x$，得到覆岩平衡系统的分叉集方程：

$$\Delta=8j^3+27v^2=0 \tag{8-12}$$

(4) 如图 8-4 所示，平衡曲面的空间图形由上叶、中叶和下叶组成，当系统控制变量 $j$ 和 $v$ 位于交叉集外区域即 $\Delta>0$ 时，相应的平衡曲面空间点在曲面上叶和下叶平衡变化，覆岩平衡结构稳定；当系统控制变量 $j$ 和 $v$ 位于交叉集内区域即 $\Delta<0$ 时，相应的平衡曲面空间点位于中叶，中叶是不稳定的，因此系统处于不稳定状态，覆岩平衡系统将失稳；当 $\Delta=0$ 时，相应的平衡曲面空间点位于中叶或上叶边缘，相应的平衡曲面空间点将发生突跳，此时系统处于突变前的临界平衡状态(也称为极限平衡状态)，可得出覆岩平衡系统突变的临界条件(充分条件)。

(5) 系统中某些因素的变化将会导致系统控制变量 $j$ 和 $v$ 的改变，利用平衡曲面 $M$ 对系统的演化途径可进行定量分析。

2) 顶板岩梁上方附加应力计算

地基中附加应力分布随深度增加呈曲线减小趋势，地下同一深度水平面上的附加应力不同，基底中心位置处的附加应力最大，向两边则逐渐减小；随着深度的增大，基底中心位置处附加应力逐渐减小，附加应力影响范围逐步增大；距离基底中心 $r$ 处的附加应力随深度的增加先增大后减小，如图 8-5 所示。

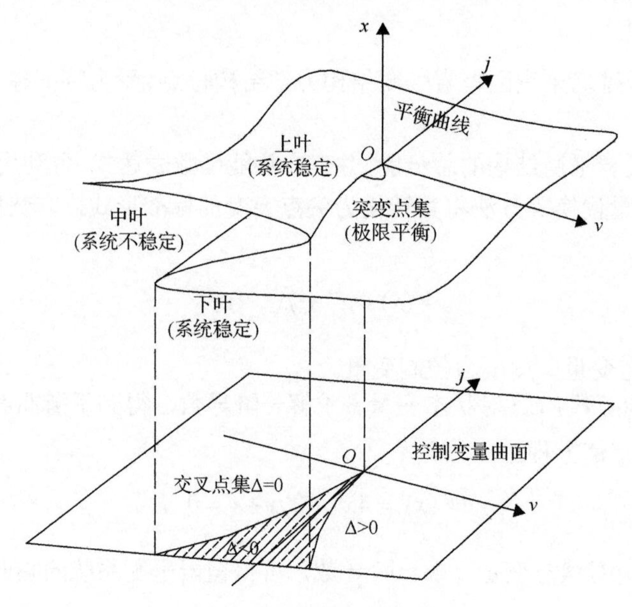


图 8-4　尖点突变模型

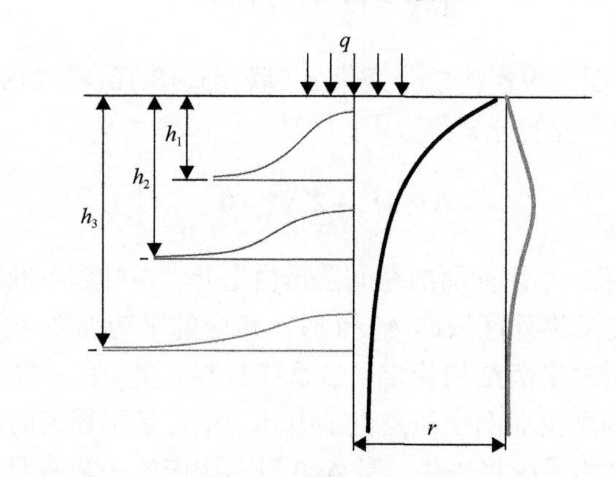


图 8-5　附加应力分布

由于基底中心位置处的附加应力最大，为了安全可将建(构)筑物荷载 $q_b$ 看作以基底中心位置处附加应力值为大小的均布荷载。

当前建(构)筑物常用的基础形式根据构造形式的不同可分为条形基础、独立基础、满堂基础和桩基础，满堂基础又可分为箱式基础和筏板基础。不同类型的基础作用于地基将产生不同的地基反力，根据地基反力形状的不同可将基底荷载分为条形荷载和矩形荷载。

可根据文献[88]中附加应力系数表计算得到基底下 $H_{关}$–$H_{基}$($H_{关}$为关键层埋深；$H_{基}$为基础埋深)位置处的附加应力(即关键层或砌体梁所受的建(构)筑物荷载 $q_b$)。

3)非充分采动类型采空区顶板岩梁稳定性评价

(1)非充分采动类型采空区顶板岩梁结构力学模型。

采动稳定后，顶板岩梁将会处于平衡状态，承担其上方直至地表的岩层荷载。在建(构)筑物荷载作用下，顶板岩梁将会断裂失稳。此时，顶部坚硬岩层是宏观应力拱壳在拱顶位置的赋存介质，其稳定性将直接决定长壁老采空区的稳定性。顶板岩梁的断裂失稳将会导致非充分采动长壁老采空区的二次“活化”。

可以将非充分采动类型采空区顶板结构简化为两端由煤岩体支撑的固支梁，如图 8-6 所示。图中，$l_{梁}$ 为岩梁长度，$h_{梁}$ 为顶板岩梁的厚度，$q$ 为顶板岩梁所受均布荷载(包括上覆岩层对顶板岩梁产生的荷载 $q_{\rm r}$ 和建(构)筑物荷载在顶板岩梁处的附加应力 $q_{\rm b}$，均将其视为均布荷载)，$N$ 为岩层内部的水平应力。如图 8-6 所示，岩梁长度 $l_{梁}$ 的计算公式为

$$l_{梁} = l + 2S_{\rm o} - 2\frac{h_{关}}{\tan\psi} \tag{8-13}$$

式中，$l_{梁}$ 为岩梁长度，m；$h_{关}$ 为关键层距煤层的距离，m；$\psi$ 为裂断角，(°)；$S_{\rm o}$ 为内应力场宽度，m；$l$ 为工作面短边长度，m。

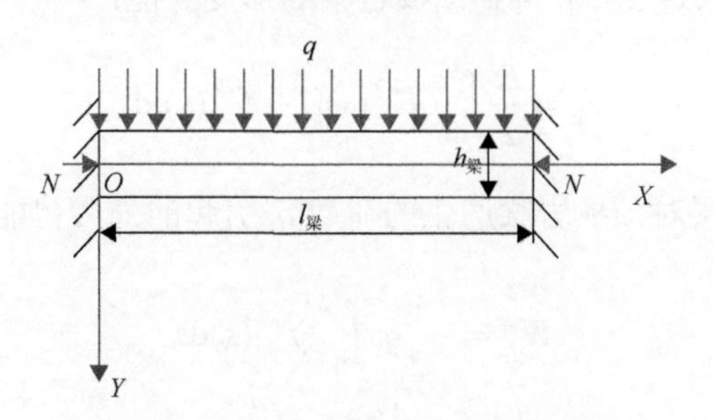


图 8-6　采空区顶板固支梁力学模型

岩层内部的水平应力 $N$ 为[97]

$$N = \sigma h_{梁} \tag{8-14}$$

式中，$\sigma$ 为顶板两端的水平应力，MPa；$h_{梁}$ 为顶板岩梁的厚度，m。

(2)采空区上覆岩梁结构失稳尖点突变模型。

由顶板岩梁的力学模型(图 8-6)可知，系统的总势能 $V$ 由顶板岩梁的形变势能 $V_{\rm u}$、上覆岩层对顶板岩梁产生的荷载 $q_{\rm r}$ 引起的外力势能 $W_{q_{\rm r}}$、建(构)筑物荷载 $q_{\rm b}$ 引起的外力势能 $W_{q_{\rm b}}$ 和平行于顶板岩梁平面的水平应力 $N$ 引起的势能 $W_N$ 四个部分组成：

$$V = V_{\rm u} + W_{q_{\rm r}} + W_{q_{\rm b}} + W_N \tag{8-15}$$

第一，顶板岩梁的形变势能 $V_u$。

由弹性理论[98]可得顶板岩梁的形变势能：

$$V_{\mathrm{u}}=\frac{D}{2}\int_{0}^{l_{梁}}K^{2}\mathrm{d}s \tag{8-16}$$

式中，$D$ 为顶板岩梁的抗弯刚度；$s$ 为从顶板端点到轴线上任意点的弧线长，m；$K$ 为顶板岩梁的曲率。

$$D=\frac{Eh_{梁}^{3}}{12(1-\mu^{2})} \tag{8-17}$$

式中，$E$ 为顶板岩梁的弹性模量，MPa；$\mu$ 为泊松比。

$$K=\frac{f''(s)}{\left[1+f'^{2}(s)\right]^{3/2}}\approx f''(s)\sqrt{1+f'^{2}(s)} \tag{8-18}$$

式中，$f$ 为顶板岩梁的挠度势函数。

将式(8-18)代入式(8-16)得到顶板岩梁的形变势能：

$$V_{\mathrm{u}}=\frac{D}{2}\int_{0}^{l_{梁}}f''^{2}(s)[1+f'^{2}(s)]\mathrm{d}s \tag{8-19}$$

第二，上覆岩层对顶板岩梁产生的荷载 $q_r$ 引起的外力势能 $W_{q_r}$：

$$W_{q_{\mathrm{r}}}=-\frac{1}{2}q_{\mathrm{r}}\int_{0}^{l_{梁}}f'^{2}(s)\mathrm{d}s \tag{8-20}$$

式中，$q_r$ 为上覆岩层对顶板岩梁产生的荷载，计算公式为

$$q_{\mathrm{r}}=\frac{E_{1}h_{1}^{3}(\gamma_{1}h_{1}+\gamma_{2}h_{2}+\cdots+\gamma_{i}h_{i})}{E_{1}h_{1}^{3}+E_{2}h_{2}^{3}+\cdots+E_{i}h_{i}^{3}} \tag{8-21}$$

式中，$E_i$ 为各岩层的弹性模量，MPa；$\gamma_i$ 为各岩层的重力密度，$kN/m^3$；$h_i$ 为各岩层的厚度，m。

第三，建(构)筑物荷载 $q_b$ 引起的外力势能 $W_{q_b}$：

$$W_{q_{\mathrm{b}}}=-\frac{1}{2}q_{\mathrm{b}}\int_{0}^{l_{梁}}f'^{2}(s)\mathrm{d}s \tag{8-22}$$

式中，$q_b$ 为建(构)筑物荷载，MPa。

第四，水平应力 $N$ 引起的势能 $W_N$：

$$W_N = -N\int_0^{l_{梁}} f(s)\mathrm{d}s \tag{8-23}$$

将式(8-19)、式(8-20)、式(8-22)和式(8-23)代入式(8-15)可得顶板力学系统的总势能函数：

$$V = \frac{D}{2}\int_0^{l_{梁}} f''^2(s)[1+f'^2(s)]\mathrm{d}s - \frac{1}{2}q_{\mathrm{r}}\int_0^{l_{梁}} f'^2(s)\mathrm{d}s - \frac{1}{2}q_{\mathrm{b}}\int_0^{l_{梁}} f'^2(s)\mathrm{d}s - N\int_0^{l_{梁}} f(s)\mathrm{d}s \tag{8-24}$$

两端固支情况下的顶板岩梁左右边界条件：

$$\begin{cases} w\big|_{x=0} = 0 \\ \left.\dfrac{\partial w}{\partial x}\right|_{x=0} = 0 \end{cases} \tag{8-25}$$

$$\begin{cases} w\big|_{x=l_{梁}} = 0 \\ \left.\dfrac{\partial w}{\partial x}\right|_{x=l_{梁}} = 0 \end{cases} \tag{8-26}$$

选择顶板岩梁结构的挠度势函数为

$$f = w(x) = A\sin^2\left(\frac{m\pi s}{l_{梁}}\right) \tag{8-27}$$

式中，$A$ 为常量；$m$ 为正整数；$w$ 为挠度。

取 $m=1$，将式(8-27)代入式(8-24)，计算得到两端固支情况下顶板岩梁势函数为

$$V = \frac{\pi^6 D}{16 l_{梁}^5}A^4 + \frac{\pi^2}{4 l_{梁}}\left(\frac{\pi^2 D}{l_{梁}^2} - q_{\mathrm{r}} - q_{\mathrm{b}}\right)A^2 - \frac{2N l_{梁}}{\pi}A \tag{8-28}$$

对顶板岩梁总势能 $V$ 的函数表达式(8-28)进行代换，设 $r = \dfrac{\pi^6 D}{l_{梁}^5}$，$t = \dfrac{\pi^4 D}{l_{梁}^3} - \dfrac{\pi^2(q_{\mathrm{r}} + q_{\mathrm{b}})}{l_{梁}}$，并引入无量纲参量($x$、$j$、$v$)：

$$x = \left(\frac{1}{4}r\right)^{1/4} A，\quad j = t r^{-1/2}，\quad v = -\frac{2N l_{梁}}{\pi}\left(\frac{1}{4}r\right)^{-1/4} \tag{8-29}$$

则式(8-28)可以表示为尖点突变模型的标准势函数形式：

$$V=\frac{1}{4}x^4+\frac{1}{2}jx^2+vx \tag{8-30}$$

(3)采空区顶板岩梁稳定性分析。

根据突变理论可知，式(8-20)的分叉集曲线如图 8-7 所示，假设顶板岩梁原来的平衡状态处于平衡曲面 $M$ 的下叶 $A$ 点，在建(构)筑物荷载作用下，顶板岩梁发生断裂，使平衡点 $A$ 沿 $AB$ 移动，当控制变量 $v$ 在控制平面上到达分叉集曲线时，平衡点 $A$ 也到达平衡曲面上的折痕处 $B$ 点；当控制变量 $v$ 再继续增大跨越分叉集曲线时，平衡点 $B$ 必然突越到平衡曲面 $M$ 的上叶 $C$ 点，此时，非充分采动类型采空区顶板岩梁顶板岩梁的平衡状态发生突变失稳。

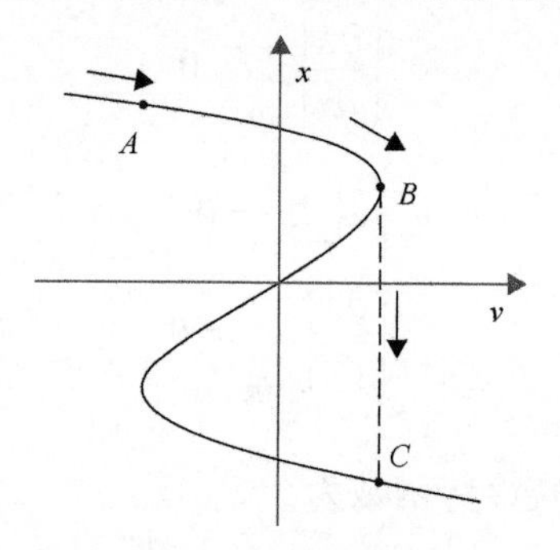


图 8-7　分叉集曲线

由此可见，分叉曲线就是其发生突变失稳的点集，分叉集方程给出的控制参量所满足的条件就是顶板岩梁发生突变失稳的条件。即当 $\Delta=8j^3+27v^2>0$ 时，系统可以保持稳定；当 $\Delta=8j^3+27v^2\leqslant 0$ 时，系统将会发生突变失稳。

将 $j$、$v$ 值代入分叉集曲线方程，可以得到建(构)筑物荷载作用下非充分采动类型采空区顶板岩梁顶板岩梁回转后，其保持稳定的平衡条件为

$$q_{\mathrm{b}}\leqslant\frac{\pi^2 Eh_{梁}^3}{12l_{梁}^2(1-\mu^2)}-q_{\mathrm{r}} \tag{8-31}$$

即当地表新建建(构)筑物在关键层顶部位置处产生的附加应力 $q_{\mathrm{b}}\leqslant\frac{\pi^2 Eh_{梁}^3}{12l_{梁}^2(1-\mu^2)}-q_{\mathrm{r}}$ 时，非充分采动类型采空区顶板岩梁在建(构)筑物荷载作用下将不会发生“活化”失稳，可保持稳定性，其中 $q_{\mathrm{b}}=\frac{\pi^2 Eh_{梁}^3}{12l_{梁}^2(1-\mu^2)}-q_{\mathrm{r}}$ 是临界平衡状态；当地表新建建(构)筑物在关键层顶部位置处产生的附加应力 $q_{\mathrm{b}}>$

$\dfrac{\pi^2 E h_{梁}^3}{12 l_{梁}^2 (1-\mu^2)} - q_r$ 时，非充分采动类型采空区顶板岩梁在建(构)筑物荷载作用下将会发生“活化”失稳。

2. *附加应力分析法*

附加应力分析法可用于工程建设对垮落断裂带发育且密实程度差的浅层、中深层采空区场地稳定性影响程度的定量评价。但该方法难以考虑上覆岩层复杂的地质条件及垮落断裂带的后期变化，应用时应加以注意。

垮落断裂带的高度在部分矿区有实测结果，但一般均为采矿活动过程中的数据，随着地质条件的变化、采空区终采时间的延长、地下水的软化作用等，垮落断裂带将发生闭合，高度将会发生变化，一般比矿井实测参数要小，所以，采空区勘探过程中应重点查明。

附加应力影响深度应取地基中附加应力 $\sigma_z$ 等于自重应力 1/10 的深度，附加应力 $\sigma_z$ 的计算应按现行国家标准《建筑地基基础设计规范》(GB 50007—2011)[88]中的有关规定执行。

垮落断裂带岩体破碎，在建(构)筑物荷载附加应力作用下，将发生进一步的压密变形。当垮落断裂带岩体完整、密实时，附加应力作用影响小，反之则影响大。分层计算基础地面以下平均附加应力或基础中心点的附加应力 $\sigma_z$，分层厚度不宜大于 5m，取附加应力值为 $1/10\sigma_z$(自重应力)，深度为建(构)筑物附加应力影响深度(图 8-8 所示)。

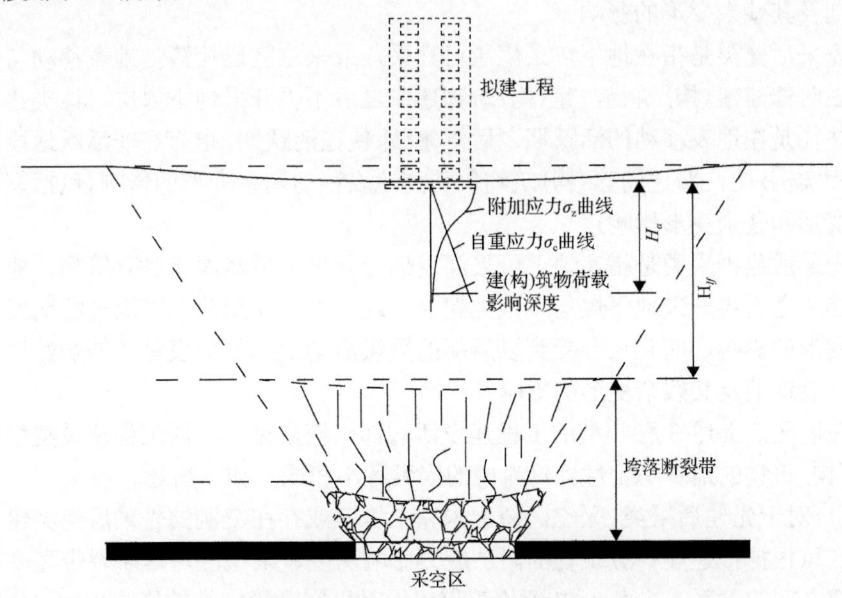


图 8-8　附加应力分析法计算模型

附加应力分析法应根据计算的影响深度和垮落断裂带岩体的完整程度、密实程度及本区经验等，按表 8-17 综合确定。

3. 数值分析法

数值分析法可用于复杂采空区场地对拟建工程的影响规律和程度的定性评价，可作为其他评价方法的补充和参考，其结果未经验证不得用于预测评价。

数值分析应在查明采空区特征和地质条件、工程地质条件的基础上，建立地质、力学模型。模型计算范围应超过对工程可能有影响的采空区范围，且超出距离不宜小于 100m。

模拟所采用的计算参数宜根据本场地实测指标确定，也可根据反演分析和当地经验进行调整。

## 8.3 采空区建(构)筑物地基稳定性分析

任何建(构)筑物都具有适应一定地表变形的能力(依靠建(构)筑物自身强度和刚度对一定的地表或地基变形进行调节)，在采动影响区，地表移动变形的发展具有时间上的阶段性。根据拟建建(构)筑物修建时间与地表移动和变形显现时间关系的不同，可将工程建设活动分为先建后采、先采后建和先采后建再采 3 种类型。

先建后采类是指在地下可采煤层开采之前，或采空区尚未垮落之前，建(构)筑物拟修建完成。建(构)筑物将受到采动影响下的地表移动的初始期、活跃期、衰退期及其残余变形的影响。

先采后建类是指在地下可采煤层已开采，或采空区已垮落，地表移动与变形已发生时修建建(构)筑物，建(构)筑物建成之后不再开采地下煤层。该类建(构)筑物往往是在地表移动的活跃期之后修建(即使在活跃期，也有在非活跃地段修建的工程实例)的，新建的建(构)筑物仅受到地表移动剩余变形的影响(包括衰退期地表变形和残余变形影响)。

先采后建再采类是指在地下可采煤层部分开采之后修建建(构)筑物，建(构)筑物建成之后再开采地下煤层。该类建(构)筑物不仅受到前期采煤时的地表移动剩余变形的影响，而且还会受到以后新的采煤活动引起的地表移动的初始期、活跃期、衰退期及其残余变形的影响。

在矿区，上述 3 种类型的工程建设活动都比较常见。不同工程建设类型的拟建建(构)筑物的地基稳定性评价考虑的因素各不相同，如下所述。

(1) 对于先建后采类、采空区覆岩未完全垮落或存在空洞的先采后建类建(构)筑物，可根据拟建建(构)筑物的附加应力影响深度、采空区垮落断裂带高度、煤层采深之间的关系，按表 8-17 评价工程建设对采空区稳定性的影响程度，分析建

(构)筑物附加荷载是否会引起采空区覆岩提前垮落及其垮落是否会引起建(构)筑物地基的非连续变形。

在采深较小的地段修建建(构)筑物，当建(构)筑物的附加应力影响深度与采空区垮落断裂带形成交叉时，其浅部地基与深部地基之间存在两种相互影响的关系：一方面，建(构)筑物荷载在地基中的附加应力有可能会影响到采空区上覆岩层的稳定性，引起采空区"活化"，使采空区提前垮落；另一方面，采空区垮落时，上覆岩层的垮落和裂缝向上发展，不仅有可能使建(构)筑物地基的下伏层出现开裂、台阶等非连续变形，影响建(构)筑物的基础和上部结构的安全性，而且有可能加剧建(构)筑物的附加沉降。

(2)对于采空区覆岩完全垮落且充填密实的先采后建类建(构)筑物，即使建(构)筑物的附加应力影响深度与断裂带形成交叉，因先前开采的采空区垮落后经历的时间较长，新的平衡状态已基本形成。虽然岩块间仍存在空隙、裂隙，以及弯曲带有可能存在离层、土层颗粒间仍不一定完全密实，但这类空隙、离层及土层颗粒间隙等随着岩块破碎、离层膨胀、土体颗粒在自重作用下由高密度区向低密度区移动等小范围的自身调节，并不会在后来修建的建(构)筑物的地基持力层、下伏层土体中产生台阶、塌陷坑等非连续的土体变形，因此对后来修建的建(构)筑物不会产生显著的影响；加之新建建(构)筑物荷载对老采空区覆岩的稳定性产生的影响仅限于缩短了采空区已垮落岩块、上部覆岩破碎岩块及空隙进一步压实所需的时间，而该部分岩块及空隙的进一步压实对建(构)筑物的影响也仅是增加了建(构)筑物的附加沉降量，不会对建(构)筑物的结构产生安全性影响。

(3)对于先采后建再采类建(构)筑物，应在重复采动的间隔时间、开采条件明确时参照前两种类型的评价标准进行评价，但地表变形值的计算需考虑前期的剩余地表变形与以后再行开采时的地表变形叠加。

采空区建(构)筑物地基变形计算应包括采空区地表剩余变形值与附加荷载引起的正常地基沉降变形值。

当拟建建(构)筑物基础旁有采动边坡或临空面时，应验算采动边坡滑坡、崩塌或坡脚隆起变形的可能性。

采用桩基工程穿越采空区时，应根据采空区剩余变形值考虑桩侧负摩阻力及水平变形的不利影响。

当场地处于稳定状态，工程建设对采空区场地稳定性影响小，或采空区顶板为完整、较完整的坚硬岩、较硬岩，其厚度大于或等于采空区跨度时，对可不作变形验算、地基基础设计等级为丙级的次要建(构)筑物可不考虑采空区对地基稳定性的不利影响。

# 第9章 采空区灌注充填治理技术

采空区残留煤柱不规则、大小不一，导致上覆岩层破坏规律性差，常常因垮落不充分残留较大的残留空洞。地表建(构)筑物荷载、覆岩力学强度损伤及其他外力扰动等因素作用或其联合作用，可能导致残留煤柱破坏、残留空洞突然垮塌或煤柱压入较软弱的顶底板，这些都将会造成地表突然塌陷，而塌陷的发生时间和持续时间又难以预计(在开采结束后几十年甚至上百年时间内都有可能发生)。且浅埋采空区一般距地表较近，煤柱形状往往极不规则，顶板也容易出现塌陷坑式的抽冒，采空区“二次活化”的危险性更大。采空区“二次活化”引起的顶板发生大面积垮落，将影响矿井邻近开采区域的开采安全，影响采空区地表利用及造成采空区上方已有建(构)筑物的损坏。因此，当在采空区上新建建(构)筑物时需对采空区进行治理。老采空区井下均封闭多年，有毒有害气体、积水、垮塌等情况不明，若打开封闭空间进行井下治理，通风和支护非常困难。因此，地面打钻灌注充填是采空区治理常用的方案。

采空区灌注充填是采用人工方法向采空区灌注、投送填充材料，充填、胶结采空区空洞及松散体的采空区地基处理方法。灌注充填法是应用广泛、效果较好的采空区治理方法。该方法适用于不同埋深且不具备井下人工施工条件的采空区。灌注充填法有以下3点优势：

(1)适应性广。其他的采空区治理方法如水砂充填、干砌充填、浆砌充填、井下砌墩柱、井下复采或爆破等，对井下施工条件要求很高，人员和设备都要在采空区内施工。但绝大部分采空区都不具备井下人工施工的条件，施工的局限性很大，而灌注充填法则对地下地质情况一般无特殊要求。

(2)治理深度较大。无论对于浅层采空区(采深 $H<50$m 或 50m≤采深 $H<200$m 且采深采厚比 $H/m<30$ 的采空区)，还是中深层采空区(50m≤采深 $H<200$m 且采深采厚比 $H/m\geq 30$ 的采空区或 200m≤采深 $H<300$m 且采深采厚比 $H/m<60$ 的采空区)，灌注充填法都具有安全、可靠和良好的治理效果等优点。而其他采空区治理方法，如支撑柱、堆载法、强夯法等，都只能处理极浅(10m 左右)的采空区，治理效果难以预计且可能存在一定的安全隐患。

(3)技术成熟可靠。成功运用灌注充填法处理采空区的工程实例很多，施工经验丰富，勘察设计方法与技术非常成熟；与同类治理方法相比，该方法治理费用较低，而其他的一些治理方法，如注浆柱、大口径钻孔桩柱等，对材料的强度要求较高，费用较高且治理效果不易控制。

当采空区的场地稳定性评价结果为不稳定或者基本稳定时，就要选择合适的采空区治理方法对采空区进行治理。选择灌注充填法治理采空区时，应主要考虑以下 4 个因素：

(1) 采空区的地质条件。主要包括采空区顶板岩性及完整性、采空区内人工作业条件等。如果采空区已进入过渡性剧烈沉降期或突发性沉降期，或采空区已经垮落，且地表已有垮落特征的，即地质条件已不具备在采空区内进行作业的条件，则应考虑用注浆充填法。如果具备在采空区内进行作业的条件，能够保证井下施工人员和设备的安全，则可以考虑井下充填施工的处理方法，包括地下充填、地下支撑、井下干砌或浆砌等。

(2) 开采方法。采煤方法有很多种，如房柱式采煤法、巷柱式采煤法、刀柱式采煤法及长壁全部垮落采煤法。房柱式采煤法、巷柱式采煤法、刀柱式采煤法的顶板垮落与煤柱的尺寸、顶底板岩性、煤层性质、采深和倾角等有关，可能在开采几十年甚至上百年后由于煤柱失稳而引起地面突然沉降，采空区内不具备进行安全作业的条件，需要以灌注充填法对采空区实施治理。目前，国内煤矿大多采用长壁全部垮落采煤法，使用该方法时采煤顶板覆岩垮落充分，地表产生连续的、大面积的沉陷盆地，地表移动具有较强的规律性，其稳定性较容易判别。采用此种采煤方法产生的采空区上覆岩层垮落充分，不具备人工作业条件，只能以注浆充填法对采空区实施治理。

(3) 采空区深度。就目前的注浆施工技术而言，其钻孔注浆的深度一般在 250m 以内，深度超过 250m 的深部采空区采用注浆法治理时，其经济性将变差，但治理的有效性不受影响。因此，采空区深度和纵向空间是决定注浆充填法是否可行的重要因素。

(4) 原材料供应。在有火力发电的地区，粉煤灰的供应非常充足，且价格低廉，应优先充分运用这些材料。但在个别地区，可能存在粉煤灰供应不足或供应距离较远等问题，可以考虑采用其他材料，如黏土、尾砂等。

本书第 4 章对长壁老采空区和部分开采老采空区“活化”机理进行了分析，可知长壁老采空区“活化”机理和部分开采老采空区“活化”机理有本质区别，因此其治理方法不同。

## 9.1　长壁老采空区灌注充填方法

由长壁老采空区“活化”变形机理可以看出，导水裂隙带内破碎岩体的残余碎胀空间及离层和空洞是老采空区“活化”的主要根源所在。若将老采空区残余“活化”空间等价成薄煤层开采，考虑到注浆体在缓倾斜老采空区的走向和倾向扩散半径近似相等，且老采空区导水裂缝带内的浆体与破碎岩体凝固后形成的结石体强度比煤层大。假设浆体有效扩散半径为 $R$，走向和倾向注浆孔间距分别为 $R_1$ 和 $R_2$，则根据部分开采岩层移动控制理论，可将长壁缓倾斜老采空区注浆方式分为 3 种类型[99, 100]。长壁缓倾斜老采空区注浆分类如图 9-1 所示。

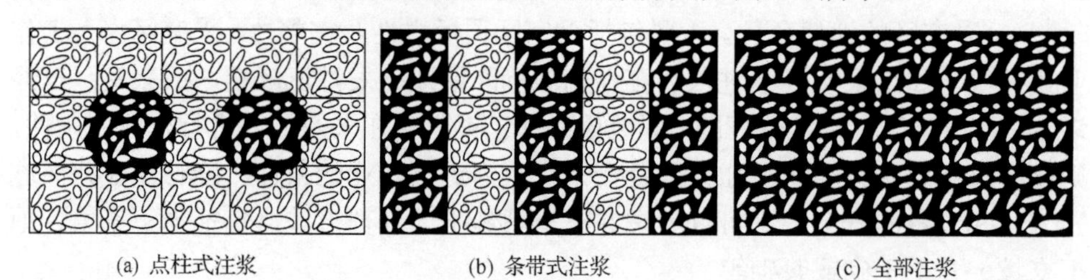

(a) 点柱式注浆　(b) 条带式注浆　(c) 全部注浆

图 9-1　长壁缓倾斜老采空区注浆分类示意图

(1)点柱式注浆。当注浆孔间距 $R_1$=$R_2$＞$2R$ 时，长壁老采空区注浆后，注浆结石体分布可看成房式开采后形成的似圆形点柱式煤柱(平面似圆形，偏安全考虑可简化为内接正方形)。老采空区点柱式注浆充填“活化”变形控制原理类似于房式开采岩层移动控制原理，如图 9-1(a)所示。

(2)条带式注浆。当注浆孔间距 $R_1$＞$2R$、$R_2$≤$2R$(倾向带状式注浆)或 $R_1$≤$2R$、$R_2$＞$2R$(走向带状式注浆)时，长壁老采空区注浆后，注浆结石体分布可看成条带开采形成的条带煤柱。老采空区条带式注浆充填“活化”变形控制原理类似于条带开采岩层移动控制原理，如图 9-1(b)所示。

(3)全部注浆。当注浆孔间距 $R_1$≤$2R$、$R_2$≤$2R$ 时，长壁老采空区注浆后，注浆体能够充入整个采动裂隙空间，此时即为全部注浆充填开采。老采空区全部注浆充填“活化”变形控制原理类似于全部充填开采岩层移动控制原理，如图 9-1(c)所示。

### 9.1.1　长壁老采空区全部灌注充填

采空区全部灌注充填法是在地面打钻孔至老采空区，使用水泥、粉煤灰、沙子等混合浆液将采空区所有空洞和覆岩裂隙全部充填和加固，使整个采空区恢复为接近原始岩体状态，彻底消除采动破碎岩体的移动变形空间和“活化”潜力。

1)注浆孔布置

长壁老采空区全部灌注充填法是将采空区残余空洞全部充填，注浆孔通常采用“梅花”形布置(图 9-2)，注浆孔间距应根据现场试验确定，在有经验的地区，也可根据覆岩地层结构及岩性、回采率及采空区“三带”连通性按表 9-1 确定。

采空区地基处理范围边缘部位应设置帷幕孔，孔间距可取注浆孔间距的 1/2～2/3，且不宜大于 10m。对于存在采空区积水的特殊场地，帷幕孔的布设应留设注浆浆液挤压排水通道，以满足注浆挤压排水工艺的要求。

图 9-2　长壁老采空区全部灌注充填钻孔布置示意图

**表 9-1　注浆孔间距[34]**

| 序号 | 判别条件 | 孔间距/m |
|---|---|---|
| 1 | 坚硬顶板，回采率≥60%，采空区“三带”的岩体离层、空隙、裂隙之间连通性较好 | 15～30 |
| 2 | 无坚硬顶板，回采率≥60%，采空区“三带”的岩体离层、空隙、裂隙之间连通性较差 | 10～15 |
| 3 | 坚硬顶板，回采率＜60%，采空区“三带”的岩体离层、空隙、裂隙之间连通性较好 | 10～15 |
| 4 | 无坚硬顶板，回采率＜60%，采空区“三带”的岩体离层、空隙、裂隙之间连通性较差 | ≤10 |

在注浆孔施工时，应布置数量为注浆孔和帷幕孔总数的 3%～5%的取心钻孔，以对地层岩性、厚度，岩心取心率，采空区埋深及厚度等进行鉴别，结合煤矿采空区岩土工程勘察报告对煤矿采空区特征进行分析、验证，确保采空区处理方法及设计参数能对采空区地基进行有效治理。

2) 常用注浆充填材料及要求

常用的采空区灌注充填材料有水泥、粉煤灰、黏土等材料，在满足设计要求的条件下，也可选用其他替代材料。

当采空区空洞和裂隙发育，地下水流速大于 200m/h 时，为了节省注浆材料，通常先灌注砂、砾石、石屑、矿渣等材料，以此充填大的空洞和裂隙，减小过水断面，增加水流阻力，为有效注浆创造条件。粗骨料粒径应满足灌注施工的要求，具体规格按表 9-2 确定。

注浆材料的配比应结合当地经验，按采空区地基处理设计等级并通过现场试验确定；浆液水固比宜取 1∶1.0～1∶1.3，并可掺入适量减水剂。浆液的浓度使用应由稀到浓，并根据施工的具体情况，调整浓度比。当采空区存在积水时宜取较小值，并应根据地下水的流速添加适量的速凝剂。浆液中添加的减水剂和其他添加剂应能使浆液流动性满足设备可注性要求，浆液扩散性满足治理范围要求。

**表 9-2　注浆材料规格[34]**

| 序号 | 材料 | 规格要求 |
|---|---|---|
| 1 | 水 | 应符合混凝土用水要求 |
| 2 | 水泥 | 强度等级不低于 32.5MPa |
| 3 | 粉煤灰 | 符合国家二、三级质量标准 |
| 4 | 黏土 | 塑性指数不宜小于 10，含砂量不宜大于 3% |
| 5 | 砂 | 天然砂或人工砂，粒径不宜大于 2.5mm，有机物含量不宜大于 3% |
| 6 | 石屑或矿渣 | 最大粒径不宜大于 10mm，有机物含量不宜大于 3% |

水泥应占固相的 15%～35%，为了增强采空区治理效果，在治理重要建(构)筑物下覆采空区时，可适当增加水泥用量。

3)灌注充填量

长壁老采空区全部灌注充填法灌注充填量可根据下式进行估算[34]：

$$Q_{\mathrm{g}}=\frac{\tau\cdot S_{处}\cdot m_{法}\cdot N_{回}\cdot n_2\cdot \eta_2}{c\cdot\cos\alpha} \tag{9-1}$$

式中，$Q_{\mathrm{g}}$ 为灌注量，$\mathrm{m}^3$；$\tau$ 为注浆量损耗系数，可取 1.2～1.5；$S_{处}$ 为采空区地基处理面积，$\mathrm{m}^2$；$\eta_2$ 为充填系数，%；$m_{法}$ 为采出煤层法向厚度，m；$N_{回}$ 为煤层回采率，%；$n_2$ 为采空区剩余空隙率，%；$c$ 为浆液结石率，%，以试验或地区经验确定，并不小于 80%；$\alpha$ 为煤层倾角，(°)。

采空区剩余空隙率的取值是采用$(1-q)$计算得到的，并根据地区经验进行调整，其中 $q$ 为地表下沉系数，该值按照《建筑物、水体、铁路及主要井巷煤柱留设与压煤开采规范》(2017 版)选取，计算公式如下：

$$q=0.5\left(0.9+P_3\right) \tag{9-2}$$

式中，$P_3$ 为覆岩岩性综合评价系数，其取值主要通过地质、开采技术条件来确定，取决于覆岩岩性及其厚度，可用下式计算：

$$P_3=\frac{\sum_{1}^{n} m_i Q_i}{\sum_{1}^{n} m_i} \tag{9-3}$$

式中，$m_i$ 为覆岩第 $i$ 分层的法向垂直厚度，m；$Q_i$ 为覆岩第 $i$ 分层的岩性评价系数，其取值可按表 9-3 的规定确定。

**表 9-3　分层岩性评价系数[34]**

| 岩性 | 单轴抗压强度/MPa | 岩石名称 | 初次采动 $Q_0$ | 重复采动 | |
|---|---|---|---|---|---|
| | | | | $Q_1$ | $Q_2$ |
| 坚硬 | ≥90 | 很坚硬的砂岩、石灰岩和黏土页岩、石英矿脉、铁矿石、致密花岗岩、角闪岩、辉绿岩；硬的石灰岩、硬砂岩、硬大理石；不硬的花岗岩 | 0.0 | 0.0 | 0.1 |
| | 80 | | 0.0 | 0.1 | 0.4 |
| | 70 | | 0.05 | 0.2 | 0.5 |
| | 60 | | 0.1 | 0.3 | 0.6 |
| 中硬 | 50 | 较硬的石灰岩、砂岩和大理石；<br>普通砂岩、铁矿石；<br>砂质页岩、片状砂岩；<br>硬黏土质片岩、不硬的砂岩和石灰岩、软砾岩 | 0.2 | 0.45 | 0.7 |
| | 40 | | 0.4 | 0.7 | 0.95 |
| | 30 | | 0.6 | 0.8 | 1.0 |
| | 20 | | 0.8 | 0.9 | 1.0 |
| | >10 | | 0.9 | 1.0 | 1.1 |
| 软弱 | ≤10 | 各种页岩(不坚硬的)、致密泥灰岩；<br>软页岩、很软的石灰岩、无烟煤、普通泥灰岩；<br>破碎页岩、烟煤、硬表土-粒质土壤、致密黏土；<br>软砂质黏土、黄土、腐殖土、松散砂层 | 1.0 | 1.0 | 1.1 |

由于选用下沉系数表示地表最大下沉值与开采厚度之比，建议采场中间区域剩余空隙率取低值，场地边缘区域取高值。

对于采空区类型为巷道式小窑开采，采空区剩余空隙率应结合采空区勘察钻孔钻进情况确定。

4) 注浆孔结构

注浆孔开孔直径宜为130～150mm，终孔直径不宜小于89mm，需投入骨料时终孔直径不应小于110mm，如图9-3所示。

止浆位置应选择在孔壁围岩稳定、岩石无纵向裂隙发育地段。当为单层采空区，采用全孔一次性注浆法施工时，采用似法兰盘简易止浆法止浆，简单易行，经济适用，如图9-4所示。具体操作方式为采用直径不小于50mm的钢管作为注浆管，将一段一端焊接有与开孔孔径相接近的法兰盘的注浆管下放至设计止浆位置，用少量碎石、黏土将法兰盘与孔壁之间的空隙封堵，然后采用水固比(质量比)为1∶2的水泥浆或P.O 42.5级快凝水泥稠浆将注浆管与孔壁胶结在一起，水泥浆灌注高度不应小于5.0m。采用分段注浆时，可采用上述止浆法或孔内采用止浆塞止浆，充水采空区注浆管深度宜深入注浆段，中、深层采空区宜在注浆段采空区垮落裂隙带上方较完整岩体上设置孔内止浆塞。

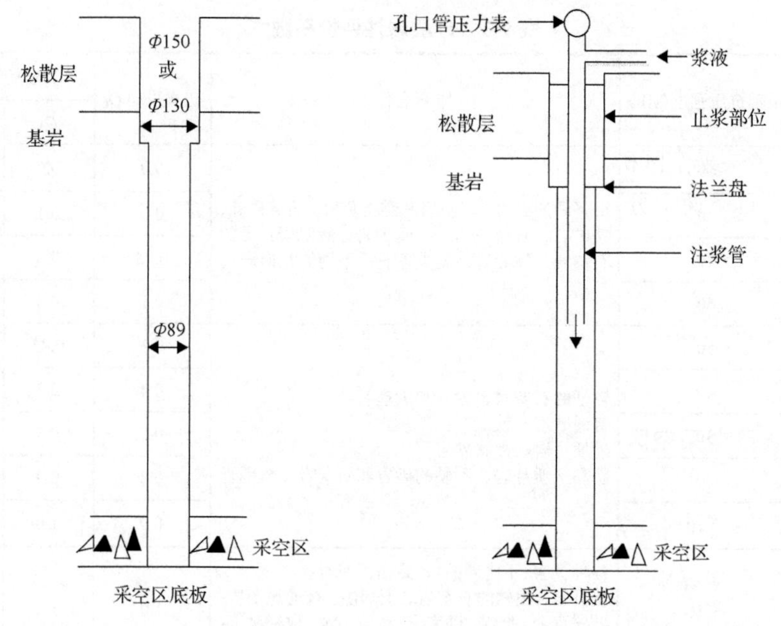


图 9-3　注浆孔结构示意图　　　　图 9-4　似法兰盘简易止浆法示意图

5) 灌注施工工艺参数

灌注压力应通过现场灌注试验确定，以不出现地表隆起为控制标准(不超过有效止浆段上覆岩土体自重的 1.0 倍)。注浆终孔压力宜为注浆压力的 1.5～2.0 倍，注浆压力达到注浆终孔压力后，单位灌注量小于 50L/min 且稳定在 15min 以上作为结束灌注控制标准。

6) 施工顺序与工艺

(1) 先施工边缘帷幕孔，后施工中间注浆孔，以形成有效的止浆帷幕。

(2) 按次序间隔成孔，成孔过程中应根据前次序注浆孔注浆情况，结合地层及采空区特征对后次序注浆孔的孔位、孔距、孔数和孔深进行调整。

(3) 灌注施工顺序应防止浆液无序扩散，并应遵循“跳排跳序灌注”的原则，具体如图 9-5 所示。

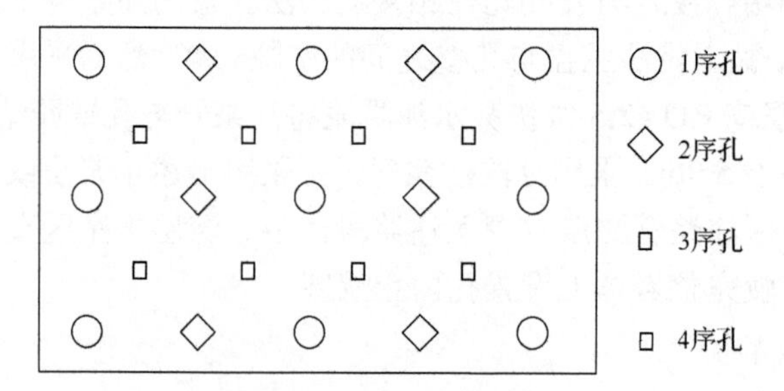


图 9-5　钻孔施工顺序

(4) 倾斜煤层应先施工沿倾向深部采空区边缘孔，并应采取由深到浅的施工顺序。

(5) 单层采空区且采出厚度小于 2m 的，可采用全孔一次性灌注施工工艺。

(6) 多层采空区矿层间距较小且各矿层的垮落、断裂带互相贯通时，可采用一次成孔，自下而上分段灌注施工。

(7) 多层采空区矿层间隔较大，宜自上而下分段成孔，并应分段灌注施工。

(8) 对于充水采空区，可灌注石粉、砂砾石等粗骨料，或采用低压浓浆灌注、添加速凝剂、间歇灌注及疏排水等措施保障灌注效果；治理方案应进行专项技术论证。

### 9.1.2　长壁老采空区条带灌注充填

根据国内外注浆试验结果，注浆充填时，由于覆岩倾斜，浆液沿采空区倾向扩展范围较大，沿走向扩展范围较小，注浆充填体沿倾向形成带状分布，类似于采矿中的条带开采。对注浆结石体的试验表明，注浆结石体的强度大于一般煤层的强度，因此可以将充填区域看成是条带开采，将未充填区域看成是开采区域，其开采厚度等于未下沉的空间，即残余空间。

#### 1. 条带灌注充填设计原则

注浆充填的目的是保证老采空区产生的残余移动小于地面建(构)筑物的临界变形值，从而保证地面建(构)筑物的安全。为了达到该目的，在进行条带灌注充填时，必须满足以下条件[101, 102]：

(1) 注浆结石体的强度足够支撑上覆岩体质量，在覆岩应力作用下能保持长期稳定。由于注浆结石体的强度高于煤层强度，按条带煤柱设计的方法评价其强度是偏安全的，可以采用。

(2) 注浆结石体形成的条带足够支撑上覆岩体质量，能保证形成注浆带后产生的地表残余变形小于建(构)筑物的临界变形，保证地面建(构)筑物不被破坏。

为达到上述目的，必须使条带灌注充填形成的覆岩结构与条带开采形成的覆岩结构相同。为保证条带开采的安全，必须保证条带开采形成的覆岩结构能有效支撑上覆岩体质量，即要求开采后形成的弯曲带有足够的厚度。在注浆充填过程中，还应保证地面荷载传递的深度不接触到导水裂隙带，为此形成如下判断条件。

(1) 当开采深度 $H \leqslant H_{\sigma}+H_{\mathrm{li}}$ 时($H_{\sigma}$ 为附加应力影响深度，m；$H_{\mathrm{li}}$ 为垮落断裂带深度，m)，覆岩已经不存在完整结构或建(构)筑物荷载已对老采空区破裂岩体产生影响，将导致破裂岩体变形，此时应采用全部注浆充填，即注浆孔间距 $L=2R$($R$ 为浆体有效扩散半径，m)。

(2) 当开采深度 $H > H_{\sigma}+H_{\mathrm{li}}$ 时，覆岩存在完整结构或建(构)筑物荷载对老采空

区破裂岩体没有影响，覆岩结构可以支撑上覆岩体荷载，此时采用条带灌注充填即可控制地表变形，注浆孔间距为

$$L=L_1+2R \tag{9-4}$$

式中，$L_1$ 为不注浆充填的宽度，m，$L_1$ 取决于建筑物抗变形能力、地质采矿条件等因素。

2. 条带灌注充填设计方法

1) 注浆孔间距的确定

在保证注浆结石体强度的前提下，注浆结石体和破裂岩体共同支撑上覆岩体，形成类似三向受力的条带开采。为保证充填体的长期稳定性，应按条带开采设计中三向受力分析方法确定充填条带宽度和不充填宽度。为使地面变形不超过地面建(构)筑物的临界变形，必须先计算地表移动变形最大值，认为地表最终沉降将达到极限残余沉降，即最终沉降量将达到煤层采出厚度，因此将剩余沉降看成是等效开采厚度，即

$$m_{\mathrm{dx}} = (1 - q\cos\alpha)\sum m \tag{9-5}$$

式中，$m_{\mathrm{dx}}$ 为等效开采厚度，m；$q$ 为下沉系数；$\alpha$ 为煤层倾角，(°)；$\sum m$ 为累计开采厚度，m。

设充填条带宽度为 $a_7$，由条带开采地表沉陷预测参数得到的下沉系数 $q_{\mathrm{t}}$、主要影响角正切 $\tan\beta_{\mathrm{t}}$、水平移动系数 $b_{\mathrm{t}}$ 分别为

$$q_{\mathrm{t}} = \frac{(H-30)q}{5000\dfrac{a_7}{L_1} - 2000} \tag{9-6}$$

$$\tan\beta_{\mathrm{t}} = (1.076 - 0.0014H)\tan\beta \tag{9-7}$$

$$b_{\mathrm{t}} = \frac{10000b}{10750 + 7.6H} \tag{9-8}$$

由式(9-5)～式(9-8)可以计算得到条带灌注充填地表移动变形最大值为

$$r_{\mathrm{t}} = \frac{H}{\tan\beta} \tag{9-9}$$

$$W_{\max} = q_{\mathrm{t}} m_{\mathrm{dx}} \cos\alpha \tag{9-10}$$

$$i_0 = \frac{W_{\max}}{r_{\mathrm{t}}} = \frac{q_{\mathrm{t}} m_{\mathrm{dx}} \cos\alpha}{r_{\mathrm{t}}} \tag{9-11}$$

$$\varepsilon_0=1.52i_0 \tag{9-12}$$

$$K_0=\frac{1.52W_{\max}}{r_t^2} \tag{9-13}$$

式中，$r_t$ 为条带开采的主要影响半径，m；$q$ 为下沉系数；$b$ 为全部开采时的水平移动系数；$\tan\beta$ 为全部开采时的主要影响角正切；$W_{\max}$ 为地表最大下沉值，m。

由上述公式可以求出不同条带灌注充填时的地表移动变形最大值，同时，也可根据地表建(构)筑物允许变形值求得注浆条带的宽度和间距。由式(9-10)～式(9-13)可以看出，$W_{\max}$、$\varepsilon_0$、$K_0$ 是相关的，因此可根据一种变形求得注浆所要求的宽度，也可根据其他变形求得注浆所要求的宽度。下面根据最大倾斜求得注浆要求的宽度。

将式(9-5)、式(9-6)代入式(9-9)～式(9-13)可得

$$i_0=\frac{(H-30)qm_{\mathrm{dx}}\cos\alpha}{\left(\dfrac{5000a_7}{L_1}-2000\right)r_t} \tag{9-14}$$

$$L_1=\frac{5000a_7i_0r_t}{2000r_ti_0+(H-30)qm_{\mathrm{dx}}\cos\alpha} \tag{9-15}$$

按照条带开采理论，不注浆充填宽度(条带采出宽度)还应满足

$$L_1\leqslant\left(\frac{1}{4}\sim\frac{1}{10}\right)H \tag{9-16}$$

求得 $L_{采}$ 后，可由式(9-4)求得注浆孔间距 $L$。

2) 充填条带宽度的确定

在确定充填条带宽度时，应考虑充填条带宽度足够支撑上覆岩体质量，根据 A.H.威尔逊理论，充填条带宽度 $a_7$ 应为

$$a_7\geqslant 0.01mH+8.4 \tag{9-17}$$

式中，$m$ 为开采厚度；$H$ 为开采深度。

考虑老采空区部分岩体已经破裂，特别是垮落带岩体破裂程度较高，承受应力的能力降低，因此在设计时，煤层累计开采厚度应取垮落带高度，由开采沉陷理论可知，垮落带高度为 2～3m，因此，式(9-17)变为 $a_7\geqslant(0.02\sim0.03)H+8.4$，此式即为充填条带所要求的有效宽度。

当注浆扩散距离大于充填条带所要求的有效宽度时，可以采用一排钻孔注浆；当注浆扩散距离小于充填条带所要求的有效宽度时，应采用多排钻孔注浆，则注浆孔排数 $n_6 \geqslant \dfrac{a_7}{2R}$。

### 9.1.3　长壁老采空区点柱式灌注充填

1. 点柱式注浆设计原则

长壁老采空区实施点柱式注浆的目的就是形成类似于房式开采形成的覆岩结构，控制老采空区的残余变形量小于地表建(构)筑物的临界变形值，保证地面建(构)筑物的安全。进行长壁老采空区点柱式灌注充填设计时，必须满足：①点柱式注浆后形成的结石体注浆柱能够有效支撑上覆完整岩层及松散层质量，同时要求注浆柱能够长期保持自身的稳定性；②点柱式注浆后能够有效控制老采空区地表残余变形量不超过地表建(构)筑物安全设防指标。

当老采空区赋存较浅时，为保证老采空区点柱式注浆充填的安全，同时需考虑地面荷载对老采空区的“活化”扰动影响，需兼顾以下原则[99]。

(1)当开采深度 $H \leqslant H_\sigma + H_{li}$($H_\sigma$ 为附加应力影响深度，m；$H_{li}$ 为垮落断裂带深度，m)时，覆岩已经不存在完整的岩层结构或弯曲下沉带厚度不足，地面荷载在岩体中衰减传播后仍可以加载到裂隙带破碎岩体上，将导致破裂岩体变形，引起老采空区地表发生较大残余变形。此时应采用全部注浆充填，即注浆需满足以下条件：$R_1 \leqslant 2R$，$R_2 \leqslant 2R$($R$ 为浆体有效扩散半径，m)。

(2)当开采深度 $H > H_\sigma + H_{li}$ 时，覆岩存在完整岩层结构且弯曲下沉带厚度足够大，建(构)筑物荷载不会直接引起破裂岩体变形“活化”，此时可采用点柱式注浆控制老采空区地表残余变形。点柱式注浆时优先对采空区边界空洞和欠压密区进行注浆，其他区域沿走向和倾向注浆孔间距为

$$R_1 = R_2 = L_1 + 2R \tag{9-18}$$

式中，$L_1$ 为走向和倾向不注浆充填的宽度，m，其取值取决于地表建(构)筑物抗变形能力、地质采矿条件等因素。

2. 点柱式注浆设计方法

1)注浆柱尺寸的确定

老采空区点柱式注浆原则之一要求结石体注浆柱能够支撑上覆岩层自重且能保持长期稳定性。

考虑到垮落带破碎岩体破碎程度较高且承载能力差，缓倾斜老采空区点柱式注浆后可认为上覆岩层重力均由注浆柱承担，则按照极限强度理论，注浆柱上方

支撑的总荷载 $p_1$ 为

$$p_1 = (L_1 + R_{注})^2 \rho g H_{覆} \tag{9-19}$$

式中，$R_{注}$ 为注浆柱尺寸，如果 $R_{注} > 2R$ 时，可布置多排注浆孔注浆；$\rho$ 为注浆上覆岩层平均密度，$kg/m^3$；$H_{覆}$ 为注浆上覆岩层厚度，m。

令注浆柱的允许抗压强度为 $\sigma_1$，则注浆柱实际支撑的极限荷载 $p_2$ 为

$$p_2 = \sigma_1 R_{注}^2 \tag{9-20}$$

为了保证注浆柱有足够的强度，一般要求安全系数 $k$ 必须大于 1.5，即

$$k = \frac{p_2}{p_1} > 1.5 \tag{9-21}$$

根据上式可推导出注浆柱尺寸与不注浆充填宽度之间的关系。

工业实践表明，注浆柱若要保持稳定性，其宽高比还应满足大于 2 的要求。

2) 注浆孔间距的确定

老采空区点柱式注浆原则之二要求注浆后老采空区地表残余变形量不超过地表建(构)筑物安全设防要求。工业实践表明[103]：房式开采地表沉陷形态仍可以用概率积分法模型进行描述，概率积分参数可以直接反映出煤房和煤柱的尺寸及其他地质采矿条件。

Wilson 对 5 个房式开采和 5 个短壁开采资料统计分析认为[104]，房式开采地表下沉系数 $q$ 与用 Salamom 公式计算的安全系数 $k$ 有关，即

$$q = 0.234k^{-1.44333} \tag{9-22}$$

其中：

$$k = \frac{\sigma}{\sigma'} \tag{9-23}$$

$$\sigma = \sigma_0 \frac{R_{注}^{0.46}}{H_{柱}^{0.66}} \tag{9-24}$$

$$\sigma' = \rho g H \frac{\left(R_{注} + L_1\right)^2}{R_{注}^2} \tag{9-25}$$

式中，$k$ 为 Salamom 公式计算的注浆柱安全系数；$\sigma$ 为 Salamom 公式计算的注浆柱极限强度，MPa；$\sigma_0$ 为注浆柱单轴抗压强度；$\sigma'$ 为注浆柱实际承载应力，MPa；$H_{柱}$ 为注浆柱高度，m，考虑到垮落带破碎岩体破碎程度较高且承载能力较差，注浆柱高度 $H_{柱}$ 可取垮落带高度，而对于中硬岩层垮落带高度一般为 3～5m。

文献[3]通过实测资料也证实了上述结论在中国应用的可行性。房式开采地表沉陷规律和条带开采类似，因此房式开采其他概率积分预计参数可参考类似的条带开采预计参数[105]。

长壁老采空区边界的空洞和欠压密区为优先注浆充填区域，而老采空区充分压实区为点柱式注浆设计主要区域，考虑到充分压密区为原岩应力恢复区，破碎岩体残余碎胀系数大致相等，则可将压密区残余碎胀空间等价为长壁开采的薄煤层，则“等价采高”$M'$为

$$M'=m(1-q\cos\alpha) \tag{9-26}$$

式中，$m$为煤层采厚，m；$q$为下沉系数；$\alpha$为煤层倾角，(°)。

根据概率积分法原理，得老采空区地表残余移动变形极限公式：

$$W_{\max}=M'q\cos\alpha \tag{9-27}$$

$$i_{\max}=\frac{W_{\max}}{r} \tag{9-28}$$

$$\varepsilon_{\max}=\pm 1.52\frac{bW_{\max}}{r} \tag{9-29}$$

$$K_{\max}=\pm 1.52\frac{W_{\max}}{r^2} \tag{9-30}$$

式中，$W_{\max}$为地表最大下沉值，m；$i_{\max}$为地表最大倾斜值，mm/m；$\varepsilon_{\max}$为地表最大水平移动变形值，mm；$K_{\max}$为地表最大曲率值，mm/m$^2$；$r$为主要影响角半径，m。

残余变形控制要求老采空区点柱式注浆充填之后，移动变形极值要小于安全设防的指标$i_{\mathrm{m}}$（地表倾斜值设防指标）、$\varepsilon_{\mathrm{m}}$（地表水平移动值设防指标）、$K_{\mathrm{m}}$（地表曲率值设防指标），即

$$i_{\mathrm{m}}\leqslant i_{\max} \tag{9-31}$$

$$\varepsilon_{\mathrm{m}}\leqslant \varepsilon_{\max} \tag{9-32}$$

$$K_{\mathrm{m}}\leqslant K_{\max} \tag{9-33}$$

利用上述公式可以确定老采空区不注浆尺寸。考虑到倾斜、曲率、水平变形安全设防指标具有一定的相关性，以倾斜$i_{\mathrm{m}}$为例推导$L_1$，得到：

$$L_1=\frac{\sqrt{\sigma_0}R_{柱}^{1.23}(i_{\mathrm{m}}r)^{\frac{1}{2..88666}}}{\sqrt{\rho gH}H_{柱}^{0.33}(0.234M'\cos\alpha)^{\frac{1}{2.88666}}}-R_{柱} \tag{9-34}$$

式中，$R_{柱}$为注浆柱尺寸，m；$H_{柱}$为注浆柱高度，m。

根据式(9-34)可以求得老采空区不注浆尺寸 $L_1$,则注浆孔间距为 $R_1=R_2=L_1+2R$。

### 9.1.4　长壁老采空区复合砌体梁半拱结构注浆加固技术

在地层中，各岩层由于成分、沉积时间、沉积环境及地质作用不同，岩层的厚度、强度也不同。由于煤系岩体的分层特性差异，岩层在岩体活动中的作用不同，我们把刚度、强度较大，在活动中起控制作用的岩层称为关键层。一般关键层为基层，控制局部岩体运动的关键层称为亚关键层，控制上覆至地表岩层活动的关键层为主关键层。亚关键层的破断导致局部岩体同步破断，会形成明显的矿压显现，主关键层的破断会使上覆岩层直至地表发生同步协调下沉。关键层的存在致使在采空区边界关键层下方形成“O”形圈离层。

因为“O”形圈离层的存在，长壁老采空区“活化”空间有“O”形圈离层空间、采空区边界的未垮落空间、垮落带的未压实空间。在采深较小的情况下，长壁采空区中部在地面建(构)筑物荷载作用下主要产生均匀变形；采空区边界砌体梁结构失稳，将同步导致地表严重的不均匀沉降，在不存在断层活化的情况下，该机理是长壁老采空区不均匀“活化”的主要原因。因此要保持长壁老采空区地基不产生严重的不均匀沉降，就要保证砌体梁结构中关键块长期满足“S-R”稳定性。

长壁老采空区复合砌体梁半拱结构注浆加固机理是[106]：用浆体充填“O”形圈离层空间、采空区边界的未垮落空间、垮落带的未压实空间，加固复合砌体梁结构，消除可能“活化”空间，使边界上覆岩体成为一个整体，避免突发不均匀沉降，如图 9-6 所示。

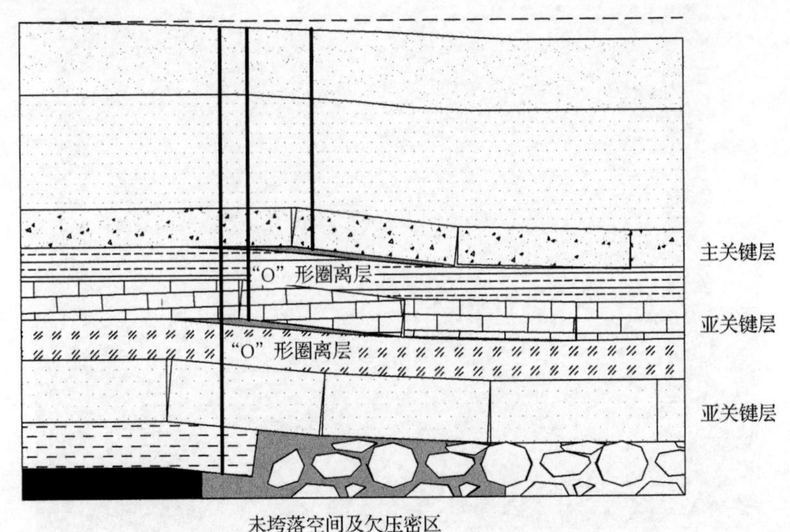


图 9-6　长壁老采空区复合砌体梁半拱结构注浆加固技术

其具体做法是从地面打钻孔注浆充填采空区边缘上覆岩层各岩层砌体梁半拱结构间的离层裂缝和竖向断裂缝，将多层复合砌体梁半拱结构通过水泥浆加固为整体岩梁半拱结构。

## 9.2 条带老采空区覆岩离层注浆加固技术

对于条带采空区同样适用全部灌注充填、点柱式灌注充填、条带(区块)灌注充填。但是根据条带采空区覆岩结构特点，本节提出了条带老采空区覆岩离层注浆加固技术。

### 9.2.1 条带老采空区覆岩离层注浆加固技术的提出

1. 条带老采空区残余空隙分布规律

残余空隙作为采空区注浆治理的充填区域，其分布规律将直接决定采空区治理的位置及目标。为了研究某矿 7300 采空区残余空隙分布规律，以 7300 采空区地质采矿条件为背景，进行了室内相似材料模拟试验，试验选用的几何相似比为 1∶100，时间相似常数为 1∶10，容重相似常数为 1∶1.5，荷载相似常数为 1∶150，外力相似常数为 1∶150。

回采结束后的覆岩垮落形态如图 9-7 所示。从图 9-7 中可以看出在工作面上方一定高度存在较大的离层空间，并且会形成拱脚位于距两侧煤壁一定距离处，拱顶位于支托层的“应力拱”结构，煤柱及应力拱结构共同维持条带采空区覆岩的稳定。

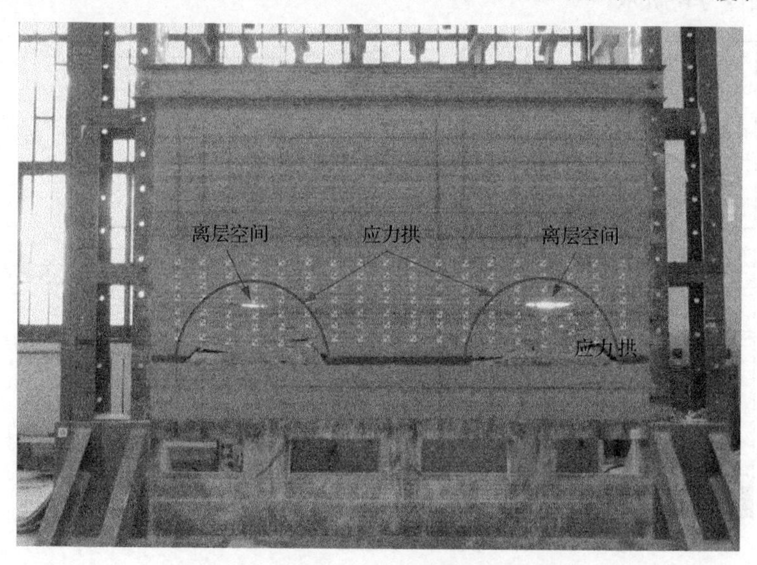


图 9-7 某矿条带老采空区覆岩垮落形态

通过对各测点的位移量进行观测，得到了条带采空区覆岩的位移变形情况，如图 9-8 所示。从图中可以看出，在测线 3 和测线 4 之间的下沉量有一个突增，说明在测线 3 和测线 4 之间存在较大的离层空间。

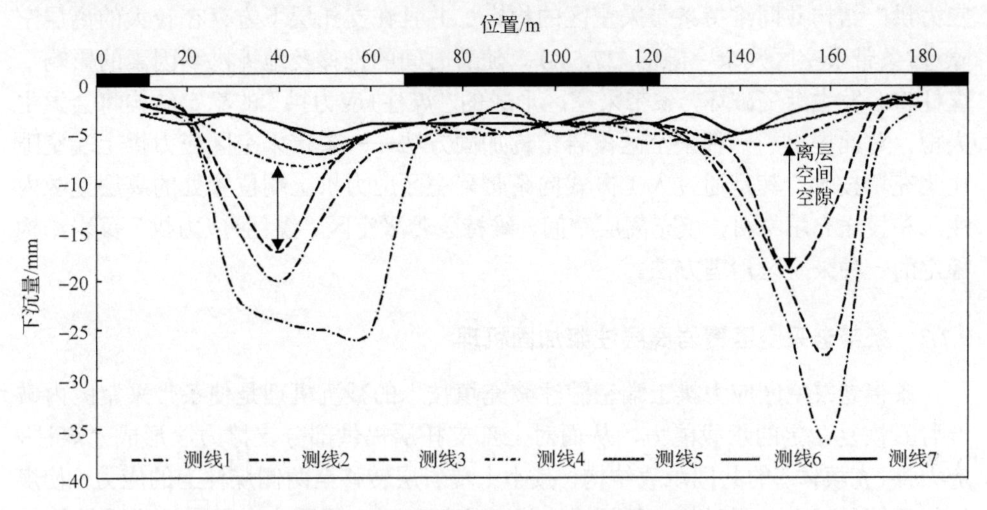


图 9-8　某矿条带采空区覆岩移动变形值

通过测算测线 3 和测线 4 之间的面积，将其面积与采出煤层的剖面面积相除，得到了岱庄煤矿条带采空区应力拱上端位置处离层空隙占整个残余空隙的比值为 27.5%，即说明岱庄煤矿条带采空区应力拱上端位置处离层空隙占条带采空区残余空隙的 27.5%，所占比例较大。

通过对条带采空区覆岩垮落形态及残余空隙分布规律的分析，提出了基于残余空隙大小的条带采空区残余空隙分区模型(图 9-9)。

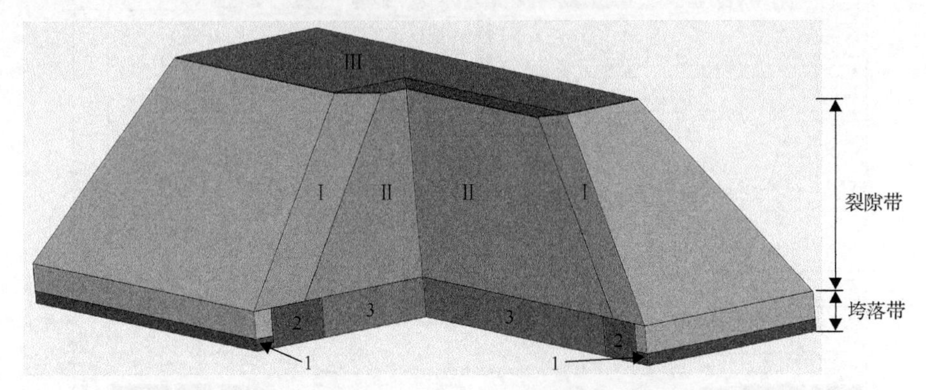


图 9-9　条带开采采空区残余空隙分区示意图

I-O 形圈离层区；II-整齐堆积区；III-离层空间；1-未充分垮落区；2-自由堆积区；3-逐渐压实区

2. *条带老采空区覆岩离层注浆加固技术*

根据对条带采空区覆岩空间力学模型和残余空隙分布规律的研究发现，“煤柱+应力拱”结构共同维持条带采空区的稳定；并且在支托层下方存在较大的离层空隙(占条带采空区残余空隙的 27.5%)。随着时间的推移及地下水等因素的影响，煤柱将会发生渐变破坏，条带采空区形成的“煤柱+应力拱”的稳定结构将会发生失稳。对此提出了一种采空区覆岩结构加固方法——条带采空区应力拱上端空隙注浆充填技术，其是通过人工方式向条带采空区应力拱上端位置处的离层空隙内注入和投送充填材料，填充离层空间，维持条带采空区“煤柱+应力拱”覆岩结构稳定的一种采空区治理方法。

### 9.2.2　条带老采空区覆岩离层注浆加固机理

条带老采空区应力拱上端空隙注浆充填技术的减沉机理是使条带采空区内破裂岩石恢复一定的承载能力，从而对上部支托层提供部分支撑力，形成“煤柱+应力拱+充填体”的共同承载结构，减小上覆岩层转移至两侧煤柱上的应力，使煤柱的压缩量减小；同时使支托层失去运动空间，减小了采出空间向地表的转移。

### 9.2.3　条带老采空区覆岩离层注浆充填层位

条带老采空区应力拱上端空隙注浆充填技术的注浆充填层位是条带老采空区支托层下方的离层空隙，如图 9-10 所示。

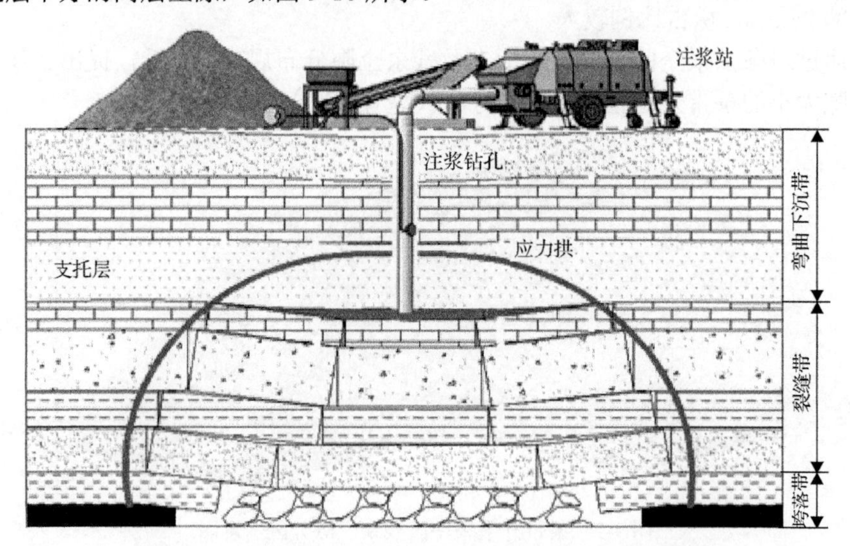


图 9-10　条带老采空区应力拱上端空隙注浆层位示意图

## 9.3　煤矿采空区快速注浆系统与工艺

现有采空区注浆加固是采用封孔装置将钻孔密封后，通过泥浆泵向采空区泵送水泥粉煤灰浆液，而泥浆泵泵送能力小，采空区注浆加固工期相对较长，且注浆加固范围内存在较大的空洞和离层，连通性好。在此基础上山东科技大学江宁等提出了“先自流、后加压”的采空区快速注浆系统与工艺。

《一种采空区快速注浆系统》(CN104912592A)包括制浆装置和注浆装置[107]：

制浆装置采用“矿用强力制浆机+搅拌桶”三级搅拌，首先利用矿用强力制浆机制作纯水泥浆和纯粉煤灰浆，其次将纯水泥浆和纯粉煤灰浆混合，最后再将初步混合的水泥粉煤灰浆进一步搅拌。

注浆装置为“混凝土输送泵+泥浆泵”相互配合，既利用了混凝土输送泵泵送能力强，又利用了泥浆泵泵送压力大的优点。

《一种采空区快速注浆系统的注浆工艺》(CN104989424A)的实质是将原来的一次注浆分为两个阶段；无压自流(初注)和加压扩散(复注)[108]。

无压自流(初注)：将注浆钢管与浆液面控制装置的探头一同下至预定位置，利用混凝土输送泵按浆液由稀到稠的顺序向采空区输送水泥粉煤灰浆浆液(可按需向水泥粉煤灰浆液中添加骨料)[图 9-11(a)]，当浆液面达到预定位置时，浆液面控制装置工作，控制电路导通，自动切断混凝土输送泵电源，起拔注浆钢管，进入加压扩散(复注)工序。

加压扩散(复注)：在水泥粉煤灰浆液初凝前，将止浆塞下至完整基岩段，利用泥浆泵向封闭钻孔内注入高压水泥粉煤灰浆液[图 9-11(b)]，促使浆液向更大范围扩散，直至达到终孔标准后，停止注浆。

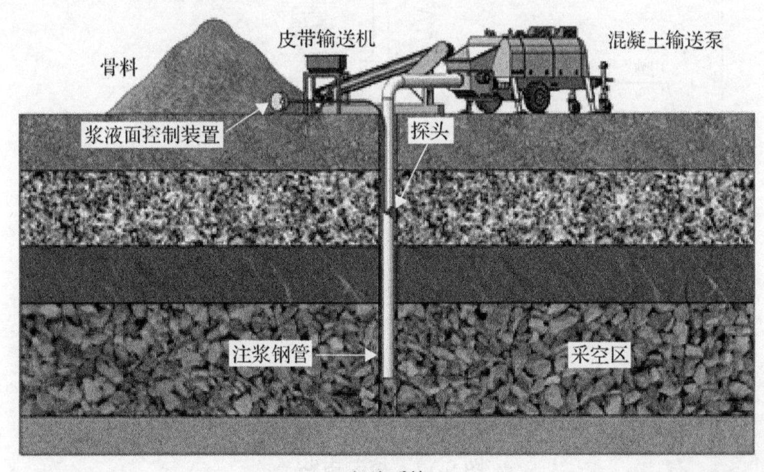


(a) 初注系统

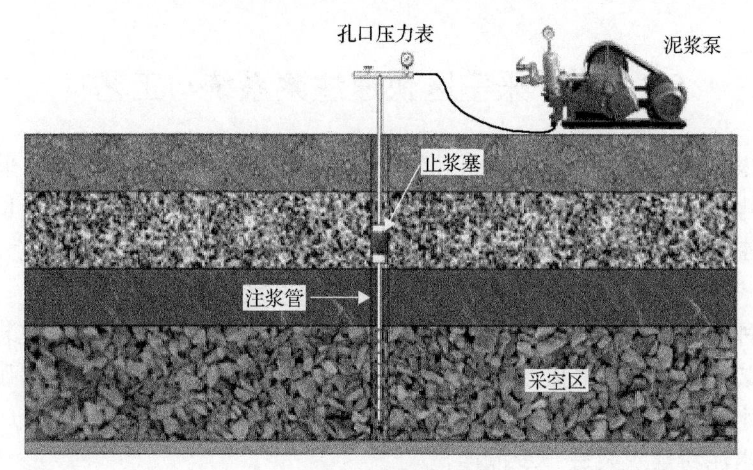


(b) 复注系统

图 9-11　采空区注浆系统

无压自流(初注)的关键是保证该工序的浆液面不超过加压扩散(复注)工序的止浆塞封孔位置，对此江宁等设计了《一种用于采空区快速注浆工艺的浆液面控制装置》(CN204667214U)[109]，可及时切断混凝土输送泵工作电路，准确控制浆液面位置。浆液面控制装置主要由控制电路和探头[110]组成，如图 9-12 和图 9-13 所示。

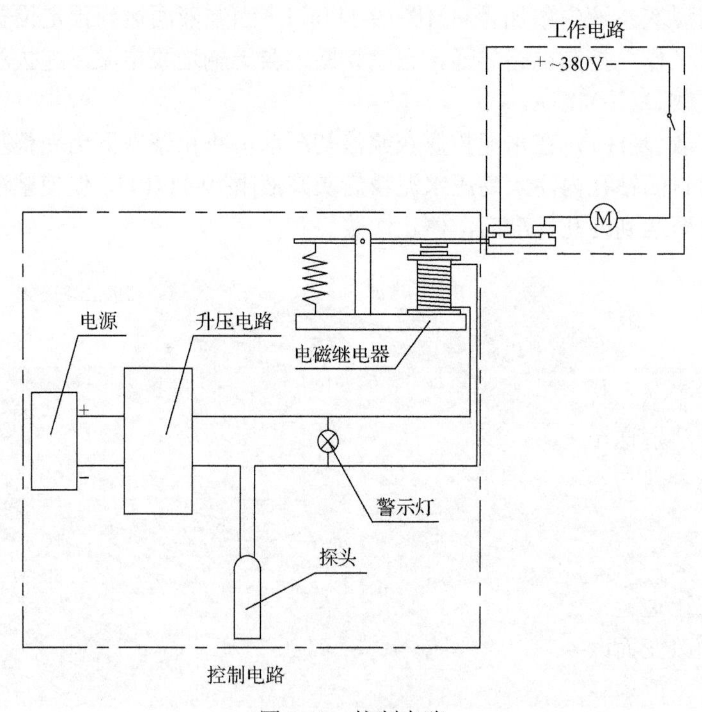


图 9-12　控制电路

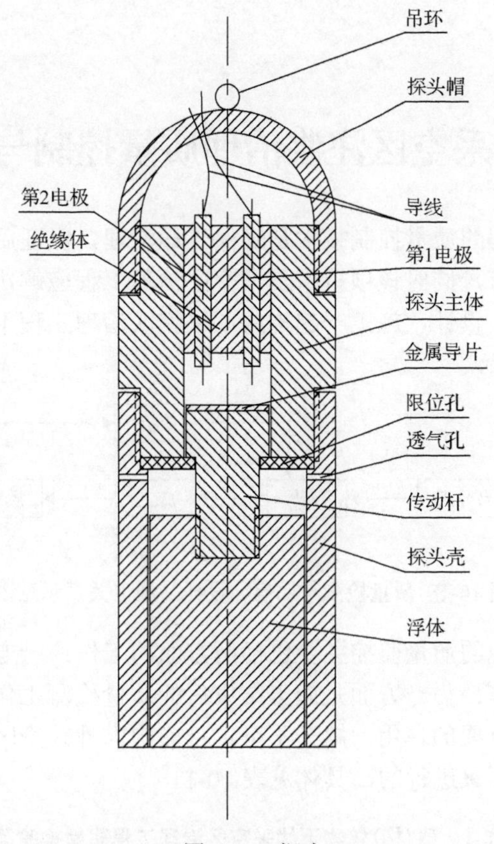


图 9-13　探头

因在采空区边界部位垮落不充分，存在较大的残余空洞，为降低浆液消耗量，注浆过程中需要向其中投放一定骨料，而现有骨料添加方法为在孔口安装漏斗状注料器，利用浆液(水)将其冲向钻孔内，该方法存在骨料与介质相对分离，骨料易在钻孔底部堆积，扩散范围小，容易造成充填不密实，且作业地点随钻孔位置的改变而改变，“搬家”频繁等问题。针对现有技术存在的问题，山东科技大学郭惟嘉等设计了《一种采空区注浆骨料投放系统》(CN204703953U)[111]，利用皮带输送机将骨料输送至混凝土输送泵受料斗，再利用混凝土输送泵受料斗内自有的搅拌装置将骨料与水泥粉煤灰浆混合均匀，最终通过混凝土输送泵将混合料泵送至采空区，系统如图 9-11(a)所示。该方式可使骨料在一定时间内处于悬浮状态，在保证浆液具有较好流动性的基础上，浆液携带骨料扩散，大大扩大了骨料的扩散范围；且可通过混凝土输送泵管将骨料输送至任意施工位置，作业地点不需随钻孔位置的改变而改变，大大减少了“搬家”次数，提高了工作效率。

# 第10章 采空区注浆治理质量控制与检测技术

采空区治理工程的质量控制技术是确保工程治理，保证后续工程施工安全及运营安全的重要环节，同时该项技术是采空区治理工程应解决的技术难题之一，它与采空区的勘察、设计、施工一起构成了采空区治理工程不可分割的一个完整系统，如图10-1所示。

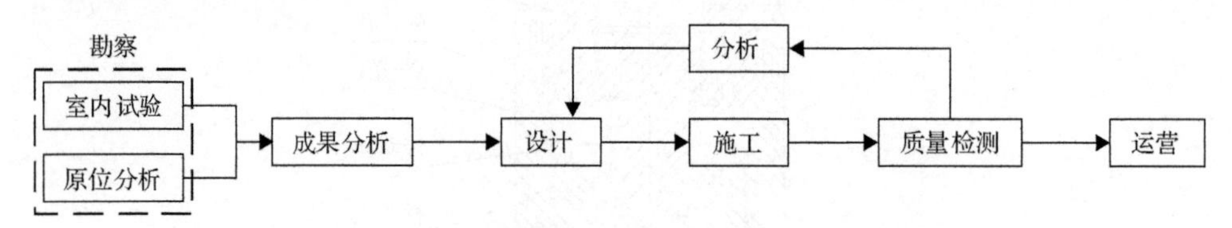


图10-1 质量检测与勘察、设计、施工关系示意图

采空区治理工程的质量监控主要包括两方面的工作：一方面是施工过程的监控，主要是监理工作；另一方面是施工结束后的质量检测工作。两者对于工程质量的保证具有同等重要的作用，缺一不可。目前国内外采空区治理工程质量检测一般是从这两个方面来进行的，具体见表10-1。

**表10-1 建(构)筑物下伏采空区治理工程质量检验简介**

| 工程名称 | 治理方法 | 施工控制 | 质量监测 | 备注 |
| --- | --- | --- | --- | --- |
| 晋焦高速山西段采空区治理工程 | 注浆充填法 | 控制孔位、检查孔深(孔斜)、浆液配制、灌浆压力、试件检验 | 钻孔取心、弹性波速测试 | 物探资料进行施工前后对比 |
| 石太公路柏井采空区治理工程 | 注浆充填法 | 工序控制、施工自检、监理督察 | 钻探、物探、(瑞利波)、注水实验、沉降观测 | |
| 石太公路冶西采空区治理工程 | 注浆充填法 | 工序控制、施工自检、监理督察 | 钻探、瑞利波、沉降观测 | |
| 河北保阜公路路基下伏采空区治理工程 | 注浆充填法 | 工序控制、施工自检、监理督察 | 钻探、高密度电法、瞬变电磁法 | |

关于岩土注浆，目前国内外已经形成了较为完善的质量检测方法体系，采空区注浆治理可以借鉴这些经验，但必须注意采空区注浆的特殊性，以充填残余空洞、大裂隙、离层为主，不同于通常工业与民用建筑及水利水电工程岩土体注浆，不可盲目照搬。

根据资料可知，采空区治理工程的质量控制尚未有成熟的理论与方法，国内目前已实施的几个采空区治理工程没有统一的方法，也没有相应的检测标准。其他行业类似采空区治理之类的地下隐蔽工程常用的方法主要有开挖检测法、地球物理勘探法、工程钻探法及地表变形观测法等，这些方法虽可以在采空区治理工程的质量检测中得到应用，但必须结合建筑工程的自身特点选用合适的方法。

# 10.1　煤矿采空区注浆施工控制理论与方法

## 10.1.1　注浆控制理论分析

出于对工程质量、工程费用和环境效应三者的综合考虑，注浆的施工过程控制及注浆效果检测技术至关重要。注浆工程可控制的因素或条件有很多，如浆液水灰比、凝结时间、浆液固相比、注浆压力、注浆量及施工程序等，但出于经济、操作简单等目的的考虑，目前往往只对 1～2 个参数进行控制。关于注浆工程的控制方法有很多，但采空区注浆工程有其独特的特点，因此应该研究对其合理有效的控制手段。

### 1. 限量注浆法

限量注浆法是对单孔吸浆量、单位时间吸浆量、单位段长吸浆量及总注浆量进行控制。例如，对于地基土渗透注浆，总注浆量 $Q_t$ 为

$$Q_t = V_{设} N_7 \left(1 + k_{损}\right) \tag{10-1}$$

式中，$V_{设}$ 为设计注浆体积，$m^3$；$N_7$ 为孔隙率，%；$k_{损}$ 为无效浆液损失系数，%。

对于分序逐渐加密注浆法，在正常情况下，后序孔耗浆量应较前序孔递减，即孔序单位耗浆量递减率(后序孔单位耗浆量与前序孔单位耗浆量之比)小于 1，以该参数可以判断孔距合理与否。

### 2. 限压注浆法

关于压控法，有两种截然相反的观点：压力尽量大或者小。具体应视工程条件而定，工程上通常采用在给出压力下，达到一定的注浆结束条件的方式进行控制。例如，《水工建筑物水泥灌浆施工技术规范》(DL/T 5148—2012)中规定：在规定的压力下，当注浆率不大于 0.4L/min 时，继续灌注 60(30)min；或不大于 1L/min 时，继续灌注 90(60)min，灌注可以结束。

### 3. 灌浆强度数控制法

灌浆强度数(grouting intensity number，GIN)控制法是由 G.隆巴迪(G.Lombardi)等提出的，即所谓的能量消耗程度法，其含义为单位长度灌浆段内消耗的能量。计算公式为

$$\mathrm{GIN} = pq_{\mathrm{v}} \tag{10-2}$$

式中，$p$ 为注浆压力，MPa；$q_{\mathrm{v}}$ 为浆液的体积流量，L/m；GIN 为单位长度灌浆段内消耗的能量。

由于灌浆过程中每个灌段，不管注浆率的大小，都要求 $p$、$q_{\mathrm{v}}$ 为一常数，这样就可以限制宽大裂隙的灌浆量，而对可灌性较差的灌段提高灌浆压力，以期各灌段都有一个大致相当的浆液扩散半径。

#### 4. 定常能量控制法

葛加良[112]在锚注加固实验的基础上提出，一定条件下某孔最终注浆压力和最终注浆量乘积近似为一个常数值（$E = pq_{\mathrm{v}}$）时，就可以结束注浆。

#### 5. 系统工程理论

熊厚金等[113]引入系统工程控制理论，研究了化学注浆的控制理论问题，并探讨了其概念结构、注浆系统工程的理论方法及特殊注浆工艺等。

#### 6. 电子计算机自动控制

在重要的工程中，如大坝基础注浆，有注浆检测控制自动化的发展趋势。利用电子计算机及电子检测设备自动控制浆液的配比、注浆量和注浆压力，并实时处理和分析大量的数据，以控制和评估注浆质量。例如，美国垦务局在科罗拉多州里奇韦坝、日本在大内(Ouchi)和川治(Kawaji)坝都进行了电子计算机控制注浆的研究。我国长江水利科学研究院研制的自动注浆记录仪也达到了国际先进水平。

#### 7. 采空区目前的控制方法

1)注浆量控制标准

采空区治理区域边缘孔注浆采用定量注浆方式。设煤层开采厚为 $h_{\mathrm{c}}$，上覆岩层厚度为 $H_{覆}$，基岩空隙率为 $n_{基}$（设计填充率为 $\xi_1$），煤层开采后空隙率为 $n_{煤}$（设计填充率为 $\xi_2$），浆液有效扩散半径为 $R$，浆液无效损失系数为 $m$，则单孔注浆量($Q$)简单估算如下：

$$Q = \pi R^2 \left(H_{覆} \cdot n_{基} \cdot \xi_1 + h_{\mathrm{c}} \cdot n_{煤} \cdot \xi_2\right)(1+m) \tag{10-3}$$

对于采空区注浆来说，要求在治理区域边缘形成相对有效的帷幕体，工程中可采用分序逐渐加密的原则进行注浆。当单孔吸浆量较大时，可采用间歇式注浆方式或孔口投砂。如果注浆孔布置合理，那么后序孔耗浆量应较前序孔适当递减。采空区注浆终孔可通过注浆量来控制，在某压力下，基岩吸浆率在 5～20L/min，采空区吸浆率在 20～50L/min，稳定时间在 15min 以上时结束该段注浆。

2）注浆压力控制标准

采空区注浆由于存在残留空洞及大裂隙、离层，开始时不需要压力（$p$=0）也能注入大量浆液，但在后序次注浆时，需要有一个注浆压力控制标准，以在该稳定压力下，注浆率不大于某一个限值，达到限定的时间段作为终止注浆的标准。根据经验，采空区注浆，在孔口压力为 0.5～2MPa，基岩注浆率在 5～20L/min，采空区注浆率在 20～50L/min，稳定时间持续 15min 以上或周围地面有冒浆现象时，可以结束注浆。对于分段注浆孔，各段注浆压力与裂隙、空洞发育程度、充填程度及充水情况等有关，由于采空区的塌落裂隙，上段注浆压力不能太大，以 1MPa 以内为宜；下段注浆（特别是深层注浆）压力可以适当升高，可达 2.0MPa 以上。

由于地质条件复杂，现场施工时，往往采用注浆率与注浆压力相结合的控制方法。对于边缘注浆孔，经常出现某钻孔注浆时间长、耗浆量大、注浆压力不断上升等现象，此时就应该采用定量控制的方法间歇注浆，直至起始压力满足压力结束标准为止，对于中间注浆孔，为达到设计充填程度，一般采取定压控制方法。

### 10.1.2　采空区注浆工程综合控制方法

分析各种注浆控制方法及采空区注浆的特点，对其施工控制理论分析如下。

采空区注浆工程是一项特殊的岩土工程，可将其作为一个系统进行分析，该系统变量众多、层次重叠、子系统或变量相互之间存在非线性复杂关系。上面提到的各种控制模式都舍弃了许多系统因子，以注浆压力和注浆率为控制指标，简单实用，但控制效果往往较差，还未形成一套系统的理论。

采空区注浆工程控制的理想程度主要取决于 4 个因素：注浆机理的研究深度、受注对象——采空区地层的特性及浆液性质等信息的掌握情况、注浆过程信息量的获得、施工队伍人员的素质及施工规程的制定。另外施工控制设备为执行各种控制条件的工具，其先进与否也对控制的效果影响很大。

采空区注浆系统工程包括若干个子系统，其施工控制理论是在某种“最优化”意义下求解该系统的方法和策略的统称。采空区注浆工程施工控制系统结构图如图 10-2 所示。

1）工程准备子系统

该系统的主要控制目标是采空区三维空间分布特征及其不稳定治理范围、注浆参数与技术措施、所用浆材的各种工程特性、施工设备及各种设施（如注浆泵、搅拌池、搅拌机等）。

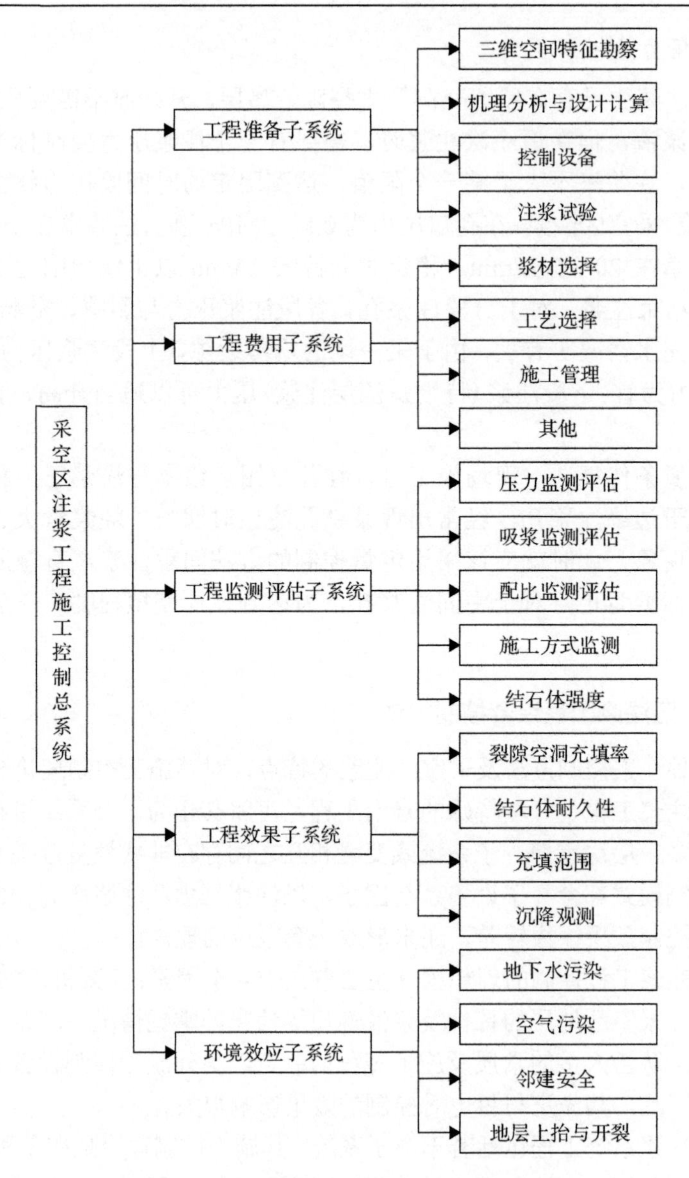


图 10-2　采空区注浆工程施工控制系统结构图

控制方法包括本书第 3 章介绍的煤矿采空区勘察技术与方法和第 9 章介绍的采空区灌注充填治理技术，其中控制设备还包括流量计、压力传感器(或压力表)及电子计算机(用于注浆分析及报表的及时处理)，如果有可能，可以应用声波(AE)技术对地下流动现象，如渗流、注浆和水力劈裂等进行探测和监测。

2) 工程费用子系统

对于该系统，要求施工控制策略使注浆的净效益最大，而注浆和施工的费用尽可能小(该部分可看作负效益)。可用数学方式对该系统进行描述。

假定施工控制的目标已知，则在运用最优策略下满足施工要求，就会使负效益最小，表达式为

$$M_{费}=F(X)=\min\left\{\sum_{i=1}^{m}C_i(x_i)\right\}x\in X,\ i=1,2,\cdots,m \tag{10-4}$$

并满足条件：$r(x_i)>r_{设}$，$x_i^1<x_i<x_i^u$，$p>p_{设}$，$t>t_{设}$，

$$Q_{设计}-Q_{调整量}<Q<Q+Q_{调整量},\ x_i>0 \tag{10-5}$$

式中，$M_{费}$ 为注浆工程费用，即负效益；$X$ 为决策变量；$C_i(x_i)$ 为负效益函数(表 10-2)；$x_i$ 为决定负效益大小的决策变量；$r_{设}$ 为浆液设计扩散半径，m；$r(x_i)$ 为浆液实际扩散半径，m；$x_i^1$、$x_i^u$ 分别为决策变量的上、下限；$p$、$p_{设}$ 分别为实际注浆压力和设计注浆压力，MPa；$t$、$t_{设}$ 分别为实际注浆时间和设计注浆时间，s；$Q_{设计}$、$Q_{调整量}$ 分别为设计注浆量和设计可调注浆量(即增加或减少的量)，采空区注浆，$Q_{调整量}$ 一般为 $Q_{设计}$ 的 15%。

**表 10-2　负效益费用函数**

| 序号 | 负效益分量 | 负效益费用函数 $C_i(x_i)$ | 决策变量 $x_i$ | 说明 |
|---|---|---|---|---|
| 1 | 注浆材料费用 | $C_1(x_1)=R_1\cdot C$ | $x_1=R_1$ | $R_1$-材料费率<br>$C$-工程总费用 |
| 2 | 注浆施工费用 | $C_2(x_2)=R_2\cdot C$ | $x_2=R_2$ | $R_2$-施工费率 |
| 3 | 施工控制及环境监测费用 | $C_3(x_3)=R_3\cdot C$ | $x_3=R_3$ | $R_3$-控制及监测费率 |
| 4 | 间接工程费用 | $C_4(x_4)=R_4\cdot C$ | $x_4=R_4$ | $R_4$-间接工程费率 |
| 5 | 浆液流失费用 | $C_5(x_5)=R_5\cdot C$ | $x_5=V_{损}$ | $R_5$-单位体积浆液费用<br>$V_{损}$-预估浆液损失量 |
| 6 | 其他额外费用 | $C_6(x_6)=R_6\cdot C$ | $x_6=R_6$， | $R_6$-其他额外费用费率 |

针对采空区注浆工程的特点，以下措施可作为工程费用控制的手段：

(1)根据前序孔补充勘察情况，调整孔数和孔距；

(2)浆材选择以大掺量粉煤灰浆材和黏土浆材等为主，水泥掺量在满足要求的条件下要尽可能小；

(3)施工工艺以一次成孔、一次全灌注为主；

(4)注浆管尽可能地拔出重复利用；

(5)控制浆液流失；

(6)完善施工组织管理，优化工期、减少污染、减少检测工作量等。

3)工程监测评估子系统

该系统指注浆施工过程中的控制及其施工质量的评估。控制目标包括浆液水灰比、注浆压力、注浆吸浆、注浆方式。通过人工或自动化设备记录施工参数数据，快速分析计算，提供日钻孔报告、日注浆设备报告、吸浆量-压力变化图、施工总结、日综合统计分析数据，判断异常注浆部位及附加注浆的必要性。

4)工程效果子系统

该系统的控制目标与工程性质及设计要求有关。采空区注浆工程主要包括采空区及破碎岩体的加固强度、裂隙空洞充填程度、结石体耐久性、注浆充填范围及地表沉陷变形等。具体的控制手段以钻探结合物探、变形观测为主。

5)环境效应子系统

该系统以浆液对地下水的污染、地层的上抬、开裂影响为主要控制目标，以注浆前后取水样室内实验、地面水准仪观测及目测为手段。

总之，采空区注浆工程是一个系统工程，其最优控制涉及因素较多，仅仅凭施工过程中注浆压力、注浆量的简单控制不足以确保工程质量、费用及效益的最优化。按照图10-2中采空区注浆工程施工控制系统的方法进行全面控制，将是其发展趋势，本书仅对其进行简单探讨，有待于进一步的研究。

## 10.2　煤矿采空区注浆工程监理技术

### 10.2.1　岩土工程监理及其特点

1. 岩土工程监理

岩土工程是一项技术密集型的工程技术，同时也是一门技术科学，包含着涉及可直接应用于解决和处理各项土木工程中土或岩石的调查研究、利用、整治或改造的一系列科学技术，也可以说是一门以土力学、岩体力学、工程地质学和结构力学等为基础理论的新兴的属于土木工程范畴的边缘学科。岩土工程监理指对解决和处理某个具体工程建设项目中涉及土和岩石的调查、研究、利用、整治或改造的各个环节(方面)参与者的行为及他们的责任和权利，依据有关的法律、法规和技术标准，综合运用法律、经济、行政和技术手段，按照业主委托的合同，进行必要的协调、监控和约束，保证岩土工程各环节(方面)的行为有条不紊地快速进行，以取得高的工程质量和最大的投资效益与好的环境效益及社会效益。

在一些情况下，一项具体工程项目或分项工程的建设监理主体是岩土工程监理，如采空区治理的岩土工程监理就是该工程项目建设监理的主体。目前，岩土工程监理技术尚未获得全面深入的发展。

### 2. 岩土工程监理的特点

岩土工程监理工作的重点通常是地面以下地基基础部分的质量监控，并且为地面以上部分的工程结构服务，最终目的是保证整个工程的可靠性和经济性，与地面结构的建设监理相比，岩土工程监理主要有以下 4 个特点。

1) 隐蔽性

岩土工程监理的工程对象主要是地面以下部分，属于隐蔽状态，质量的监督、监控费时费力，不似地面以上部分一目了然，特别是覆盖以后，难以直接观察和检查，因此岩土工程监理要严密细致，方法得当。

2) 复杂性

由于岩土体的特殊性，特别是土体是非均质的，岩土专门的工程勘察、设计和施工方法类型繁多，遇到的岩土工程问题多种多样，这就要求承担监理的岩土工程师(监理工程师)要有坚实的理论基础、丰富的实践经验和灵活处理问题的能力，也就是要求高智能型的专业技术人才承担岩土工程监理工作，特别是复杂的岩土工程更需要如此。

3) 风险性

复杂条件下场地自然条件的多变性，有时会严重影响岩土工程评价和监理的精度，从而给岩土工程监理带来风险性，这就要求岩土工程师(监理工程师)要采取适当的先进技术对其进行监控，对复杂重大的岩土工程项目(或某个方面)应进行科学而周密的验证和监控，尽可能杜绝发生意外事故。

4) 时效性

由于岩土工程的隐蔽性，在其各环节(方面)参与者行为进行过程中，如不及时监控、监测，过后一般就难以补救，可以说监理的时效性特别强，这就要求岩土工程师(监理工程师)要坚持跟踪监控，防止遗漏任何关键的监控数据，要避免因监理不当而发生事故。

### 3. 监理工作的准则

岩土工程的监理工作有下列基本准则：监理单位和监理人员应按照“严格监理、热情服务、秉公办事、一丝不苟”的原则，认真贯彻执行有关的施工监理的各项方针政策、法规，制定详细的工作计划，明确岗位职责，严格检查制度，努力做好施工监理工作。

1) 权责一致

在签订岩土工程监理委托合同时，必须明确规定为保障实现的职责所需要的相应职权，如工程数量的计量权，现场施工质量的确认与否决权、进度控制权等。

2) 统一指挥

实行监理组组长全面负责制，监理组组长在岩土工程监理(某个方面或全面的)上是监理单位的代表和总负责人，承担该项监理的全部权责，挑选和组建监理班子，组织领导监理的日常工作，负责对外联系和对外文件的签发。

3) 严禁自监

监理单位不能承担由本单位负责的(即使名义上与监理单位是分离的，但实质上属于同一责任主体的单位)岩土工程项目的监理。

4) 及时监控

岩土工程具有隐蔽性，岩土工程监理还具有时效性，若不及时进行监控，则往往难以补救，为此要求监理人员在现场不断地进行跟踪监控、监测，及时按要求进行记录，以免遗漏关键的监控数据。

5) 严字当头

岩土工程监理工作的优劣，往往会影响岩土工程处治的质量，甚至会严重影响整个工程的质量。因此对工程要严密控制、严格要求，原则问题要绝不含糊；在工作中监理人员要严守岗位，认真细致，不遗留任何隐患；对有损于岩土工程处治效果的行为，要坚决予以制止和纠正。

6) 全局观点

在处理质量控制、进度控制和投资控制三者的关系上，应进行全面的对比权衡，正确处理好三者的关系，力求矛盾的统一，以便实现最佳的经济效果；对有关各方的业务和利益矛盾，要坚持公正立场，不偏袒任何一方，积极进行协调，秉公处理，努力维护各方的正当权益，密切关注各方的相互关系；在处理微观经济效益与宏观社会效益关系时，要两者并重；要坚持经济效益、社会效益和环境效益三者的有机统一。

7) 热情服务

热情服务，对业主要积极地、及时地主动提出合理化建议，以改进岩土工程的实施方案和管理；在承建商遇到困难时要积极地、热情地进行帮助，建议或支持承建商优化岩土工程处治方案。

8) 以理服人

对承包商的不合理要求，先要耐心说服有关行为者进行改正，尽可能使各方在认识上达成一致；当需要采取强制措施时，也应尽可能注意方法。

岩土工程监理的依据有合同条件、合同图纸、技术规范、质量标准。监理人员质量监理的任务是对施工全过程进行检查、监督和控制，制止影响工程质量的各种行为，使承包人完成的工程项目符合施工图纸，满足使用要求和验收标准。在质量控制过程中，应遵循以下原则：

(1) 坚持质量第一原则；

(2) 坚持以人为控制核心；

(3) 坚持以预防为主；

(4) 坚持质量标准；

(5) 贯彻科学、公正、守法的职业规范。

### 10.2.2　采空区注浆工程监理体系

1. 采空区处治施工监理机构的建立

由于目前国内外尚没有建立建(构)筑物下伏采空区处治施工的监理体制，为保证采空区治理工程的质量，做好采空区治理工程的监理工作，可根据采空区治理工程的重要性及工程量，成立采空区处治监理小组，主要由具有丰富的岩土工程经验的岩土工程专业人员及专业监理人员组成，如图 10-3 所示。

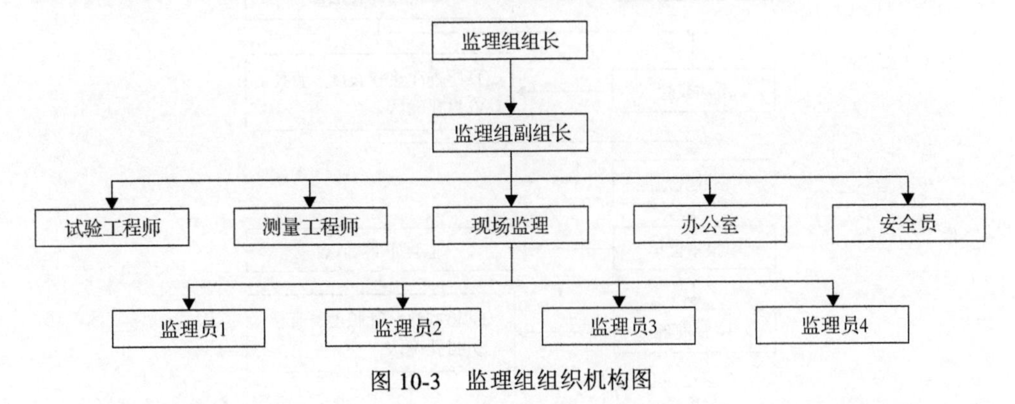


图 10-3　监理组组织机构图

监理小组应凭借其技术优势，并借鉴国内其他采空区治理工程的经验，根据采空区的特点，制定相应的监理流程(图 10-4)、监理细则及一整套工程监理用表，以确保监理工作顺利开展[114]。

2. 施工准备阶段的监理

施工准备阶段的监理工作是全部监理工作的重要组成部分。施工准备阶段的监理意味着合同已生效并开始实施。监理工程师应围绕这一期间的合同目标开始准备并展开监理工作，为如期正式开工创造必要的条件。

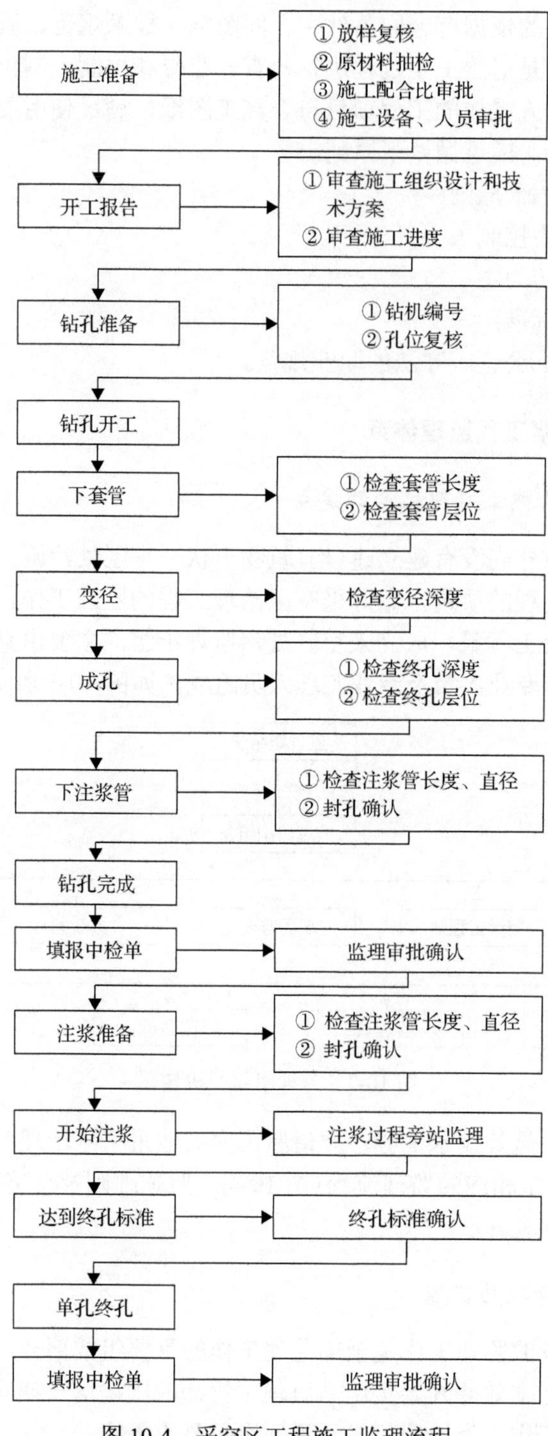


图 10-4　采空区工程施工监理流程

(1)制定监理工作规划。

为了确保监理工作的正常进行，在监理组成立后应多次研究制定适合采空区治理工程的监理流程；完善监理组织体系、组织机构，明确岗位责任；结合专业分工和项目分工对监理人员进行合理配置，做到基层监理员的配置覆盖全部工程，不可有遗漏；岗位确定以后，明确各监理人员的职责和工作范围，以免混淆及多人多头管理导致某些方面无人负责的现象出现。

(2)熟悉文件。

熟悉设计文件，审查承包人施工承包合同文件、施工工艺及施工组织设计等。设计文件是监理开展工作的依据，监理必须确保设计图纸的合理性。在充分分析有关图纸文件的基础上，监理组应提出必须先期选择有代表性的地段进行试验工作，以进一步完善和优化设计。

(3)制定各种监理用表。

监理在施工控制过程中，需做大量的检查、检测工作，需要制作大量的表格。对于采空区处治而言，目前没有成熟的监理用表，针对各采空区治理工程的实际情况，可制定相应的监理用表。

(4)组建监理试验室，配备必要的试验测量仪器、交通工具等。

3. 质量控制监理

在开工之前，监理组向承包人提出工程项目进行质量控制的程序及说明，要求所有监理人员、承包人的自检人员和施工人员共同遵循，使质量控制工作程序化。采空区治理工程质量控制流程按图10-5所示程序进行。

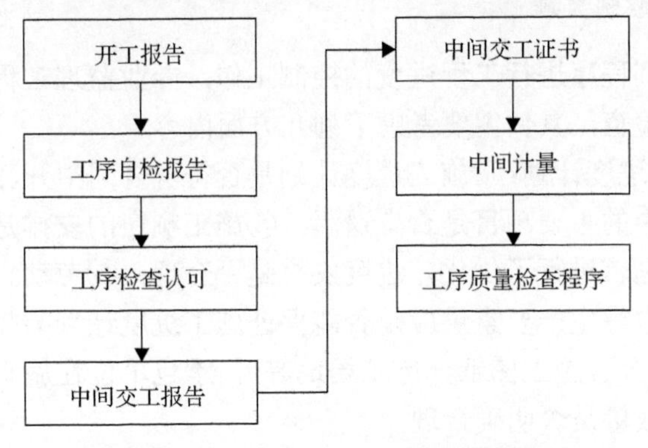


图10-5　采空区治理工程质量控制流程图

针对采空区处治这一特殊的分项工程，监理组应加大高素质专业技术人员的投入，监理人员24h不间断旁站，有目的地对承包单位的施工过程进行巡视检查、检测。主要检查内容如下：

(1)是否按设计文件、施工规范和批准的施工方案施工；

(2)是否使用合格的材料和设备；

(3)施工现场管理人员，尤其是质检人员是否到岗到位；

(4)施工操作人员的技术水平、操作条件是否满足工艺操作要求；

(5)施工环境是否对工程质量产生不利影响；

(6)已施工部位是否存在质量缺陷。

对施工过程中出现的质量问题或质量隐患，监理工程师可以采用照相、摄影等手段予以记录，并要求承包商及时采取相应的处理措施。

#### 4. 工程费用监理

负责计量支付的监理工程师应根据工程量表中详细列出的需要完成的项目及各项目工程量，计量实际完成并经监理工程师确认的数量。

在工程费用监理过程中，要求专业监理工程师进行充分的工程风险分析，主要找出工程造价最易突破部分(如采空区处治中钻孔进尺、注浆量)及最易发生费用增减变化的原因和部分(如地质条件)，从而制定出防范性对策，书面报告总监理工程师，经其审核后向建设单位提交有关报告。

对于工程设计变更，应由设计单位出具设计变更通知或总监下达变更指令后，承包商方可施工。监理人员如实测量发生的工程量。

专业监理工程师对承包单位报送的工程款支付申请表进行审核时，应该核实承包单位实际完成的工程量，对验收手续齐全、资料符合验收要求，且符合施工合同规定的计量范围内的工程量予以核定。

#### 5. 工程进度控制监理

监理组按下列程序进行工程进度的控制工作，专业监理工程师对工程进度计划实施情况进行检查，具体主要考虑下列几方面内容。

(1)审查施工进度计划：①施工进度计划是否符合合同中开、竣工日期的规定；②施工进度计划中的主要项目是否有遗漏；③施工顺序的安排是否符合施工工艺的要求；④工期是否进行了优化，进度安排是否合理；⑤劳动力、材料、设备及施工器具、水、电等生产要素供应是否能保证施工进度计划的需要；⑥对业主提供的施工条件(资金、施工图纸、施工场地等)，承包单位在施工进度计划中所提出的供应时间和数量是否明确合理。

(2)总监审批承包单位报送的施工总进度计划。

(3)监理工程师依据施工合同有关条款、施工图及经过批准的施工组织设计制定进度控制方案。

(4)监理工程师应检查进度计划完成情况，当发现实际进度滞后于计划进度时，签发监理工程师指令，督促承包单位采取措施，调整进度。当实际进度严重滞后于计划进度时应及时报告总监，由总监采取进一步措施。

### 10.2.3　采空区注浆工程监理细则

1. 监理工作内容

1) 注浆材料的抽检

注浆材料的抽检应按设计文件要求检查。

2) 测量放样检查

3) 开工报告审核内容

(1) 施工组织设计内容审查：①施工方案；②场地布置；③进度计划；④关键工序的技术控制措施。

(2) 材料准备情况、材料报价单检查。

(3) 人员、设备落实情况及设备报价单。

(4) 测量放样检查及放样报价单。

(5) 设计浆液配合比的复核试验检查。

(6) 浆液配合比及质量控制方法审核。

(7) 符合规定后由监理组长批准开工。

4) 钻孔检查内容

(1) 钻孔过程中应巡视抽查：①若煤层、采空区及地质情况与勘察、设计文件不符，应及时反映；②遇到钻孔偏位、孔斜情况，应及时纠正；③所下套管是否达到规定深度、层位；④钻孔变径位置是否正确。

(2) 成孔检查内容：①孔深(所下钻杆长度)；②孔斜；③终孔层位。

(3) 注孔口管与封孔检查内容：①所下注浆管是否达到规定层位、深度；②是否按规定要求封孔。

5) 注浆过程旁站监理内容

(1) 注浆浆液配比是否按规定制作；

(2) 一级搅拌池水泥、粉煤灰、速凝剂按不同配比的投放量；

(3) 一级搅拌池浆液的搅拌时间；

(4) 二级搅拌池中浆液密度、结石率的抽检；

(5) 做强度试块每孔 2 组；

(6) 一级搅拌池搅拌方量，注浆泵量、泵压及泵注时间。

6) 旁站试块的强度试验

对不同龄期的抽检试块进行室内单轴抗压强度试验，并将其与检验标准比较，统计合格率，编成报表，上报上级各单位审核。

2. 岗位职责

(1)材料和测量放样分别由试验和测量工程师负责检查认可。

(2)开工报告由驻地监理工程师审核，并上报监理组长批准签发。

(3)每道工序的检查要在有监理员在场监督下，由承包单位质检员实行，并予签认。

(4)每孔在开钻、注浆前，负责的专业工程师必须到场，审查钻孔、注浆前的准备工作情况，并签发单孔开工令。

(5)若注浆过程中出现事故，负责的专业工程师必须到场详细了解事故发生原因，审核承包单位的事故处理方案，并及时向总监办报告。

(6)旁站监理员应负责注浆全过程的监督，包括浆液配比、注浆方量、浆液质量抽检、终孔标准的确认等。

3. 对承包商施工工序的确认

(1)孔位放样记录表、检验单。

(2)钻孔开工申请单。

(3)钻孔成果表、浇筑注浆管记录表、中间检验申请单。

(4)钻孔注浆开工申请单。

(5)注浆成果表、中间检验申请单。

(6)注浆旁站监理记录表。

4. 可能产生的质量隐患

(1)钻机在钻进时，钻孔的移位、偏斜。

(2)带法兰盘的注浆管下置深度不够，不符合设计文件要求。

(3)注浆管封孔处出现浆液大量渗漏。

(4)注浆时由于空隙小、裂隙不发育，可注性较差、注浆量小。

(5)由于岩层破碎、裂隙发育，出现地面、注浆管与孔壁间冒浆现象。

(6)由于地下岩层、采空区连通性较好，浆液进入其他钻孔或从其他钻孔流出，出现窜浆现象。

(7)浆液过量流失到非灌浆部位。

(8)机具故障及突然停电、停水，造成注浆中断及注浆孔堵塞。

5. 关键工序的监理工作细则

1)打钻孔过程的监理工作

监理组配有专业测量工程师对孔位、沉降等进行监督、检查工作。

专业钻探工程师对钻孔进行全面监理。钻孔施工采用平时抽检和单孔验收相结合的办法。监理组每天到工地检查钻孔的进度情况，检查钻孔原始记录、地质编录、岩心采取和鉴定及是否采用清水钻进等。及时发现问题并及时解决。每次成孔后都由施工单位技术人员和监理人员当场验收钻孔结构、终孔层位、下钻到孔底实测孔深，填写钻孔成果表，作为初步验收。待浇注完孔口管，才能确认初步验收结果，没有经监理验收的钻孔，不计入工作量，不得进行注浆。通过以上各个环节的控制，有效保证了钻孔的质量。浇注注浆管由施工单位按监理验收合格的钻孔结构进行浇注，严把浇注质量，确保顺利注浆。每个注浆管浇注完成后，都必须及时将原始记录交监理组验收后才具备注浆条件。监理人员不定期抽查注浆管浇注质量，如果在后期注浆过程中发现问题，则认为该注浆管浇注不合格，必须重新浇注，以确保注浆工作顺利进行。

2)注浆过程的监理工作

针对各注浆孔，注浆开始前，必须根据钻孔情况，进行单孔注浆量与注浆方案的设计。注浆站要有高素质旁站监理员，轮流在现场24h进行监理。注浆的质量和数量控制是监理工作的重点。为强化注浆质量，出台《水泥粉煤灰浆液物理性能标准》《采空区治理工程质量和计量有关条文》等，并以“监理工程师通知”形式下发执行。

在具体注浆过程中，监理主要完成以下几项工作：

(1)对进场材料和设备进行全面检查，严禁不合格的材料进场，对于不良设备要求施工单位检修和更换，确保注浆过程中设备处于完好状态。

(2)考虑到泵站工人的素质，便于泵站工人按质按量施工，要求施工单位技术管理人员制定简单可行、准确、具体的操作办法，上报监理组认可后，下发给泵站工作人员执行。

(3)为确保注浆按设计配比配制，监理组在原来的8人的基础上，要增加4名监理人员实行24h旁站不离开泵站，经常检查浆液配比和注浆记录，确保注浆浆液的质量。

(4)要求施工单位对浆液配合比实行自检，每台班要求测定结石率2个以上，每天做试块5组，浆液密度每小时自检1次。监理人员不定期地抽查一级搅拌池水泥、速凝剂投入量，抽查投入量如果少于规定量的5%，每次扣除当班总注浆量的10%。

(5)为了准确统计注浆量，要求施工单位派人专门记录，旁站监理人员24h监督检查，换班时必须经旁站监理人员当场确认注浆记录后才可签字交班，并核定当班工作量。

(6)每孔注浆将要结束时，要求施工单位必须及时通知监理人员当场验收孔口压力和泵流量，达到设计要求后，才可终孔。

(7)终孔后要求施工单位及时填写单孔注浆工程量表，然后与原始注浆记录一起上报监理组，监理组核对注浆原始记录并签字后才可认为该孔注浆结束。

(8)注浆数量除了要根据每班记录计算注浆量外，还要根据施工单位的进料情况进行校核，保证计量工作的准确性。

(9)监理组针对计量中出现的各种问题、场地协调等及时发出多份“监理工程师通知”。

(10)监理组建立工地例会制度，每周五下午召开工地例会，对施工中存在的问题及时发现并及时解决。

3)工程进度与工程费用的监理工作

对于施工进度，首先，监理组借助科研力量，深入研究治理方案，以设计文件、设计变更为依据，改进施工工艺，提高施工效率；其次，监理组及时敦促施工单位增加施工设备和人员。同时对钻孔进尺、单孔注浆量进行有效的控制和监理，在保证工程质量的前提下，最大效率地利用工程费用。

### 10.2.4 采空区注浆工程质量控制

煤矿采空区治理工程施工项目繁多，主要施工项目包括施工准备、蓄水池、搅拌池的修建，注浆孔的钻探成孔及浆液灌注、质量检查等。各项工程的施工方案及施工方法既具独立性，又相互制约，且技术要求高。工程项目间的进度匹配是施工方案及施工方法选择的关键，也是影响工期的控制因素。

注浆是工程施工的核心。施工时，应严格按照规定的注浆次序、注浆工艺、浆液配比进行制浆和灌注，确保质量。注浆设备必须安装牢固、调试准确、运转正常，保证注浆过程不发生人为因素的运转中断，防止因注浆管路堵塞而引起注浆失败。浆液的配制及其性能指标，必须严格执行设计文件规定，把好原材料进场质量关，保证浆液质量满足设计要求。注浆前，应充分掌握区域地下水的水力学特征，泵送清水冲洗孔壁，并做简易压水试验，检查孔口装置的密封情况和止浆效果。结合注浆孔成孔钻探所揭示的工程地质信息(岩石破碎程度、孔内循环液的漏失量及钻进过程的掉钻、卡钻等现象)，判断该孔的可注性，科学合理地进行单孔注浆设计(浆液配比、注浆工艺、注浆量等)。注浆过程由现场技术人员负责，定时抽检浆液的各项性能指标，观察记录注浆过程中的泵量及孔口压力，根据实际情况及时调整注浆工艺，对注浆过程中出现的突发事故做到事前预测，并在事故发生后能准确快速地处理，认真填写各项原始记录表格。边缘孔注浆是确保整个治理工程的关键之一，亦是治理工程施工难度最大的环节。依据边缘孔成孔过程中的岩心破碎程度、孔内循环液的漏失量及钻进过程的掉钻、卡钻等现象，判断孔内采空区空隙的大小，以选择确定灌注浆液的类型，即水泥、粉煤灰浆的性质。

采空区治理工程施工的质量控制主要包括以下几个方面的内容。

1. 主要工程数量和材料数量的确定

采空区注浆治理工程施工所用主要材料为普通硅酸盐水泥、粉煤灰、水及速凝剂等。上述原材料须满足有关规范中规定的质量指标要求，经监理工程师批准后方可进场、入库，并积极做好防潮、防变质的库管工作。

2. 监督施工单位的准备工作

监督施工单位的准备工作包括项目机构的组建，设备、人员、材料的调遣进场，施工图纸的熟悉、会审及部分工程放样等。对拟用于采空区治理工程施工的所有人员和设备，在签订合同协议书之日起14天内全部进入施工现场，并做好开工前的一切准备工作。项目部所有人员及施工设备，在该工程未竣工前绝不随意调动，以确保工程按施工计划正常进行。施工准备阶段的主要内容如下：

(1) 临时设施建设。

(2) 施工便道修筑。

(3) 施工现场清理。

(4) 注浆站的建立。

(5) 施工图的会审及技术要点交底。

3. 各分项工程的施工工序

各分项工程的施工工序按施工准备→蓄水池→搅拌池→钻探成孔→注浆施工→质量检测依次进行。

各分项工程内部的施工应周密计划，科学合理，有条不紊地逐步进行。

1) 施工准备

施工准备的工序为：机构组建→人员、设备入场→临建→接通水电→施工便道→平整场地→图纸阅读会审。

2) 蓄水池

蓄水池的施工工序为：选址→机械挖掘→人工平整→砖混浆砌→设立安全围栏→树立安全警告牌。

3) 搅拌池

搅拌池按下列工序施工：选址→人工挖掘、平整→砖混浆砌→安装搅拌系统→设立安全围栏及盖扳→树立安全警告牌。

4) 钻探成孔

孔位测量放样后，先施工边缘孔，后施工注浆孔，并从煤层采空区底板标高相对较低位置的注浆孔开始，逐渐至煤层采空区底板标高相对较高的位置结束。

边缘注浆孔采用隔孔二序次法进行钻探施工，并保持第一次序的钻孔施工与第二次序的施工钻孔的间隔不少于 3 个。

钻孔的施工工序为：测量定点→安装钻探设备→技术指标校正→钻探→测孔斜→终孔报验→浇铸孔口管→提交钻探成果资料。

5) 注浆施工

注浆施工顺序除严格遵循注浆孔钻探施工工序的过程外，要优先考虑窜浆孔的注浆。每个注浆孔的注浆工序为：造浆→浆液性能指标检测→泵压输送→注浆→泵量、孔口压力定时观察记录→满足单孔结束标准→终孔报验→提交注浆成果资料。

4. 采空区处治施工工序的质量控制

采空区注浆处治各分项工程质量检验标准在现行的《煤矿采空区建(构)筑物地基处理技术规范》(GB 51180—2016)[34]中没有具体规定，为保证工程质量，确保工序达到设计要求，监理组应对采空区处治的各主要工序的质量标准、检验及认可程序等都做出明确而具体的规定。要求施工单位按该标准组织施工和自检，及时填报分项质量检验记录表，待监理人员复验，见表 10-3，具体如下。

**表 10-3　采空区注浆施工主要工序质量评定标准**

<table>
<tr><th>序号</th><th colspan="2">检查项目</th><th>规定值</th><th>检查方法和频率</th></tr>
<tr><td rowspan="2">1</td><td rowspan="2">孔位</td><td>中间孔</td><td rowspan="2">不大于 50cm</td><td rowspan="2">用经纬仪检查孔位坐标，局部孔移动须经监理同意</td></tr>
<tr><td>边缘孔</td></tr>
<tr><td>2</td><td>孔深</td><td></td><td>底板以下 30～50cm</td><td>现场验孔，检查钻探记录</td></tr>
<tr><td>3</td><td colspan="2">钻孔倾斜度</td><td>不大于 1°～2°</td><td>现场抽查验孔</td></tr>
<tr><td>4</td><td>钻孔地质</td><td></td><td></td><td>钻孔记录(柱状图等描述)</td></tr>
<tr><td rowspan="3">5</td><td rowspan="3">注浆质量</td><td>浆液配制</td><td>符合设计</td><td>查记录(配比、密度)</td></tr>
<tr><td>注浆量</td><td>总量不小于设计</td><td>检查注浆记录</td></tr>
<tr><td>泵压</td><td>符合设计</td><td>检查仪器测量记录</td></tr>
</table>

1) 施工放样

施工放样可采用坐标放样法，即按设计图纸上的孔位坐标，用全站速测仪、GPS 等逐孔测量放点，木桩编号标记，要求点位误差小于 1m。对因地形等因素影响，确需移动孔位时，移动距离应在 2～5m 范围内，并报监理批准变更。

2) 钻孔施工

施工钻机必须严格执行设计文件规定的技术要求，用符合设计标准的钻具采用回转式清水钻进。第四系采用跟管钻进。钻探记录员必须严格、认真填写规定的各类原始记录表，对钻探过程中的掉钻、卡钻、埋钻、循环液漏失量变化、地下水位的埋深及层位进行详细准确的记载。每个钻孔至少测斜一次，终孔孔斜≤2°。具体的技术要求如下。

(1)严格按照《施工组织设计》计划，分序次成孔。

(2)开孔须申请，终孔经验收合格后方能进入下一道工序。

(3)终孔孔深。原则上钻机按设计孔深终孔。根据钻进层位，经监理人员确认后，可适当调整终孔孔深。终孔后须准确丈量孔深。

(4)终孔层位由施工单位地质技术人员会同专业监理工程师确定。

(5)钻孔结构。开孔孔径不小于130mm，终孔孔径不小于91mm，变径深度根据钻孔实际情况可适当变动(宜定在比较完整的基岩上)。

(6)钻进方式。第四系可采用螺纹钻或冲击式取心钻进，基岩宜采用回转正循环取心钻进。

(7)冲洗液。第四系钻进可用泥浆，基岩要求用清水钻进。

(8)采取率不作具体要求，但所取岩(土)心应按回次摆放整齐，贴上回次标签。

(9)孔斜。终孔孔斜不大于2°，每孔至少测量一次。

(10)原始记录应及时、准确、齐全、整洁、不得涂改。

(11)钻探过程中要求观测的内容：①观测简易水文地质，详细记录冲洗液漏失层位、深度及漏失量，孔口不返水后记录最大漏失量并及时测量钻孔水位埋深。②钻速观测。钻机操作人员须详细记录钻进速度突变的深度，掉钻位置的深度及高度，塌孔、掉块、扒车等现象的深度和层位。③采空区层位是注浆的目的层位，钻遇采空区时，须由工程技术人员跟班观测。

(12)工程地质编录应由专职工程地质技术人员及时对钻孔所提取的岩(图)心钻探过程中所观测到的各种现象进行详细编录，对采空区尽量做到定量或定性描述，并及时提交钻孔综合地质柱状图。

(13)对于多次开孔钻孔，再次开孔时应记录上次注浆浆液凝结的厚度及深度，并取样判断凝结物强度。

(14)每一钻孔均用130mm钻具开孔，127mm套管跟进护壁，钻至基岩8m后，用91mm钻具变径钻进至设计深度终孔。

(15)注浆孔。对单层采空区和孔深不大于50m的多层采空区注浆孔采用一次成孔工艺，对孔深大于50m的多层采空区的注浆孔按设计要求采用两段成孔工艺。

(16)边缘注浆孔。对孔深不大于50m的所有边缘注浆孔，采用一次成孔至设计深度的成孔工艺；对孔深大于50m的单层和多层采空区的边缘注浆孔按设计要求采用两段成孔工艺。其分段层位为20#煤层上部5～10m处的顶板灰岩。

(17)所有钻孔的深度除了按设计孔深控制外，尚应到达塌陷冒落带或煤层底板下0.3m。

3) 封孔的施工

钻孔终孔经验收合格后，由专人负责按要求进行封孔，注浆孔和边缘注浆孔采取不同的封孔方式，其具体要求如下。

(1) 单层采空区的注浆孔及孔深不大于 50m 的所有边缘注浆孔均采用以下方法进行封孔：钻孔终孔后，先将一段一端带有法兰盘的 50mm 注浆管下入孔内变径处，法兰盘的直径不宜小于 120mm。向孔内先后填入少量砾石、黏土，以防封孔浆液的大量渗漏。然后灌入水固比为 1∶1.5～1∶2 的水泥浆，对注浆管进行浇注，其浇注长度一般为 4～6m。为加速水泥浆的凝结，浆液中添加水泥质量的 2%的速凝剂。

(2) 对孔深不大于 50m 的多层采空区的注浆孔也采用上述封孔方法进行封孔。

(3) 对孔深大于 50m 的多层采空区的注浆孔和边缘注浆孔采用以下方法进行封孔：①在上段成孔结束后，先在套管外浇注水泥浆，以封闭套管外侧空隙；然后安装注压封孔装置进行封孔。②在下段成孔结束后，采取下入法兰盘的封孔方式。

4) 浇铸孔口和注浆管的施工

钻孔终孔经验收合格后，由专人负责按要求进行浇铸孔口和注浆管的施工，其具体要求如下：

(1) 注浆管长度按协调会精神及根据注浆过程中钻孔的实际情况作适当调整。

(2) 注浆管法兰盘宜埋设在钻孔变径处。

(3) 下注浆管前须先透空，下管后做简易压水试验。

(4) 采用注压封孔装置，套管宜埋设在完整基岩上，确保套管不冒浆，否则重新封孔。

(5) 采用法兰盘封孔，法兰盘外径不小于 120mm，法兰盘之上用水泥浆封孔，水泥用量不少于 100kg，掺入适量速凝剂。

5) 注浆材料的制备

(1) 注浆材料。注浆材料根据因地制宜、经济、施工简单的原则选用，目前常用的为水泥粉煤灰浆液，一般水固比为 1∶1.0～1∶1.3，其中水泥占固相总质量的 10%～30%，粉煤灰占 90%～70%。施工时，根据情况，浆液中可加水泥质量的 2%～5%的速凝剂。

(2) 原材料的来源、质量要求与计量。①水。采用河水或井水等，要求其 pH 大于 4.0，$SiO_2$ 的质量分数小于 1%(即 10g/L)；施工时用定量容器计量。②水泥。采用 425#普通硅酸盐水泥，其质量应符合国标《通用硅酸盐水泥》(GB 175—2007)的规定；施工时采用散装水泥，供应数量不足时用袋装水泥补充，浆液配置时用定量容器或按袋计量。③粉煤灰。采用电厂的粉煤灰，其烧失量、$SiO_3$ 质量分数应达到二—三级标准；施工时采用定量容器计量。④进场原材料的检验。每个批号的水泥均应进行检测，同一批号的水泥每超过 300t 检测 1 次；粉煤灰每 500t 检测 1 次。

(3) 制浆工艺及检查。先在两个一级搅拌池按注浆时的配比进行水泥粉煤灰浆液的搅拌；然后使浆液流入二级搅拌池进行两次搅拌，每次搅拌时间为 10min；将搅拌好的浆液用 BW-250/50 型注浆泵送入孔内进行注浆。水泥粉煤灰浆液灌注量每达 400m$^3$ 时，应制作一组浆液试样，每组 3 块。灌注浆液试块宜采用边长为 70.1mm 的立方体，测定其立方体抗压强度，养护条件应与结石体在采空区内的环境相近；灌注浆液试块性能测试应按现行国家标准《工程岩体试验方法标准》(GB/T 50266—2013) 的有关规定执行；当同一灌注孔采用多种配合比浆液时，应测定每一种配合浆液的上述参数。

6) 注浆施工

(1) 严格按《施工组织设计》计划，分序次进行注浆。

(2) 注浆前须申请，且根据钻孔情况进行单孔注浆量与注浆方式的设计。

(3) 根据注浆时单孔的吸浆量实时调整注浆间歇次数。

(4) 设置专人专岗负责一级搅拌池投料、浆液质量的监督与浆液数量的计量。

(5) 原始班报表要当班提交旁站监理员予以签认。

(6) 注浆开始前，先向孔内压水冲孔 5min。

(7) 正常注浆采用选定的浆液配比进行。

(8) 采用间歇式注浆时，间歇时间应不少于 12h。间歇前，应进行适当的压水，以保证注浆管畅通。根据室内标准配合比试验浆液的初、终凝时间，上下段注浆之间的间歇时间应不少于 36h。

(9) 中间注浆孔中的第一序次孔采用间歇式定量注浆方式，其单孔设计注浆方量按平均注浆量的 1.3～1.5 倍控制，在注浆过程中注浆方量按分别为单孔设计量 1/2、3/4 时进行间歇。当完成该孔的设计注浆量后结束注浆。中间注浆孔的第二次序孔采取定压注浆方式，即只有满足注浆结束标准后，才能结束注浆。

(10) 边缘注浆孔采取间歇式定量注浆方式。第一次序边缘孔的单孔设计注浆量按平均注浆量的 1.3～1.5 倍控制；第二次序边缘孔的单孔设计注浆量按平均注浆量的 0.7～1.0 倍控制。对于分段注浆的边缘孔，其上段注浆量按单孔设计注浆量的 1/3 控制。注浆时原则上 100m 左右间歇 1 次。注完单孔设计注浆量后结束注浆。

(11) 按设计要求对水仓部位注浆孔采用定量注浆方式。

(12) 对于易发生窜浆的注浆孔，应采用双泵或多泵同时灌注。

(13) 施工顺序为先边缘注浆孔，后中间注浆孔。中间的注浆孔和边缘注浆孔均采用隔孔二序法施工。由于采空区地层倾斜，边缘注浆孔注浆时以由深到浅的次序进行。

(14) 对单层采空区和孔深不大于 50m 的多层采空区注浆孔采用孔口封闭一次全灌注施工工艺。

(15) 对孔深大于 50m 的多层采空区的注浆孔按设计要求采用上下两段或多段

注浆工艺。其分层部位宜根据覆岩结构与开采层位之间的相互关系来选择。

(16)边缘注浆孔的施工工艺为：对孔深小于等于50m的所有边缘注浆孔，采用孔口封闭一次全灌注施工工艺；对孔深大于50m的单层和多层采空区的边缘注浆孔按设计要求采用两段或多段施工。

7) 注浆结束标准

(1)注浆孔。

注浆压力不小于0.6MPa，注浆率稳定在50～70L/min、稳定时间在15min以上，或周围有冒浆现象时，作为注浆孔的注浆结束标准。

(2)边缘注浆孔。

注浆压力在0.5～2.0MPa，基岩吸浆率在5～20L/min，采空区吸浆率在20～50L/min，且稳定时间在15min以上，或周围有冒浆现象时，作为边缘注浆孔的注浆结束标准。

## 10.3 煤矿采空区注浆工程治理综合检测技术

### 10.3.1 工作目的、工作内容与工作步骤

1. 工作目的

煤矿采空区注浆工程治理综合检测技术的工作目的如下：

(1)现场检测可以提供设计依据和信息。

(2)施工期的工作可以指导施工，预报险情。

(3)竣工后的质量检测可发现问题隐患，并及时采取补救措施。

(4)工程运营期间的监视手段。

(5)校核设计理论，完善工程类比方法。

2. 工作内容

采空区治理质量检测工作主要包括以下几方面的内容：

(1)在施工阶段对采空区的勘察成果与评价结论进行验证核查，即在施工开始后，通过施工钻孔等手段的直接揭露，或注水试验等的间接揭露，得到比勘察阶段更为广泛、深入的第一手工程地质和水文地质资料，采空区的空间分布状况，充填状况及“三带”发育情况等资料。根据实际情况，对勘察成果提出必要的修正与补充，完善并调整优化设计。

(2)对采空区治理工程的施工质量进行控制与检验。目前，采空区治理工程主要是作为独立施工、独立核算的单位工程，对其各分项工程、各主要工序都要进行质量检验，检验合格后才能进行后续工程。

(3) 对施工过程中的岩土反应性状、各种异常现象进行实时监测，发现问题及时进行处理。例如，注浆过程中地面的开裂、冒浆现象，浆液向非注浆区域的流失现象等。

(4) 在建设和运营过程中，进行沉降观测工作。观测时间一般需到工程运营 1 年后为止。对于重要建(构)筑物下方采空区处治效果的监测，要设立观测站，在整个有效运营期间，都要有规律地进行监测工作。

(5) 施工结束后，根据设计要求，对处治效果进行检测。例如，注浆充填法治理工程施工结束后要对地下采空区的充填程度、充填体的强度进行检验。这方面的工作是处治效果的直接检验，也是最重要的。

(6) 对环境条件，包括工程地质、水文地质条件及相邻的结构、设施等在施工过程中发生的变化进行监测。其中也包括施工造成的振动、噪声、污染等因素对环境的影响。

3. 工作步骤

完善的现场检验工作，至少包括下述 3 个步骤：

(1) 拟订计划，包括拟定设计原则、确定检验内容和手段、测点布设、仪器选择等内容。

(2) 现场工作。

(3) 结果分析评价及应采取相应措施。

### 10.3.2　采空区注浆治理检测方法与技术要点

采空区注浆治理质量检测工作应包括注浆施工过程中的质量监督及施工结束后的质量检验两方面的工作。采空区施工结束后的注浆质量检验目前无专门规范可循，但可参照相关规范并结合工程特点进行适当调整。主要规范有《煤矿采空区建(构)筑物地基处理技术规范》(GB 51180—2016)[34]和《岩土工程验收和质量评定标准(附条文说明)》(YB 9010—1998)等。

1. 检测要求

采空区处治质量检验工作首先应根据地基处理设计质量要求建立检验评定标准；其次应根据地质条件、仪器设备性能和经济时间条件选择合适的检验方法；最后在现场获得实测数据资料后，通过分析计算并与检测标准对比，对处治效果进行评价。

2. 检测流程

采空区处治质量检测工作可以按如图 10-6 所示的流程图进行。

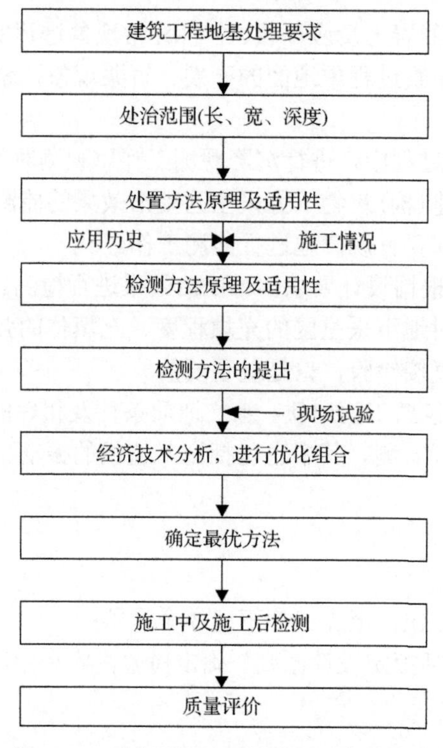


图 10-6　采空区处治质量检测工作流程图

3. 检测方法

检测方法主要有如下几种。

1) 工程钻探

钻探是最直观、最有效的定量检测方法，是定量评价处治质量的必要手段，适应范围广。在采空区治理效果的检测中，各种物探方法所得到的结果都必须要用钻探结果来进行验证，而且可以利用钻孔进行井中物探工作及压水试验，从而对采空区进行更深入细致的研究。

注浆前后，根据钻探过程中出现的异常情况(如埋钻、掉钻、进尺加快)、泥浆消耗量、岩心采取率及其破碎程度等，结合采空区注浆充填体岩土测试结果，可以对采空区处治效果进行评价。采空区注浆检查钻探技术要求如下：

(1) 检查孔应随机布设，以重要建(构)筑物及注浆异常区为重点布设对象。

(2) 检查孔应布置在2个或3个注浆孔之间的部位，不能直接布置在注浆孔上。

(3) 检查孔应布设在可能存在质量隐患的部位；单孔耗浆量大，注浆过程出现中断等异常现象的部位；地质结构复杂，冒落塌陷严重的部位，如断层破碎带部位等。

(4)为了了解注浆效果的时效性，检查工作最好分期进行，第一次检查孔孔数不宜过多，以第二次检查为主。检查时间宜根据浆液凝结时间并考虑现场的实际情况来定，一般第一次检查不少于 1 个月，第二次以 3～6 个月为宜。

(5)岩心采取率应大于 80%，全孔取心，同时注意观察记录钻探中的异常现象，如掉钻、吸风、埋钻、循环液消耗量和岩心的破碎程度等。

(6)检查孔深度应达到实际施工深度至采空区煤层底板 5～6m，以便于孔内物探工作的进行。

(7)检查孔数目应为施工孔数的 2%～5%，且应不少于 2 个孔。

(8)孔位应定在某 3 个注浆孔的中间无孔部位，且应布置在地基沉降最大部位或施工中出现问题的部位，平面上尽量布置在构造物及公路中轴线的附近。

(9)进行岩心物理力学性质测试工作，主要是对采空区注浆充填体进行密度、无侧限抗压强度、抗剪强度测试。

2)工程物探

物探方法种类繁多，如高密度电阻率法、瞬变电磁法、瞬态瑞利波法、孔内测井、弹性波 CT 等方法。但凭借单一的方法往往难以对采空区处治情况进行准确判断，且以定性评价为主，因此综合物探方法、结合钻探的检验模式是值得推行的可靠经济的优化组合检验方法。而所谓综合物探就是应用几种物探方法对同一工程进行探测，相互配合，发挥各种物探方法的优越性，以获得满意的效果及精度。

物探方法主要是利用注浆前后地层参数的变化对处治范围及处治效果进行间接评价，是一种快速、有效、经济的手段，属于面检测，克服了钻探手段点检测的缺点。一般利用地面物探技术来评价处治范围是否达到设计要求，利用钻孔内物探技术进行采空区充填情况、地层参数变化情况等的检测。

实际操作过程中，一般先用物探手段进行处治质量的初步评判，圈定不同治理质量等级区域及注浆异常部位，为钻孔的布置提供依据。

3)压水试验

压水试验是野外测定岩土层渗透系数大小的一种简易方法，其原理与抽水试验相似。注浆前的压水试验，可以间接反映采空区充填、连通情况及岩层裂隙、溶洞发育情况；注浆后通过压水试验，并与注浆前对比，可以了解采空区及上覆岩层单位吸水量和渗透系数的变化情况，对注浆充填效果进行间接评价。

4)开挖检验方法

在采空区上方地基处理部位开挖探井和探槽，观察充填情况，也可以在开挖处进行现场试验，确定承载力。这种方法施工简单、直观，比较经济，但仅仅适用于浅埋藏的空洞区域，且对地基破坏力较大。

5) 变形观测

施工过程中的沉降观测工作有助于对施工过程进行动态监测，及时发现问题，解决问题；施工后的沉降观测工作可以为采空区治理效果评价提供资料。

4. 检测项目、标准检测项目、检测方法及检测标准

灌注充填法设计施工监测标准见表 10-4。

**表 10-4 灌注充填法设计施工监测标准**

| 检测项目 | 检测方法 | 检测要求 | 检测标准 |
| --- | --- | --- | --- |
| 结石体抗压强度/MPa | 钻探、室内试验 | 满足有关国家标准要求 | 甲、乙类地基不应小于 2.0MPa，丙类地基不应小于 0.6MPa |
| 充填系数/% | 孔内电视、开挖，压浆试验 | 描述岩体，统计分析压浆量 | 大于 85% |
| 横波波速/(m/s) | 孔内波速(跨孔 CT) | 竖向间距宜为 1.0m | 不应大于 300m/s |
| 倾斜值/(mm/m) | 并行监测 | 满足现行国家标准《煤矿采空区岩土工程勘察规范(2017 年版)》(GB 51044—2014)[33]的有关要求 | 应符合规范要求 |
| 水平变形值/(mm/m) | | | |
| 曲率值/($10^{-3}$/m) | | | |

# 第11章　采空区上新建建(构)筑物抗变形技术

我国矿业城市有426座(其中煤矿城市有150余座)，主要位于北京、山东、江苏、河南、山西、河北、安徽等人口稠密、经济发达的中东部地区。随着我国社会、经济及基础设施建设的迅猛发展，矿业城市建设用地日趋紧张。采煤塌陷地建设利用是保证城市发展用地供应、解决矿业城市建设用地瓶颈的重要举措。

采空区地表移动变形稳定并不是地表移动变形的终止，之后仍将继续产生一定的移动变形，只是达到了一种相对稳定状态(连续6个月的累计变形小于30mm)。因此在其上方新建建(构)筑物后，新建建(构)筑物仍将承受一定的采动移动变形影响，若想保证地表新建建(构)筑物的安全，必须要对采空区采取一定的措施。

建(构)筑物抗变形技术就是对建(构)筑物采取相应的措施使其可以抵抗或适应地表的残余变形，使建(构)筑物免受地表残余变形的影响，可分为刚性措施和柔性措施。刚性措施是要保证建(构)筑物基础结构的刚度和强度可以抵抗地表变形的影响和能够承受采动所产生的附加内力，包括板式基础、圈梁和联系梁等；柔性措施是让建(构)筑物基础结构具有足够的柔性和可弯曲性，保证基础能够随地基移动而移动，不使结构产生较大的应力，主要包括滑动层、双板基础和变形缝等。

## 11.1　地表剩余移动变形对地表新建建(构)筑物的影响

达到稳定状态的采空区地表移动变形并未终止，仍将会产生一定的移动变形，地表剩余移动变形将对在影响范围内的建(构)筑物产生影响，这种影响一般是由地表通过建(构)筑物的基础传到建(构)筑物的上部结构。不同的地表变形作用，将对建(构)筑物产生不同的影响效果。

1)地表剩余下沉和水平移动对新建建(构)筑物的影响

地表大面积、平缓、均匀的下沉和水平移动，一般对建(构)筑物影响很小，不会引起建(构)筑物破坏，因此不作为衡量建(构)筑物破坏的指标。例如，建(构)筑物位于盆地的平底部分，最终将呈现出整体移动，建(构)筑物各部件不产生附加应力，仍可保持原来的形态。但当下沉值很大时，可能也会带来严重的后果，特别是在地下潜水位很高的情况下，地表沉陷后盆地积水，建(构)筑物淹没在水中，即使其不受损害也无法使用。非均匀的下沉和水平移动，对工农业和交通线路等有不利影响。

2）地表剩余倾斜对建（构）筑物的影响

移动盆地内非均匀下沉引起的地表倾斜，会使位于其影响范围内的建（构）筑物歪斜，特别是对底面积很小而高度很大的建（构）筑物，如水塔、烟囱、高压线铁塔等，影响较严重。

倾斜会使公路、铁路、管道、地面上下水系统等的坡度遭到破坏，从而影响它们的正常工作状态。倾斜变形还会使设备偏斜，磨损加大或不能正常运转。

3）地表剩余曲率变形对建（构）筑物的影响

曲率变形表示地表倾斜的变化程度。建（构）筑物位于正曲率（地表上凸）和负曲率（地表下凹）的不同部位，其受力状态和破坏特征也不相同。前者是建（构）筑物中间受力大，两端受力小，甚至处于悬空状态，产生破坏时，其裂缝形状为倒八字形；后者是中间部位受力小，两端处于支撑状态，其破坏特征为正八字形裂缝。

曲率变形引起的建（构）筑物上附加应力的大小，与地表曲率半径、土壤物理力学性质和建（构）筑物特征有关。一般随曲率半径的增大，作用在建（构）筑物上的附加应力减小；随着建（构）筑物长度和底面积的增大，建（构）筑物的破坏程度也加大。

4）地表剩余水平变形对建（构）筑物的影响

地表水平变形是引起建（构）筑物破坏的重要因素。特别是砖木结构的建（构）筑物，抗拉伸变形的能力很小，所以它在受到拉伸变形后，往往是先在建（构）筑物的薄弱部位（如门窗上方）出现裂缝，有时地表尚未出现明显裂缝，而在建（构）筑物墙上却出现了裂缝，破坏严重时可能使建（构）筑物倒塌。拉伸变形能将管道和电缆拉断，使钢轨轨缝加大。压缩变形则能使建（构）筑物墙壁挤碎、地板鼓起，出现剪切或挤压裂缝，使门窗变形、开关不灵等。

水平变形对建（构）筑物的影响程度与地表变形值的大小，建（构）筑物的长度、平面形状、结构、建筑材料、建造质量、建筑基础特点，建（构）筑物和采空（动）区的相对位置等因素有关。其中地表变形值的大小及其分布又受开采深度、开采厚度、开采方法、顶板管理方法、采动程度、岩性、水文地质条件、地质构造等因素的影响。

5）地表剩余变形对高层建筑物的影响

高层建（构）筑物有框架结构、框架-剪力墙结构、剪力墙结构、筒体结构和框架-核心筒结构，建筑刚度较大，地表曲率变形和水平变形对建（构）筑物的影响相对较小，而由于建（构）筑物高度大，地表倾斜变形对建（构）筑物的影响较大。

6）地表剩余变形对大型钢结构厂房的影响

长度和跨度较大的厂房一般采用钢结构，在工程中钢结构工程以钢材制作为主，钢材的特点是强度高、自重轻、整体刚性好、抗变形能力强，材料匀质性和各向同性好，属理想弹性体，最符合一般工程力学的基本假定；材料塑性、韧性好，可发生较大变形，能很好地承受地表变形的影响。但由于钢结构厂房的长度和跨度较大，地表水平变形是影响结构安全的主要因素。

## 11.2　采空区上新建建(构)筑物抗变形建筑设计

### 11.2.1　原始资料

(1) 地质条件：煤层的层数、厚度、倾角、埋藏深度，有无老采空区，上覆岩层性质、断层等地质构造情况，以及水文地质条件等。

(2) 采矿条件：开采计划、开采方法、顶板管理方法、开采边界、工作面推进方向和速度。

(3) 预计的地表变形等级：根据预计的地表下沉、倾斜、曲率变形和水平变形值、剪切变形值和扭曲变形值划分等级。

(4) 断层的露头位置，以及地表可能出现的台阶裂缝位置、宽度和落差。

(5) 老采空区的活化性及对地表的影响程度预测。

(6) 地下开采后，地下含水层疏干的可能性及其对地面的影响。

(7) 场地条件：建(构)筑物场地的地形、地下水位及地基土壤的物理力学性质。

### 11.2.2　设计原则

1) 合理规划原则

地下矿物采出后，在地表会形成一个开采沉陷盆地。根据研究表明，建(构)筑物在沉陷盆地的不同位置，所受到的影响也大不相同。一般来说，建(构)筑物轴线与下沉等值线平行的建(构)筑物，较建(构)筑物轴线与下沉等值线斜交的建(构)筑物有利。因此在总体规划时，应尽可能使建(构)筑物轴线与回采工作面的推进方向垂直或平行，而不应使建(构)筑物轴线与工作面的推进方向斜交。

2) 建(构)筑物场地选择原则

建(构)筑物受采动影响的程度与场地条件有着密切关系，因此应慎重选择新建建(构)筑物的场地。新建建(构)筑物的场地应根据地表变形预计的结果，尽可能选择在地表变形较小的地区，而不应选择在地表产生塌陷坑、台阶裂缝等不连续变形的地区。

3) 采空区地基评价与选择原则

由于开采沉陷，地表地基土已经发生扰动，虽然沉降基本趋于稳定，但仍有微小沉降，处于亚稳定状态。因此，必须对新建建(构)筑物场地进行地基评价，以保证新建建(构)筑物的使用安全。采空区地基在满足建(构)筑物所需要承载力的条件下，其刚度储备不宜过高，以便在受采动影响、地表不均匀沉降时，建(构)筑物基础能易于切入，使基础和地基的变形尽快协调，减少基础的附加应力。

此外，建(构)筑物地基的土壤要求均匀一致，并尽可能将建(构)筑物建于承载能力不高的地基土壤上，而不宜建于承载能力高的硬岩石、大块碎石类土壤及密实黏土上。这是由于地基承载能力较低时，可以发挥建(构)筑物与地基共同作用的特性，自我协调，起到保护建(构)筑物的作用。特别是位于河流冲积层砂土地基之上的建(构)筑物，更加要注意打好基础，否则，即使是非开采因素影响，地基不稳也会导致建(构)筑物损坏。

4) 建(构)筑物形式选择原则

由于采动区是扰动地基，承载能力要求不高，从建(构)筑物整体沉降协同变形角度出发，采动区建(构)筑物的形式应力求简单和规整，平面形状以矩形或方形为宜，各部分高度应相同，应尽量避免立面高低起伏和平面凹凸曲折，建(构)筑物整体质量在平面内应均匀分布，刚度一致。

5) 建(构)筑物结构设计与预计地表变形相适应原则

抗变形房屋的建(构)筑结构刚性保护措施的设计，目前尚无统一的国家设计标准，各个设计单位和施工单位多以经验为主，如过于追求安全，提高设计的安全系数，不可避免地会造成经济浪费，给煤炭企业造成负担，同时也不能得到有指导意义的设计准则。所以在建造抗变形房屋时，要力求地表变形预计的准确性，使抗变形结构设计与地表变形预计相适应，不同地表变形地段可采用抗变形能力不同的设计。

## 11.3　采空区上新建建(构)筑物抗变形技术

在采动区新建抗变形房屋，由于考虑采动变形的影响，其设计和构造较一般房屋设计和构造有明显的特点：第一是比正常情况下同类房屋的刚度要大；第二是抗变形房屋具有吸收地表变形的特殊构造，如滑移层。

### 11.3.1　建筑场地的选取

建筑场地的选择关系到建(构)筑物受采动影响的程度，因此在选择建筑场地时，应避开以下区域：

(1) 开采浅部缓倾斜煤层地区，尤其是小窑开采区(如必须选取，应先进行采空区注浆处理)；

(2) 急倾斜煤层的露头附近；

(3)大断层和火成岩侵入体的露头地带；

(4)因采动可能引起其他地质灾害如滑坡等地区。

可优先选择无煤区、地质条件较好的老采空区、地表变形较小的地区作为建筑场地，以减少建(构)筑物抵抗采动变形所需费用。

建(构)筑物地基的土壤要求均匀一致，并应尽可能建于承载力不高的地基土壤上，而不宜建在承载力较高的岩石、大块碎石类土壤及密实黏土等地基上。

### 11.3.2　采空区上新建建(构)筑物抗变形措施

1. 建(构)筑物的位置

建(构)筑物受采动损害的程度与建(构)筑物所处地表移动盆地的位置，即建(构)筑物与回采工作面的相对位置有关。一般来说，处于地表移动盆地中部的建(构)筑物，其长轴方向宜与工作面推进方向垂直，其次是平行，尽量避免斜交。处于开采边界上方的建(构)筑物，其长轴方向宜与开采边界平行，其次是垂直，最好不要斜交。当建(构)筑物长轴方向与工作面推进方向或开采边界斜交时，应按结构设计原则进行基础加强设计。

2. 建(构)筑物的形式

采空(动)区建(构)筑物的形式应力求简单，平面形式以矩形或方形为主，尽量避免立面高低起伏和平面凹凸曲折，尽量使建(构)筑物的质量、刚度均匀。建(构)筑物的基底平面尺寸越大，受采动损害的程度越大。长度大的建(构)筑物要设置变形缝，将其切割成独立的矩形平面单体。对于砖混结构建(构)筑物，承重横墙的间距不宜超过 16m。在平面布置上，无论是纵墙承重还是横墙承重，应尽量与房屋的主轴对称；墙体在平面布置上不宜有较多的间断。在立面上，应尽可能均匀布置门窗洞口，外墙尽端至门窗洞边的最小距离不宜小于 1.5m，窗间墙宽度不宜小于 1.2m。

3. 变形缝

变形缝是设计采动区建(构)筑物应用的基本措施之一，是保护采动区建(构)筑物免受损害的经济有效的方法。

1)变形缝的作用

设置变形缝就是将建(构)筑物自屋顶至基础分成若干个彼此互不相连、长度较小、刚度较大、自成体系的独立单元体(图 11-1)。其目的就是减小固定组合分布不均匀对建(构)筑物的影响，提高建(构)筑物适应地表变形的能力，避免地表水平拉伸变形和压缩变形的叠加，减缓曲率变形的影响程度。

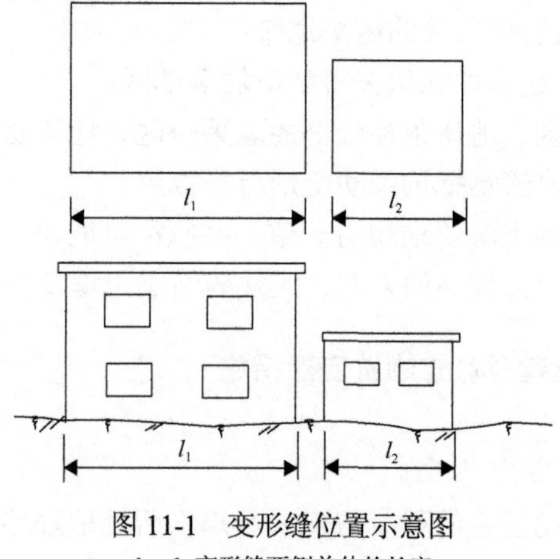


图 11-1　变形缝位置示意图

$l_1$、$l_2$-变形缝两侧单体的长度

2）变形缝的设置位置

(1) 长度过大的建(构)筑物，可每隔 20m 左右设置变形缝；

(2) 平面形状复杂的建(构)筑物(如 L 形、T 形、H 形建筑物)的转折部位；

(3) 建(构)筑物的高度差异或荷载差异处；

(4) 建筑结构(包括基础)类型不同处；

(5) 地基承载强度有明显差异处；

(6) 分期建造的房屋交界处。

采动区建(构)筑物各单体的合理长度主要由地表水平变形值和曲率变形值决定，还要考虑建(构)筑物的高度和地基土的工程性质等因素。对于砖混结构的建(构)筑物，一般情况下根据地表水平变形预计值，按表 11-1 确定建(构)筑物各单体的长度。

**表 11-1　建(构)筑物单体的长度确定**

| 水平变形 $\varepsilon$/(mm/m) | ≥6 | ＜6 |
| --- | --- | --- |
| 单位长度 $l$/m | ＜20 | 20～25 |

3）变形缝宽度的确定

对位于地表拉伸-正曲率变形区的建(构)筑物，变形缝宽度应按构造设置；对位于地表压缩-负曲率变形区的建(构)筑物，变形缝宽度在其墙壁和基础部位是不相同的，基础变形缝的宽度取决于地表压缩变形值和相邻两建(构)筑物单体的长度；而墙壁变形缝，除了考虑上述两个因素外，还取决于地表负曲率变形值和建(构)筑物单体的高度。

位于地表压缩-负曲率变形区的建(构)筑物，其墙壁变形缝宽度 $\Delta_{墙}$ 用下式计算：

$$\Delta_{墙} = (\varepsilon'' + H_{单} K)\frac{l_1 + l_2}{2} \tag{11-1}$$

基础变形缝宽度$\Delta_{基}$用下式计算：

$$\Delta_{基} = \frac{\varepsilon''(l_1 + l_2)}{2} \tag{11-2}$$

式中，$\Delta_{墙}$、$\Delta_{基}$分别为墙壁和基础变形缝的宽度，mm；$\varepsilon''$为预计地表压缩变形值，mm；$K$为预计地表负曲率变形值，mm/m$^2$；$H_{单}$为建(构)筑物单体的高度，m；$l_1$、$l_2$为变形缝两侧单体的长度，m。

对先位于地表拉伸-正曲率变形区，然后又位于地表压缩-负曲率变形区的建(构)筑物，其墙壁和基础变形缝的宽度可分别按式(11-3)和式(11-4)计算：

$$\Delta_{墙} = [\varepsilon'' - \varepsilon' + (K - K')H_{单}]\frac{l_1 + l_2}{2} \tag{11-3}$$

$$\Delta_{基} = (\varepsilon'' - \varepsilon')\frac{l_1 + l_2}{2} \tag{11-4}$$

式中，$\varepsilon'$为预计地表拉伸变形值，mm/m；$K'$为预计地表曲率变形值，mm/m$^2$。

并且，变形缝宽度应符合表 11-2 的规定。

**表 11-2　变形缝的宽度**

| 建筑物层数 | 2～3 | 4～5 | 5 层以上 |
|---|---|---|---|
| 变形缝宽度/cm | 5～8 | 8～12 | 不小于 12 |

4) 变形缝的设置要求

设置变形缝时，必须将基础、地面、墙壁、楼板、屋面全部切开，形成一条通缝，以达到在地表变形影响下，变形缝两侧的单体能够各自独立进行变形移动而互不影响的目的。

在变形缝施工时，必须严防砖石、砂浆、瓦片、木块等杂物落入缝内，以防变形缝发生“挤死”现象，失去变形缝的功能，这点对于压缩变形区的建(构)筑物变形缝尤为重要。

变形缝宜设在已有的横墙附近，并在变形缝的一侧砌筑一道厚度不小于 24cm 的横墙，以保证建(构)筑物的空间刚度和整体性，并用以支承被切断的楼板和屋面。新砌的横墙与原纵墙之间必须用比原来砌体高一级的砂浆咬茬砌筑，并用$\phi 6$钢筋将两者拉结。若变形缝设置处无横墙时，则应在变形缝两侧新砌筑两道横墙。

4. 滑移层

当基础承受地基土的水平作用力时，为了减少基础传递给建(构)筑物上部而产生的附加作用应力，在基础圈梁与基础之间设置水平滑移层(图 11-2)。建设水平滑移层的具体做法是，在砖石基础顶部用 1∶3(水灰比)的水泥浆抹平压光，然后铺上两层油毡，为了加强滑移层的水平滑动效果，可在两层油毡之间及下层油毡与水泥砂浆找平层之间放置云母片或石墨等材料，基础滑移层材料及其摩擦系数见表 11-3。

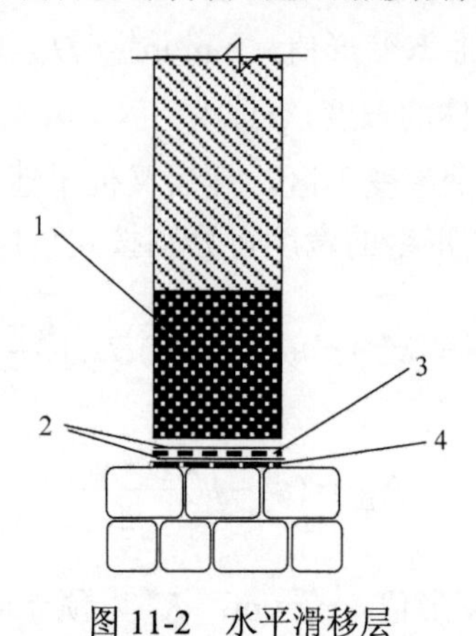


图 11-2　水平滑移层

1-钢筋混凝土基础圈梁；2-油毡；3-云母片或石墨；4-水泥砂浆找平层

**表 11-3　基础滑移层材料及其摩擦系数**

| 滑移层材料 | 摩擦系数 | 滑移层材料 | 摩擦系数 |
| --- | --- | --- | --- |
| 油毡+油毡 | 0.4～0.501 | 4～2.5mm 粒径砂+石墨粉 | 0.393 |
| 油毡+滑石粉+油毡 | (滑石粉层薄/厚) 0.337/0.3 | 柔性石墨+柔性石墨 | 0.248 |
| 油毡+(滑石粉∶石墨粉=1∶1)+油毡 | 0.236 | 柔性石墨+混凝土块 | 0.199 |
| 油毡+石墨粉+油毡 | 0.20～0.23 | 石墨∶炭黑∶聚异丁烯(1∶1∶1)混合物 | 0.150 |
| 油毡+云母片+油毡 | 0.075 | 惰性岩粉($1kg/m^2$) | 0.400 |
| 混凝土块+油毡+(滑石粉∶石墨粉=1∶1)+混凝土块 | 0.336 | 电木板+云母片 | 0.275 |
| 水磨石板+石墨粉+混凝土块 | 0.146 | 水磨石板+粒径砂(1～1.1mm)+水磨石板 | 0.200 |
| 水磨石板+滑石粉+混凝土块 | 0.230 | 浸透的沥青纤维板 | 0.300 |
| 石墨粉+油毡 | 0.163 | 塑料板+聚四氟乙烯薄膜+塑料板 | 0.050 |
| 1.25～0.63mm 粒径砂+石墨粉 | 0.482 | 聚四氟乙烯薄膜+聚四氟乙烯薄膜 | 0.040 |
| 2.5～1.25mm 粒径砂+石墨粉 | 0.414 | 聚乙烯+聚乙烯 | 0.100 |

5. 变形补偿沟

所谓变形补偿沟就是在需保护建(构)筑物周围挖掘的有一定深度的槽沟，也称为变形缓冲沟。其作用就是吸收或阻断地表变形，减少地表变形对建(构)筑物基础的影响，达到保护建(构)筑物的目的。变形补偿沟可减少地表水平压缩变形对建(构)筑物的影响，不失为一种简单、经济、有效的措施，尤其是在地表水平压缩变形较大时，效果更为显著。

变形补偿沟设置的位置应考虑地表压缩变形方向与建(构)筑物轴线方向的关系。当建(构)筑物受到一个轴线方向的地表压缩变形影响时，仅沿垂直于变形方向的建(构)筑物所有外墙外侧设置变形补偿沟。当建(构)筑物受到两个方向轴线的影响，或出现建(构)筑物轴线与地表压缩变形方向斜交时，则应沿建(构)筑物周围设置闭合的变形补偿沟。

变形补偿沟的边缘距建(构)筑物基础外侧 1000～2000mm，沟底宽度不小于600mm，沟的底面比基础底面深200～300mm，如图 11-3 所示。在开采影响到达建(构)筑物以前，就应将沟挖好。沟内应充填炉渣等松散材料。为防止沟内积水，应在沟的上部铺一层厚度为 30cm 的黏土作为防水层。补偿变形沟上面应加盖板，便于行走。为保证变形补偿沟的效果，应定期检查沟内充填材料，若发现压实则应及时更换。

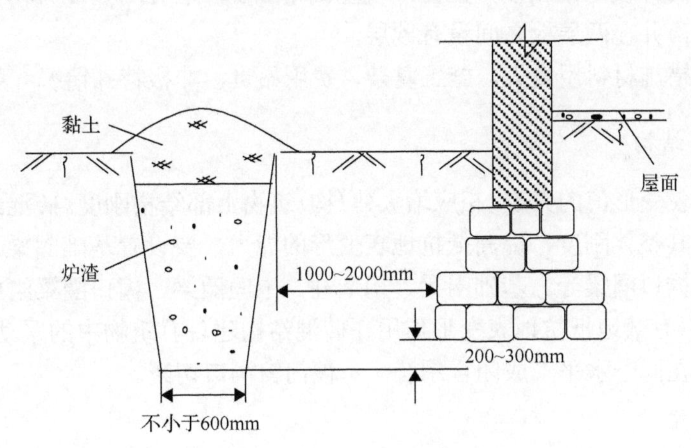


图 11-3　变形补偿沟

6. 建(构)筑物地基

建(构)筑物地基的土壤要求均匀一致，并应尽可能建在承载力不高的地基土壤上，而不宜建在承载力较高的岩石、大块碎石类土壤及密实黏土等地基上。对于承载力较高的岩石、大块碎石类土壤及密实黏土等地基，应铺设土垫层或砂垫层。土垫层厚度不宜小于 100cm，砂垫层厚度不宜小于 50cm。

7. 基础

采动影响的建筑物基础，不仅向地基传递竖向荷载，还要承受由于地表采动变形作用而产生的水平荷载，并且还要部分承受作用于建(构)筑物竖面内的弯矩和剪力，为了减小地表变形作用于基础侧面的纵向和横向的水平附加应力，在满足冻结深度和承载能力的条件下，应尽可能减小基础的埋置深度，并设置水平滑动层。尽可能不采用桩基础，而采用整体性较好的基础，如墙下钢筋混凝土条形基础，柱下条形基础、片筏基础和箱形基础等。若采用毛石或砖基础时，要加基础圈梁。采用墙下条形基础的建(构)筑物，应布置成纵横交叉的十字形，并在基础的上部设置钢筋混凝土基础圈梁，要求同一单体钢筋混凝土基础圈梁呈一个闭合的箍；采用独立基础的建(构)筑物，应采用钢筋混凝土连系梁把同一单体内的独立基础连成一体，以防止各独立基础独立移动。钢筋混凝土基础圈梁和连系梁的断面和配筋要按地表变形值的大小进行配置。

当地表变形很大，尤其是在地表扭曲和水平剪切变形很大的情况下，在建(构)筑物带形基础上全部设置钢筋混凝土圈梁和基础水平滑移缝，若仍不能有效抵抗地表变形引起的附加应力对周围的影响，则可采用双板基础。双板基础与一般的肋梁在上部的片筏基础相似，但比片筏基础增加了一层在对角线方向留有变形缝的混凝土板，并在两层板之间设有砂层。

由于该措施材料用量大，施工复杂，费用昂贵，非极特殊情况一般不采用。

8. 上部结构

根据地表变形值的大小，相应增大建(构)筑物上部结构刚度。砖混结构建(构)筑物为增加其整体刚度，提高抵抗地表变形的能力，要设置基础圈梁、构造柱、中间圈梁、檐口圈梁等。基础圈梁、构造柱、中间圈梁、檐口圈梁组成的空间骨架体系，可以有效地抵抗地表变形作用在砖混结构建(构)筑物中的采动附加应力。圈梁应尽量在同一水平形成闭合系统，不被门窗洞口切断。

1) 构造柱

在地表曲率变形较大时，为提高墙壁的抗剪强度，增加建(构)筑物的整体刚度，可在墙内设置钢筋混凝土构造柱。构造柱一般应设置在建(构)筑物各单体墙壁的转角处，以及承受较大附加剪力的墙壁位置，必要时亦可于所有纵墙相交处和每个开间的纵墙轴线处设置。

构造柱应与各墙壁圈梁连接，其上端和下端应分别锚固在钢筋混凝土楼盖(檐口)圈梁和基础圈梁内(图 11-4)。

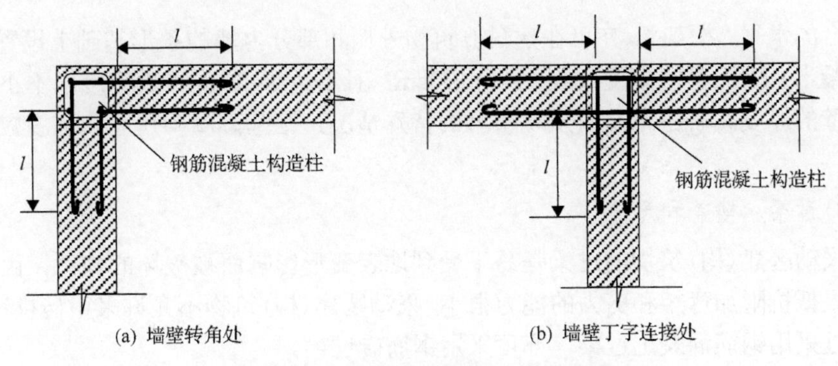


图 11-4　构造柱与墙壁柱连接示意图

$l$-锚固长度

2) 圈梁

在采动区新建的建(构)筑物，必须采用圈梁提高建(构)筑物抵抗地表变形的能力，加强建(构)筑物的刚度和整体性。圈梁以其较大的刚度和强度，可以抵抗地表较大变形，从而减缓砖切墙体所受的采动变形影响。圈梁按其设置的位置不同可分为墙壁圈梁和基础圈梁。

(1) 墙壁圈梁。

墙壁圈梁设置数量的确定和建(构)筑物受到的采动影响程度密切相关，设置位置与已有建(构)筑物的位置不同，新建建(构)筑物的圈梁设于墙壁内，而不是设于建(构)筑物墙壁的外侧。一般檐口处或墙身顶部圈梁应采用现浇钢筋混凝土圈梁；楼板下或窗过梁处的层间圈梁及墙身中部水平处的圈梁，应根据地表变形引起的附加应力大小及墙壁砌体抵抗附加应力，采用现浇钢筋混凝土圈梁或钢筋砖圈梁(图 11-5)。有的农村建房，在窗框上不设窗过梁而导致多数房屋窗周围出现裂缝。所以在开窗上方必须加设横梁。

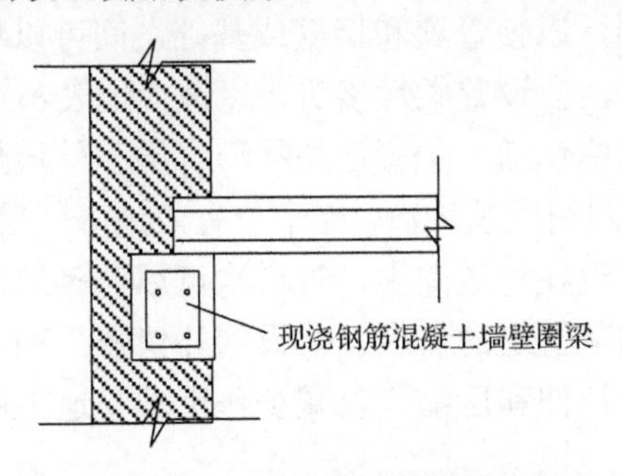


图 11-5　构造柱与墙壁圈梁连接示意图

(2) 基础圈梁。

基础圈梁为钢筋混凝土现浇而成，设于基础水平滑移层上部，且必须连续布置在同一水平上。基础圈梁一般应在建(构)筑物全部条形基础上设置，以形成一个闭合的水平“框架”，亦可在建(构)筑物外墙和部分内墙的条形基础上设置。钢筋混凝土基础圈梁的高度一般不小于 30cm，且不大于 50cm，其宽度应不小于底部墙壁的厚度。若挖地基时发现不利的特殊情况，则基础圈梁尺寸和强度应适当加大。

3)过梁、楼盖和屋盖

采动区建(构)筑物的过梁是易于受到地表变形影响而被破坏的构件。由于砖拱过梁抵抗附加弯矩和剪力的能力很小，采动区建(构)筑物不允许采用砖拱过梁，一般是采用钢筋混凝土过梁，亦可采用钢筋砖过梁。

采动区建(构)筑物的楼盖和屋盖以采用整体现浇钢筋混凝土为好。当采用钢筋混凝土板作楼盖和屋盖时，为保证预制板与墙壁可靠连接，预制板在墙壁上的支座长度不应小于 10cm；当采用整体现浇钢筋混凝土楼盖和屋盖时，楼盖与屋盖应与墙壁的钢筋混凝土圈梁同时浇注捣固，以使两者结合为一体。

框架结构建(构)筑物的框架柱、主梁、次梁及基础梁组成了空间骨架体系，能够有效抵抗地表变形的影响。墙砖的标号不低于 MU7.5(硅的立方体抗压强度不低于 7.5MPa)，砂浆标号不低于 M5(水泥砂浆的级别和混凝土标号一样)，且构造柱与墙体间应加设拉结钢筋。门窗洞口上方要采用钢筋混凝土过梁，窗台下设置拉结筋。

采空(动)区建(构)筑物的楼、屋面应尽可能采用整体现浇钢筋混凝土板，楼、屋面板应与墙壁的钢筋砼圈梁同时浇注捣固，使两者为一体。如果采用预应力空心板，应加强板与板、板与墙之间的连接。

9. 管道

地面敷设和架空的管道保护措施比较简单，可将原有的固定支座改为铰支座，调整管道支座的高度，以恢复原设计坡度。管道穿过墙壁或基础时，应在墙壁或基础上留出较大的孔洞，以使管道和墙壁或基础之间可以相对移动。对于穿孔洞或通过变形缝处的管道，应设置柔性接头，以适应地表不均匀变形的要求。

地下管道的保护措施包括：①管道外挂沥青层和外填炉渣层。在管道外挂沥青玻璃纤维隔层，管道四周回填炉渣，能十分有效地降低管道在土壤中的摩擦力。②挖管道沟。将管道架设在管道沟内，管道沟可用砖砌筑，上面用盖板覆盖，支座做成铰支座，可以调节管道的坡度。③设置补偿器。利用补偿器的可伸缩性吸收地表变形引起的管道拉伸和压缩，以减少作用于管道上的附加纵向应力，防止管道产生破坏。

## 11.4 新建高层建(构)筑物的抗变形技术

高层建筑通常以高度和层数两个指标来判定。《高层建筑混凝土结构技术规程》

(JGJ 3—2002)规定，高度在 28m 以上或层数在 10 层及 10 层以上为高层建筑。

在采动引起的各种地表变形影响下，地表倾斜变形是影响高层建筑安全性的主要因素。在地表产生倾斜变形时，建(构)筑物随之发生倾斜，引起其重心的偏移，因而改变了原结构的受力状态，并使地基反力重新分布，这样可以导致高层建筑出现构件截面强度不足而破坏或失稳及地基承载力不足的现象。

### 11.4.1　高层建(构)筑物的选址

高层建筑首先要符合一般建(构)筑物选址原则。由于高层建筑高度较高，地表倾斜变形引起其侧向位移较大，使人产生不安全感，使结构产生附加内力，使填充墙和主体结构容易出现裂缝或损坏，影响正常使用，甚至破坏。高度越大，容许的倾斜变形值越小。多层和高层建(构)筑物的地表倾斜变形允许值见表 8-16。

高层建筑在选址时要选择采深较大、地表倾斜变形较小的区域。

### 11.4.2　采空区上新建高层建(构)筑物抗变形措施

1)高层建筑结构平面布置

高层建筑结构平面布置应有利于抵抗水平荷载和竖向荷载，受力明确，传力直接，力求均匀对称，减少扭转的影响。

在高层建筑的一个独立结构单元内，宜使结构平面形状简单、规则，刚度和承载力分布均匀，减少偏心，不应采用严重不规则的平面布置，平面长度不宜过大。

高层建筑宜选用风荷载作用效应较小的平面形状，对抗风有利的平面形状是简单规则的凸平面，如圆形、正多边形、椭圆形、鼓形等。

高层建筑刚度大，抵抗地表水平变形的能力也大，设置变形缝时，单体长度可以适当放宽。

2)高层建筑结构竖向布置

高层建筑结构的承载力和刚度宜自下而上逐渐减小，变化宜均匀、连续，不应突变。竖向宜规则、均匀，避免有过大的外挑和内收，侧向刚度宜下大上小，逐渐均匀变化，不宜采用竖向布置严重不规则的结构。结构竖向抗侧力构件宜上、下连续贯通。

3)铺设砂垫层

在承载力允许的情况下，采用砂垫层或砂石垫层。砂垫层或砂石垫层可以减少地基反力的不均匀性，有效吸收地表水平变形、曲率变形和部分倾斜变形的影响。

4）设置滑移层

高层建筑一般采用钢筋混凝土整体基础，滑移层设在钢筋混凝土基础与素混凝土垫层之间。从抗震、抗变形双重保护方面考虑，在房屋高宽比小于 3 时，选择摩擦系数为 0.2～0.4 的滑移层材料较适合，这样既可避免地震过大时提离摇摆对结构的不利影响，又可以起到一定的抗采动变形作用，因为房屋高宽比越大，抵抗地表变形的能力越大。当房屋高宽比大于 3 时即建(构)筑物高度超过 60m 时，不建议设置滑移层。

5）基础形式

高层建筑结构应采用板式基础、梁板式基础或箱型基础，基础的大小和配筋除了按照常规计算外，还要根据地表变形的大小进行计算。不建议采用浅基础。对高耸建(构)筑物，要适当增大基础的平面尺寸和强度，以抵抗地表的倾斜变形。

6）适当增大建筑强度

由于地表变形的影响，上部结构产生附加内力，在结构计算时要对其予以考虑，适当增大建筑强度。地表水平变形主要对基础产生影响，影响高层建筑上部结构的主要为地表倾斜变形。计算时还要进行结构构件强度验算和倾覆稳定验算。

## 11.5 大型钢结构厂房的抗变形技术研究

钢结构由型钢和钢板等制成的钢梁、钢柱、钢桁架等构件组成，各构件或部件之间采用焊缝、螺栓或铆钉连接的结构，是主要的建筑结构类型之一。

钢结构的内在特性是由它所用的原材料和所经受的一系列加工过程决定的。外界的作用，包括各类荷载和气象环境对它的性能也有不可忽视的影响。建筑工程中，钢结构所用的钢材都是塑性比较好的材料，在拉力作用下，其应力与应变曲线在超过弹性点后有明显的屈服点和一段屈服平台，然后进入强化阶段。钢材和其他建筑结构材料相比，强度要高得多。在同样的荷载条件下，钢结构构件截面小，截面组成部分的厚度也小。钢材有较好的韧性，因此有动力作用的重要构件经常用钢来做。

### 11.5.1 大型钢结构厂房的选址

大型钢结构厂房的选址首先要符合一般建(构)筑物选址原则。大型钢结构厂房一般长度、跨度都较大，与高层建筑相比高度较低，地表倾斜变形对其影响有限，地表水平变形对其的影响是主要因素。在选址时要选在地表水平变形较小的区域。钢结构厂房中往往有大型设备，这些设备对地基沉降及变形有时有特殊要求，因此在选址时要首先考虑设备的特殊需要。

### 11.5.2　采空区上新建大型钢结构厂房抗变形措施

1) 大型钢结构厂房平面布置

大型钢结构厂房平面布置与采空(动)区建(构)筑物的要求一致，形式应力求简单，平面形式以矩形或方形为主，要尽量避免立面高低起伏和平面凹凸曲折，尽量使建(构)筑物的质量、刚度均匀。

2) 设置变形缝

大型钢结构建(构)筑物的长度和跨度都较大，受地表变形的影响，容易产生变形和破坏，必须设置变形缝。钢结构建(构)筑物因所选材料的原因吸收地表变形的能力较大，设置变形缝时，单体长度可以适当放宽。

3) 设置砂垫层

设置砂垫层或砂石垫层可以有效减小地基反力的不均匀性，有效吸收地表水平变形、曲率变形和部分倾斜变形的影响。

4) 设置滑移层

滑移层是采空(动)区建(构)筑物抗采动变形的经济有效措施之一，滑移层设在钢筋混凝土基础与素混凝土垫层之间，能够有效吸收地表水平变形的影响。

5) 加设连系梁

大型钢结构厂房跨度大，常规设计时一般采用独立基础，应用钢筋混凝土连系梁把同一单体内的独立基础连成一体，以防止各独立基础独立移动。同一单体基础底面要在同一标高，以便设置水平滑移层。基础和连系梁的大小及配筋除了按照常规计算外，还要根据地表变形的大小进行计算。

6) 适当增加上部结构整体强度

钢结构厂房一般采用排架结构、轻质屋顶，这样的结构能够吸收地表变形的影响，所以在地表变形较小的区域，上部结构可以不采取抗变形措施，也能保证建(构)筑物的安全正常使用。而在地表变形较大的区域，上部结构要适当加强，以保证在地表变形的影响下能够不被损坏。

7) 设备基础

厂房内的仪器设备应采用整体基础，并适当加大基础的强度和刚度，以便于保护、调整和维修。

# 第 12 章　采煤塌陷地建设利用工程实例——山东蓝海领航电子商务产业园

## 12.1　工程概况及地质采矿条件

山东蓝海领航电子商务产业园有限公司(简称山东蓝海领航电子商务产业园)(2014 年山东省重点建设项目)位于济南市章丘区圣井街道办事处睦里村东侧，经十东路以南。经过前期勘察，项目建设用地范围内分布有圣井煤矿和黄土崖煤矿，煤层回采后引起围岩破坏与地表移动，对场地地基条件有不同程度的影响，为局部采动影响不良工程地质条件的建设场地。前期经过了采空区地基稳定性评价、地基注浆加固和抗变形设计，其中山东蓝海领航电子商务产业园一期核心区已经建设完毕，变形监测结果显示运行正常。图 12-1 为修建的山东蓝海领航电子商务产业园核心区主要建筑物。

(a)

(b)

图 12-1　山东蓝海领航电子商务产业园一期核心区建筑物情况

### 12.1.1　工程简况

山东蓝海领航电子商务产业园一期核心区占地 150 亩，建设用地范围内规划的主要建筑物有 4 栋高层建筑、数据处理中心、企业墅和沿街商业楼等。

高层建筑：现浇钢筋混凝土多层多跨框架结构，最高为 23 层。

数据处理中心：现浇钢筋混凝土多层多跨框架结构，平面尺寸 65m×85m，基础形式为梁筏基础，因功能需要要求整个数据处理中心不允许留设变形缝。

### 12.1.2　地质采矿概况

山东蓝海领航电子商务产业园地势平坦，地面标高+100m 左右，场地范围内均为农田，基本没有地表附属物。

该区域主要含煤地层为太原组和山西组，共含煤 13 层，煤层总厚度 3.5m。太原组含煤 9 层，分别为 5 煤、5-1 煤、6 煤、6-1 煤、7 煤、9 煤、10-2 煤、10-3 煤和 13 煤，其中 7 煤局部可采，9 煤、10-2 煤大部分可采；山西组含煤 4 层，分别为 1 煤、2 煤、3 煤和 4 煤，其中山东蓝海领航电子商务产业园一期范围内仅 4 煤、9 煤、10-2 煤可采。工作区可采煤层为 3 煤、4 煤、7 煤、9 煤和 10-2 煤，具体煤层赋存及开采情况见表 12-1 和表 12-2。

**表 12-1　可采煤层特征一览表**

| 煤层 | 厚度/m<br>最小～最大<br>平均 | 煤层间距/m<br>最小～最大<br>平均 | 夹矸 | 结构 | 煤层<br>稳定性 | 顶板 | 底板 |
|---|---|---|---|---|---|---|---|
| 3 煤 | 0～1.21<br>0.42 | | 无夹矸 | 简单 | 极不稳定 | 粉砂岩 | 黏土岩 |
| | | 23～39<br>32 | | | | | |
| 4 煤 | 0～0.90<br>0.51 | | 无夹矸 | 简单 | 局部可采不稳定 | 粉砂岩 | 黏土岩 |
| | | 64～107<br>81 | | | | | |
| 7 煤 | 0～0.82<br>0.52 | | 无夹矸 | 简单 | 不稳定 | 粉砂岩 | 粉砂岩 |
| | | 28.6～66.9<br>37.4 | | | | | |
| 9 煤 | 0～1.40<br>0.54 | | 无夹矸 | 简单 | 较稳定 | 细砂岩或粉砂岩 | 中砂岩 |
| | | 13～29<br>24 | | | | | |
| 10-2 煤 | 0.38～2.12<br>1.01 | | 部分地段含有夹矸 | 简单 | 较稳定 | 粉砂岩 | 粉砂岩 |

**表 12-2　各煤层开采情况**

| 煤层 | 开采<br>时间 | 埋深<br>/m | 平均采厚<br>/m | 采出率<br>/% | 采煤方法 | 采煤<br>工艺 | 顶板<br>管理方法 |
|---|---|---|---|---|---|---|---|
| 4 煤 | 1972 年前 | 27～33 | 0.67 | 50 | 巷采 | 炮采 | 全部垮落法 |
| 9 煤 | 2012 年 | 115～123 | 1.09 | 85 | 走向长壁 | | |
| 10-2 煤 | 2002 年 | 133～137 | 1.18 | 70 | 巷采 | | |

改革开放前开采的煤层一般采用巷采，没有留下准确、完整的图纸资料，开采厚度和开采边界较难准确确定。改革开放后开采的煤层一般采用长壁采煤法，有较完整、准确的图纸资料。采空区作为一种不良地质体，将对产业园的建设和运行产生不良影响，这是采煤塌陷地上方新建建(构)筑物均会面临的问题。

## 12.2　采空区岩土工程勘察

### 12.2.1　地球物理勘探

为了查明整个建设场地的采空区分布情况，在建设场地范围内进行了物探勘察，基本查清了山东蓝海领航电子商务产业园一期核心区建设用地范围内采空区分布和岩体采动破坏情况。

1. 物探方法

根据场地的地形地质条件、采矿条件、人文干扰条件等因素，决定采用瞬变电磁法和可控源音频大地电磁法两种物探方法，以相互验证，减少物探推断的多解性，增强探测效果及其可信度和准确性。

2. 物探布置方案

为了两种物探结果可以相互验证，两种物探测线重叠布置，山东蓝海领航电子商务产业园一期核心区建设用地范围内共布置 10 条测线，具体如图 12-2 所示，每条测线长度在 410m 左右。

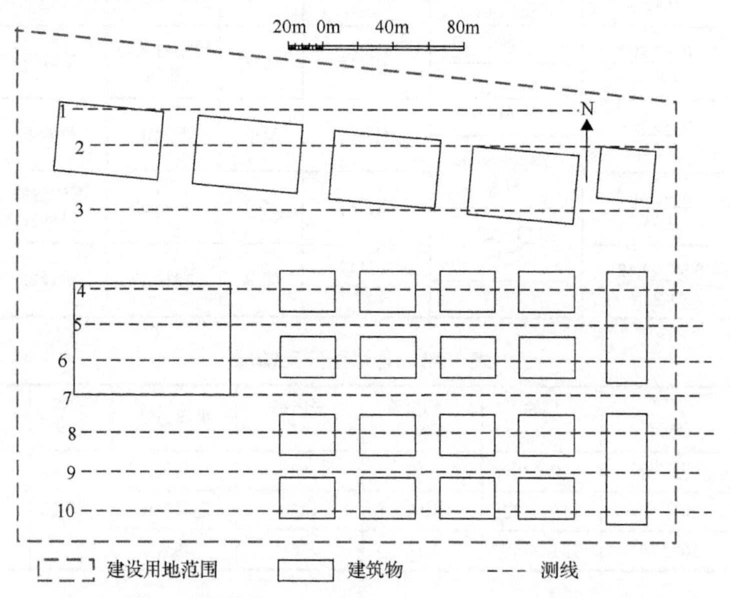


图 12-2　山东蓝海领航电子商务产业园一期核心区物探勘察方案

瞬变电磁法探测采用的是加拿大凤凰(phoenix)公司生产的 V8 多功能电法仪，点距为 20m。

可控源音频大地电磁法探测采用的美国产 EH4 连续电导率剖面仪，点距为 10m，每条测线布置 42 个测点，共布置 420 个测点。

3. 物探结果

应用瞬变电磁法和可控源音频大地电磁法基本查明了建设场地范围内老采空区的分布和空间范围，具体如图 12-3 所示。

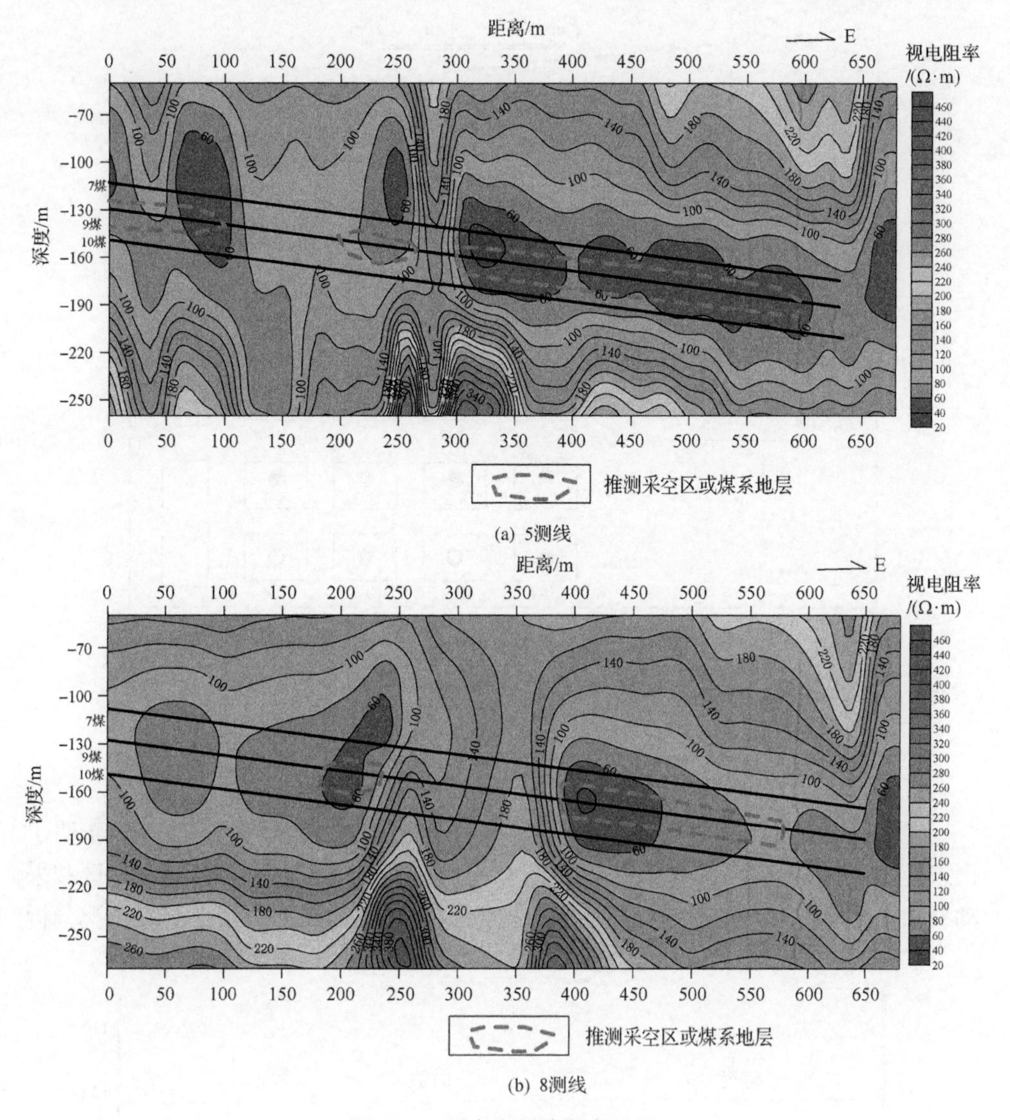


图 12-3　瞬变电磁法勘察结果

### 12.2.2　钻探

1. 钻探布置方案

在前期收集和获物探资料的基础上，为验证收集资料和物探成果的准确性及煤层开采后顶板垮落情况，结合山东蓝海领航电子商务产业园一期核心区建筑规划，共布置了勘探钻孔 21 个(其中深孔 9 个，浅孔 12 个)，深孔用于控制 4 煤、9 煤和 10-2 煤采空区，浅孔用于控制 4 煤采空区，具体如图 12-4 所示。

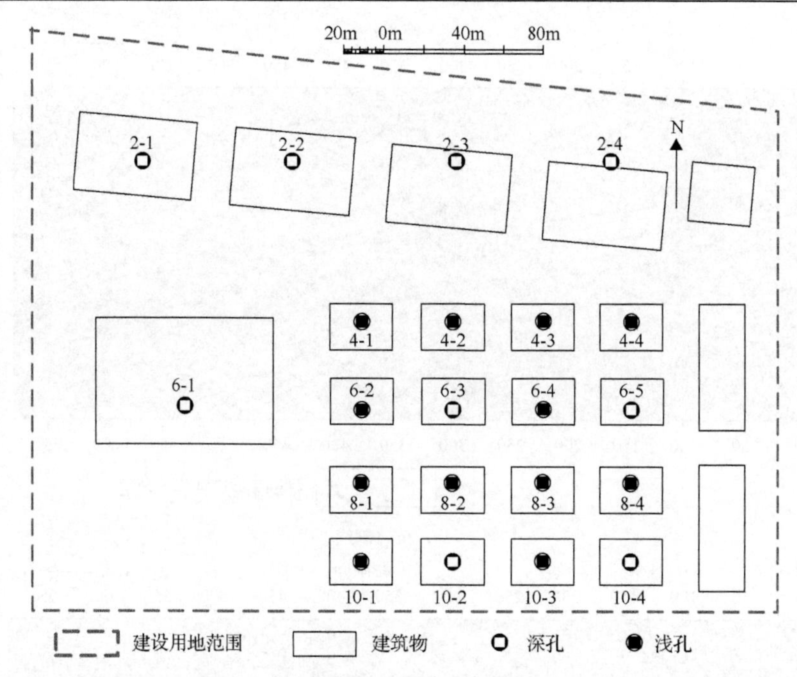


图 12-4 山东蓝海领航电子商务产业园一期核心区钻探勘察方案

2. 钻探结果

根据钻探成果(图 12-5、图 12-6)，并结合原有的采掘工程平面图，初步查明了山东蓝海领航电子商务产业园一期核心区下伏地层的采矿条件、局部老采空区和采动裂隙发育的空间分布范围(图 12-7)。根据钻孔冲洗液消耗和掉钻、卡钻情况分析

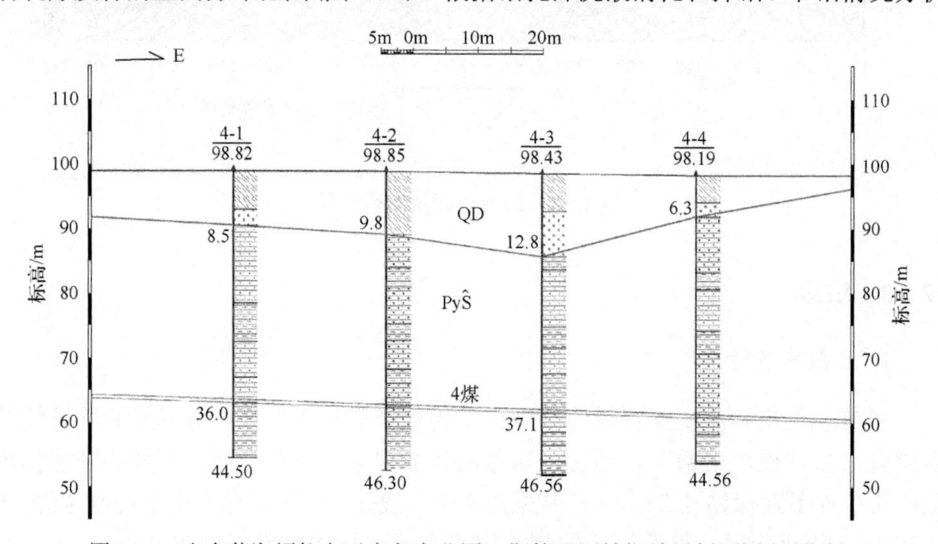


图 12-5 山东蓝海领航电子商务产业园一期核心区钻探结果剖面图(4 测线)

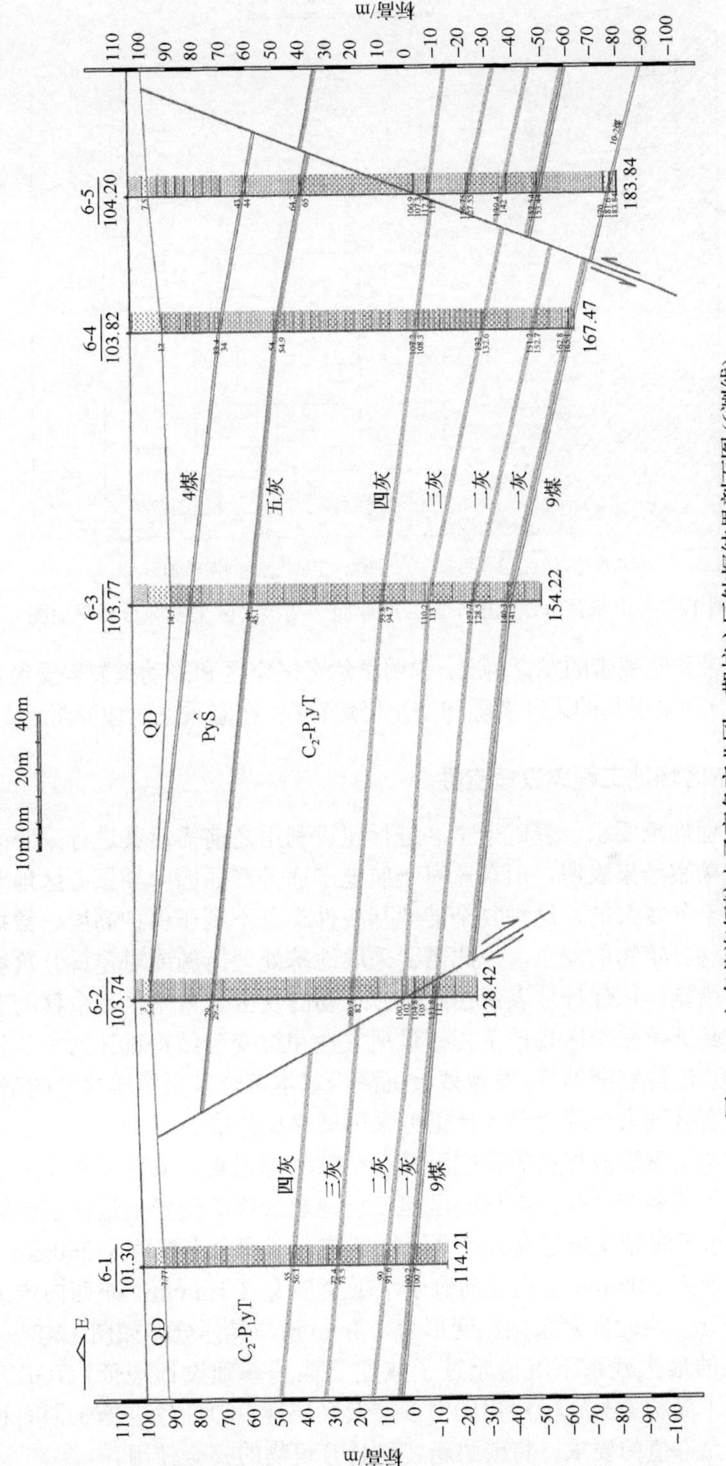


图 12-6 山东蓝海领航电子商务产业园一期核心区钻探结果剖面图(6测线)

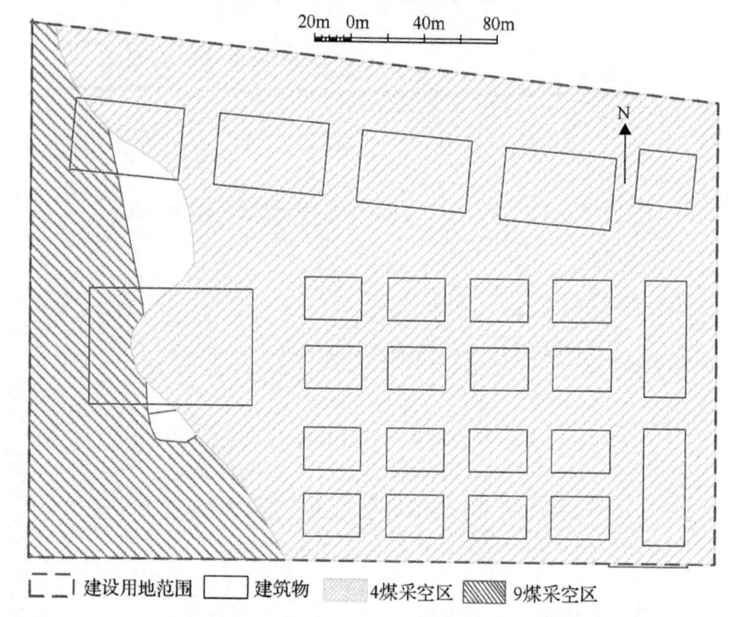


图 12-7　山东蓝海领航电子商务产业园一期核心区采空区分布平面图

了采动垮落带和断裂带的发育情况，说明虽然老采空区和采动破裂岩层经过多年的自然压实，但开采引起的采动裂隙和空洞仍然存在，在老采空区边界附近尤其明显。

### 12.2.3　采空区场地工程建设适宜性

根据规程规范要求，煤矿采空区进行建设利用之前需对其进行采空区场地稳定性评价。勘察结果表明，山东蓝海领航电子商务产业园一期核心区地基所受的采动影响是十分复杂的，这种复杂的地基条件十分不利于保护高层、数据处理中心等主要建(构)筑物的安全，为此需要采取地基处理措施或对建(构)筑物采取必要的抗变形措施，以保证地表新建建(构)筑物的安全。采空区剩余移动变形值的大小和分布是评价采空区场地工程建设适宜性和抗变形结构设计的重要依据。根据工作面残余沉降实测结果，发现残余沉降仍基本符合开采沉陷盆地的基本特征，因此，老采空区残余沉降变形预计仍可采用概率积分法。

根据前期勘察阶段揭露的采空区残余空隙率等因素，采用概率积分法对山东蓝海领航电子商务产业园一期核心区建设场地剩余移动变形值进行了计算，经计算得到，山东蓝海领航电子商务产业园一期核心区剩余下沉值为 260mm，东西向剩余水平变形为 1.0mm/m，南北向剩余水平变形为–1.1mm/m，东西向剩余倾斜变形为 1.8mm/m，南北向剩余倾斜变形为 1.8mm/m，具体分布如图 12-8～图 12-12 所示。场地的最大残余下沉值超过了《建筑地基基础设计规范》(GB 50007—2011)[88](以下简称《规范》)给出的对多层及高层建(构)筑物在施工期间和使用期间地基变形允许值的要求，将威胁新建建(构)筑物的安全使用。

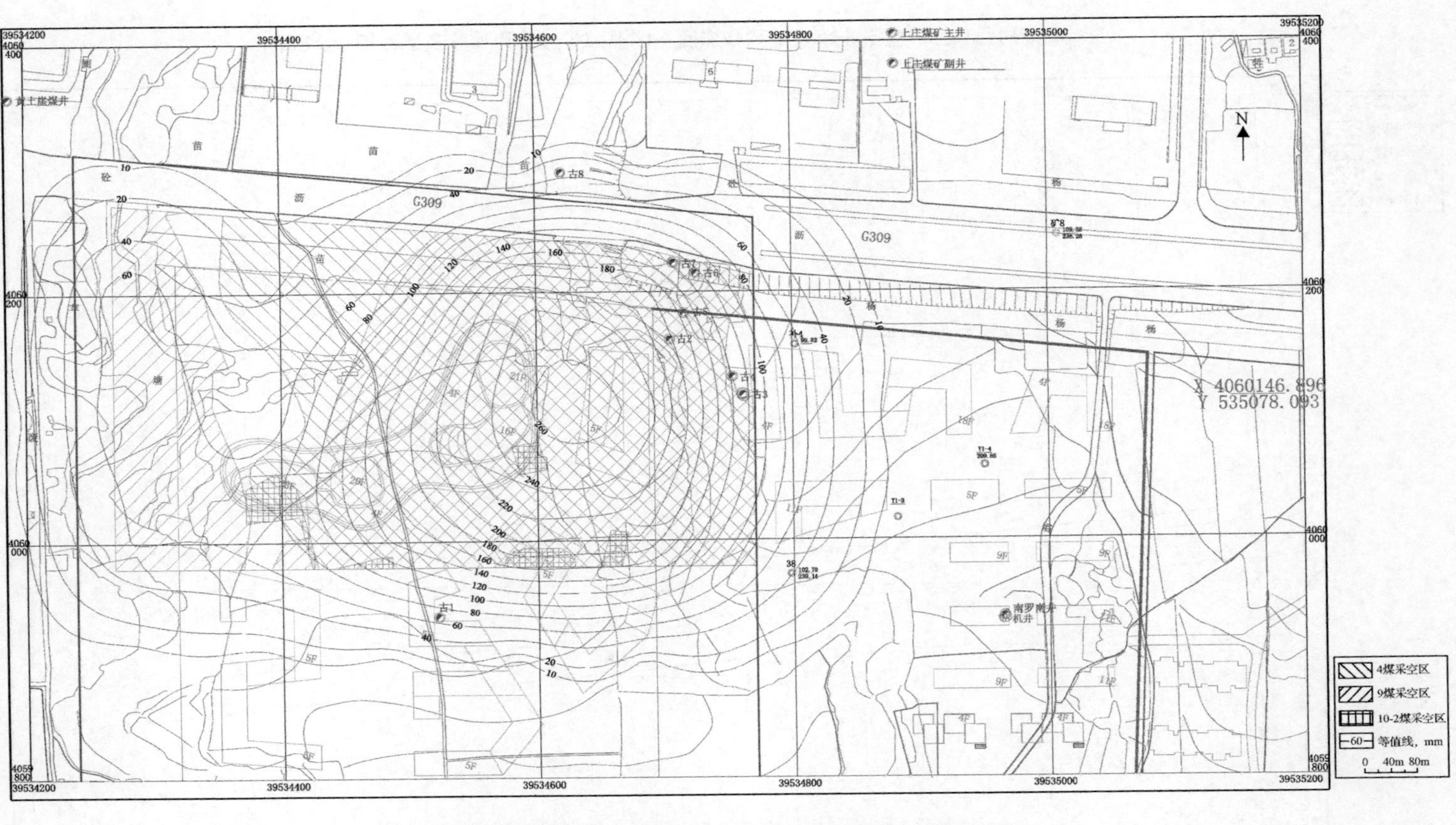


图 12-8　山东蓝海领航电子商务产业园一期核心区剩余下沉等值线图

图 12-9　山东蓝海领航电子商务产业园一期核心区剩余水平变形 (东西) 等值线图

图 12-10　山东蓝海领航电子商务产业园一期核心区剩余水平变形(南北)等值线图

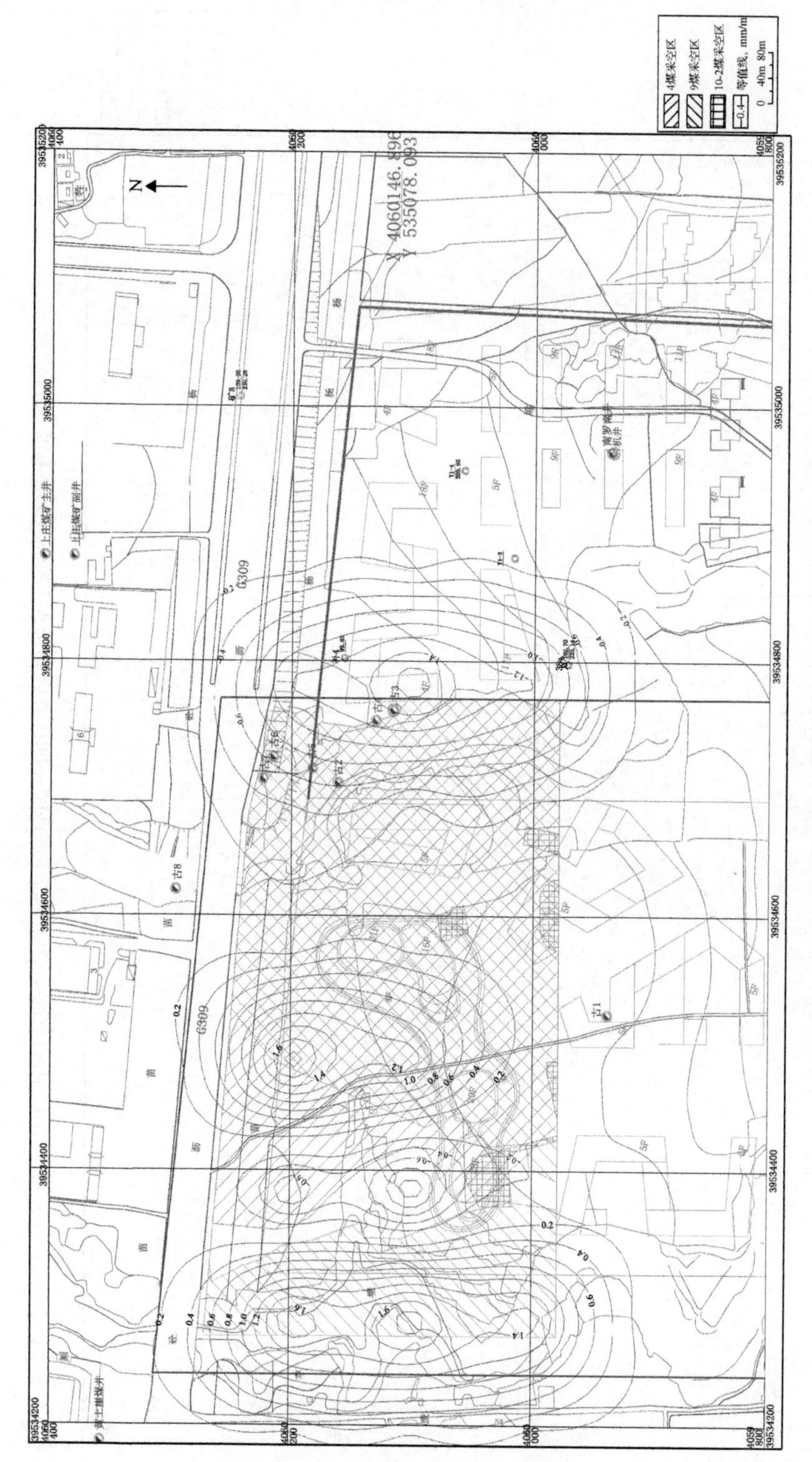


图 12-11 山东蓝海领航电子商务产业园一期核心区剩余倾斜(东西)等值线图

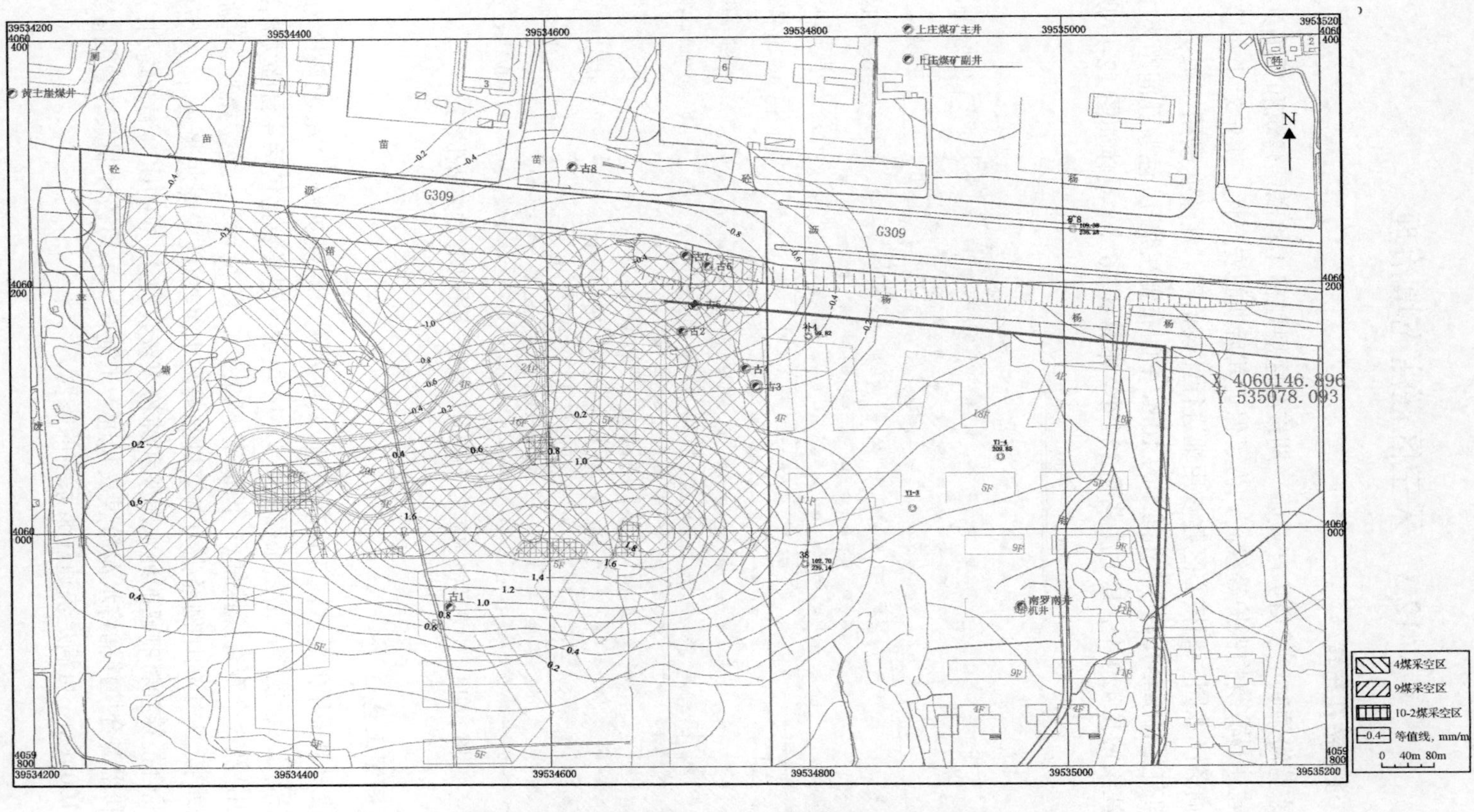


图 12-12　山东蓝海领航电子商务产业园一期核心区剩余倾斜(南北)等值线图

# 12.3　采空区灌注充填治理

## 12.3.1　注浆钻孔布置

山东蓝海领航电子商务产业园一期核心区规划有 4 栋高层建筑和数据处理中心，所建建(构)筑物保护等级高，为了保证其后期的安全性，决定对山东蓝海领航电子商务产业园一期核心区建设用地进行注浆治理，注浆孔采用“梅花”形布置，四周布置有帷幕孔，帷幕孔间距为 10m，中间布置注浆孔，注浆孔间距为 15m，共布置注浆钻孔 420 个，其中注浆孔 324 个，帷幕孔 96 个，具体如图 12-13 所示。

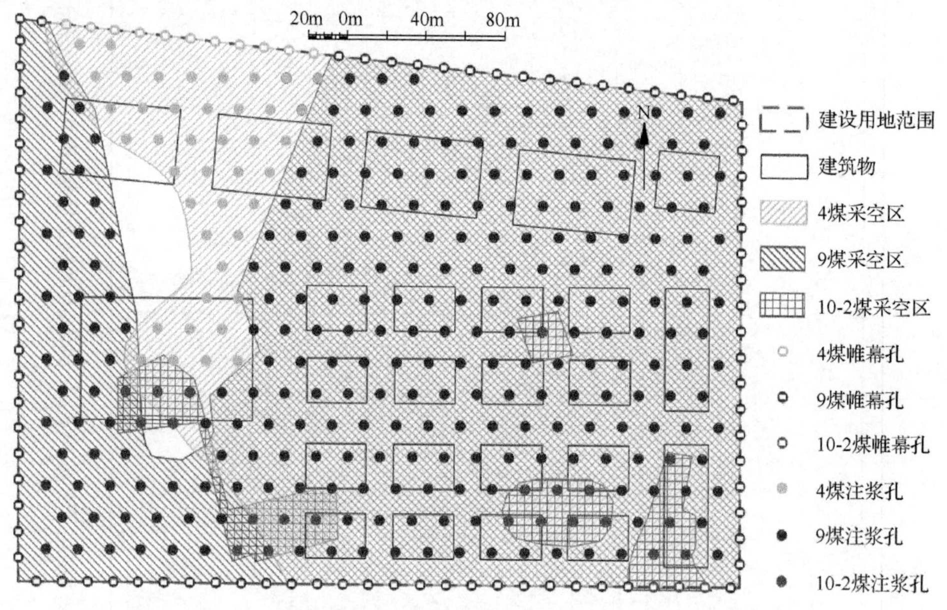


图 12-13　山东蓝海领航电子商务产业园一期核心区注浆钻孔布置

## 12.3.2　制浆工艺

注浆材料采用的是水泥粉煤灰浆液，其中水泥∶粉煤灰为 4∶6，水灰比为 1∶1。制浆采用三级搅拌，工艺流程如图 12-14 所示，制浆装置包括 4 台强力制浆机(2 台备用)及 3 个混合搅拌桶(1 个备用)，如图 12-15 所示。一级搅拌时，水泥(粉煤灰)与水按 1∶1 的比例经强力制浆机制得纯水泥浆(纯粉煤灰浆液)；二级搅拌时利用混合搅拌桶将制取的纯水泥浆和纯粉煤灰浆按 4∶6 的比例混合均匀；三级搅拌时利用混合搅拌桶将水泥粉煤灰浆进一步混合。采用该种制浆装置的制浆能力可达 100m$^3$/h，可满足快速注浆系统的需要。

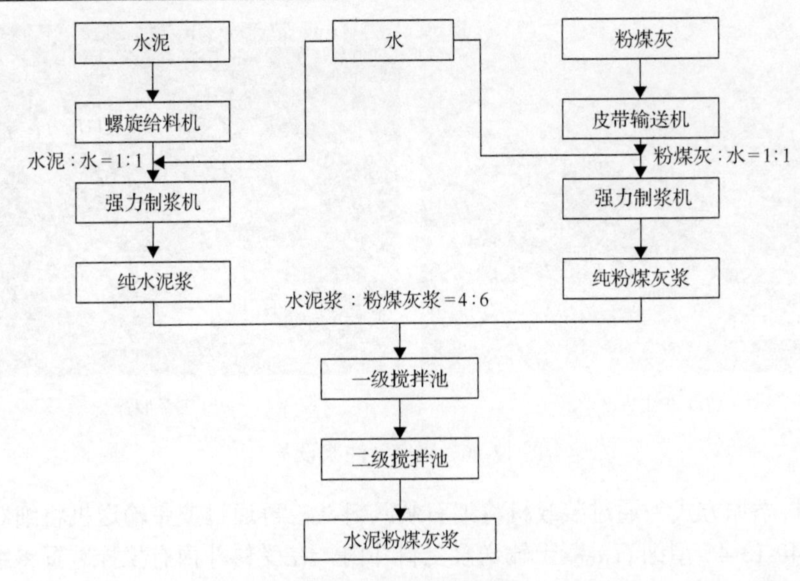


图 12-14　制浆流程

(a) 强力制浆机

(b) 混合搅拌桶

图 12-15　制浆装置

### 12.3.3　注浆设备与工艺

治理区域范围内分布有 4 煤、9 煤和 10-2 煤采空区，对只有 1 层采空区分布的区域采用“全孔一次注浆”，对有两层及两层以上采空区分布的区域采用“一次成孔，自下而上依次注浆”。

注浆过程采用的是自主设计的采空区快速注浆系统与工艺，其中初注装置采用的是 2 台 SBS40-13-45 型细石混凝土输送泵，具体如图 12-16(a)所示；复注装置采用的是 3 台 BW250 型泥浆泵，如图 12-16(b)所示。

(a) 初注装置

(b) 复注装置

图 12-16　采空区注浆设备

骨料添加方式为通过装载机将细石装入料斗，再通过皮带输送机将细石运送至 SBS40-13-45 型细石混凝土输送泵受料斗内，在受料斗内有搅拌装置将细石与水泥粉煤灰浆搅拌，将搅拌后的混合料通过混凝土输送泵泵送至采空区，具体如图 12-17 所示，骨料添加比例可达浆液体积的 15%。

浆液面控制装置包括直流电源、警示灯、线缆盘及与注浆钢管，一同下入注浆钻孔的探头，如图 12-18 所示，可有效将浆液面控制在设定位置。

图 12-17　骨料添加装置

图 12-18　浆液面控制装置

### 12.3.4　终孔标准

4 煤采空区：当帷幕孔孔口压力达到 1.5MPa 且泵量小于 30L/min 后，持压 30min；注浆孔孔口压力达到 1MPa 且泵量小于 70L/min 后，持压 30min，则可终孔。

9 煤和 10-2 煤采空区：当帷幕孔孔口压力达到 3.0MPa 且泵量小于 30L/min 后，持压 30min，则可终孔；当注浆孔孔口压力达到 2.5MPa 且泵量小于 70L/min 后，持压 30min，则可终孔。

### 12.3.5　注浆顺序

为了在注浆过程中形成“气室”，采用“跳排、跳序”的注浆顺序，如图 9-5 所示。

## 12.4　采空区注浆效果检测

为了保证后期数据处理中心 1#楼的运营安全，在注浆结束 3 个月后，采用物探、钻探、跨孔电阻率 CT、二次压浆试验及地表变形观测对注浆效果进行了综合检测，但因在数据处理中心 1#楼建设用地的南侧和北侧分别有一条 10kV 的高压线(圣井 1#线)和一条 35kV 的高压线，北侧经十东路车流量大，对 EH4 测量结果干扰强烈，测量效果较差。

### 12.4.1　钻探检测

在数据处理中心 1#楼及周边范围内共布置 6 个检测孔，具体位置如图 12-19 所示。钻孔施工过程中进行了简易水文观测，对钻进过程中的异常情况、结石体情况进行了详细记录，并及时将取出的结石体进行蜡封，并送专业检测机构检测，检测结果具体见表 12-3。

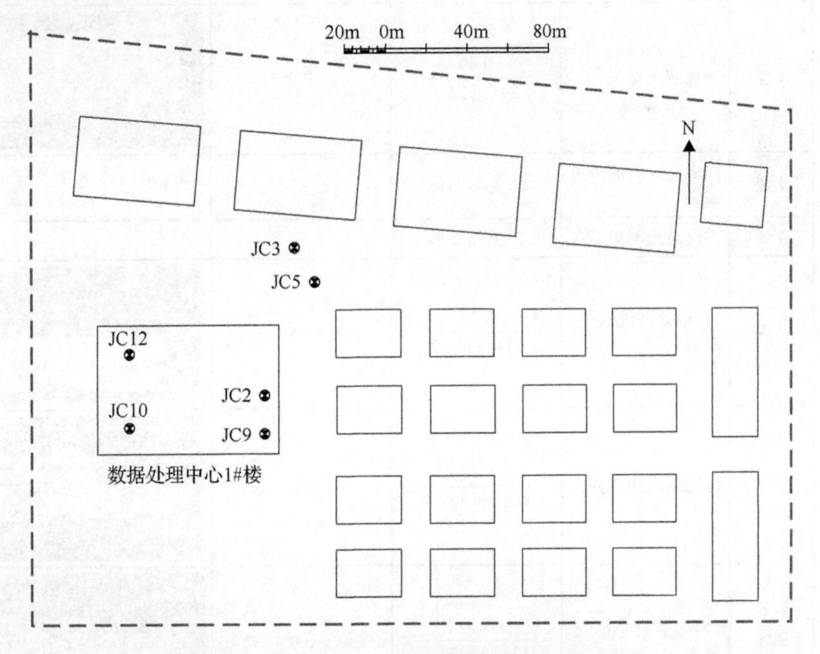


图 12-19　数据中心 1#楼检测孔布置示意图

**表 12-3　钻探检测结果**

| 钻孔编号 | 检测层位 | 简易水文观测 | 结石体 | | |
|---|---|---|---|---|---|
| | | | 长度/位置/m | 平均强度/MPa | 岩心图片 |
| JC2 | 4 煤 | 冲洗液无漏失 | 0.18<br>33.89～34.07 | 10.2 |  |
| | 9 煤 | 冲洗液无漏失 | 0.29<br>151.12～151.41 | 9.2 | 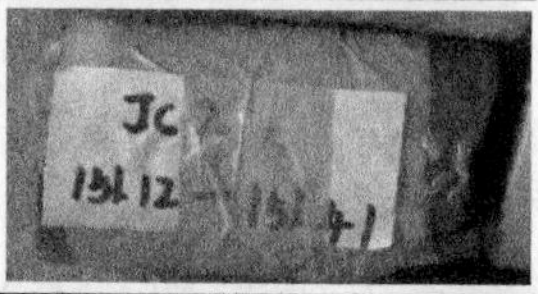 |
| JC3 | 4 煤 | 冲洗液无漏失 | 0.35<br>22.1～22.45 | 11.3 | 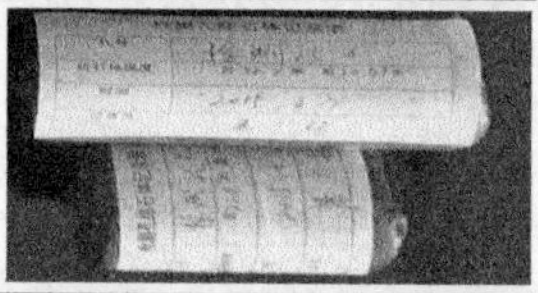 |
| | 9 煤 | 38m 处冲洗液少量漏失 | 0.70<br>139.3～140 | 48.5 |  |
| JC5 | 4 煤 | 冲洗液无漏失 | 0.40<br>24.7～25.1 | 9.0 | 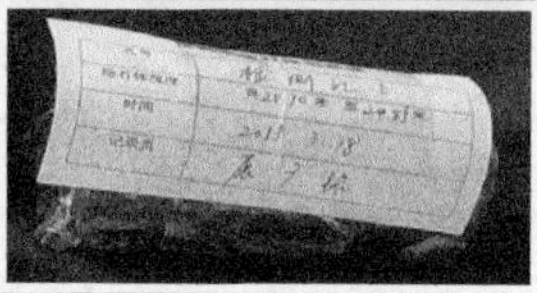 |
| | 9 煤 | 86m 处冲洗液少量漏失 | 未见结石体 | — | — |
| JC9 | 4 煤 | 冲洗液无漏失 | 未见结石体 | — | — |
| | 9 煤 | 113m 处冲洗液少量漏失 | 0.20<br>116～116.2 | 7.5 |  |
| JC10 | 9 煤 | 118.2m 处短时漏失 | 0.30<br>122.6～122.9 | 5.6 |  |
| JC12 | 9 煤 | 31.5m 处冲洗液漏失 | 0.30<br>125.1～125.4 | 3.0 |  |

从表 12-3 中可以看出，大部分钻孔在钻进过程中冲洗液无漏失(仅个别钻孔有少量漏失)，说明浆液已经有效填充采动空隙(图 12-20)；大部分钻孔均在相应采空区层位取出了平均长度为 0.3m 左右的柱状结石体，并经专业检测单位测得结石体的饱水无侧限抗压平强度最小为 3.0MPa，最大达到 48.5MPa，均大于规范要求的 0.6MPa；且通过对结石体表明和断面观察发现，细石均匀分布于结石体中(图 12-21)。说明提出的采空区快速注浆系统与工艺可有效填充采空区空隙，且设计的骨料添加方法可使骨料均匀分布于浆液中，扩散范围大大增加，效果较好。

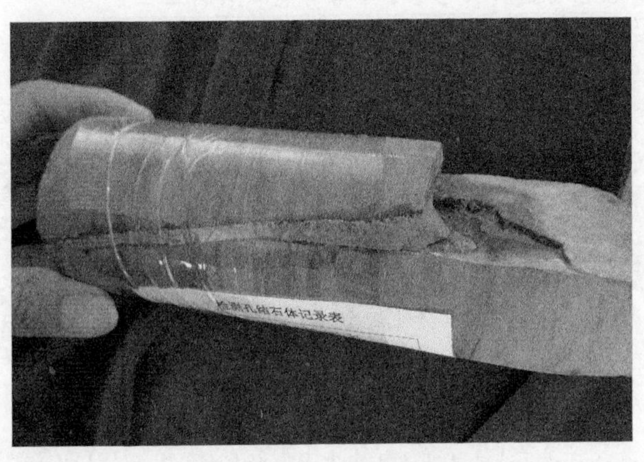

图 12-20　裂隙填充情况

图 12-21　结石体中骨料分布

## 12.4.2　跨孔电阻率 CT

钻探检测相当于“点”检测，为了综合评价注浆效果，对 JC2 钻孔和 JC9 钻孔之间进行了跨孔电阻率 CT 测试，检测其是否填充密实，探测结果如图 12-22 所示。

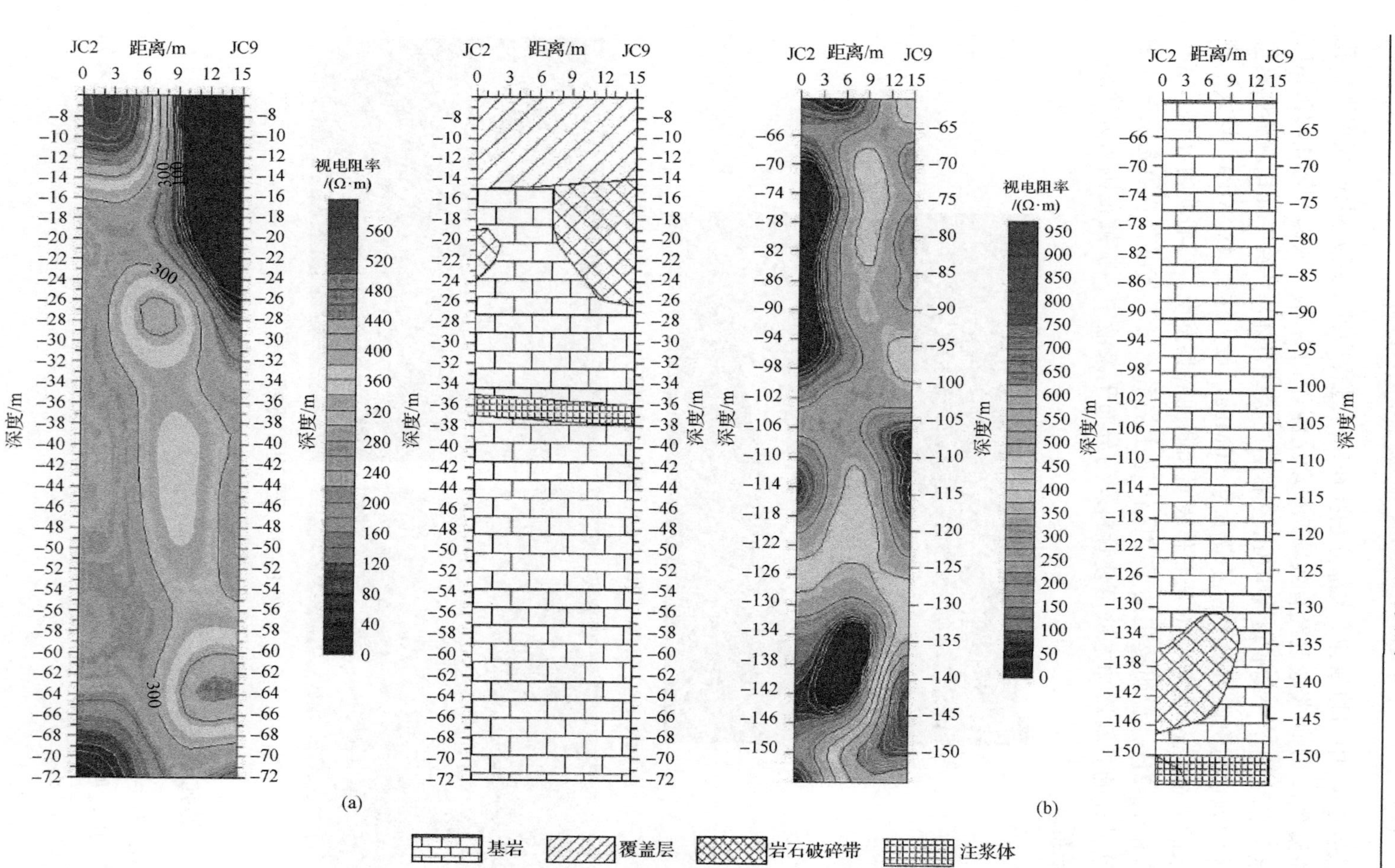


图12-22　JC2-JC9跨孔电阻率CT剖面

结合勘察资料，该位置处 4 煤埋深 30m 左右(采动影响范围为埋深 20～30m 范围)，9 煤埋深 120m 左右(采动影响范围为埋深 90～120m 范围)，且在检测孔施工中测得注浆后该位置水位为地表下 30m 左右。从图 12-22 可以看出，在两检测孔之间的 4 煤和 9 煤采动影响范围之内没有出现低阻异常区，只在 JC9 钻孔孔壁位置有低阻异常，说明有效填充了采动空隙，注浆效果较好。

### 12.4.3　二次压浆

采空区注浆后仍会残留一定的未注满空间，为评价注浆后采空区未注满空隙大小，对检测孔进行了二次压浆，各检测孔二次压浆量见表 12-4。从表 12-4 中可以看出，各钻孔二次压浆量均小于周边钻孔注浆量平均值的 10%，说明之前的注浆已经有效充填了采空区空隙，残留未注满空间很小，注浆效果好。

**表 12-4　检测孔二次压浆量**

| 钻孔编号 | 层位 | 注浆量/m$^3$ | | | | | 二次压浆量/m$^3$ |
|---|---|---|---|---|---|---|---|
| | | 1 | 2 | 3 | 4 | 平均值的 10% | |
| JC2 | 4 煤 | 19.60 | 65.70 | 33.40 | 36.60 | 3.88 | 2.14 |
| | 9 煤 | 24.70 | 65.80 | 40.70 | — | 4.37 | 2.95 |
| JC3 | 4 煤 | 9.90 | 46.60 | 14.20 | 259.60 | 8.26 | 3.78 |
| | 9 煤 | 41.55 | 9.90 | 27.50 | 12.60 | 2.29 | 1.03 |
| JC5 | 4 煤 | 17.30 | 18.32 | 1.96 | 2.35 | 1.00 | 0.77 |
| | 9 煤 | 66.48 | 881.04 | 33.95 | — | 32.72 | 12.33 |
| JC9 | 4 煤 | 40.70 | 2.35 | 2.18 | 3.39 | 1.22 | 1.07 |
| | 9 煤 | 8.35 | 4.69 | 1302.40 | — | 43.85 | 22.30 |
| JC10 | 9 煤 | 135.60 | 3.99 | 11.04 | 6.12 | 3.92 | 4.14 |
| JC12 | 9 煤 | 81.48 | 12.42 | 492.60 | — | 19.55 | 4.60 |

### 12.4.4　地表变形观测

注浆施工前在数据处理中心 1#楼周边布置了 3 条地表移动变形观测线(1 条南北向、2 条东西向)，基准点布置于场地西侧 1.5km 的国家测量控制点。在后期由于基坑开挖及道路硬化等，2 条东西向测线损坏。采用 Trimble DINI03 型电子水准仪对注浆过程中及建筑物施工过程中地表下沉值进行了连续观测，图 12-23 给出了数据处理中心 1#楼西侧 10m 位置处 3 个测点(自北向南依次为 GC5、GC6 和 GC7)的下沉值，其中正值表示地表抬升，负值表示地表下降。

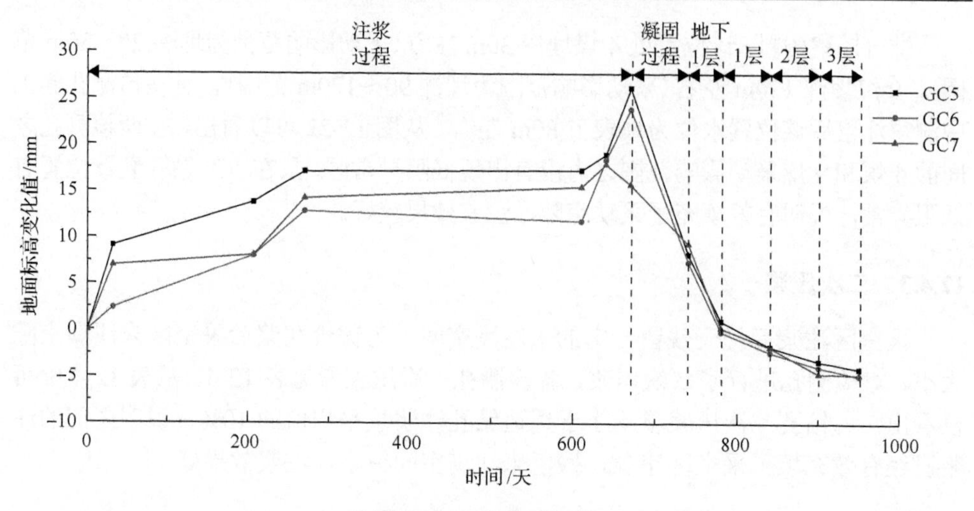


图 12-23　地表下沉值

从图 12-23 可以看出，在注浆过程中地表发生抬升，随着注浆过程的持续，地表缓慢抬升；注浆完成后地表发生下降；随着建(构)筑物的建设地表下沉，截至数据处理中心 1#楼施工 3 层时(共 4 层)地表最大下沉 5mm 左右。后期场地全面施工致使原布置地表变形观测点破坏，无后期观测数据。以往研究表明地基土的压缩主要集中在建设初期，说明注浆有效充填了采空区，在建筑荷载作用下产生的残余移动变形很小，符合《建筑地基基础设计规范》(GB 50007—2011)[88]的要求。

综合上述检测结果可以看出，长壁老采空区宏观应力拱壳注浆加固技术在减小注浆治理范围、降低注浆成本的前提下，可以有效防止长壁老采空区失稳，减小地表残余移动变形，证明了其技术的合理性。

# 参考文献

[1] 何满潮，钱七虎. 深部岩体力学基础[M]. 北京：科学出版社, 2010
[2] 中国工程院. 中国能源中长期(2030、2050)发展战略研究[M]. 北京：科学出版社, 2011
[3] 何国清，杨伦，凌赓娣，等. 矿山开采沉陷学[M]. 第2版. 徐州：中国矿业大学出版社, 1994
[4] 余学义，张恩强. 开采损害学[M]. 北京：煤炭工业出版社, 2004
[5] 国家统计局能源统计司. 中国能源统计年鉴[M]. 北京：中国统计出版社, 2015
[6] 汪吉林，丁陈建，张云，等. 老采空区地基变形对地面建筑影响的数值分析[J]. 采矿与安全工程学报，2008, 25(4): 476-480
[7] 王巧妮，陈新生，张智光. 采煤塌陷地复垦综述[J]. 中国国土资源经济, 2009, 22(6): 23-24
[8] 郭广礼，何国清，崔曙光. 部分开采老采空区覆岩稳定性分析[J]. 矿山压力与顶板管理, 2003, 20(3): 70-73
[9] 中华人民共和国国土资源部. 全国土地利用总体规划纲要(2006～2020 年)调整方案[R/OL]. (2016-06-22) [2018-07-21]. http://www.mnr.gov.cn/gk/tzgg/201606/t20160624_1991790.html
[10] 格雷 R E，普鲁恩 R W. 报废矿上方的地表下沉[C]. 檀香山，第一届国际采矿会议论文集, 1982
[11] Gray R E. Coal mine subsidence and structures[J]. Mine Induced Subsidence, 1988(5): 69-86
[12] Bruhm R W, Magnuson M O, Gray R E. Subsidence over abandoned mines in the pittsburgh coalbed[C]. Cardiff, Large Ground Movements and Structures Proceeding of the Conference Held at the University of Wales Institute of Science and Technology, 1997: 142-156
[13] 何国清. 具有复杂地质采矿条件的煤层群地下开采引起的岩体破坏的探测和模拟实例研究[C]. 徐州，第 2 届国际采矿科技讨论会, 1991
[14] Guo G L, He G Q, Qiao Z C. The stability analysis of structure's foundation rockmass over shallow anandoned mine goafs and its treatment-A case study[J]. Mining Science and Technology, 1996: 109-120
[15] 颜荣贵. 地基开采沉陷及其地表建筑[M]. 北京：冶金工业出版社, 1995
[16] 熊彩霞，梁恒昌，马金荣，等. 煤矿采空区建筑场地地基适宜性分析[J]. 采矿与安全工程学报，2010, 27(1): 100-105
[17] Burgmann J B, Phillips A B. Engineering design of major hospital for conditions of mines subsidence[C]. Brisbane, Conference on Building and Structures Subject to Mine Subsidence, 1988
[18] Pells P J N, Openshaw P, Love A, et al. Investigation and backfilling of early working, yard seam, for construction of high rise building, burwood street[C]. Newcastle, Conference on Building and Structures Subject to Mine Subsidence, 1988
[19] 英国煤炭工业局. 地面沉陷工程师手册[M]. 董其逊，译. 北京：煤炭工业出版社, 1980
[20] Andromalos K B, Ryan C R. Subsidence control by high volume grouting[C]. Nashville, Mine Induced Subsidence: Effects on Engineered Structures-Proceedings, 1988
[21] Karfakis M, Barnard S, Murphy J. Subsidence abatement projects in wyoming-an overview[C]. Nashville, Mine Induced Subsidence: Effects on Engineered Structures-Proceedings, 1988
[22] Singh M M. Mine Subsidence[M]. New York: SME, 1986
[23] Hoffman A G, Clark D M, Bechtel T D. Abandoned deep mine subsidence investigation and remedisl design, interstate 70, guernsey county, ohio[C]. Charleston, 46th Highway Symposium, 1995
[24] Walker J S. 矿井报废采空区充填的最新技术[R]. Plttsburgh, Bureau of Mines US, 1993

[25] 郭广礼. 老采空区上方建筑地基变形机理及其控制[M]. 徐州: 中国矿业大学出版社, 2001
[26] 杨舜臣, 郭广礼, 邓喀中, 等. 五阳热电厂地基稳定性论证研究鉴定报告[R]. 徐州: 中国矿业大学, 1995
[27] 狄乾生, 隋旺华, 黄山民. 开采岩层移动工程地质研究[M]. 北京: 中国建筑工业出版社, 1992
[28] 孙忠弟. 高等级公路下伏空洞勘探、危害程度评价及自治研究报告集[M]. 北京: 科学出版社, 2000
[29] 刘建华. 高分辨率地震技术探测采空区研究: 以贾汪煤矿为例[J]. 高校地质学报, 1996, (4): 453-457
[30] 滕永海, 张俊英. 老采空区地基稳定性评价[J]. 煤炭学报, 1997, 22(5): 504-508
[31] 富爱华. 在采空区上部建特种结构住宅的探讨[J]. 韩煤科技, 1986, (2): 50-54
[32] 国家煤炭工业局. 建筑物、水体、铁路及主要井巷煤柱留设与压煤开采规范[M]. 北京: 煤炭工业出版社, 2017
[33] 中华人民共和国住房和城乡建设部. 煤矿采空区岩土工程勘察规范: GB 51044—2014[S]. 北京: 中国计划出版社, 2015
[34] 中华人民共和国住房和城乡建设部. 煤矿采空区建(构)筑物地基处理技术规范: GB 51180—2016[S]. 北京: 中华计划出版社, 2017
[35] 胡炳南, 张华兴, 申宝宏. 建筑物、水体、铁路及主要井巷煤柱留设与压煤开采指南[M]. 北京: 煤炭工业出版社, 2017
[36] 中国大百科全书总编辑委员会《矿冶》编辑委员会. 中国大百科全书(矿冶)[M]. 北京: 中国大百科全书出版社, 1984
[37] 湖北省黄石市科普创作协会. 农村小煤窑开采与安全技术[M]. 北京: 科学普及出版社, 1986
[38] 徐永圻. 煤矿开采学(重排修订本)[M]. 徐州: 中国矿业大学出版社, 2009
[39] 何国清, 杨伦, 凌赓娣, 等. 矿山开采沉陷学[M]. 第 1 版. 徐州: 中国矿业大学出版社, 1991
[40] 童立元, 刘松玉, 邱钰, 等. 高速公路下伏采空区危害性评价与处治技术[M]. 南京: 东南大学出版社, 2006
[41] 李宏杰, 张彬, 李文, 等. 煤矿采空区灾害综合防治技术与实践[M]. 北京: 煤炭工业出版社, 2016
[42] 程志平. 电法勘探教程[M]. 北京: 冶金工业出版社, 2007
[43] 张振勇. 三维高密度电法在积水采空区探测中的应用[J]. 矿业安全与环保, 2015, 42(1): 76-79
[44] 张彬, 牟义, 张永超, 等. 三维高密度电阻率成像探测技术在煤矿采空区勘察中的应用[J]. 煤矿安全, 2015, 42(6): 104-106
[45] 李貅. 瞬变电磁测深的理论与应用[M]. 西安: 陕西科学技术出版社, 2007
[46] 李宏杰. 浅层地震和瞬变电磁法在采空区探测中的应用研究[J]. 煤矿开采, 2013, 18(1): 17-19
[47] 牟义, 董健, 张振勇, 等. CSAMT 探测在煤矿深部采空区中的应用[J]. 煤炭科学技术, 2013, 41(S1): 336-339
[48] 龚培俐, 李维. 瞬变电磁法在采空塌陷灾害中的应用——以神东煤矿采空区调查为例[J]. 地质力学学报, 2018, 24(3): 416-423
[49] 李文. 煤矿采空区地面综合物探方法优化研究[J]. 煤炭科学技术, 2017, 45(1): 194-199
[50] 熊章强, 王根显. 浅层地震勘探[M]. 北京: 地震出版社, 2002
[51] 甘志超. 东北地区浅层老采空区综合勘察技术应用研究[J]. 煤矿开采, 2015, 20(5): 11-14
[52] 邹友峰. 条带开采地表沉陷预计新方法三维层状介质理论的研究[D]. 徐州: 中国矿业大学, 1994
[53] 吴立新, 王金庄. 建构筑物下压煤条带开采理论与实践[M]. 徐州: 中国矿业大学出版社, 1994
[54] 江宁. 建筑载荷作用下老采空区失稳机理及治理技术研究[D]. 青岛: 山东科技大学, 2017
[55] 钱鸣高, 石平五, 许家林. 矿山压力与岩层控制[M]. 徐州: 中国矿业大学出版社, 2010
[56] 吴立新, 王金庄, 郭增大. 煤柱设计与监测基础[M]. 徐州: 中国矿业大学出版社, 2000
[57] 谢和平, 段发兵, 周宏伟, 等. 条带煤柱稳定性理论与分析方法研究进展[J]. 中国矿业, 1998, 7(5): 37-41
[58] 侯朝炯, 马念杰. 煤层巷道两帮煤体应力和极限平衡区的探讨[J]. 煤炭学报, 1989, 12(4): 21-29
[59] 邓广哲, 朱维申. 蠕变裂隙扩展与岩石长时强度效应实验研究[J]. 实验力学, 2002, 17(2): 7-9

[60] 刘沐宇, 徐长佑. 硬石膏的流变特性及其长期强度的确定[J]. 中国矿业, 2000, 9(2): 53-55
[61] 彭 S S. 煤矿地层控制[M]. 高博彦, 韩持, 译. 北京: 煤炭工业出版社, 1989
[62] 郭广礼, 邓喀中, 汪汉玉, 等. 采空区上方地基失稳机理和处理措施研究[J]. 矿山压力与顶板管理, 2000, (3): 39-42
[63] 中华人民共和国国家质量监督检验检疫总局, 中国国家标准化管理委员会. 煤和岩石物理力学性质测定方法 第1部分: 采样一般规定: GB/T 23561.1—2009[S]. 北京: 中国标准出版社, 2009
[64] 王继庄. 粗粒料的变形特性和缩尺效应[J]. 岩土工程学报, 1994, 16(4): 89-95
[65] 冯文生, 郑治. 大粒径填料工程特性的试验和研究[J]. 公路交通技术, 2004, (1): 1-4, 9
[66] 王路珍. 变质量破碎泥岩渗透性的加速试验研究[D]. 徐州: 中国矿业大学, 2014
[67] 王明立. 煤矸石压缩试验的颗粒流模拟[J]. 岩石力学与工程学报, 2013, 32(7): 1350-1357
[68] Fuller W B, Thompson S E. The laws of proportioning concrete[J]. Transactions of the American Society of Civil Engineers, 1907, 59(1): 67-143
[69] Talbot A N, Richart F E. The strength of concrete—its relation to the cement, aggregates and water[M]. Illinois: University of Illinois at Urbana Champaign, 1923: 117-118
[70] 中华人民共和国水利部. 土工试验规程: SL 237—1999[S]. 北京: 中国水利水电出版社, 1999
[71] 樊秀娟, 茅献彪. 破碎砂岩承压变形时间相关性试验[J]. 采矿与安全工程学报, 2007, 24(4): 486-489
[72] 梁军, 刘汉龙, 高玉峰. 堆石蠕变机理分析与颗粒破碎特性研究[J]. 岩土力学, 2003, 24(3): 479-483
[73] 王海俊, 殷宗泽. 堆石料长期变形的室内试验研究[J]. 水利学报, 2007, 38(8): 914-919
[74] 曹光栩, 宋二祥, 徐明. 碎石料干湿循环变形试验及计算方法[J]. 哈尔滨工业大学学报, 2011, 43(10): 98-104
[75] 马占国, 郭广礼, 陈荣华, 等. 饱和破碎岩石压变形特征的试验研究[J]. 岩石力学与工程学报, 2005, 24(7): 1139-1144
[76] 陈晓祥, 苏承东, 唐旭, 等. 饱水对煤层顶板碎石压实特征影响的试验研究[J]. 岩石力学与工程学报, 2014, 33(S1): 3318-3326
[77] 李白英, 郭惟嘉. 开采损害与环境保护[M]. 北京: 煤炭工业出版社, 2004
[78] 刘宝琛, 廖国华. 煤矿地表移动的基本规律[M]. 北京: 中国工业出版社, 1965
[79] 刘宝琛, 张家生, 廖国华. 随机介质理论在矿业中的应用[M]. 长沙: 湖南科技出版社, 2004
[80] 王录合, 李亮, 王新军, 等. 开采沉陷区建设大型建筑群理论与实践[M]. 徐州: 中国矿业大学出版社, 2009
[81] 于学馥, 郑颖人, 刘怀恒, 等. 地下工程围岩稳定性分析[M]. 北京: 煤炭工业出版社, 1983
[82] Gudehus G. 有限元法在岩土力学中应用[M]. 张清等, 译. 北京: 中国铁道出版社, 1983
[83] 贝斯 K J. ADINA/ADINA T 使用手册-自动动态增量非线性分析有限元程序[M]. 赵兴华, 徐福娣, 梁醒培, 译. 北京: 机械工业出版社, 1986
[84] 华安增. 矿山岩石力学基础[M]. 北京: 煤炭工业出版社, 1980
[85] 重庆建筑工程学院. 岩体力学[M]. 北京: 建筑物工业出版社, 1981
[86] 李兆权. 应用岩石力学[M]. 北京: 冶金工业出版社, 1994
[87] 李先炜. 岩体力学性质[M]. 北京: 煤炭工业出版社, 1990
[88] 中华人民共和国住房和城乡建设部. 建筑地基基础设计规范: GB 50007—2011[S]. 北京: 中国建筑工业出版社, 2012
[89] Rosen R. Structural stability and morphogenesis[J]. Bulletin of Mathematical Biology, 1977, 39(5): 629-632
[90] Kilmister C W. Catastrophe theory: Selected papers 1972-1977 by E. C. Zeeman[J]. The Mathematical Gazette, 1978, 62(421): 219-220
[91] 斯塔格 K G, 晋基维茨 O C. 工程实用岩石力学[M]. 北京: 地质出版社, 1978

[92] 于广明. 地层沉陷中的突变现象及其研究进展[J]. 辽宁工程技术大学学报, 2001, 20(1): 1-5
[93] 于广明. 矿山开采沉陷的非线性理论和实践[M]. 北京: 煤炭工业出版社, 1993
[94] 郭文兵, 邓喀中, 邹友峰. 条带煤柱的突变破坏失稳理论研究[J]. 中国矿业大学学报, 2005, 34(1): 80-84
[95] 郭文兵, 邓喀中, 邹友峰. 走向条带煤柱破坏失稳的尖点突变模型[J]. 岩石力学与工程学报, 2004, 23(12): 1996-2000
[96] 邹友峰, 柴华彬. 建筑荷载作用下采空区顶板岩梁稳定性分析[J]. 煤炭学报, 2014, 39(8): 1473-1477
[97] 江学良, 曹平, 杨慧, 等. 水平应力与裂隙密度对顶板安全厚度的影响[J]. 中南大学学报(自然科学版), 2009, 40(1): 211-216
[98] Timoshenko S P, Gere J M. 弹性稳定理论[M]. 北京: 科学出版社, 1958
[99] 王磊, 郭广礼, 张鲜妮, 等. 长壁缓倾斜老采空区点柱式注浆新方法[J]. 煤矿安全, 2016, 47(10): 85-88, 92
[100] 邓喀中, 谭志祥, 张宏贞. 长壁开采老采空区带状注浆设计方法[J]. 煤炭学报, 2008, 33(2): 153-156
[101] 郭广礼, 邓喀中, 何国清, 等. 采动破裂岩体地基注浆加固及其检测技术[J]. 中国矿业大学学报, 2000, 29(3): 71-74
[102] 蒋金平. 高速公路穿越老采空区的注浆处理工程实例[J]. 探矿工程(岩土钻掘工程), 2003, (S1): 109-111
[103] 谭志祥, 卫建清, 邓喀中, 等. 房式开采地表沉陷规律试验研究[J]. 焦作工学院学报(自然科学版), 2003, (4): 255-258
[104] Lan W A. Subsidence prediction over room and pillar mining system[J]. Ground Movements and Structures, 1984, (4): 67-76
[105] 郭文兵, 邓喀中, 邹友峰. 条带开采的非线性理论研究及应用[M]. 徐州: 中国矿业大学出版社, 2005
[106] 王磊, 郭广礼, 张鲜妮, 等. 基于关键层理论的长壁垮落法开采老采空区地基稳定性评价[J]. 采矿与安全工程学报, 2010, 27(1): 57-61
[107] 江宁, 郭惟嘉, 常西坤, 等. 一种采空区快速注浆系统: CN104912592A[P]. 2015-09-16
[108] 江宁, 郭惟嘉, 常西坤, 等. 一种采空区快速注浆系统的注浆工艺: CN104989424A[P]. 2015-10-21
[109] 江宁, 郭惟嘉, 常西坤, 等. 一种用于采空区快速注浆工艺的浆液面控制装置: CN204667214U[P]. 2015-09-23
[110] 江宁, 郭惟嘉, 常西坤, 等. 一种用于采空区注浆浆液面控制装置的探头: CN204667213U[P]. 2015-09-23
[111] 江宁, 郭惟嘉, 常西坤, 等. 一种采空区注浆骨料投放系统: CN204703953U[P]. 2015-10-14
[112] 葛家良. 软岩巷道注浆加固机理及注浆技术若干问题的研究[D]. 徐州: 中国矿业大学, 1995
[113] 熊厚金, 林天健, 李宁. 岩土工程化学[M]. 北京: 科学出版社, 2001
[114] 童立元, 刘松玉, 杜广印. 高速公路下伏采空区注浆施工监理技术[J]. 施工技术, 2004, 32(12): 59-63